U0142234

線性代數

第二版

Linear Algebra

容志輝　著

五南圖書出版公司 印行

二版序

本書出版以來, 即受到學生廣大的迴響, 筆者對此十分感激。在第二版中, 整本書的架構不變, 除了將初版中的一些排版錯誤予以更正, 並改善初版中印刷不清的圖, 筆者也加入了一些新的習題以幫助同學了解教材的內容; 筆者亦重新設計了許多計算習題的數值, 希望可以讓同學在不借助於任何電腦系統下, 能以合理的計算量完成習題。最重要的是爲了讓讀者更易於掌握教材的內容。同時, 筆者及其研究生吳柏鋒博士編撰了一本學習手冊(五南出版), 書中所有習題的答案都可以在學習手冊中找到。

完書之際, 特別要感謝博士生王堅鏟以及研究助理何詩凱在cwTEX文書處理、繪圖、與全書排版上的構思與付出。另外要感謝海洋大學電機工程學系大學部的學生, 在與他們持續的討論之中, 筆者亦反覆修改證明的方法, 增加計算的細節, 期望本書能夠更易於閱讀。

筆者才疏學淺, 謬誤難免, 尚祈讀者不吝指正。

容志輝　　謹識於國立台灣海洋大學電機系

初版序

線性代數經常與微積分並列爲學習數學最基礎的兩門入門課, 並被各大學理工科系列爲必修課, 其應用遍及各領域, 重要性不言可喻。

此書是根據筆者過去十多年來開授線性代數與高等線性代數之講義撰寫而成, 適合大專院校三或六學分敎科書或參考自修研習。內容由淺入深, 取材廣泛豐富。

全書共分六章, 第一章主要複習矩陣基本理論, 包括矩陣基本運算、行列式、高斯消去法、解聯立方程組等相關預備知識。線性代數主要在研究向量空間之間的線性映射, 而定義在有限維度向量空間上之線性映射所成之空間同構於矩陣空間, 故矩陣在線性代數中扮演舉足輕重之關鍵角色。因此, 熟悉矩陣理論有助於後面章節之學習。

數學上常會遇到許多元素彼此相加或是乘上一個純量(實數)的情況, 譬如實數系或複數系本身, 或是實值函數, 還有n維空間裡的向量或是相同階數的矩陣等等都是常見的例子。上述的例子儘管各個元素看似不同, 其實它們都具有共通的代數結構, 此種代數結構是線性代數裡最基本的結構, 稱爲向量空間。每個向量空間主要由兩個集合和兩種代數運算所組成, 在第二章2.2節裡我們首先介紹其中的一個集合, 它是由所有的純量所組成, 稱爲體。2.3節介紹向量空間的定義與向量空間基本性質, 2.4節研究在何種條件下, 向量空間的子集亦會是向量空間。2.5節以後到2.7節, 我們會在向量空間中引入一個非常重要的幾何概念: 維度。有了維度的概念, 在2.8節中我們將任一有限維度的向量空間分解成數個子空間的和集。在2.9節, 我們將引入商集的概念, 定義商空間並推導一些重要性質。

在這三章裡, 我們將研究定義在兩向量空間之間的線性映射。首先在3.2節中, 我們介紹一些集合間映射的基本定義與性質。3.3節介紹線性映射的定義。我們將會發現, 線性映射是一種保留代數運算的映射。3.4節介紹線性映射相關的一些基本空間, 並介紹維度定理。3.5節中, 我們利用同構映射在所有有限維度向量空間的集合上建立一個等價關係。這個等價關係可以讓我們用非負整數去分類所有的有限維度向量空間。在3.6與3.7節中, 我們利用同構映射將向量空間中的向量對應到$\mathbb{F}^n$中的向量, 這使得向量空間之間的線性映射可以對應到一個矩陣, 這個矩陣稱為該線性映射之代表矩陣。3.8節介紹對偶空間及其基本特性。在3.9節中我們將利用維度定理再度探討商空間的維度。最後, 在3.10節中我們將透過三個同構定理更深入了解商空間的內在結構。

在這四章裡, 我們要研究一個非常重要的議題: 對角化問題。有兩種看似不同的對角化問題, 一是線性算子對角化問題, 另一是方陣對角化問題。在4.2節裡我們將證明這兩種不同型式的對角化問題本質上是等效的。4.3節介紹特徵值與特徵向量的觀念。4.4節提出許多對角化問題有解之充分且(或)必要條件, 並證明對角化問題可歸結成解特徵值與特徵向量的問題。最後4.5節則討論對角化問題在解微分方程組上之應用。

並非所有有限維度向量空間上的線性算子都可以對角化。因此在第五章裡, 我們將繼續深入探討此問題。5.2節首先介紹不變子空間的概念及相關性質。5.3節主題是Cayley － Hamilton定理, 並介紹零化多項式。5.4及5.5節是本書最具特色的兩節, 先討論冪零算子與冪零矩陣, 我們將採用商空間的幾何觀點探索有限維度向量空間上所有特徵多項式可分解之冪零算子之根本結構, 並將向量空間分解為一群冪零算子循環子空間之直和。藉由將有限維度向量空間上特徵多項式可分解之線性算子轉換成冪零算子，我們將證明必存在一組有序基底使得參照此有序基底之代表矩陣為一個幾近對角矩陣的Jordan標準式，且除了對角方塊排列次序外，此Jordan標準式是唯一被決定的，此即著名的Jordan定理，也是本章最重要的定理。在最後5.6節將討論最低階的零化多項式存在與唯一性，及其與Jordan標準式之關聯。

在本書最後一章，也就是第六章中，我們將在抽象的向量空間中討論長度以及角度等概念。在6.2節中，我們定義向量空間上的內積函數，並以此衍生長度與角度等幾何概念。6.3節與6.4節討論向量對子空間的投影，這是大家熟知三維空間中向量對平面投影的推廣。6.5節討論內積函數與線性泛涵間的關聯，6.6節之後，我們將研究內積空間之間的映射，並介紹一類特性豐富的算子: 正規算子。本章可作為進階學習，如泛函分析等課程之基礎。

全書之編寫採取嚴謹論證手法，對數理邏輯思考訓練有很大助益。學習一門課，習題的演練往往可以加強學習的效果。此書自不例外。書中有許多習題用以輔助正文，在每學習完一章後，讀者應試著去多做一些習題。習題依難易程度做上標記，(*) 代表基本簡易題，通常是基本演練題，所有的學生應該都要會; (**) 代表延伸思考題，是定理證明或是更進一步應用證明或計算，大部分學生應該也要會; (***) 代表深入研究題，程度較好的學生可嘗試去做。筆者認為唯有透過這些證明的數學思考及反覆推理，才能真正體會線性代數之奧妙，並達事半功倍之學習效果。

書中符號說明如下。純量大多以細體小寫英文字母如a, b, c表示，少數如特徵值或奇異值以希臘小寫字母λ, μ或σ表示; 向量以粗體小寫英文字母$\mathbf{x}, \mathbf{y}, \mathbf{z}$等表示; 矩陣以粗體大寫英文字母$\mathbf{A}, \mathbf{B}, \mathbf{P}, \mathbf{Q}$等表示; 純量或一般集合間之函數以細體英文字母$f, g, h$或$F, G, H$等表示，大部分線性映射或線性泛函則分別以粗體大寫英文字母如$\mathbf{L}, \mathbf{M}$及粗體小寫英文字母如$\mathbf{f}, \mathbf{g}$等表示，少部分具特殊意義的映射則以特定的希臘字母ϕ, ψ, Φ等表示; 集合或向量空間以草體大寫英文字母如$\mathcal{V},\mathcal{W},\mathcal{U}$等表示。Kronecker符號以$\delta_{ij}$表示。

　　此書非一人之力所能完成。特別要感謝我的博士生吳柏鋒，近十年來無論在研究或教學，他一直是筆者最佳的夥伴，教學相長，亦師亦友，書中有幾處源自他的文思。另外要感謝博士生王堅鑠在 cwTEX 文書處理、繪圖、與全書排版上的構思與付出，還要感謝譚如玶在打字上的幫忙。最後要感謝我的家人，由於他們的愛與支持，得以完成此書，也才讓一切的努力變得更有意義。

　　筆者才疏學淺，謬誤難免，尚祈讀者不吝指正。

容志輝　　謹識於國立台灣海洋大學電機系

本文目錄

第 1 章

預備知識

1.1　前言

相信讀者在中學數學課程裡都學過矩陣的基本運算及其相關重要性質，為了讀者方便及往後章節符號上之預設，在本書的頭一章我們將很快地複習一下矩陣基本理論，包括矩陣加乘法的基本運算、行列式、高斯消去法解聯立方程組等相關預備知識。線性代數主要在研究向量空間與向量空間之間的線性映射，而定義在有限維度向量空間上之線性映射所成之空間同構於矩陣空間，故矩陣在線性代數中扮演舉足輕重之關鍵角色。是故，即使讀者已熟悉本章中之內容，雖可略過本章直接從下一章開始研讀，但筆者仍強烈建議至少能快速瀏覽本章內容，將有助於後面章節之學習。

1.2　矩陣

本書談及的數或純量指的是有理數、實數或複數，或是更一般的域；有關域的定義詳見第2.2節。由 m 乘 n 個數構成 m 個列，n 個行之陣列，稱做大小或階數

線性代數

爲$m \times n$之矩陣 (matrix), 常記作

$$\mathbf{A} = \begin{bmatrix} a_{11} & a_{12} & \cdots & a_{1n} \\ a_{21} & a_{22} & \cdots & a_{2n} \\ \vdots & \vdots & \ddots & \vdots \\ a_{m1} & a_{m2} & \cdots & a_{mn} \end{bmatrix},$$

或簡記成$\mathbf{A} = [a_{ij}]_{m \times n}$或是$\mathbf{A} = [a_{ij}]$。$a_{ij}$稱做是矩陣$\mathbf{A}$的第$i$列、第$j$行元素 (element), 或簡稱第$(i, j)$個元素。

$$\begin{bmatrix} a_{i1} & a_{i2} & \cdots & a_{in} \end{bmatrix}$$

稱爲$\mathbf{A}$的第i列,

$$\begin{bmatrix} a_{1j} \\ a_{2j} \\ \vdots \\ a_{mj} \end{bmatrix}$$

則稱爲$\mathbf{A}$的第j行。當$m = n$時, $\mathbf{A}$稱爲是一個方陣 (square matrix), 當$m = 1$, $\mathbf{A} = \begin{bmatrix} a_1 & a_2 & \cdots & a_n \end{bmatrix}$ (省略另一下標不寫) 稱爲列向量 (row vector), 當$n = 1$, $\mathbf{A} = \begin{bmatrix} a_1 \\ a_2 \\ \vdots \\ a_m \end{bmatrix}$ 稱爲行向量 (column vector)。爲節省篇幅, 行向量常又寫成$(a_1 \, a_2 \cdots a_m)$。請不要將$[a_1 \, a_2 \cdots a_n]$與$(a_1 \, a_2 \cdots a_n)$混淆, 前者是列向量, 後者是行向量$\begin{bmatrix} a_1 \\ a_2 \\ \vdots \\ a_n \end{bmatrix}$ 的方便記法。除非特別說明, 否則本書所指的都是行向量。

行向量以$(a_1\, a_2\, \cdots\, a_m)$記之有其方便之處。譬如, $\mathbb{R}^n$表所有的行向量 $\begin{bmatrix} a_1 \\ a_2 \\ \vdots \\ a_n \end{bmatrix}$

所組成之集合, $a_i \in \mathbb{R}$。也就是

$$\mathbb{R}^n = \{ \begin{bmatrix} a_1 \\ a_2 \\ \vdots \\ a_n \end{bmatrix} \,|a_i \in \mathbb{R},\, i = 1, 2, \cdots, n\}$$

可寫成

$$\mathbb{R}^n = \{(a_1\, a_2\, \cdots\, a_n)|a_i \in \mathbb{R},\, i = 1, 2, \cdots, n\}。$$

另一例, 微積分裡常遇到的多變數函數$f : \mathbb{R}^n \longrightarrow \mathbb{R}$, $f\left(\begin{bmatrix} x_1 \\ x_2 \\ \vdots \\ x_n \end{bmatrix} \right)$可以記

作$f((x_1\, x_2\, \cdots\, x_n))$或簡寫成$f(x_1\, x_2\, \cdots\, x_n)$。

若有兩個矩陣$\mathbf{A} = [a_{ij}]_{m \times n}, \mathbf{B} = [b_{ij}]_{p \times q}$, 當$m = p, n = q$且$a_{ij} = b_{ij}$時, 則說$\mathbf{A}, \mathbf{B}$相等, 記作$\mathbf{A} = \mathbf{B}$; 若$\mathbf{A}$與$\mathbf{B}$不相等, 則記作$\mathbf{A} \neq \mathbf{B}$。

一個矩陣$\mathbf{A} = [a_{ij}]_{m \times n}$乘上一純量$k$得到另一個新的矩陣, 記作$k\mathbf{A}$, 定義為$k\mathbf{A} = [ka_{ij}]_{m \times n}$。例如, $\mathbf{A} = \begin{bmatrix} 1 & 0 & 2 \\ -3 & -1 & 5 \end{bmatrix}$, 則

$$3\mathbf{A} = \begin{bmatrix} 3 & 0 & 6 \\ -9 & -3 & 15 \end{bmatrix}。$$

兩個大小相同的矩陣$\mathbf{A} = [a_{ij}]_{m \times n}, \mathbf{B} = [b_{ij}]_{m \times n}$可以相加 (或相減), 其和 (或差) 定義為 $\mathbf{A} \pm \mathbf{B} = [a_{ij} \pm b_{ij}]_{m \times n}$。如$\mathbf{A} = \begin{bmatrix} 1 & 2 & 3 \\ 4 & 5 & 6 \end{bmatrix}$, $\mathbf{B} = \begin{bmatrix} -2 & 0 & 8 \\ -1 & -3 & 2 \end{bmatrix}$, 則$\mathbf{A} + \mathbf{B} = \begin{bmatrix} -1 & 2 & 11 \\ 3 & 2 & 8 \end{bmatrix}$, $\mathbf{A} - \mathbf{B} = \begin{bmatrix} 3 & 2 & -5 \\ 5 & 8 & 4 \end{bmatrix}$。

線性代數

命題 1.1 設 $\mathbf{A}, \mathbf{B}, \mathbf{C}$ 均為 $m \times n$ 之矩陣, a, b 是任意純量, 則下列性質成立。

1. (交換性) $\mathbf{A} + \mathbf{B} = \mathbf{B} + \mathbf{A}$。

2. (結合性) $(\mathbf{A} + \mathbf{B}) + \mathbf{C} = \mathbf{A} + (\mathbf{B} + \mathbf{C}) \triangleq \mathbf{A} + \mathbf{B} + \mathbf{C}$。

3. $(ab)\mathbf{A} = a(b\mathbf{A})$。

4. $(a + b)\mathbf{A} = a\mathbf{A} + b\mathbf{A}$。

5. $a(\mathbf{A} + \mathbf{B}) = a\mathbf{A} + a\mathbf{B}$。

證明: 所有的性質均源自純量相對應的性質。 ∎

所有元素均為0之矩陣稱為零矩陣 (zero matrix), 記成

$$\mathbf{0}_{m \times n} = \begin{bmatrix} 0 & 0 & \cdots & 0 \\ 0 & 0 & \cdots & 0 \\ \vdots & \vdots & \ddots & \vdots \\ 0 & 0 & \cdots & 0 \end{bmatrix}_{m \times n} 。$$

當大小 $m \times n$ 不致混淆的情況下, 下標 $m \times n$ 常省略不寫。零矩陣是矩陣加法的單位元素, 換言之, 對任意相同大小之矩陣 $\mathbf{A}$, 恆有

$$\mathbf{A} + \mathbf{0} = \mathbf{0} + \mathbf{A} = \mathbf{A}。$$

$(-1)\mathbf{A}$ 又常寫成 $-\mathbf{A}$, 它是 $\mathbf{A}$ 的加法反元素:

$$\mathbf{A} + (-\mathbf{A}) = (-\mathbf{A}) + \mathbf{A} = \mathbf{0}。$$

當 $\mathbf{A}$ 行的個數等於 $\mathbf{B}$ 列的個數時, $\mathbf{AB}$ 可以相乘, 設 $\mathbf{A}$ 為 $m \times n$ 矩陣, $\mathbf{B}$ 為 $n \times l$ 矩陣, 則其乘積 $\mathbf{C} = \mathbf{AB} \triangleq [c_{ij}]$ 是一個 $m \times l$ 矩陣, 其定義為

$$c_{ij} = \sum_{k=1}^{n} a_{ik}b_{kj} = a_{i1}b_{1j} + a_{i2}b_{2j} + \cdots + a_{in}b_{nj}。$$

例 **1.2**

$$\begin{bmatrix} -2 & 1 & 3 \\ 4 & 1 & 6 \end{bmatrix} \begin{bmatrix} 3 & -2 & 1 \\ 2 & 4 & 0 \\ 1 & -3 & 2 \end{bmatrix}$$

$$= \begin{bmatrix} -2\times3+1\times2+3\times1 & -2\times(-2)+1\times4+3\times(-3) \\ 4\times3+1\times2+6\times1 & 4\times(-2)+1\times4+6\times(-3) \end{bmatrix}$$
$$\begin{bmatrix} -2\times1+1\times0+3\times2 \\ 4\times1+1\times0+6\times2 \end{bmatrix}$$

$$= \begin{bmatrix} -1 & -1 & 4 \\ 20 & -22 & 16 \end{bmatrix},$$

但 $\begin{bmatrix} 3 & -2 & 1 \\ 2 & 4 & 0 \\ 1 & -3 & 2 \end{bmatrix} \begin{bmatrix} -2 & 1 & 3 \\ 4 & 1 & 6 \end{bmatrix}$ 無定義。 ■

　　由上例知若 **AB** 有定義不表示 **BA** 有定義。有時 **AB** 與 **BA** 可能同時存在, 但兩者大小不一定相同, 即使 **AB** 與 **BA** 具有相同的大小, **AB** 也不一定等於 **BA**。簡言之, 交換性在矩陣乘法中一般來說是不一定成立的。

例 **1.3** 設 $\mathbf{A} = \begin{bmatrix} -2 & 1 & 3 \\ 4 & 1 & 6 \end{bmatrix}$, $\mathbf{B} = \begin{bmatrix} 3 & -2 \\ 2 & 4 \\ 1 & -3 \end{bmatrix}$, 則

$$\mathbf{AB} = \begin{bmatrix} -1 & -1 \\ 20 & -22 \end{bmatrix}, \mathbf{BA} = \begin{bmatrix} -14 & 1 & -3 \\ 12 & 6 & 30 \\ -14 & -2 & -15 \end{bmatrix},$$

AB 與 **BA** 大小不同, 故 **AB** $\neq$ **BA**。 ■

例 **1.4** 設 $\mathbf{A} = \begin{bmatrix} 0 & 1 \\ 0 & 0 \end{bmatrix}$, $\mathbf{B} = \begin{bmatrix} 1 & 0 \\ 0 & 0 \end{bmatrix}$, 則 $\mathbf{AB} = \begin{bmatrix} 0 & 0 \\ 0 & 0 \end{bmatrix}$, $\mathbf{BA} = \begin{bmatrix} 0 & 1 \\ 0 & 0 \end{bmatrix}$, 即使 **AB** 與 **BA** 大小相同, **AB** 仍然不等於 **BA**。 ■

線性代數

值得一提的是在實數情況, 當$a, b \in \mathbb{R}$, 則$ab = 0$若且唯若$a = 0$或$b = 0$。但在矩陣情況若$\mathbf{A} = \mathbf{0}$或$\mathbf{B} = \mathbf{0}$, 則$\mathbf{AB} = \mathbf{0}$(假設$\mathbf{AB}$有定義), 反之則不一定成立, 如上例, $\mathbf{AB} = \mathbf{0}$, 但$\mathbf{A} \neq \mathbf{0}$且$\mathbf{B} \neq \mathbf{0}$。

雖然矩陣乘法交換性不成立, 但結合性等其他性質依然成立。

命題 1.5 設$\mathbf{A}, \mathbf{B}, \mathbf{C}, \mathbf{D}$分別是$m \times n, n \times l, l \times k$以及$n \times l$之矩陣, a是任意常數, 則有

1. (結合性) $(\mathbf{AB})\mathbf{C} = \mathbf{A}(\mathbf{BC}) \triangleq \mathbf{ABC}$。

2. (分配性) $\mathbf{A}(\mathbf{B} + \mathbf{D}) = \mathbf{AB} + \mathbf{AD}$。

3. (分配性) $(\mathbf{B} + \mathbf{D})\mathbf{C} = \mathbf{BC} + \mathbf{DC}$。

4. (純量乘法結合性) $a(\mathbf{AB}) = (a\mathbf{A})\mathbf{B} = \mathbf{A}(a\mathbf{B})$。

5. (單位元素) $\mathbf{A}\mathbf{0}_{n \times p} = \mathbf{0}_{m \times p}, \mathbf{0}_{q \times m}\mathbf{A} = \mathbf{0}_{q \times n}$。 ■

另外, 定義$\mathbf{A}^2 \triangleq \mathbf{A} \cdot \mathbf{A}, \mathbf{A}^3 = \mathbf{A}^2 \cdot \mathbf{A} = \mathbf{A} \cdot \mathbf{A} \cdot \mathbf{A}$, 同理, $\mathbf{A}^k = \underbrace{\mathbf{A} \cdot \mathbf{A} \cdots \cdots \mathbf{A}}_{k次}$。

定義 1.6 設$\mathbf{A} = [a_{ij}]_{m \times n}$, 其轉置矩陣(transpose matrix), 以$\mathbf{A}^T$表之, 定義為$\mathbf{A}^T = [a_{ji}]_{n \times m}$。 ■

換言之, 將$\mathbf{A}$之行列互換即得$\mathbf{A}^T$。

例 1.7 設$\mathbf{A} = \begin{bmatrix} 1 & 2 & 3 \\ 4 & 5 & 6 \\ 7 & 8 & 9 \\ 10 & 11 & 12 \end{bmatrix}$, 則 $\mathbf{A}^T = \begin{bmatrix} 1 & 4 & 7 & 10 \\ 2 & 5 & 8 & 11 \\ 3 & 6 & 9 & 12 \end{bmatrix}$。 ■

命題 **1.8** 設 $\mathbf{A}, \mathbf{B}, \mathbf{C}$ 分別是 $m \times n, m \times n$ 以及 $n \times k$ 之矩陣, a 是任意常數, 則

1. $(\mathbf{A}^T)^T = \mathbf{A}$,

2. $(a\mathbf{A})^T = a \cdot \mathbf{A}^T$,

3. $(\mathbf{A} + \mathbf{B})^T = \mathbf{A}^T + \mathbf{B}^T$,

4. $(\mathbf{A}\mathbf{C})^T = \mathbf{C}^T \mathbf{A}^T$。(注意相乘順序)。

證明: $1, 2, 3$ 的證明顯而易見, 4 的證明留給讀者自己練習。∎

定義 **1.9** 一個 $n \times n$ 方陣 $\mathbf{A}$ 若滿足 $\mathbf{A}^T = \mathbf{A}$ 稱爲是對稱(symmetric)矩陣。∎

例 **1.10** $\mathbf{A} = \begin{bmatrix} 1 & 2 & 4 \\ 2 & 0 & -1 \\ 4 & -1 & 3 \end{bmatrix} = \mathbf{A}^T$, 故 $\mathbf{A}$ 是對稱矩陣。∎

方陣

$$\mathbf{A} = \begin{bmatrix} a_{11} & a_{12} & \cdots & a_{1n} \\ a_{21} & a_{22} & \cdots & a_{2n} \\ \vdots & \vdots & \ddots & \vdots \\ a_{n1} & a_{n2} & \cdots & a_{nn} \end{bmatrix}$$

中之元素 $a_{11}, a_{22}, \cdots, a_{nn}$ 稱爲 $\mathbf{A}$ 之對角線元素 (diagonal element)。因此, $\mathbf{A}$ 是對稱矩陣若且唯若所有元素對 $\mathbf{A}$ 之對角線對稱, 亦即 $a_{ij} = a_{ji}$。

定義 **1.11** 設 $\mathbf{A}$ 是 $n \times n$ 方陣。

1. 若 $\mathbf{A} = \begin{bmatrix} a_{11} & a_{12} & \cdots & a_{1n} \\ 0 & a_{22} & \cdots & a_{2n} \\ \vdots & \ddots & \ddots & \vdots \\ 0 & \cdots & 0 & a_{nn} \end{bmatrix}$, 稱 $\mathbf{A}$ 是上三角矩陣 (upper triangular matrix),

2. 若 $\mathbf{A} = \begin{bmatrix} a_{11} & 0 & \cdots & 0 \\ a_{21} & a_{22} & \ddots & \vdots \\ \vdots & \vdots & \ddots & 0 \\ a_{n1} & a_{n2} & \cdots & a_{nn} \end{bmatrix}$, 稱 $\mathbf{A}$ 是下三角矩陣 (lower triangular matrix),

3. 若 $\mathbf{A} = \begin{bmatrix} a_{11} & 0 & \cdots & 0 \\ 0 & a_{22} & \ddots & \vdots \\ \vdots & \ddots & \ddots & 0 \\ 0 & \cdots & 0 & a_{nn} \end{bmatrix}$, 稱 $\mathbf{A}$ 是對角矩陣 (diagonal matrix)。

為節省篇幅, 對角矩陣又常表示成 $\mathbf{A} = \mathrm{diag}[a_{11}\, a_{22} \cdots a_{nn}]$。 ■

例 1.12 $n \times n$ 零矩陣同時是上三角矩陣及下三角矩陣。 ■

例 1.13 任何的對角矩陣同時是上三角及下三角矩陣。 ■

底下幾個命題的證明也很容易, 因此略去。

命題 1.14

$$\begin{bmatrix} k_1 & 0 & \cdots & 0 \\ 0 & k_2 & \ddots & \vdots \\ \vdots & \ddots & \ddots & 0 \\ 0 & \cdots & 0 & k_m \end{bmatrix} \begin{bmatrix} a_{11} & a_{12} & \cdots & a_{1n} \\ a_{21} & a_{22} & \cdots & a_{2n} \\ \vdots & \vdots & \ddots & \vdots \\ a_{m1} & a_{m2} & \cdots & a_{mn} \end{bmatrix}$$

$$= \begin{bmatrix} k_1 a_{11} & k_1 a_{12} & \cdots & k_1 a_{1n} \\ k_2 a_{21} & k_2 a_{22} & \cdots & k_2 a_{2n} \\ \vdots & \vdots & \ddots & \vdots \\ k_m a_{m1} & k_m a_{m2} & \cdots & k_m a_{mn} \end{bmatrix},$$

$$\begin{bmatrix} a_{11} & a_{12} & \cdots & a_{1n} \\ a_{21} & a_{22} & \cdots & a_{2n} \\ \vdots & \vdots & \ddots & \vdots \\ a_{m1} & a_{m2} & \cdots & a_{mn} \end{bmatrix} \begin{bmatrix} k_1 & 0 & \cdots & 0 \\ 0 & k_2 & \ddots & \vdots \\ \vdots & \ddots & \ddots & 0 \\ 0 & \cdots & 0 & k_n \end{bmatrix}$$

$$= \begin{bmatrix} k_1 a_{11} & k_2 a_{12} & \cdots & k_n a_{1n} \\ k_1 a_{21} & k_2 a_{22} & \cdots & k_n a_{2n} \\ \vdots & \vdots & \ddots & \vdots \\ k_1 a_{m1} & k_2 a_{m2} & \cdots & k_n a_{mn} \end{bmatrix},$$

換言之, 一個矩陣左(右)乘一個對角矩陣相當於將該矩陣之第i列(行)同乘上該對角矩陣對角線上第i個元素k_i。 ■

$n \times n$的對角矩陣

$$\begin{bmatrix} 1 & 0 & \cdots & 0 \\ 0 & 1 & \ddots & \vdots \\ \vdots & \ddots & \ddots & 0 \\ 0 & \cdots & 0 & 1 \end{bmatrix}_{n \times n}$$

特稱為$n \times n$單位矩陣 (identity matrix), 記為$\mathbf{I}_n$或簡記為$\mathbf{I}$。$\mathbf{I}$是矩陣乘法之單位元素, 如下面命題所示。

命題 1.15 設$\mathbf{A}$, $\mathbf{B}$, $\mathbf{C}$分別為$m \times n$, $n \times m$, $n \times n$之矩陣。則

1. $\mathbf{A} \cdot \mathbf{I}_n = \mathbf{A}$。

2. $\mathbf{I}_n \cdot \mathbf{B} = \mathbf{B}$。

3. $\mathbf{C} \cdot \mathbf{I}_n = \mathbf{I}_n \cdot \mathbf{C} = \mathbf{C}$。 ■

定義 1.16 設$\mathbf{A} = [a_{ij}]_{n \times n}$。$\mathbf{A}$之跡數(trace)記為tr($\mathbf{A}$), 定義為其對角線元素之和, 亦即 tr($\mathbf{A}$) $= a_{11} + a_{22} + \cdots + a_{nn}$。 ■

例 **1.17** 設 $\mathbf{A} = \begin{bmatrix} 1 & 3 & 4 \\ 2 & -5 & 1 \\ -1 & 0 & 6 \end{bmatrix}$, 則 $\operatorname{tr}(\mathbf{A}) = 1 + (-5) + 6 = 2$。 ∎

例 **1.18** $\operatorname{tr}(\mathbf{0}_{n \times n}) = 0$。 ∎

例 **1.19** $\operatorname{tr}(\mathbf{I}_n) = n$。 ∎

命題 **1.20** 設 $\mathbf{A}$, $\mathbf{B}$ 為 $n \times n$ 矩陣, a, b 為純量。則

$$\operatorname{tr}(a\mathbf{A} + b\mathbf{B}) = a\operatorname{tr}(\mathbf{A}) + b\operatorname{tr}(\mathbf{B})。$$

∎

命題 **1.21** 設 $\mathbf{A}$, $\mathbf{B}$ 分別為 $m \times n$ 與 $n \times m$ 矩陣, 則 $\operatorname{tr}(\mathbf{AB}) = \operatorname{tr}(\mathbf{BA})$。

證明: 設 $\mathbf{A} = [a_{ij}]_{m \times n}$, $\mathbf{B} = [b_{ij}]_{n \times m}$, 令 $\mathbf{AB} = [c_{ij}]_{m \times m}$, $\mathbf{BA} = [d_{ij}]_{n \times n}$, 則有

$$\begin{aligned} c_{ii} &= \sum_{k=1}^{n} a_{ik}b_{ki} = a_{i1}b_{1i} + a_{i2}b_{2i} + \cdots + a_{in}b_{ni}, \\ d_{kk} &= \sum_{i=1}^{m} b_{ki}a_{ik} = b_{k1}a_{1k} + b_{k2}a_{2k} + \cdots + b_{km}a_{mk}。 \end{aligned}$$

則

$$\begin{aligned} \operatorname{tr}(\mathbf{BA}) &= \sum_{k=1}^{n} d_{kk} = \sum_{k=1}^{n}\sum_{i=1}^{m} b_{ki}a_{ik} \\ &= \sum_{i=1}^{m}\sum_{k=1}^{n} a_{ik}b_{ki} = \sum_{i=1}^{m} c_{ii} \\ &= \operatorname{tr}(\mathbf{AB})。 \end{aligned}$$

∎

例 **1.22** 設 $A = \begin{bmatrix} 1 & 0 & 3 \\ 4 & 2 & -1 \end{bmatrix}$, $B = \begin{bmatrix} -2 & 5 \\ 1 & -3 \\ 6 & 0 \end{bmatrix}$, 則 $AB = \begin{bmatrix} 16 & 5 \\ -12 & 14 \end{bmatrix}$,

$BA = \begin{bmatrix} 18 & 10 & -11 \\ -11 & -6 & 6 \\ 6 & 0 & 18 \end{bmatrix}$。故 $\text{tr}(AB) = \text{tr}(BA) = 30$。 ∎

定義 **1.23** 設 A 是 $n \times n$ 方陣。若存在一 $n \times n$ 方陣 B 滿足 $AB = BA = I_n$, 則稱 A 是可逆的 (invertible) 或是非奇異的 (nonsingular), 並稱 B 是 A 的一個反矩陣 (inverse) 或逆矩陣。若上述的方陣 B 不存在, 則稱 A 是不可逆的 (noninvertible) 或是奇異的(singular)。 ∎

定理 **1.24** 若 A 是可逆矩陣, 則 A 恰有一個反矩陣, 以 A^{-1} 表之。

證明: 設 B, C 都是 A 的反矩陣, 則有

$$B = BI = B(AC) = (BA)C = IC = C,$$

故得證。 ∎

例 **1.25** 設 $A = \begin{bmatrix} 2 & 4 \\ 3 & 1 \end{bmatrix}$, 令 $B = \begin{bmatrix} \frac{-1}{10} & \frac{2}{5} \\ \frac{3}{10} & \frac{-1}{5} \end{bmatrix}$, 則 $AB = BA = I_2$, 故 A 是可逆矩陣且 $A^{-1} = B$。 ∎

例 **1.26** $I_n^{-1} = I_n$。 ∎

例 **1.27** $0_{n \times n}$ 是不可逆矩陣。

證明: 對所有的 $n \times n$ 矩陣 B, 恆有

$$0_{n \times n}B = B0_{n \times n} = 0_{n \times n} \neq I_n,$$

故 $0_{n \times n}$ 不可逆。 ∎

例 **1.28** $\begin{bmatrix} 1 & 0 \\ 0 & 0 \end{bmatrix}$ 是不可逆矩陣。

證明: 對所有的純量 x, y, z, w, 恆有

$$\begin{bmatrix} 1 & 0 \\ 0 & 0 \end{bmatrix} \begin{bmatrix} x & y \\ z & w \end{bmatrix} = \begin{bmatrix} x & y \\ 0 & 0 \end{bmatrix} \neq \begin{bmatrix} 1 & 0 \\ 0 & 1 \end{bmatrix},$$

故 $\begin{bmatrix} 1 & 0 \\ 0 & 0 \end{bmatrix}$ 不可逆。 ∎

對任意的非零純量 a, 其乘法逆元素 a^{-1} 存在。但在矩陣的情況, 上例告訴我們除了零矩陣之外, 尚有其他不可逆矩陣。

例 **1.29** $n \times n$ 對角矩陣

$$\begin{bmatrix} a_1 & 0 & \cdots & 0 \\ 0 & a_2 & \ddots & \vdots \\ \vdots & \ddots & \ddots & 0 \\ 0 & \cdots & 0 & a_n \end{bmatrix}$$

是可逆的若且唯若對每個 $i = 1, 2, \cdots, n$, $a_i \neq 0$。當所有的 $a_i \neq 0$ 時, 其反矩陣等於

$$\begin{bmatrix} a_1^{-1} & 0 & \cdots & 0 \\ 0 & a_2^{-1} & \ddots & \vdots \\ \vdots & \ddots & \ddots & 0 \\ 0 & \cdots & 0 & a_n^{-1} \end{bmatrix}。$$

∎

定理 **1.30** 若 $\mathbf{A}, \mathbf{B}$ 均為 $n \times n$ 可逆矩陣, 則 $\mathbf{AB}$ 亦為可逆, 且 $(\mathbf{AB})^{-1} = \mathbf{B}^{-1} \mathbf{A}^{-1}$。

證明:

$$
\begin{aligned}
(\mathbf{AB})(\mathbf{B}^{-1}\mathbf{A}^{-1}) &= ((\mathbf{AB})\mathbf{B}^{-1})\mathbf{A}^{-1} \\
&= (\mathbf{A}(\mathbf{BB}^{-1}))\mathbf{A}^{-1} \\
&= (\mathbf{AI})\mathbf{A}^{-1} \\
&= \mathbf{AA}^{-1} \\
&= \mathbf{I},
\end{aligned}
$$

同理

$$
\begin{aligned}
(\mathbf{B}^{-1}\mathbf{A}^{-1})(\mathbf{AB}) &= ((\mathbf{B}^{-1}\mathbf{A}^{-1})\mathbf{A})\mathbf{B} \\
&= ((\mathbf{B}^{-1}(\mathbf{A}^{-1}\mathbf{A}))\mathbf{B} \\
&= (\mathbf{B}^{-1}\mathbf{I})\mathbf{B} \\
&= \mathbf{B}^{-1}\mathbf{B} \\
&= \mathbf{I},
\end{aligned}
$$

故 $\mathbf{AB}$ 是可逆矩陣且 $(\mathbf{AB})^{-1} = \mathbf{B}^{-1}\mathbf{A}^{-1}$。∎

推論 1.31 設 $\mathbf{A}_1, \mathbf{A}_2, \cdots, \mathbf{A}_k$ 均為 $n \times n$ 可逆矩陣, 則 $\mathbf{A}_1\mathbf{A}_2 \cdots \mathbf{A}_k$ 亦為可逆矩陣, 且 $(\mathbf{A}_1\mathbf{A}_2 \cdots \mathbf{A}_k)^{-1} = \mathbf{A}_k^{-1}\mathbf{A}_{k-1}^{-1} \cdots \mathbf{A}_1^{-1}$。

證明: 利用數學歸納法。∎

例 1.32 $\mathbf{A} = \begin{bmatrix} 2 & 4 \\ 3 & 1 \end{bmatrix}$ 以及 $\mathbf{B} = \begin{bmatrix} 1 & 2 \\ 0 & 1 \end{bmatrix}$ 都是可逆矩陣, 因此 $\mathbf{AB} = \begin{bmatrix} 2 & 8 \\ 3 & 7 \end{bmatrix}$ 亦為可逆矩陣, 且

$$
(\mathbf{AB})^{-1} = \mathbf{B}^{-1}\mathbf{A}^{-1} = \begin{bmatrix} 1 & -2 \\ 0 & 1 \end{bmatrix} \begin{bmatrix} \frac{-1}{10} & \frac{2}{5} \\ \frac{3}{10} & \frac{-1}{5} \end{bmatrix} = \begin{bmatrix} \frac{-7}{10} & \frac{4}{5} \\ \frac{3}{10} & \frac{-1}{5} \end{bmatrix}。
$$

∎

定理 **1.33** 若**A**是可逆矩陣, 則

1. $\mathbf{A}^{-1}$爲可逆, 且 $(\mathbf{A}^{-1})^{-1} = \mathbf{A}$。

2. $\mathbf{A}^T$爲可逆, 且 $(\mathbf{A}^T)^{-1} = (\mathbf{A}^{-1})^T$。

3. 若$a \neq 0$, 則$a\mathbf{A}$亦爲可逆, 且 $(a\mathbf{A})^{-1} = a^{-1}\mathbf{A}^{-1}$。

證明: 1. $\mathbf{A} \cdot \mathbf{A}^{-1} = \mathbf{A}^{-1} \cdot \mathbf{A} = \mathbf{I}$, 故知$\mathbf{A}^{-1}$可逆, 且$(\mathbf{A}^{-1})^{-1} = \mathbf{A}$。 ∎

1.3　基本列與行運算

定義 **1.34** 設**A**是$m \times n$矩陣。底下三種運算稱爲對矩陣**A**之基本列(或行)運算(elementary row or column operations)。

1. 第一類型: 將矩陣**A**中任兩列(或行)互換。

2. 第二類型: 將某列(或行)乘上一個非零之常數。

3. 第三類型: 將矩陣**A**中某一j列 (或行) 乘上一個常數後加到另一k列(或行)當作新的第k列(或行), 而原j列(或行)維持不變。 ∎

　　爲簡化文字說明, 我們將以簡單的符號代表三種類型的基本列(或行)運算。譬如, $R_1 \leftrightarrow R_2$代表將矩陣之第一列與第二列互換, $C_2 \leftrightarrow C_4$代表將矩陣之第二行與第四行互換, 同理, 以$R_3 \times 2$代表將第三列乘上常數2, $C_4 \times (-3) + C_2$則代表將第四行乘上常數-3加到第二行當做新的第二行(但維持第四行不變) 等等, 以此類推。

例 **1.35** 設 $\mathbf{A} = \begin{bmatrix} 1 & -1 & 0 & 1 \\ 2 & 2 & -1 & 3 \\ -1 & 5 & 2 & 1 \\ 3 & -1 & 1 & -1 \end{bmatrix}$,

第一類型:

$$\mathbf{A} \xrightarrow{R_1 \leftrightarrow R_2} \begin{bmatrix} 2 & 2 & -1 & 3 \\ 1 & -1 & 0 & 1 \\ -1 & 5 & 2 & 1 \\ 3 & -1 & 1 & -1 \end{bmatrix} \triangleq \mathbf{A}_1,$$

$$\mathbf{A} \xrightarrow{C_1 \leftrightarrow C_2} \begin{bmatrix} -1 & 1 & 0 & 1 \\ 2 & 2 & -1 & 3 \\ 5 & -1 & 2 & 1 \\ -1 & 3 & 1 & -1 \end{bmatrix} \triangleq \mathbf{A}_2;$$

第二類型:

$$\mathbf{A} \xrightarrow{R_3 \times 2} \begin{bmatrix} 1 & -1 & 0 & 1 \\ 2 & 2 & -1 & 3 \\ -2 & 10 & 4 & 2 \\ 3 & -1 & 1 & -1 \end{bmatrix} \triangleq \mathbf{A}_3,$$

$$\mathbf{A} \xrightarrow{C_3 \times 2} \begin{bmatrix} 1 & -1 & 0 & 1 \\ 2 & 2 & -2 & 3 \\ -1 & 5 & 4 & 1 \\ 3 & -1 & 2 & -1 \end{bmatrix} \triangleq \mathbf{A}_4;$$

第三類型:

$$\mathbf{A} \xrightarrow{R_1 \times (-3) + R_4} \begin{bmatrix} 1 & -1 & 0 & 1 \\ 2 & 2 & -1 & 3 \\ -1 & 5 & 2 & 1 \\ 0 & 2 & 1 & -4 \end{bmatrix} \triangleq \mathbf{A}_5,$$

$$\mathbf{A} \xrightarrow{C_4 \times (-3) + C_1} \begin{bmatrix} -2 & -1 & 0 & 1 \\ -7 & 2 & -1 & 3 \\ -4 & 5 & 2 & 1 \\ 6 & -1 & 1 & -1 \end{bmatrix} \triangleq \mathbf{A}_6 \text{。}$$

仔細觀察不難發現

$$\mathbf{A}_1 = \mathbf{E}_1\mathbf{A}, \ \mathbf{A}_2 = \mathbf{A}\mathbf{E}_1,$$
$$\mathbf{A}_3 = \mathbf{E}_2\mathbf{A}, \ \mathbf{A}_4 = \mathbf{A}\mathbf{E}_2,$$
$$\mathbf{A}_5 = \mathbf{E}_3\mathbf{A}, \ \mathbf{A}_6 = \mathbf{A}\mathbf{E}_3,$$

其中

$$\mathbf{E}_1 = \begin{bmatrix} 0 & 1 & 0 & 0 \\ 1 & 0 & 0 & 0 \\ 0 & 0 & 1 & 0 \\ 0 & 0 & 0 & 1 \end{bmatrix}, \ \mathbf{E}_2 = \begin{bmatrix} 1 & 0 & 0 & 0 \\ 0 & 1 & 0 & 0 \\ 0 & 0 & 2 & 0 \\ 0 & 0 & 0 & 1 \end{bmatrix},$$
$$\mathbf{E}_3 = \begin{bmatrix} 1 & 0 & 0 & 0 \\ 0 & 1 & 0 & 0 \\ 0 & 0 & 1 & 0 \\ -3 & 0 & 0 & 1 \end{bmatrix}。$$

$\mathbf{E}_1$, $\mathbf{E}_2$與$\mathbf{E}_3$分別對$\mathbf{I}_4$做同類型之基本列(或行)運算而得，譬如說，$\mathbf{A}_1$是對$\mathbf{A}$之第一列與第二列互換而得到，則對$\mathbf{I}_4$作相同的列運算得到$\mathbf{E}_1$：

$$\mathbf{I}_4 \xrightarrow{R_1 \leftrightarrow R_2} \mathbf{E}_1。$$

同理，$\mathbf{A}_3$與$\mathbf{A}_5$分別是對$\mathbf{A}$之第三列乘上2以及第一列乘上-3加到第四列得之，則對$\mathbf{I}_4$分別作相同運算可得$\mathbf{E}_2$與$\mathbf{E}_3$：

$$\mathbf{I}_4 \xrightarrow{R_3 \times 2} \mathbf{E}_2,$$
$$\mathbf{I}_4 \xrightarrow{R_1 \times (-3) + R_4} \mathbf{E}_3,$$

則$\mathbf{A}_1$, $\mathbf{A}_3$以及$\mathbf{A}_5$分別等於$\mathbf{A}$左乘$\mathbf{E}_1$, $\mathbf{E}_2$以及$\mathbf{E}_3$。同理，對$\mathbf{A}$作基本行運算時，相當於將$\mathbf{A}$右乘一個矩陣，該矩陣等於對$\mathbf{I}$作相同的基本行運算後所得之矩陣。上述$\mathbf{E}_1$, $\mathbf{E}_2$以及$\mathbf{E}_3$分別稱為第一、第二與第三類型之基本矩陣(element- ary matrices)。■

定義 **1.36** 對單位矩陣**I**做某類型之基本列(或行)運算後所得之矩陣稱爲該類型之基本矩陣。∎

　　基本矩陣有下面重要的性質。

定理 **1.37** 設**E**爲基本矩陣，則**E**爲可逆矩陣，且$\mathbf{E}^{-1}$亦爲與**E**同類型之基本矩陣。

證明: 我們僅以例1.35中之$\mathbf{E}_1$, $\mathbf{E}_2$以及$\mathbf{E}_3$說明。首先，$\mathbf{E}_1$是第一類型基本矩陣，且$\mathbf{E}_1^{-1} = \mathbf{E}_1$也是第一類型基本矩陣。其次，$\mathbf{E}_2$是第二類型基本矩陣，且$\mathbf{E}_2^{-1}$

$$= \begin{bmatrix} 1 & 0 & 0 & 0 \\ 0 & 1 & 0 & 0 \\ 0 & 0 & \frac{1}{2} & 0 \\ 0 & 0 & 0 & 1 \end{bmatrix}$$ 也是第二類型基本矩陣。最後，$\mathbf{E}_3$是第三類型基本矩陣，

且$\mathbf{E}_3^{-1} = \begin{bmatrix} 1 & 0 & 0 & 0 \\ 0 & 1 & 0 & 0 \\ 0 & 0 & 1 & 0 \\ 3 & 0 & 0 & 1 \end{bmatrix}$ 也是第三類型基本矩陣。一般的情況同理可證。∎

定義 **1.38** 設**A**, **B**是兩個同階數之矩陣。若存在有限個基本矩陣$\mathbf{E}_1, \cdots, \mathbf{E}_k$使得$\mathbf{A} = \mathbf{E}_k \mathbf{E}_{k-1} \cdots \mathbf{E}_1 \mathbf{B}$, 則稱**A**列等效(row equivalent)於**B**, 記作$\mathbf{A} \xrightarrow{R} \mathbf{B}$。若存在有限個基本矩陣 $\mathbf{E}_1, \cdots, \mathbf{E}_k$ 使得 $\mathbf{A} = \mathbf{B} \mathbf{E}_1 \cdots \mathbf{E}_k$, 則稱 **A** 行等效(column equivalent)於**B**, 記作$\mathbf{A} \xrightarrow{C} \mathbf{B}$。∎

　　換言之，**A**列(行)等效於**B**意即經由有限次基本列(行)運算可以將**B**轉變成**A**。

定理 **1.39** 列等效是等價關係，換句話說，設**A**, **B**及**C**是三個同階數之矩陣，則有

　　1. $\mathbf{A} \xrightarrow{R} \mathbf{A}$,

2. 若 $\mathbf{A} \xrightarrow{R} \mathbf{B}$, 則 $\mathbf{B} \xrightarrow{R} \mathbf{A}$,

3. 若 $\mathbf{A} \xrightarrow{R} \mathbf{B}$, $\mathbf{B} \xrightarrow{R} \mathbf{C}$, 則 $\mathbf{A} \xrightarrow{R} \mathbf{C}$。

同理, 行等效亦為等價關係。

證明:

1. 因為 $\mathbf{A} = \mathbf{I} \cdot \mathbf{A}$, 故 $\mathbf{A} \xrightarrow{R} \mathbf{A}$。

2. 設 $\mathbf{A} \xrightarrow{R} \mathbf{B}$, 則存在有限個基本矩陣 $\mathbf{E}_1, \cdots, \mathbf{E}_k$ 使得 $\mathbf{A} = \mathbf{E}_k \mathbf{E}_{k-1} \cdots \mathbf{E}_1 \mathbf{B}$。因為 $\mathbf{E}_i$ 均為可逆, 且 $\mathbf{E}_i^{-1}$ 為同類型之基本矩陣, 則有 $\mathbf{B} = (\mathbf{E}_k \mathbf{E}_{k-1} \cdots \mathbf{E}_1)^{-1} \mathbf{A} = \mathbf{E}_1^{-1} \cdots \mathbf{E}_k^{-1} \mathbf{A}$, 故 $\mathbf{B} \xrightarrow{R} \mathbf{A}$。

3. 此部分證明也很容易, 留給讀者自行練習。

同理, 行等效部份之證明雷同。 ■

有關等價關係在第2章將會有更多的討論。

1.4 聯立方程組與高斯消去法

一組 $m \times n$ 聯立方程組指的是 m 個 n 元代數方程式如下:

$$\begin{cases} a_{11}x_1 + a_{12}x_2 + \cdots + a_{1n}x_n = b_1 \\ a_{21}x_1 + a_{22}x_2 + \cdots + a_{2n}x_n = b_2 \\ \qquad\qquad\qquad \vdots \\ a_{m1}x_1 + a_{m2}x_2 + \cdots + a_{mn}x_n = b_m, \end{cases} \qquad (1.1)$$

其中a_{ij}與$b_i\,(1 \leq i \leq m,\, 1 \leq j \leq n)$為已知常數(又稱係數), x_j則為待求之未知數。上述方程式可寫成下列矩陣型式:

$$\begin{bmatrix} a_{11} & a_{12} & \cdots & a_{1n} \\ a_{21} & a_{22} & \cdots & a_{2n} \\ \vdots & \vdots & \ddots & \vdots \\ a_{m1} & a_{m2} & \cdots & a_{mn} \end{bmatrix} \begin{bmatrix} x_1 \\ x_2 \\ \vdots \\ x_n \end{bmatrix} \begin{bmatrix} b_1 \\ b_2 \\ \vdots \\ b_m \end{bmatrix}。$$

若令

$$\mathbf{A} = \begin{bmatrix} a_{11} & a_{12} & \cdots & a_{1n} \\ a_{21} & a_{22} & \cdots & a_{2n} \\ \vdots & \vdots & \ddots & \vdots \\ a_{m1} & a_{m2} & \cdots & a_{mn} \end{bmatrix},\, \mathbf{b} = \begin{bmatrix} b_1 \\ b_2 \\ \vdots \\ b_m \end{bmatrix},\, \mathbf{x} = \begin{bmatrix} x_1 \\ x_2 \\ \vdots \\ x_n \end{bmatrix},$$

則上式又可表示成

$$\mathbf{A}\mathbf{x} = \mathbf{b}, \tag{1.2}$$

我們稱$\mathbf{A}$為該聯立方程組之係數矩陣 (coefficient matrix), 而稱$[\mathbf{A}|\mathbf{b}]$為該聯立方程組之擴大矩陣 (augmented matrix)。

例 **1.40** 考慮3×3聯立方程組

$$\begin{cases} 2x_1 - 4x_2 + 5x_3 &= -8 \\ x_1 + 2x_2 + x_3 &= 3 \\ 3x_1 - x_2 + 2x_3 &= 4, \end{cases}$$

其係數矩陣為

$$\mathbf{A} = \begin{bmatrix} 2 & -4 & 5 \\ 1 & 2 & 1 \\ 3 & -1 & 2 \end{bmatrix},$$

擴大矩陣則為

$$[\mathbf{A}|\mathbf{b}] = \begin{bmatrix} 2 & -4 & 5 & -8 \\ 1 & 2 & 1 & 3 \\ 3 & -1 & 2 & 4 \end{bmatrix},$$

線性代數

未知數所成之向量爲

$$\mathbf{x} = \begin{bmatrix} x_1 \\ x_2 \\ x_3 \end{bmatrix}。$$

　　解聯立方程組最有效又快速的方法之一就是大家所熟知的高斯消去法 (Gaussian elimination)。高斯消去法主要分成兩大步驟：一是前向消去 (forward pass)，二是後向代入 (back substitution)。我們以上例作說明。

例 **1.41** 利用高斯消去法解例1.40中之聯立方程組。

解：

1. 前向消去：此步驟主要目的就是希望透過三種類型之基本列運算將係數矩陣化成對角線元素等於1之上三角矩陣，進行步驟如下：

$$[\mathbf{A}|\mathbf{b}] = \begin{bmatrix} 2 & -4 & 5 & | & -8 \\ 1 & 2 & 1 & | & 3 \\ 3 & -1 & 2 & | & 4 \end{bmatrix} \xrightarrow{R_1 \times \frac{1}{2}} \begin{bmatrix} 1 & -2 & \frac{5}{2} & | & -4 \\ 1 & 2 & 1 & | & 3 \\ 3 & -1 & 2 & | & 4 \end{bmatrix}$$

$$\xrightarrow[R_1 \times (-3) + R_3]{R_1 \times (-1) + R_2} \begin{bmatrix} 1 & -2 & \frac{5}{2} & | & -4 \\ 0 & 4 & \frac{-3}{2} & | & 7 \\ 0 & 5 & \frac{-11}{2} & | & 16 \end{bmatrix}$$

$$\xrightarrow{R_2 \times \frac{1}{4}} \begin{bmatrix} 1 & -2 & \frac{5}{2} & | & -4 \\ 0 & 1 & \frac{-3}{8} & | & \frac{7}{4} \\ 0 & 5 & \frac{-11}{2} & | & 16 \end{bmatrix}$$

$$\xrightarrow{R_2 \times (-5) + R_3} \begin{bmatrix} 1 & -2 & \frac{5}{2} & | & -4 \\ 0 & 1 & \frac{-3}{8} & | & \frac{7}{4} \\ 0 & 0 & \frac{-29}{8} & | & \frac{29}{4} \end{bmatrix}$$

$$\xrightarrow{R_3 \times \frac{-8}{29}} \begin{bmatrix} 1 & -2 & \frac{5}{2} & | & -4 \\ 0 & 1 & \frac{-3}{8} & | & \frac{7}{4} \\ 0 & 0 & 1 & | & -2 \end{bmatrix},$$

最後的結果相當於將原聯立方程組簡化成

$$\begin{cases} x_1 - 2x_2 + \frac{5}{2}x_3 &=& -4 \\ x_2 - \frac{3}{8}x_3 &=& \frac{7}{4} \\ x_3 &=& -2。 \end{cases}$$

當然我們一開始也可以先交換第一列與第二列$(R_1 \leftrightarrow R_2)$使擴大矩陣最左上角元素變成1, 然後再仿照上面的方法將係數矩陣化成對角線元素等於1之上三角矩陣, 因此, 前向消去中所用三種類型的基本列運算並不是唯一的。同樣地, 在後向代入也是如此。

2. 後向代入: 此步驟目的是要把已化成上三角之係數矩陣$\mathbf{A}$進一步化成單位矩陣, 方法如下:

$$\begin{bmatrix} 1 & -2 & \frac{5}{2} & \Big| & -4 \\ 0 & 1 & \frac{-3}{8} & \Big| & \frac{7}{4} \\ 0 & 0 & 1 & \Big| & -2 \end{bmatrix} \xrightarrow[R_3 \times (\frac{-5}{2}) + R_1]{R_3 \times \frac{3}{8} + R_2} \begin{bmatrix} 1 & -2 & 0 & \Big| & 1 \\ 0 & 1 & 0 & \Big| & 1 \\ 0 & 0 & 1 & \Big| & -2 \end{bmatrix}$$

$$\xrightarrow{R_2 \times 2 + R_1} \begin{bmatrix} 1 & 0 & 0 & \Big| & 3 \\ 0 & 1 & 0 & \Big| & 1 \\ 0 & 0 & 1 & \Big| & -2 \end{bmatrix},$$

於是原聯立方程組變成

$$\begin{cases} x_1 = 3 \\ x_2 = 1 \\ x_3 = -2 \end{cases}$$

即為所求。 ■

上例中方程式個數等於未知數個數 (均等於3), 即使在這種情況下, 並非所有的聯立方程組都可以經由一系列基本列運算將係數矩陣$\mathbf{A}$化成單位矩陣, 如下例所示。

例 **1.42** 考慮5×5的聯立方程組

$$\begin{cases} x_3 + x_4 + x_5 &=& 3 \\ x_1 - x_2 + 2x_3 + 2x_4 + x_5 &=& 7 \\ x_1 - x_2 + x_3 + x_4 - x_5 &=& 2 \\ x_1 - x_2 - x_3 - x_4 + 2x_5 &=& 6 \\ 2x_1 - 2x_2 + x_3 + x_4 + 2x_5 &=& 11, \end{cases}$$

利用前向消去得

$$[\mathbf{A}|\mathbf{b}] = \left[\begin{array}{ccccc|c} 0 & 0 & 1 & 1 & 1 & 3 \\ 1 & -1 & 2 & 2 & 1 & 7 \\ 1 & -1 & 1 & 1 & -1 & 2 \\ 1 & -1 & -1 & -1 & 2 & 6 \\ 2 & -2 & 1 & 1 & 2 & 11 \end{array}\right]$$

$$\xrightarrow{R_1 \leftrightarrow R_2} \left[\begin{array}{ccccc|c} 1 & -1 & 2 & 2 & 1 & 7 \\ 0 & 0 & 1 & 1 & 1 & 3 \\ 1 & -1 & 1 & 1 & -1 & 2 \\ 1 & -1 & -1 & -1 & 2 & 6 \\ 2 & -2 & 1 & 1 & 2 & 11 \end{array}\right]$$

$$\xrightarrow[\substack{R_1 \times (-1) + R_3 \\ R_1 \times (-1) + R_4 \\ R_1 \times (-2) + R_5}]{} \left[\begin{array}{ccccc|c} 1 & -1 & 2 & 2 & 1 & 7 \\ 0 & 0 & 1 & 1 & 1 & 3 \\ 0 & 0 & -1 & -1 & -2 & -5 \\ 0 & 0 & -3 & -3 & 1 & -1 \\ 0 & 0 & -3 & -3 & 0 & -3 \end{array}\right]$$

$$\xrightarrow[\substack{R_2 \times 1 + R_3 \\ R_2 \times 3 + R_4 \\ R_2 \times 3 + R_5}]{} \left[\begin{array}{ccccc|c} 1 & -1 & 2 & 2 & 1 & 7 \\ 0 & 0 & 1 & 1 & 1 & 3 \\ 0 & 0 & 0 & 0 & -1 & -2 \\ 0 & 0 & 0 & 0 & 4 & 8 \\ 0 & 0 & 0 & 0 & 3 & 6 \end{array}\right]$$

$$\xrightarrow{R_3 \times (-1)} \left[\begin{array}{ccccc|c} 1 & -1 & 2 & 2 & 1 & 7 \\ 0 & 0 & 1 & 1 & 1 & 3 \\ 0 & 0 & 0 & 0 & 1 & 2 \\ 0 & 0 & 0 & 0 & 4 & 8 \\ 0 & 0 & 0 & 0 & 3 & 6 \end{array}\right]$$

$$\xrightarrow[R_3 \times (-3)+R_5]{R_3 \times (-4)+R_4} \left[\begin{array}{ccccc|c} 1 & -1 & 2 & 2 & 1 & 7 \\ 0 & 0 & 1 & 1 & 1 & 3 \\ 0 & 0 & 0 & 0 & 1 & 2 \\ 0 & 0 & 0 & 0 & 0 & 0 \\ 0 & 0 & 0 & 0 & 0 & 0 \end{array}\right] \text{。} \tag{1.3}$$

很明顯地, 此例之係數矩陣$\mathbf{A}$不可能化成對角元素全爲1之上三角矩陣, 我們注意到上面最後一個擴大矩陣最後兩列全爲零, 換句話說, 原聯立方程組等效於

$$\begin{cases} x_1 - x_2 + 2x_3 + 2x_4 + x_5 &=& 7 \\ x_3 + x_4 + x_5 &=& 3 \\ x_5 &=& 2, \end{cases} \tag{1.4}$$

因此原聯立方程組5個方程式中有兩個方程式是多餘的, 這種情況下, 聯立方程組不可能恰有唯一解。另外, 最後的係數矩陣

$$\left[\begin{array}{ccccc} 1 & -1 & 2 & 2 & 1 \\ 0 & 0 & 1 & 1 & 1 \\ 0 & 0 & 0 & 0 & 1 \\ 0 & 0 & 0 & 0 & 0 \\ 0 & 0 & 0 & 0 & 0 \end{array}\right] \tag{1.5}$$

稱爲是一種列梯形型式(row echelon form)。 ∎

定義 **1.43** 一個矩陣若滿足下列三個條件, 稱爲一列梯形型式:

1. 若有全列爲零必在矩陣最下方之列。

2. 非全零之列其第一個非零之元素等於1。

線性代數

3. 越上方列之最左邊非零項越靠左。 ■

如(1.5)式中之矩陣滿足上面三條件, 故爲一列梯形型式。

例 **1.44** 下列矩陣均不是列梯形型式:

$$\mathbf{A}_1 = \begin{bmatrix} 0 & 1 & 0 & -2 \\ 1 & 0 & 0 & -1 \\ 0 & 0 & 1 & 1 \end{bmatrix}, \mathbf{A}_2 = \begin{bmatrix} 3 & 0 & 0 \\ 0 & 1 & 0 \end{bmatrix}, \mathbf{A}_3 = \begin{bmatrix} 0 & 0 & 0 \\ 0 & 1 & 0 \end{bmatrix},$$

因爲$\mathbf{A}_1$違反條件3, $\mathbf{A}_2$違反條件2, $\mathbf{A}_3$違反條件1。 ■

透過後向代入, 列梯形型式可以進一步簡化成更簡單的型式, 稱做簡化列梯形型式 (reduced row echelon form)。

定義 **1.45** 一個矩陣$\mathbf{A}$若滿足下列兩個條件, 稱爲簡化列梯形型式。

1. $\mathbf{A}$是一列梯形型式。

2. $\mathbf{A}$中非全爲零之列第一個非零之元素1是其所在行中唯一非零之元素。 ■

例 **1.46** 再考慮例1.42中之聯立方程組。利用後向代入可將(1.3) 式之擴大矩陣中之係數矩陣進一步化簡成簡化列梯形型式如下:

$$\begin{bmatrix} 1 & -1 & 2 & 2 & 1 & | & 7 \\ 0 & 0 & 1 & 1 & 1 & | & 3 \\ 0 & 0 & 0 & 0 & 1 & | & 2 \\ 0 & 0 & 0 & 0 & 0 & | & 0 \\ 0 & 0 & 0 & 0 & 0 & | & 0 \end{bmatrix} \xrightarrow[R_3\times(-1)+R_2]{R_3\times(-1)+R_1} \begin{bmatrix} 1 & -1 & 2 & 2 & 0 & | & 5 \\ 0 & 0 & 1 & 1 & 0 & | & 1 \\ 0 & 0 & 0 & 0 & 1 & | & 2 \\ 0 & 0 & 0 & 0 & 0 & | & 0 \\ 0 & 0 & 0 & 0 & 0 & | & 0 \end{bmatrix}$$

$$\xrightarrow{R_2\times(-2)+R_1} \begin{bmatrix} 1 & -1 & 0 & 0 & 0 & | & 3 \\ 0 & 0 & 1 & 1 & 0 & | & 1 \\ 0 & 0 & 0 & 0 & 1 & | & 2 \\ 0 & 0 & 0 & 0 & 0 & | & 0 \\ 0 & 0 & 0 & 0 & 0 & | & 0 \end{bmatrix},$$

最後的係數矩陣

$$\begin{bmatrix} 1 & -1 & 0 & 0 & 0 \\ 0 & 0 & 1 & 1 & 0 \\ 0 & 0 & 0 & 0 & 1 \\ 0 & 0 & 0 & 0 & 0 \\ 0 & 0 & 0 & 0 & 0 \end{bmatrix}$$

正是一簡化列梯形型式。原聯立方程組變成

$$\begin{cases} x_1 - x_2 &=& 3 \\ x_3 + x_4 &=& 1 \\ x_5 &=& 2。 \end{cases}$$

若令 $x_2 = a$, $x_4 = b$ 得 $x_1 = a+3$, $x_3 = -b+1$, 因爲 a, b 是任意常數, 故有無限多組解, 其解集合 $\mathcal{S}$ 可寫成

$$\mathcal{S} = \{(a+3, a, -b+1, b, 2) | a, b \in \mathbb{R}\}。$$

■

當方程式個數等於未知數個數也可能無解, 我們舉一實例說明。

例 **1.47** 考慮 5×5 的聯立方程組

$$\begin{cases} x_3 + x_4 + x_5 &=& 3 \\ x_1 - x_2 + 2x_3 + 2x_4 + x_5 &=& 7 \\ x_1 - x_2 + x_3 + x_4 - x_5 &=& 2 \\ x_1 - x_2 - x_3 - x_4 + 2x_5 &=& 2 \\ 2x_1 - 2x_2 + x_3 + x_4 + 2x_5 &=& 3, \end{cases}$$

類似例1.42中的前向消去可得

$$[\mathbf{A}|\mathbf{b}] = \left[\begin{array}{ccccc|c} 0 & 0 & 1 & 1 & 1 & 3 \\ 1 & -1 & 2 & 2 & 1 & 7 \\ 1 & -1 & 1 & 1 & -1 & 2 \\ 1 & -1 & -1 & -1 & 2 & 2 \\ 2 & -2 & 1 & 1 & 2 & 3 \end{array}\right]$$

$$\xrightarrow{R} \left[\begin{array}{ccccc|c} 1 & -1 & 2 & 2 & 1 & 7 \\ 0 & 0 & 1 & 1 & 1 & 3 \\ 0 & 0 & 0 & 0 & 1 & 2 \\ 0 & 0 & 0 & 0 & 0 & -4 \\ 0 & 0 & 0 & 0 & 0 & -8 \end{array}\right],$$

由最後兩列得

$$\begin{cases} 0x_1 + 0x_2 + 0x_3 + 0x_4 + 0x_5 & = & -4 \\ 0x_1 + 0x_2 + 0x_3 + 0x_4 + 0x_5 & = & -8, \end{cases}$$

故知無解。　　　　　　　　　　　　　　　　　　　　　　　　　　■

　　接下來我們討論方程式個數m少於未知數個數n的情形。在此情況下, 可能無解, 可能有無限多組解, 但絕不可能恰有一解。(你知道為什麼嗎?)

例 **1.48** 考慮2×3聯立方程組

$$\begin{cases} x_1 - x_2 + 2x_3 & = & 1 \\ 2x_1 - 2x_2 + 4x_3 & = & 3, \end{cases}$$

因為第二式左邊等於第一式左邊的2倍, 但第二式右邊等於第一式右邊的3倍, 故知無解。若利用向前消去可得

$$\left[\begin{array}{ccc|c} 1 & -1 & 2 & 1 \\ 2 & -2 & 4 & 3 \end{array}\right] \xrightarrow{R_1 \times (-2) + R_2} \left[\begin{array}{ccc|c} 1 & -1 & 2 & 1 \\ 0 & 0 & 0 & 1 \end{array}\right],$$

亦可結論此聯立方程組無解。　　　　　　　　　　　　　　　　　■

例 **1.49** (1.4)式中之3×5之聯立方程組有無窮多組解。 ■

　　至於方程式個數m多於未知數個數n時$m \times n$聯立方程組解之詳細情形, 留給讀者自己思考(見習題1.16)。

　　當聯立方程組(1.1)式中之$b_1 = b_2 = \cdots = b_m = 0$或是(1.2)式中之$\mathbf{b} = \mathbf{0}$時, 稱之爲齊次方程組 (homogeneous system)。很明顯地, 齊次方程組至少有一解, 即$x_1 = x_2 = \cdots = x_n = 0$, 也就是$\mathbf{x} = \mathbf{0}$, 此解稱爲零解 (trivial solution)。因此, 當一個齊次方程組恰有唯一解, 則此唯一解必爲零解。若齊次方程組有非零解 (nontrivial solution), 則必有無限多組解, 這是因爲當$\mathbf{x} \neq \mathbf{0}$是其解, 則對任意常數$k$, $k\mathbf{x}$亦爲其解。由前面討論知, 當方程式個數少於未知數個數時, 齊次方程組不可能恰有一解, 因此必有無限多組解。

例 **1.50** 考慮3×4齊次方程組

$$\left\{ \begin{array}{rcl} x_1 + 2x_2 + x_4 & = & 0 \\ x_1 + 2x_3 + 3x_4 & = & 0 \\ x_1 + x_2 + x_3 + 2x_4 & = & 0, \end{array} \right.$$

由高斯消去法可得

$$\left[\begin{array}{cccc|c} 1 & 2 & 0 & 1 & 0 \\ 1 & 0 & 2 & 3 & 0 \\ 1 & 1 & 1 & 2 & 0 \end{array} \right] \xrightarrow{R} \left[\begin{array}{cccc|c} 1 & 0 & 2 & 3 & 0 \\ 0 & 1 & -1 & -1 & 0 \\ 0 & 0 & 0 & 0 & 0 \end{array} \right],$$

亦即

$$\left\{ \begin{array}{rcl} x_1 + 2x_3 + 3x_4 & = & 0 \\ x_2 - x_3 - x_4 & = & 0。 \end{array} \right.$$

若令$x_3 = a, x_4 = b$, 得$x_1 = -2a - 3b, x_2 = a + b$, 因此有無限多組解, 其解集合爲$\{(-2a - 3b, a + b, a, b)|a, b \in \mathbb{R}\}$。 ■

　　底下是一個很重要的定理。

定理 1.51 設$\mathbf{A}$為 $n \times n$ 矩陣。下列各敍述等效。

1. $\mathbf{A}$是可逆矩陣。

2. 齊次方程組 $\mathbf{Ax} = \mathbf{0}$ 恰有一解, 即 $\mathbf{x} = \mathbf{0}$ 。

3. $\mathbf{A} \xrightarrow{R} \mathbf{I}_n$。

證明: 『$1 \Rightarrow 2$』設$\mathbf{A}$是可逆矩陣, $\mathbf{x}$為其解。則

$$\mathbf{x} = \mathbf{Ix} = (\mathbf{A}^{-1}\mathbf{A})\mathbf{x} = \mathbf{A}^{-1}(\mathbf{Ax}) = \mathbf{A}^{-1}\mathbf{0} = \mathbf{0}。$$

『$2 \Rightarrow 3$』設$\mathbf{Ax} = \mathbf{0}$只有零解, 則$[\mathbf{A}|\mathbf{0}] \xrightarrow{R} [\mathbf{I}|\mathbf{0}]$, 因此$\mathbf{A} \xrightarrow{R} \mathbf{I}$。

『$3 \Rightarrow 1$』設 $\mathbf{A} \xrightarrow{R} \mathbf{I}$, 依定義必存在有限個基本矩陣 $\mathbf{E}_1, \mathbf{E}_2, \cdots, \mathbf{E}_k$ 使得 $\mathbf{A} = \mathbf{E}_k\mathbf{E}_{k-1} \cdots \mathbf{E}_1\mathbf{I} = \mathbf{E}_k\mathbf{E}_{k-1} \cdots \mathbf{E}_1$, 因此$\mathbf{A}$為可逆, 且$\mathbf{A}^{-1} = (\mathbf{E}_k\mathbf{E}_{k-1} \cdots \mathbf{E}_1)^{-1} = \mathbf{E}_1^{-1} \cdots \mathbf{E}_k^{-1}$ 。 ∎

推論 1.52 設$\mathbf{A}$是$n \times n$矩陣。下列各敍述等效。

1. $\mathbf{A}$不可逆。

2. 齊次方程組$\mathbf{Ax} = \mathbf{0}$有非零解(故有無限多組解)。

3. $\mathbf{A}$與單位矩陣$\mathbf{I}$不是列等效。 ∎

定理1.51提供了一個求可逆矩陣之反矩陣的數值方法。設$n \times n$矩陣$\mathbf{A}$是可逆矩陣。依上述定理之證明知存在基本矩陣 $\mathbf{E}_1, \mathbf{E}_2, \cdots, \mathbf{E}_k$使得$\mathbf{A} = \mathbf{E}_k\mathbf{E}_{k-1} \cdots \mathbf{E}_1$。經由高斯消去法

$$[\mathbf{A}|\mathbf{I}_n] \xrightarrow{R} \quad [\mathbf{E}_1^{-1}\mathbf{E}_2^{-1} \cdots \mathbf{E}_k^{-1}\mathbf{A}|\mathbf{E}_1^{-1}\mathbf{E}_2^{-1} \cdots \mathbf{E}_k^{-1}\mathbf{I}_n]$$
$$= \quad [\mathbf{I}_n|\mathbf{A}^{-1}]$$

可得$\mathbf{A}^{-1}$。

例 **1.53** 求例1.41中之 $\mathbf{A} = \begin{bmatrix} 2 & -4 & 5 \\ 1 & 2 & 1 \\ 3 & -1 & 2 \end{bmatrix}$ 的反矩陣。

解: 利用高斯消去法得

$$[\mathbf{A}|\mathbf{I}] = \left[\begin{array}{ccc|ccc} 2 & -4 & 5 & 1 & 0 & 0 \\ 1 & 2 & 1 & 0 & 1 & 0 \\ 3 & -1 & 2 & 0 & 0 & 1 \end{array}\right]$$

$$\xrightarrow{\text{前向消去}} \left[\begin{array}{ccc|ccc} 1 & -2 & \dfrac{5}{2} & \dfrac{1}{2} & 0 & 0 \\ 0 & 1 & \dfrac{-3}{8} & \dfrac{-1}{8} & \dfrac{1}{4} & 0 \\ 0 & 0 & 1 & \dfrac{7}{29} & \dfrac{10}{29} & \dfrac{-8}{29} \end{array}\right]$$

$$\xrightarrow{\text{後向代入}} \left[\begin{array}{ccc|ccc} 1 & 0 & 0 & \dfrac{-5}{29} & \dfrac{-3}{29} & \dfrac{14}{29} \\ 0 & 1 & 0 & \dfrac{-1}{29} & \dfrac{11}{29} & \dfrac{-3}{29} \\ 0 & 0 & 1 & \dfrac{7}{29} & \dfrac{10}{29} & \dfrac{-8}{29} \end{array}\right],$$

因此, $\mathbf{A}^{-1} = \begin{bmatrix} \dfrac{-5}{29} & \dfrac{-3}{29} & \dfrac{14}{29} \\ \dfrac{-1}{29} & \dfrac{11}{29} & \dfrac{-3}{29} \\ \dfrac{7}{29} & \dfrac{10}{29} & \dfrac{-8}{29} \end{bmatrix}$。 ∎

定理 **1.54** $n \times n$ 聯立方程組 $\mathbf{A}\mathbf{x} = \mathbf{b}$ 有唯一解之充分必要條件是 $\mathbf{A}$ 爲可逆矩陣, 此時, 該唯一解等於 $\mathbf{x}_0 = \mathbf{A}^{-1}\mathbf{b}$。

證明: 『充分性』設 $\mathbf{A}$ 是可逆矩陣, 則

$$\mathbf{A}(\mathbf{A}^{-1}\mathbf{b}) = (\mathbf{A}\mathbf{A}^{-1})\mathbf{b} = \mathbf{I}\mathbf{b} = \mathbf{b},$$

故知 $\mathbf{x}_0 = \mathbf{A}^{-1}\mathbf{b}$ 爲該聯立方程組之一解。令 $\mathbf{z}$ 是另一任意解，則有 $\mathbf{A}\mathbf{x}_0 = \mathbf{A}\mathbf{z} = \mathbf{b}$。因此 $\mathbf{A}(\mathbf{x}_0 - \mathbf{z}) = \mathbf{0}$。因 $\mathbf{A}$ 是可逆，依定理 1.51 知 $\mathbf{x}_0 - \mathbf{z} = \mathbf{0}$，亦即 $\mathbf{z} = \mathbf{x}_0$，故得證。

　　『必要性』利用反證法：假設 $\mathbf{A}\mathbf{x} = \mathbf{b}$ 有唯一解 $\mathbf{x}_0$，但 $\mathbf{A}$ 是不可逆。由推論 1.52 知存在 $\mathbf{z} \neq \mathbf{0}$ 滿足 $\mathbf{A}\mathbf{z} = \mathbf{0}$。令 $\mathbf{y} = \mathbf{x}_0 + \mathbf{z}$，因 $\mathbf{z} \neq \mathbf{0}$，故 $\mathbf{y} \neq \mathbf{x}_0$，且 $\mathbf{A}\mathbf{y} = \mathbf{A}\mathbf{x}_0 + \mathbf{A}\mathbf{z} = \mathbf{A}\mathbf{x}_0 = \mathbf{b}$，結果 $\mathbf{y}$ 亦爲 $\mathbf{A}\mathbf{x} = \mathbf{b}$ 之解，此與 $\mathbf{A}\mathbf{x} = \mathbf{b}$ 有唯一解之假設不合，故得證。∎

例 1.55 在例 1.40 中之 $\mathbf{A} = \begin{bmatrix} 2 & -4 & 5 \\ 1 & 2 & 1 \\ 3 & -1 & 2 \end{bmatrix}$ 是可逆矩陣，其反矩陣已在例 1.53 中求出。由定理 1.54 知例 1.40 之聯立方程組恰有一解爲

$$\mathbf{x} = \mathbf{A}^{-1}\mathbf{b} = \begin{bmatrix} \dfrac{-5}{29} & \dfrac{-3}{29} & \dfrac{14}{29} \\[2mm] \dfrac{-1}{29} & \dfrac{11}{29} & \dfrac{-3}{29} \\[2mm] \dfrac{7}{29} & \dfrac{10}{29} & \dfrac{-8}{29} \end{bmatrix} \begin{bmatrix} -8 \\ 3 \\ 4 \end{bmatrix} = \begin{bmatrix} 3 \\ 1 \\ -2 \end{bmatrix}$$

與例 1.41 中所得之答案相符。∎

1.5　LU及LDU分解

一個對角線元素均爲 1 的上 (或下) 三角矩陣稱做單位上 (或下) 三角矩陣 (unit upper or lower triangular matrix)。透過高斯消去法，只要不用到第一類型列運算，我們可將任意 $n \times n$ 可逆矩陣 $\mathbf{A}$ 分解成一個下三角及單位上三角矩陣乘積，稱爲 LU 分解 (lower upper factorization)。我們以簡單實例說明。

例 **1.56** 在例1.41中透過前向消去將矩陣$\mathbf{A} = \begin{bmatrix} 2 & -4 & 5 \\ 1 & 2 & 1 \\ 3 & -1 & 2 \end{bmatrix}$化成一個單位

上三角矩陣$\mathbf{U} \triangleq \begin{bmatrix} 1 & -2 & \frac{5}{2} \\ 0 & 1 & \frac{-3}{8} \\ 0 & 0 & 1 \end{bmatrix}$，而前向消去是由一系列的基本列運算組

成，每個列運算相當於在$\mathbf{A}$的左邊乘上一個相對應的基本矩陣。此例中相當於

$$\mathbf{E}_6\mathbf{E}_5\mathbf{E}_4\mathbf{E}_3\mathbf{E}_2\mathbf{E}_1\mathbf{A} = \mathbf{U},$$

這裡的$\mathbf{E}_i$分別爲

$$\mathbf{E}_1 = \begin{bmatrix} \frac{1}{2} & 0 & 0 \\ 0 & 1 & 0 \\ 0 & 0 & 1 \end{bmatrix}, \quad \mathbf{E}_2 = \begin{bmatrix} 1 & 0 & 0 \\ -1 & 1 & 0 \\ 0 & 0 & 1 \end{bmatrix},$$

$$\mathbf{E}_3 = \begin{bmatrix} 1 & 0 & 0 \\ 0 & 1 & 0 \\ -3 & 0 & 1 \end{bmatrix}, \quad \mathbf{E}_4 = \begin{bmatrix} 1 & 0 & 0 \\ 0 & \frac{1}{4} & 0 \\ 0 & 0 & 1 \end{bmatrix},$$

$$\mathbf{E}_5 = \begin{bmatrix} 1 & 0 & 0 \\ 0 & 1 & 0 \\ 0 & -5 & 1 \end{bmatrix}, \quad \mathbf{E}_6 = \begin{bmatrix} 1 & 0 & 0 \\ 0 & 1 & 0 \\ 0 & 0 & \frac{-8}{29} \end{bmatrix}。$$

注意此例中我們未用到第一類型列運算。因此，

$$\mathbf{A} = (\mathbf{E}_6\mathbf{E}_5\mathbf{E}_4\mathbf{E}_3\mathbf{E}_2\mathbf{E}_1)^{-1}\mathbf{U} \triangleq \mathbf{LU},$$

其中

$$\begin{aligned} \mathbf{L} &\triangleq \mathbf{E}_1^{-1}\mathbf{E}_2^{-1}\mathbf{E}_3^{-1}\mathbf{E}_4^{-1}\mathbf{E}_5^{-1}\mathbf{E}_6^{-1} \\ &= \begin{bmatrix} 2 & 0 & 0 \\ 1 & 4 & 0 \\ 3 & 5 & \frac{-29}{8} \end{bmatrix}。 \end{aligned}$$

由於$\mathbf{E}_1, \cdots, \mathbf{E}_6$均爲下三角矩陣，故其反矩陣亦爲下三角矩陣(見習題1.14)，同時其乘積亦爲下三角矩陣(見習題1.6)。於是我們將$\mathbf{A}$分解成一個下三角矩陣與一個單位上三角矩陣。 ■

LU分解中的**U**雖然是單位上三角矩陣, 但**L**僅是下三角矩陣, 未必是單位下三角矩陣。透過簡單的量化 (scaling), 適當乘上對角矩陣**D**, 即可將**L**之對角線元素簡化成1(詳見命題1.14)。於是我們將得到以下之結論: 只要未用到第一類型列運算, 我們總是可將矩陣**A**分解成一個單位下三角矩陣與對角矩陣, 以及單位上三角矩陣之乘積, 此種分解法稱爲 LDU 分解。

例 **1.57** 如上例之**A**,

$$
\mathbf{A} = \begin{bmatrix} 2 & 0 & 0 \\ 1 & 4 & 0 \\ 3 & 5 & \frac{-29}{8} \end{bmatrix} \begin{bmatrix} 1 & -2 & \frac{5}{2} \\ 0 & 1 & \frac{-3}{8} \\ 0 & 0 & 1 \end{bmatrix}
$$

$$
= \begin{bmatrix} 1 & 0 & 0 \\ \frac{1}{2} & 1 & 0 \\ \frac{3}{2} & \frac{5}{4} & 1 \end{bmatrix} \begin{bmatrix} 2 & 0 & 0 \\ 0 & 4 & 0 \\ 0 & 0 & \frac{-29}{8} \end{bmatrix} \begin{bmatrix} 1 & -2 & \frac{5}{2} \\ 0 & 1 & \frac{-3}{8} \\ 0 & 0 & 1 \end{bmatrix}
$$

$$
\triangleq \mathbf{LDU},
$$

其中**L**與**U**分別是單位下三角與單位上三角矩陣, **D**則爲對角矩陣。 ∎

1.6 分割

一個階數較大的矩陣可以適當分割成階數較小的矩陣, 每個小矩陣稱爲原矩陣之一子矩陣 (submatrix)。譬如4 × 5的矩陣

$$
\mathbf{A} = \begin{bmatrix} 1 & 2 & 3 & 4 & 5 \\ 6 & 7 & 8 & 9 & 10 \\ 11 & 12 & 13 & 14 & 15 \\ 16 & 17 & 18 & 19 & 20 \end{bmatrix}
$$

$$= \begin{bmatrix} 1 & 2 & | & 3 & 4 & 5 \\ 6 & 7 & | & 8 & 9 & 10 \\ \hline 11 & 12 & | & 13 & 14 & 15 \\ 16 & 17 & | & 18 & 19 & 20 \end{bmatrix}$$

$$\triangleq \begin{bmatrix} \mathbf{A}_{11} & \mathbf{A}_{12} \\ \mathbf{A}_{21} & \mathbf{A}_{22} \end{bmatrix},$$

其中 $\mathbf{A}_{11} = \begin{bmatrix} 1 & 2 \\ 6 & 7 \end{bmatrix}$, $\mathbf{A}_{12} = \begin{bmatrix} 3 & 4 & 5 \\ 8 & 9 & 10 \end{bmatrix}$, $\mathbf{A}_{21} = \begin{bmatrix} 11 & 12 \\ 16 & 17 \end{bmatrix}$, $\mathbf{A}_{22} = \begin{bmatrix} 13 & 14 & 15 \\ 18 & 19 & 20 \end{bmatrix}$ 分別爲 $2 \times 2, 2 \times 3, 2 \times 2, 2 \times 3$ 之子矩陣。

一個矩陣可以有許多不同的分割方式。如上例之 $\mathbf{A}$ 亦可分割成6個子矩陣如下:

$$\mathbf{A} = \begin{bmatrix} 1 & 2 & | & 3 & 4 & | & 5 \\ 6 & 7 & | & 8 & 9 & | & 10 \\ 11 & 12 & | & 13 & 14 & | & 15 \\ \hline 16 & 17 & | & 18 & 19 & | & 20 \end{bmatrix} 。$$

又如

$$\mathbf{B} = \begin{bmatrix} 1 & 2 & 0 & 0 & 0 & 0 & 0 \\ 3 & 4 & 0 & 0 & 0 & 0 & 0 \\ 0 & 0 & 5 & 6 & 0 & 0 & 0 \\ 0 & 0 & 7 & 8 & 0 & 0 & 0 \\ 0 & 0 & 0 & 0 & 9 & 10 & 11 \\ 0 & 0 & 0 & 0 & 12 & 13 & 14 \\ 0 & 0 & 0 & 0 & 15 & 16 & 17 \end{bmatrix}$$

可以分割成

$$\mathbf{B} = \begin{bmatrix} \mathbf{B}_1 & \mathbf{0} & \mathbf{0} \\ \mathbf{0} & \mathbf{B}_2 & \mathbf{0} \\ \mathbf{0} & \mathbf{0} & \mathbf{B}_3 \end{bmatrix},$$

其中 $\mathbf{B}_1 = \begin{bmatrix} 1 & 2 \\ 3 & 4 \end{bmatrix}$, $\mathbf{B}_2 = \begin{bmatrix} 5 & 6 \\ 7 & 8 \end{bmatrix}$, $\mathbf{B}_3 = \begin{bmatrix} 9 & 10 & 11 \\ 12 & 13 & 14 \\ 15 & 16 & 17 \end{bmatrix}$, 其餘的 $\mathbf{0}$ 均

爲適當階數之零矩陣。$\mathbf{B}_1, \mathbf{B}_2, \mathbf{B}_3$ 稱做$\mathbf{B}$的對角方塊 (diagonal block), 型如$\mathbf{B}$之矩陣則稱做方塊對角矩陣 (block diagonal matrix), 有時亦簡稱做對角矩陣 (雖然嚴格來說它不是眞正的對角矩陣)。爲了節省書寫空間, 像$\mathbf{B}$這樣的方塊對角矩陣又常記作$\mathbf{B} = \text{diag}[\mathbf{B}_1\,\mathbf{B}_2\,\mathbf{B}_3]$。

另外有用的分割包括行分割 (column partition) 及列分割 (row partition)。設$\mathbf{A}$爲$m \times n$矩陣, 則$\mathbf{A}$可做行分割

$$\mathbf{A} = \begin{bmatrix} \mathbf{a}_1 & \mathbf{a}_2 & \cdots & \mathbf{a}_n \end{bmatrix},$$

其中$\mathbf{a}_j$代表$\mathbf{A}$的第j行, 或是列分割

$$\mathbf{A} = \begin{bmatrix} \mathbf{a}^1 \\ \vdots \\ \mathbf{a}^m \end{bmatrix},$$

其中$\mathbf{a}^i$代表$\mathbf{A}$的第i列。

只要分割子矩陣階數適當, 分割後的矩陣仍可做代數運算。

例 **1.58** 設

$$\mathbf{A} = \begin{bmatrix} 2 & 1 & 3 & 4 \\ 0 & 5 & -1 & 2 \\ 6 & -2 & 7 & 0 \end{bmatrix} \triangleq \begin{bmatrix} \mathbf{A}_{11} & \mathbf{A}_{12} \\ \mathbf{A}_{21} & \mathbf{A}_{22} \end{bmatrix},$$

$$\mathbf{B} = \begin{bmatrix} 1 & 0 & 8 & 1 \\ 2 & 3 & -2 & 5 \\ 0 & 3 & 2 & 1 \end{bmatrix} \triangleq \begin{bmatrix} \mathbf{B}_{11} & \mathbf{B}_{12} \\ \mathbf{B}_{21} & \mathbf{B}_{22} \end{bmatrix},$$

則

$$\mathbf{A} + \mathbf{B} = \begin{bmatrix} \mathbf{A}_{11} + \mathbf{B}_{11} & \mathbf{A}_{12} + \mathbf{B}_{12} \\ \mathbf{A}_{21} + \mathbf{B}_{21} & \mathbf{A}_{22} + \mathbf{B}_{22} \end{bmatrix} = \begin{bmatrix} 3 & 1 & 11 & 5 \\ 2 & 8 & -3 & 7 \\ 6 & 1 & 9 & 1 \end{bmatrix}.$$

矩陣乘法也有類似的性質, 譬如

$$\mathbf{A} = \left[\begin{array}{ccc} \mathbf{A}_{11} & \mathbf{A}_{12} & \mathbf{A}_{13} \\ \mathbf{A}_{21} & \mathbf{A}_{22} & \mathbf{A}_{23} \end{array} \right], \mathbf{B} = \left[\begin{array}{cc} \mathbf{B}_{11} & \mathbf{B}_{12} \\ \mathbf{B}_{21} & \mathbf{B}_{22} \\ \mathbf{B}_{31} & \mathbf{B}_{32} \end{array} \right],$$

假設 $\mathbf{A}_{ij}$ 行的個數與 $\mathbf{B}_{jk}$ 列的個數相等, 則 $\mathbf{AB}=$

$$\left[\begin{array}{cc} \mathbf{A}_{11}\mathbf{B}_{11} + \mathbf{A}_{12}\mathbf{B}_{21} + \mathbf{A}_{13}\mathbf{B}_{31} & \mathbf{A}_{11}\mathbf{B}_{12} + \mathbf{A}_{12}\mathbf{B}_{22} + \mathbf{A}_{13}\mathbf{B}_{32} \\ \mathbf{A}_{21}\mathbf{B}_{11} + \mathbf{A}_{22}\mathbf{B}_{21} + \mathbf{A}_{23}\mathbf{B}_{31} & \mathbf{A}_{21}\mathbf{B}_{12} + \mathbf{A}_{22}\mathbf{B}_{22} + \mathbf{A}_{23}\mathbf{B}_{32} \end{array} \right] 。$$

特別當 $\mathbf{B}$ 做行分割 $\mathbf{B} = \left[\begin{array}{cccc} \mathbf{b}_1 & \mathbf{b}_2 & \cdots & \mathbf{b}_n \end{array} \right]$ 時,

$$\mathbf{AB} = \mathbf{A} \left[\begin{array}{cccc} \mathbf{b}_1 & \mathbf{b}_2 & \cdots & \mathbf{b}_n \end{array} \right] = \left[\begin{array}{cccc} \mathbf{Ab}_1 & \mathbf{Ab}_2 & \cdots & \mathbf{Ab}_n \end{array} \right] 。$$

1.7 行列式

本節介紹行列式 (determinant) 及其基本性質。首先, 1×1 的矩陣 $\mathbf{A} = [a]$ 的行列式定義爲

$$\det \mathbf{A} = a 。$$

設

$$\mathbf{A} = \left[\begin{array}{cccc} a_{11} & a_{12} & \cdots & a_{1n} \\ a_{21} & a_{22} & \cdots & a_{2n} \\ \vdots & \vdots & \ddots & \vdots \\ a_{n1} & a_{n2} & \cdots & a_{nn} \end{array} \right]$$

是一個 $n \times n$ 方陣, 其中 $n \geq 2$, 令

$$\mathbf{A}_{ij} = \left[\begin{array}{cccccc} a_{1,1} & \cdots & a_{1,j-1} & a_{1,j+1} & \cdots & a_{1,n} \\ \vdots & \ddots & \vdots & \vdots & \ddots & \vdots \\ a_{i-1,1} & \cdots & a_{i-1,j-1} & a_{i-1,j+1} & \cdots & a_{i-1,n} \\ a_{i+1,1} & \cdots & a_{i+1,j-1} & a_{i+1,j+1} & \cdots & a_{i+1,n} \\ \vdots & \ddots & \vdots & \vdots & \ddots & \vdots \\ a_{n,1} & \cdots & a_{n,j-1} & a_{n,j+1} & \cdots & a_{n,n} \end{array} \right],$$

注意$\mathbf{A}_{ij}$是刪除$\mathbf{A}$中的第i列及第j行後所得之子矩陣。

例 1.59 設 $\mathbf{A} = \begin{bmatrix} 2 & 1 & 4 \\ 0 & -1 & 2 \\ 3 & 1 & -5 \end{bmatrix}$, 則

$$\mathbf{A}_{11} = \begin{bmatrix} -1 & 2 \\ 1 & -5 \end{bmatrix}, \quad \mathbf{A}_{12} = \begin{bmatrix} 0 & 2 \\ 3 & -5 \end{bmatrix}, \quad \mathbf{A}_{13} = \begin{bmatrix} 0 & -1 \\ 3 & 1 \end{bmatrix},$$

$$\mathbf{A}_{21} = \begin{bmatrix} 1 & 4 \\ 1 & -5 \end{bmatrix}, \quad \mathbf{A}_{22} = \begin{bmatrix} 2 & 4 \\ 3 & -5 \end{bmatrix}, \quad \mathbf{A}_{23} = \begin{bmatrix} 2 & 1 \\ 3 & 1 \end{bmatrix},$$

$$\mathbf{A}_{31} = \begin{bmatrix} 1 & 4 \\ -1 & 2 \end{bmatrix}, \quad \mathbf{A}_{32} = \begin{bmatrix} 2 & 4 \\ 0 & 2 \end{bmatrix}, \quad \mathbf{A}_{33} = \begin{bmatrix} 2 & 1 \\ 0 & -1 \end{bmatrix}。$$

∎

我們將以遞迴 (recursive) 的方式來定義一般 $n \times n$ 矩陣的行列式。假設我們已經定義了 $(n-1) \times (n-1)$ 矩陣的行列式。令 $M_{ij} \triangleq \det \mathbf{A}_{ij}$。$M_{ij}$稱爲$\mathbf{A}$的第$(i, j)$個子行列式 (minor)。$C_{ij} \triangleq (-1)^{i+j} M_{ij}$ 則稱爲是a_{ij}之餘因子 (cofactor)。

例 1.60 同例1.59中之$\mathbf{A}$,

$$\begin{array}{lll} M_{11} = 3, & M_{12} = -6, & M_{13} = 3, \\ M_{21} = -9, & M_{22} = -22, & M_{23} = -1, \\ M_{31} = 6, & M_{32} = 4, & M_{33} = -2, \end{array}$$

且

$$\begin{array}{lll} C_{11} = (-1)^{1+1} M_{11} & C_{12} = (-1)^{1+2} M_{12} & C_{13} = (-1)^{1+3} M_{13} \\ \quad = 3, & \quad = 6, & \quad = 3, \\ C_{21} = (-1)^{2+1} M_{21} & C_{22} = (-1)^{2+2} M_{22} & C_{23} = (-1)^{2+3} M_{23} \\ \quad = 9, & \quad = -22, & \quad = 1, \end{array}$$

$$C_{31} = (-1)^{3+1}M_{31} \quad C_{32} = (-1)^{3+2}M_{32} \quad C_{33} = (-1)^{3+3}M_{33}$$
$$= 6, \qquad\qquad = -4, \qquad\qquad = -2\text{。}$$

∎

現在我們可以給出一般 $n \times n$ 矩陣行列式之定義。

定義 1.61 設 $\mathbf{A} = [a_{ij}]$ 是 $n \times n$ 矩陣。定義 $\mathbf{A}$ 之行列式為

$$\det\mathbf{A} = \sum_{i=1}^{n} a_{i1}C_{i1}\text{。} \tag{1.6}$$

∎

(1.6) 式行列式之公式稱為對第一行做餘因子展開。稍後將會證明對任一行或任一列做餘因子展開所得的結果是一致的。

例 1.62 2×2 矩陣 $\mathbf{A} = \begin{bmatrix} a_{11} & a_{12} \\ a_{21} & a_{22} \end{bmatrix}$ 的行列式等於

$$\begin{aligned} \det\mathbf{A} &= a_{11}\det\mathbf{A}_{11} - a_{21}\det\mathbf{A}_{21} \\ &= a_{11}\det[a_{22}] - a_{21}\det[a_{12}] \\ &= a_{11}a_{22} - a_{12}a_{21}\text{。} \end{aligned}$$

∎

例 1.63 3×3 矩陣 $\mathbf{A} = \begin{bmatrix} a_{11} & a_{12} & a_{13} \\ a_{21} & a_{22} & a_{23} \\ a_{31} & a_{32} & a_{33} \end{bmatrix}$ 的行列式為

$$
\begin{aligned}
\det\mathbf{A} &= a_{11}\det\mathbf{A}_{11} - a_{21}\det\mathbf{A}_{21} + a_{31}\det\mathbf{A}_{31} \\
&= a_{11}\det\begin{bmatrix} a_{22} & a_{23} \\ a_{32} & a_{33} \end{bmatrix} - a_{21}\det\begin{bmatrix} a_{12} & a_{13} \\ a_{32} & a_{33} \end{bmatrix} \\
&\quad + a_{31}\det\begin{bmatrix} a_{12} & a_{13} \\ a_{22} & a_{23} \end{bmatrix} \\
&= a_{11}(a_{22}a_{33} - a_{23}a_{32}) - a_{21}(a_{12}a_{33} - a_{13}a_{32}) \\
&\quad + a_{31}(a_{12}a_{23} - a_{13}a_{22}) \\
&= a_{11}a_{22}a_{33} + a_{21}a_{32}a_{13} + a_{31}a_{12}a_{23} - a_{31}a_{22}a_{13} \\
&\quad - a_{21}a_{12}a_{33} - a_{11}a_{32}a_{23}\circ
\end{aligned}
$$

例 **1.64** $\mathbf{A} = \begin{bmatrix} 1 & -1 & 0 & 1 \\ 2 & 2 & -1 & 3 \\ -1 & 5 & 2 & 1 \\ 3 & -1 & 1 & -1 \end{bmatrix}$, 則

$$
\begin{aligned}
\det\mathbf{A} &= 1 \times \det\begin{bmatrix} 2 & -1 & 3 \\ 5 & 2 & 1 \\ -1 & 1 & -1 \end{bmatrix} - 2 \times \det\begin{bmatrix} -1 & 0 & 1 \\ 5 & 2 & 1 \\ -1 & 1 & -1 \end{bmatrix} \\
&\quad + (-1) \times \det\begin{bmatrix} -1 & 0 & 1 \\ 2 & -1 & 3 \\ -1 & 1 & -1 \end{bmatrix} - 3 \times \det\begin{bmatrix} -1 & 0 & 1 \\ 2 & -1 & 3 \\ 5 & 2 & 1 \end{bmatrix} \\
&= 1 \times 11 - 2 \times 10 + (-1) \times 3 - 3 \times 16 \\
&= -60\circ
\end{aligned}
$$

例 **1.65** $\det 0_{n \times n} = 0$。 ∎

例 **1.66** $\det I_n = 1$。

證明: $n = 1$ 時顯然成立。設 $n \geq 2$ 且 $\det I_{n-1} = 1$ 成立, 則 $\det I_n = 1 \cdot \det I_{n-1} = 1$, 依數學歸納法得證。 ∎

利用數學歸納法也很容易證明下面定理。

定理 **1.67** 下列性質成立。

1. 對角矩陣之行列式等於所有對角線上元素之積。

2. 上三角矩陣之行列式等於所有對角線上元素之積。 ∎

定理 **1.68** 設 A 為 $n \times n$ 矩陣。若 A 中有整行全為零, 則 $\det A = 0$。

證明: 當 $n = 1$ 時顯然成立。設 $n \geq 2$ 且任意 $(n-1) \times (n-1)$ 矩陣若有一行全為零其行列式必為零。現令 $n \times n$ 矩陣 A 之第 j 行全為零。若 $j = 1$, 依行列式定義, 對所有的 $i = 1, 2, \cdots, n$, 恆有 $a_{i1} = 0$, 此時 $\det A = \sum_{i=1}^{n} (-1)^{i+1} a_{i1} \det A_{i1} = 0$。若 $j \geq 2$, 則 A_{i1} 為 $(n-1) \times (n-1)$ 矩陣, 且其第 j 行全為零, 依假設知 $\det A_{i1} = 0$, 故 $\det A = \sum_{i=1}^{n} (-1)^{i+1} a_{i1} \det A_{i1} = 0$, 根據數學歸納法知得證。 ∎

例 **1.69** $A = \begin{bmatrix} 1 & -2 & 0 & 5 & 3 \\ -1 & 0 & 0 & 1 & -1 \\ 3 & 4 & 0 & 3 & 8 \\ 10 & -1 & 0 & 4 & -5 \\ 8 & 2 & 0 & 2 & 1 \end{bmatrix}$ 有一行全為零, 故知 $\det A = 0$。 ∎

設 $A = \begin{bmatrix} a_1 & a_2 & \cdots & a_n \end{bmatrix}$ 是 $n \times n$ 矩陣, 其中 a_i 代表 A 之第 i 行。則 A 之行列式可視為 $a_1, \cdots, a_n$ 之函數, 記為

$$\det A = \det \begin{bmatrix} a_1 & a_2 & \cdots & a_n \end{bmatrix}。$$

定理 **1.70** 設 **A** 爲 $n \times n$ 矩陣。固定 **A** 之任意 $n - 1$ 個行 $\mathbf{a}_j$, $1 \leq j \leq n$, $j \neq k$, 則 $\det\mathbf{A}$ 爲 $\mathbf{a}_k$ 之線性函數, 亦即

$$
\begin{aligned}
& \det \begin{bmatrix} \mathbf{a}_1 & \mathbf{a}_2 & \cdots & \lambda\mathbf{a}_k + \mu\mathbf{a}'_k & \cdots & \mathbf{a}_n \end{bmatrix} \\
= \ & \lambda\det \begin{bmatrix} \mathbf{a}_1 & \mathbf{a}_2 & \cdots & \mathbf{a}_k & \cdots & \mathbf{a}_n \end{bmatrix} \\
& + \mu\det \begin{bmatrix} \mathbf{a}_1 & \mathbf{a}_2 & \cdots & \mathbf{a}'_k & \cdots & \mathbf{a}_n \end{bmatrix} 。
\end{aligned}
$$

證明: $n = 1$ 時顯然成立。當 $n \geq 1$ 時設定理敍述對一般 $(n-1) \times (n-1)$ 矩陣時成立。令 $\mathbf{A} = \begin{bmatrix} \mathbf{a}_1 & \mathbf{a}_2 & \cdots & \lambda\mathbf{a}_k + \mu\mathbf{a}'_k & \cdots & \mathbf{a}_n \end{bmatrix}$ 爲 $n \times n$ 矩陣。令 $\mathbf{B} = \begin{bmatrix} \mathbf{a}_1 & \mathbf{a}_2 & \cdots & \mathbf{a}_k & \cdots & \mathbf{a}_n \end{bmatrix}$, $\mathbf{C} = \begin{bmatrix} \mathbf{a}_1 & \mathbf{a}_2 & \cdots & \mathbf{a}'_k & \cdots & \mathbf{a}_n \end{bmatrix}$。依題意我們必須證明 $\det\mathbf{A} = \lambda\det\mathbf{B} + \mu\det\mathbf{C}$。當 $k = 1$ 時, 令 $\mathbf{a}_1 = \begin{bmatrix} a_{11} \\ a_{21} \\ \vdots \\ a_{n1} \end{bmatrix}$,

$\mathbf{a}'_1 = \begin{bmatrix} a'_{11} \\ a'_{21} \\ \vdots \\ a'_{n1} \end{bmatrix}$。則

$$
\begin{aligned}
& \det\mathbf{A} \\
= \ & \det \begin{bmatrix} \lambda\mathbf{a}_1 + \mu\mathbf{a}'_1 & \mathbf{a}_2 & \cdots & \mathbf{a}_n \end{bmatrix} \\
= \ & (\lambda a_{11} + \mu a'_{11})\det\mathbf{A}_{11} - (\lambda a_{21} + \mu a'_{21})\det\mathbf{A}_{21} + \cdots \\
& + (-1)^{1+n}(\lambda a_{n1} + \mu a'_{n1})\det\mathbf{A}_{n1} \\
= \ & \lambda(a_{11}\det\mathbf{A}_{11} - a_{21}\det\mathbf{A}_{21} + \cdots + (-1)^{1+n}a_{n1}\det\mathbf{A}_{n1}) \\
& + \mu(a'_{11}\det\mathbf{A}_{11} - a'_{21}\det\mathbf{A}_{21} + \cdots + (-1)^{1+n}a'_{n1}\det\mathbf{A}_{n1})
\end{aligned}
$$

$$
\begin{aligned}
&= \lambda(a_{11}\det\mathbf{B}_{11} - a_{21}\det\mathbf{B}_{21} + \cdots + (-1)^{1+n}a_{n1}\det\mathbf{B}_{n1}) \\
&\quad + \mu(a'_{11}\det\mathbf{C}_{11} - a'_{21}\det\mathbf{C}_{21} + \cdots + (-1)^{1+n}a'_{n1}\det\mathbf{C}_{n1}) \\
&= \lambda\det\mathbf{B} + \mu\det\mathbf{C},
\end{aligned}
$$

故$k = 1$時定理成立。今令$2 \leq k \leq n$。同樣令

$$
\mathbf{a}_1 = \begin{bmatrix} a_{11} \\ a_{21} \\ \vdots \\ a_{n1} \end{bmatrix}, \mathbf{a}_k = \begin{bmatrix} a_{1k} \\ a_{2k} \\ \vdots \\ a_{nk} \end{bmatrix}, \mathbf{a}'_k = \begin{bmatrix} a'_{1k} \\ a'_{2k} \\ \vdots \\ a'_{nk} \end{bmatrix},
$$

則

$$
\begin{aligned}
\det\mathbf{A} &= \det\begin{bmatrix} \mathbf{a}_1 & \mathbf{a}_2 & \cdots & \lambda\mathbf{a}_k + \mu\mathbf{a}'_k & \cdots & \mathbf{a}_n \end{bmatrix} \\
&= a_{11}\det\mathbf{A}_{11} - a_{21}\det\mathbf{A}_{21} + \cdots + (-1)^{1+k}\det\mathbf{A}_{k1} \\
&\quad + \cdots + (-1)^{1+n}a_{n1}\det\mathbf{A}_{n1}。 \tag{1.7}
\end{aligned}
$$

對所有的$1 \leq i \leq n$, 除了第$k - 1$行外, $\mathbf{A}_{i1}$, $\mathbf{B}_{i1}$及$\mathbf{C}_{i1}$之其他所有行均相同。又$\mathbf{A}_{i1}$之第$k - 1$行等於λ乘以$\mathbf{B}_{i1}$之第$k - 1$行與μ乘以$\mathbf{C}_{i1}$之第$k - 1$行之和, 因$\mathbf{A}_{i1}$, $\mathbf{B}_{i1}$, $\mathbf{C}_{i1}$均爲大小$(n - 1) \times (n - 1)$之矩陣, 依數學歸納法假設, 我們有

$$
\det\mathbf{A}_{i1} = \lambda\det\mathbf{B}_{i1} + \mu\det\mathbf{C}_{i1},
$$

這對所有的$1 \leq i \leq n$均成立。又$\mathbf{A}$, $\mathbf{B}$與$\mathbf{C}$之第一行相等, 由(1.7)式得

$$
\det\mathbf{A} = \sum_{i=1}^{n}(-1)^{i+1}a_{i1}\det\mathbf{A}_{i1}
$$

$$= \sum_{i=1}^{n} (-1)^{i+1} a_{i1} (\lambda \det \mathbf{B}_{i1} + \mu \det \mathbf{C}_{i1})$$

$$= \lambda \sum_{i=1}^{n} (-1)^{i+1} a_{i1} \det \mathbf{B}_{i1} + \mu \sum_{i=1}^{n} (-1)^{i+1} a_{i1} \det \mathbf{C}_{i1}$$

$$= \lambda \det \mathbf{B} + \mu \det \mathbf{C},$$

根據數學歸納法知得證。 ∎

為行文方便，往後書中均令

$$\mathbf{e}_1 \triangleq \begin{bmatrix} 1 \\ 0 \\ 0 \\ \vdots \\ 0 \end{bmatrix}, \mathbf{e}_2 \triangleq \begin{bmatrix} 0 \\ 1 \\ 0 \\ \vdots \\ 0 \end{bmatrix}, \cdots, \mathbf{e}_n \triangleq \begin{bmatrix} 0 \\ 0 \\ 0 \\ \vdots \\ 1 \end{bmatrix}。$$

引理 1.71 設 $\mathbf{B} = \begin{bmatrix} \mathbf{b}_1 & \cdots & \mathbf{b}_n \end{bmatrix}$ 是 $n \times n$ 矩陣, $n \geq 2$, $\mathbf{b}_j$ 代表 $\mathbf{B}$ 之第 j 行。若 $\mathbf{b}_j = \mathbf{e}_k$, $1 \leq k \leq n$, 則 $\det \mathbf{B} = (-1)^{j+k} \det \mathbf{B}_{kj}$。

證明: 當 $n = 2$ 時由例1.62直接驗證可得證。設 $n \geq 3$ 時, 定理敘述對任意的 $(n-1) \times (n-1)$ 矩陣均成立。設 $\mathbf{B} = [b_{ij}]$ 是 $n \times n$ 矩陣, 其第 j 行 $\mathbf{b}_j = \mathbf{e}_k$, $1 \leq k \leq n$。當 $j = 1$ 時由行列式定義知 $\det \mathbf{B} = (-1)^{1+k} \det \mathbf{B}_{k1}$, 故定理成立。當 $j \geq 2$ 時,

$$\det \mathbf{B}$$
$$= \sum_{i=1}^{n} (-1)^{i+1} b_{i1} \det \mathbf{B}_{i1}$$
$$= \sum_{i=1}^{k-1} (-1)^{i+1} b_{i1} \det \mathbf{B}_{i1} + (-1)^{k+1} b_{k1} \det \mathbf{B}_{k1}$$
$$\quad + \sum_{i=k+1}^{n} (-1)^{i+1} b_{i1} \det \mathbf{B}_{i1}。$$

因為$\mathbf{B}_{k1}$之第$j-1$行整行為零, 故 $\det\mathbf{B}_{k1} = \mathbf{0}$。又當 $i < k$ 時, $\mathbf{B}_{i1}$之第$j-1$行為$\mathbf{e}_{k-1}$, 依假設知 $\det\mathbf{B}_{i1} = (-1)^{k+j-2}\det(\mathbf{B}_{i1})_{k-1,j-1}$, 這裡的$(\mathbf{B}_{i1})_{k-1,j-1}$是一個 $(n-2)\times(n-2)$ 的矩陣, 它是由 $(n-1)\times(n-1)$ 矩陣$\mathbf{B}_{i1}$刪除其第$k-1$列與第$j-1$行後所得, 下文中類似的符號亦同。當 $i > k$ 時, $\mathbf{B}_{i1}$之第$j-1$行為$\mathbf{e}_k$, 再次援引假設知 $\det\mathbf{B}_{i1} = (-1)^{k+j-1}\det(\mathbf{B}_{i1})_{k,j-1}$。細心觀察可證當 $i < k$ 時, $(\mathbf{B}_{i1})_{k-1,j-1} = (\mathbf{B}_{kj})_{i,1}$, 而當 $i > k$, $(\mathbf{B}_{i1})_{k,j-1} = (\mathbf{B}_{kj})_{i-1,1}$。於是得

$$
\begin{aligned}
\det\mathbf{B} &= \sum_{i=1}^{k-1}(-1)^{i+1}b_{i1}((-1)^{k+j-2}\det(\mathbf{B}_{i1})_{k-1,j-1}) \\
&\quad + \sum_{i=k+1}^{n}(-1)^{i+1}b_{i1}((-1)^{k+j-1}\det(\mathbf{B}_{i1})_{k,j-1}) \\
&= (-1)^{k+j}\left[\sum_{i=1}^{k-1}(-1)^{i-1}b_{i1}\det(\mathbf{B}_{kj})_{i,1}\right.\\
&\quad \left.+ \sum_{i=k+1}^{n}(-1)^{(i-1)+1}b_{i1}\det(\mathbf{B}_{kj})_{i-1,1}\right] \\
&= (-1)^{k+j}\det\mathbf{B}_{kj},
\end{aligned}
$$

故得證。 ∎

定理 **1.72** $n\times n$ 矩陣 $\mathbf{A} \triangleq [a_{ij}]$ 之行列式可對任意行做餘因子展開得到, 即對所有的 $j = 1, 2, \cdots, n$, 恆有

$$
\det\mathbf{A} = \sum_{i=1}^{n}(-1)^{i+j}a_{ij}\det\mathbf{A}_{ij}。 \tag{1.8}
$$

證明: 當 $j = 1$ 時 *(1.8)* 式等於 *(1.6)* 式。設 $j \geq 2$。因$\mathbf{A}$之第j行$\mathbf{a}_j$可表為

$$\mathbf{a}_j = \begin{bmatrix} a_{1j} \\ a_{2j} \\ \vdots \\ a_{nj} \end{bmatrix} = a_{1j}\mathbf{e}_1 + a_{2j}\mathbf{e}_2 + \cdots + a_{nj}\mathbf{e}_n,$$

因此

$$\det\mathbf{A} = \det \begin{bmatrix} \mathbf{a}_1 & \cdots & \mathbf{a}_{j-1} & \sum_{i=1}^{n} a_{ij}\mathbf{e}_i & \mathbf{a}_{j+1} & \cdots & \mathbf{a}_n \end{bmatrix}$$

$$= \sum_{i=1}^{n} a_{ij}\det \begin{bmatrix} \mathbf{a}_1 & \cdots & \mathbf{a}_{j-1} & \mathbf{e}_i & \mathbf{a}_{j+1} & \cdots & \mathbf{a}_n \end{bmatrix}$$

(利用定理1.70)

$$= \sum_{i=1}^{n} a_{ij}(-1)^{i+j}\det\mathbf{A}_{ij} \text{ (利用引理1.71)},$$

故得證。 ∎

定理 **1.73** 設$\mathbf{A}$為$n \times n$矩陣, $n \geq 2$。$\mathbf{A}$中若有任兩行相等, 則$\det\mathbf{A} = 0$。

證明: 當$n = 2$時顯然成立。設$n \geq 3$, 且設對任意$(n-1) \times (n-1)$矩陣定理敘述成立。令$\mathbf{A} = [a_{ij}]$是$n \times n$矩陣, 設其第j行與第k行相同。任取l滿足$1 \leq l \leq n$, $l \neq j$且$l \neq k$。對第l行做餘因子展開得

$$\det\mathbf{A} = \sum_{i=1}^{n} (-1)^{i+l} a_{il}\det\mathbf{A}_{il}。$$

由於對所有的 $i = 1, 2, \cdots, n$, $\mathbf{A}_{il}$是$(n-1) \times (n-1)$矩陣, 且有兩行相等, 依假設知$\det\mathbf{A}_{il} = 0$, 故得$\det\mathbf{A} = 0$。 ∎

定理 **1.74** 設 **A** 爲 $n \times n$ $(n \geq 2)$ 矩陣。對 **A** 做第一類型基本行運算 (即交換 **A** 中任意兩行), 其行列式變號。

證明: 設 $\mathbf{A} = \begin{bmatrix} \mathbf{a}_1 & \cdots & \mathbf{a}_j & \cdots & \mathbf{a}_k & \cdots & \mathbf{a}_n \end{bmatrix}$, **B** 是交換 **A** 中第 j 行與第 k 行所得之矩陣, 即 $\mathbf{B} = \begin{bmatrix} \mathbf{a}_1 & \cdots & \mathbf{a}_k & \cdots & \mathbf{a}_j & \cdots & \mathbf{a}_n \end{bmatrix}$。援用定理1.73 知

$$
\begin{aligned}
0 &= \det \begin{bmatrix} \mathbf{a}_1 & \cdots & \mathbf{a}_j + \mathbf{a}_k & \cdots & \mathbf{a}_j + \mathbf{a}_k & \cdots & \mathbf{a}_n \end{bmatrix} \\
& \qquad\qquad\qquad\quad \uparrow 第j行 \qquad\qquad \uparrow 第k行 \\
&= \det \begin{bmatrix} \mathbf{a}_1 & \cdots & \mathbf{a}_j & \cdots & \mathbf{a}_j & \cdots & \mathbf{a}_n \end{bmatrix} \\
& \quad + \det \begin{bmatrix} \mathbf{a}_1 & \cdots & \mathbf{a}_j & \cdots & \mathbf{a}_k & \cdots & \mathbf{a}_n \end{bmatrix} \\
& \quad + \det \begin{bmatrix} \mathbf{a}_1 & \cdots & \mathbf{a}_k & \cdots & \mathbf{a}_j & \cdots & \mathbf{a}_n \end{bmatrix} \\
& \quad + \det \begin{bmatrix} \mathbf{a}_1 & \cdots & \mathbf{a}_k & \cdots & \mathbf{a}_k & \cdots & \mathbf{a}_n \end{bmatrix} \\
&= 0 + \det \mathbf{A} + \det \mathbf{B} + 0,
\end{aligned}
$$

故得 $\det \mathbf{B} = -\det \mathbf{A}$。∎

定理 **1.75** 設 **A** 爲 $n \times n$ 矩陣, $n \geq 2$。對 **A** 做第三類型基本行運算後其行列式不變。

證明: 設 $\mathbf{A} = \begin{bmatrix} \mathbf{a}_1 & \cdots & \mathbf{a}_n \end{bmatrix}$, **B** 是將 **A** 中第 k 行乘上常數 c 後加到第 j 行當作新的第 j 行, 也就是 $\mathbf{B} = \begin{bmatrix} \mathbf{a}_1 & \cdots & \mathbf{a}_j + c\mathbf{a}_k & \cdots & \mathbf{a}_n \end{bmatrix}$ (其中 $\mathbf{a}_j + c\mathbf{a}_k$ 爲第 j 行)。由定理1.70知

$$
\begin{aligned}
\det \mathbf{B} &= \det \begin{bmatrix} \mathbf{a}_1 & \cdots & \mathbf{a}_j & \cdots & \mathbf{a}_n \end{bmatrix} \\
& \quad + c \det \begin{bmatrix} \mathbf{a}_1 & \cdots & \mathbf{a}_k & \cdots & \mathbf{a}_k & \cdots & \mathbf{a}_n \end{bmatrix}。 \\
& \qquad\qquad\qquad\qquad \uparrow 第j行
\end{aligned}
$$

上式等式右邊第二項行列式中有兩行相等, 故爲零, 而等式右邊第一項正是 $\det \mathbf{A}$, 故得 $\det \mathbf{B} = \det \mathbf{A}$。∎

線性代數

令$\mathbb{F}^{n\times n}$表元素均爲域$\mathbb{F}$上之所有$n\times n$矩陣所成之集合, 有關域之定義詳見第2章。設$f:\mathbb{F}^{n\times n}\longrightarrow\mathbb{F}$是一個函數, 設$\mathbf{A}=[\mathbf{a}_1\cdots\mathbf{a}_n]\in\mathbb{F}^{n\times n}$, 若將$f(\mathbf{A})$記成$f(\mathbf{a}_1\,\mathbf{a}_2\cdots\mathbf{a}_n)$, 則$f$可視爲從$\underbrace{\mathbb{F}^n\times\mathbb{F}^n\times\cdots\times\mathbb{F}^n}_{n\text{個}}$映射到$\mathbb{F}$的一個函數:

$$f:\underbrace{\mathbb{F}^n\times\mathbb{F}^n\times\cdots\times\mathbb{F}^n}_{n\text{個}}\longrightarrow\mathbb{F}\text{。}$$

定理 1.76 如上述符號。若$f:\underbrace{\mathbb{F}^n\times\mathbb{F}^n\times\cdots\times\mathbb{F}^n}_{n\text{個}}\longrightarrow\mathbb{F}$ 滿足下列兩個性質

1. (多線性) 將 $f(\mathbf{a}_1\quad\mathbf{a}_2\quad\cdots\quad\mathbf{a}_n)$ 視爲$\mathbf{a}_k$的函數(即固定其餘$n-1$個變數 $\mathbf{a}_j, j\neq k$), 則f是$\mathbf{a}_k$的線性函數, 亦即

$$\begin{aligned}
&f(\mathbf{a}_1\quad\mathbf{a}_2\quad\cdots\quad\lambda\mathbf{a}_k+\mu\mathbf{a}_k'\quad\cdots\quad\mathbf{a}_n)\\
=\quad&\lambda f(\mathbf{a}_1\quad\mathbf{a}_2\quad\cdots\quad\mathbf{a}_k\quad\cdots\quad\mathbf{a}_n)\\
&+\mu f(\mathbf{a}_1\quad\mathbf{a}_2\quad\cdots\quad\mathbf{a}_k'\quad\cdots\quad\mathbf{a}_n)\text{。}
\end{aligned}$$

2. (交替性) $\mathbf{a}_1,\cdots,\mathbf{a}_n$若有任兩變數相等, 則 $f(\mathbf{a}_1\quad\cdots\quad\mathbf{a}_n)=0$。

則

$$f(\mathbf{A})=f(\mathbf{I}_n)\det\mathbf{A}\text{。}$$

若f再滿足下列第三個性質:

3. (標準性) $f(\mathbf{e}_1\quad\mathbf{e}_2\quad\cdots\quad\mathbf{e}_n)=1$, (即 $f(\mathbf{I}_n)=1$)。

則 $f(\mathbf{A})=\det\mathbf{A}$。 ∎

46

滿足上述定理中多線性、交替性、標準性三個條件的函數 f 稱做行列式函數 (determinant function), 是故, 此三條件常被當作行列式公設。依此定理, 滿足行列式公設的函數恰為該矩陣之行列式。此定理正是告訴我們行列式之存在性與唯一性。

下面定理告訴我們行列式亦可經由對任意列做餘因子展開而得。

定理 1.77 設 $\mathbf{A} = [a_{ij}]$ 是 $n \times n$ 矩陣。則對所有的 $i = 1, 2, \cdots, n$ 恆有

$$\det \mathbf{A} = \sum_{j=1}^{n} (-1)^{i+j} a_{ij} \det \mathbf{A}_{ij}。$$

■

例 1.78 同例1.64, 設 $\mathbf{A} = \begin{bmatrix} 1 & -1 & 0 & 1 \\ 2 & 2 & -1 & 3 \\ -1 & 5 & 2 & 1 \\ 3 & -1 & 1 & -1 \end{bmatrix}$, 對第一列作餘因子展開得

$$
\begin{aligned}
\det \mathbf{A} \\
= \ & 1 \times \det \begin{bmatrix} 2 & -1 & 3 \\ 5 & 2 & 1 \\ -1 & 1 & -1 \end{bmatrix} - (-1) \times \det \begin{bmatrix} 2 & -1 & 3 \\ -1 & 2 & 1 \\ 3 & 1 & -1 \end{bmatrix} \\
& + 0 \times \det \begin{bmatrix} 2 & 2 & 3 \\ -1 & 5 & 1 \\ 3 & -1 & -1 \end{bmatrix} - 1 \times \det \begin{bmatrix} 2 & 2 & -1 \\ -1 & 5 & 2 \\ 3 & -1 & 1 \end{bmatrix} \\
= \ & 1 \times 11 - (-1) \times (-29) + 0 - 1 \times 42 \\
= \ & -60。
\end{aligned}
$$

■

線性代數

利用定理1.76可以證明兩個方陣乘積之行列式等於各行列式之乘積。

定理 **1.79** 設$\mathbf{A}$, $\mathbf{B}$均為$n \times n$矩陣, 則$\det(\mathbf{AB}) = (\det\mathbf{A})(\det\mathbf{B})$。

證明: 令$\mathbf{B} = \begin{bmatrix} \mathbf{b}_1 & \cdots & \mathbf{b}_n \end{bmatrix}$, 注意$\mathbf{A}$與$\mathbf{AB}$可寫成$\mathbf{A} = \begin{bmatrix} \mathbf{Ae}_1 & \cdots & \mathbf{Ae}_n \end{bmatrix}$ 以及$\mathbf{AB} = \mathbf{A} \begin{bmatrix} \mathbf{b}_1 & \cdots & \mathbf{b}_n \end{bmatrix} = \begin{bmatrix} \mathbf{Ab}_1 & \cdots & \mathbf{Ab}_n \end{bmatrix}$。今欲證

$$
\begin{aligned}
\det\mathbf{AB} &= \det \begin{bmatrix} \mathbf{Ab}_1 & \cdots & \mathbf{Ab}_n \end{bmatrix} \\
&= (\det\mathbf{A})(\det\mathbf{B}) \\
&= \det \begin{bmatrix} \mathbf{Ae}_1 & \cdots & \mathbf{Ae}_n \end{bmatrix} \det\mathbf{B}。
\end{aligned} \tag{1.9}
$$

固定$\mathbf{A}$, 令函數 $f : \underbrace{\mathbb{F}^n \times \mathbb{F}^n \times \cdots \times \mathbb{F}^n}_{n個} \longrightarrow \mathbb{F}$ 為

$$
f(\mathbf{B}) = f(\mathbf{b}_1 \quad \cdots \quad \mathbf{b}_n) \triangleq \det \begin{bmatrix} \mathbf{Ab}_1 & \cdots & \mathbf{Ab}_n \end{bmatrix} \tag{1.10}
$$

則(1.9)式等效於

$$
\begin{aligned}
f(\mathbf{B}) &= f(\mathbf{e}_1 \quad \cdots \quad \mathbf{e}_n) \det\mathbf{B} \\
&= f(\mathbf{I}_n)\det\mathbf{B}。
\end{aligned} \tag{1.11}
$$

很明顯地, 依(1.10)式定義, f滿足定理1.76中第一及第二個性質, 因此(1.11) 式成立, 故得證。 ■

定理 **1.80** 設$\mathbf{A}$是 $n \times n$ 矩陣, 則 $\det\mathbf{A} = \det\mathbf{A}^T$。

證明: $n = 1$時顯然成立。設 $n \geq 2$, 且設對任意的$(n-1) \times (n-1)$矩陣, 其行列式等於其轉置矩陣之行列式。令$\mathbf{A} = [a_{ij}]$, $\mathbf{B} = \mathbf{A}^T = [b_{ij}]$。則$b_{1j} = a_{j1}$,

且$\det\mathbf{B}_{1j} = \det(\mathbf{A}_{j1})^T = \det\mathbf{A}_{j1}$。因此

$$
\begin{aligned}
\det\mathbf{B} &= \sum_{j=1}^{n}(-1)^{1+j}b_{1j}\det\mathbf{B}_{1j} \\
&= \sum_{j=1}^{n}(-1)^{1+j}a_{j1}\det\mathbf{A}_{j1} \\
&= \det\mathbf{A},
\end{aligned}
$$

故得證。 ∎

　　根據定理1.80知前面所介紹過有關矩陣行的性質都可以推廣到矩陣的列, 如下所示。

推論 1.81 下三角矩陣的行列式等於所有對角線上元素的乘積。 ∎

推論 1.82 設$\mathbf{A}$為 $n \times n$ 矩陣, $n \geq 2$。

1. 若$\mathbf{A}$中有整列為零, 則 $\det\mathbf{A} = 0$ ($n = 1$ 時亦成立)。

2. 除了第k列, 固定$\mathbf{A}$之其餘$n-1$個列, 則$\det\mathbf{A}$為第k列之線性函數。

3. 對$\mathbf{A}$做第一類基本列運算 (即交換$\mathbf{A}$中任意兩列), 其行列式變號。

4. 對$\mathbf{A}$做第三類型基本列運算後行列式不變。 ∎

　　引理1.71也有類似對偶的性質。

推論 1.83 設$\mathbf{A}$是$n \times n$矩陣, $n \geq 2$, 設其列分割為$\mathbf{A} = \begin{bmatrix} \mathbf{a}^1 \\ \vdots \\ \mathbf{a}^n \end{bmatrix}$。若$\mathbf{a}^i = \mathbf{e}_k^T$, $1 \leq k \leq n$, 則$\det\mathbf{A} = (-1)^{i+k}\det\mathbf{A}_{ik}$。 ∎

線性代數

　　引理1.71與推論1.83提供一個以$(n-1) \times (n-1)$階行列式來計算n階行列式的方法, 常稱之爲降階法, 可利用基本列 (或行) 運算將某列 (或某行) 簡化成$\mathbf{e}_k^T$ (或$\mathbf{e}_k$)。我們以例1.78的矩陣說明。

例 **1.84** 設 $\mathbf{A} = \begin{bmatrix} 1 & -1 & 0 & 1 \\ 2 & 2 & -1 & 3 \\ -1 & 5 & 2 & 1 \\ 3 & -1 & 1 & -1 \end{bmatrix}$。

$$\mathbf{A} \xrightarrow[C_1 \times (-1) + C_4]{C_1 \times 1 + C_2} \begin{bmatrix} 1 & 0 & 0 & 0 \\ 2 & 4 & -1 & 1 \\ -1 & 4 & 2 & 2 \\ 3 & 2 & 1 & -4 \end{bmatrix}。$$

由於第三類型基本行運算不改變行列式, 結合推論1.83可得

$$\det\mathbf{A} = \det \begin{bmatrix} 4 & -1 & 1 \\ 4 & 2 & 2 \\ 2 & 1 & -4 \end{bmatrix} = -60。$$

此例$\mathbf{A}$的行列式亦可藉由第三類型基本列運算而得, 譬如

$$\mathbf{A} \xrightarrow[R_4 \times (-2) + R_3]{R_4 \times 1 + R_2} \begin{bmatrix} 1 & -1 & 0 & 1 \\ 5 & 1 & 0 & 2 \\ -7 & 7 & 0 & 3 \\ 3 & -1 & 1 & -1 \end{bmatrix},$$

由引理1.71得

$$\det\mathbf{A} = -\det \begin{bmatrix} 1 & -1 & 1 \\ 5 & 1 & 2 \\ -7 & 7 & 3 \end{bmatrix} = -60。$$

1.8 伴隨矩陣

一個方陣之伴隨矩陣定義如下:

定義 **1.85** 設 $\mathbf{A} = [a_{ij}]$ 爲 $n \times n$ 矩陣, $\mathbf{A}$ 之伴隨矩陣(adjoint matrix), 記爲 adj$\mathbf{A}$, 定義爲

$$\text{adj}\mathbf{A} = \begin{bmatrix} C_{11} & C_{12} & \cdots & C_{1n} \\ \vdots & & & \\ C_{n1} & C_{n2} & \cdots & C_{nn} \end{bmatrix}^T = [C_{ji}],$$

其中 C_{ij} 爲 a_{ij} 之餘因子。 ■

例 **1.86** 例1.59中矩陣 $\mathbf{A} = \begin{bmatrix} 2 & 1 & 4 \\ 0 & -1 & 2 \\ 3 & 1 & -5 \end{bmatrix}$ 的伴隨矩陣等於

$$\begin{aligned} \text{adj}\mathbf{A} &= \begin{bmatrix} C_{11} & C_{12} & C_{13} \\ C_{21} & C_{22} & C_{23} \\ C_{31} & C_{32} & C_{33} \end{bmatrix}^T \\ &= \begin{bmatrix} C_{11} & C_{21} & C_{31} \\ C_{12} & C_{22} & C_{32} \\ C_{13} & C_{23} & C_{33} \end{bmatrix} \\ &= \begin{bmatrix} 3 & 9 & 6 \\ 6 & -22 & -4 \\ 3 & 1 & -2 \end{bmatrix}. \end{aligned}$$

■

我們有下面重要的結論。

定理 **1.87** 設 $\mathbf{A} = [a_{ij}]$ 為 $n \times n$ 矩陣, C_{ij} 是 a_{ij} 的餘因子, 則

$$\sum_{i=1}^{n} a_{ij}C_{il} = \left\{ \begin{array}{ll} \det\mathbf{A}, & \text{當} j = l \\ 0, & \text{當} j \neq l, \end{array} \right.$$

$$\sum_{j=1}^{n} a_{ij}C_{lj} = \left\{ \begin{array}{ll} \det\mathbf{A}, & \text{當} i = l \\ 0, & \text{當} i \neq l \text{。} \end{array} \right.$$

證明: 固定 l。當 $j = l$ 時, $\sum_{i=1}^{n} a_{ij}C_{ij}$ 正好是對 $\mathbf{A}$ 的第 j 行做餘因子展開, 因此等於 $\det\mathbf{A}$。設 $j \neq l$ 時, 令矩陣 $\mathbf{B}$ 的第 l 行等於 $\mathbf{A}$ 的第 j 行, 且 $\mathbf{B}$ 其餘行均等於 $\mathbf{A}$ 中對應之行。對矩陣 $\mathbf{B}$ 的第 l 行做餘因子展開得

$$\begin{array}{rl} \det\mathbf{B} = & \sum_{i=1}^{n}(-1)^{i+l}b_{il}\det\mathbf{B}_{il} \\ = & \sum_{i=1}^{n}(-1)^{i+l}a_{ij}\det\mathbf{A}_{il} \\ = & \sum_{i=1}^{n}a_{ij}C_{il}\text{。} \end{array}$$

因為 $\mathbf{B}$ 中有兩行相等, $\det\mathbf{B} = 0$, 故得 $\sum_{i=1}^{n} a_{ij}C_{il} = 0$。同理可證定理第二部份。 ∎

定理 1.87 告訴我們一件有趣的事實: 矩陣的行或列餘因子展開式中, 若將方陣某列或某行的元素乘上同列或同行相對應之餘因子再取總和, 正好等於該方陣之行列式。若將某列 (或行) 乘上對應不同列 (或行) 的餘因子再取總和, 則必等於零。

例 **1.88** 同例 1.59, $\mathbf{A} = \begin{bmatrix} 2 & 1 & 4 \\ 0 & -1 & 2 \\ 3 & 1 & -5 \end{bmatrix}$, 若取第二列元素, 第三列餘因子

相乘再取和得

$$a_{21}C_{31} + a_{22}C_{32} + a_{23}C_{33}$$
$$= \ 0 \times 6 + (-1) \times (-4) + 2 \times (-2)$$
$$= \ 0。$$

∎

定理 1.89 設$\mathbf{A}$是$n \times n$矩陣, $n \geq 2$, 則

$$\mathbf{A} \cdot \text{adj}\mathbf{A} = \text{adj}\mathbf{A} \cdot \mathbf{A} = (\det\mathbf{A})\mathbf{I}_n。$$

證明: 令 $\mathbf{A} = [a_{ij}]$, $\text{adj}\mathbf{A} = [C_{ji}]$, 則$\mathbf{A} \cdot \text{adj}\mathbf{A}$之第$(i,l)$元素等於

$$\sum_{j=1}^{n} a_{ij}C_{lj} = \left\{ \begin{array}{ll} \det\mathbf{A}, & \text{當}i = l \\ 0, & \text{當}i \neq l, \end{array} \right.$$

故得$\mathbf{A} \cdot \text{adj}\mathbf{A} = (\det\mathbf{A})\mathbf{I}_n。$ 同理可證$\text{adj}\mathbf{A} \cdot \mathbf{A} = (\det\mathbf{A})\mathbf{I}_n。$ ∎

例 1.90 同例1.59, $\det\mathbf{A} = 24$,

$$\mathbf{A} \cdot \text{adj}\mathbf{A} = \begin{bmatrix} 2 & 1 & 4 \\ 0 & -1 & 2 \\ 3 & 1 & -5 \end{bmatrix} \begin{bmatrix} 3 & 9 & 6 \\ 6 & -22 & -4 \\ 3 & 1 & -2 \end{bmatrix}$$

$$= \begin{bmatrix} 24 & 0 & 0 \\ 0 & 24 & 0 \\ 0 & 0 & 24 \end{bmatrix}$$

$$= \ \det\mathbf{A} \cdot \begin{bmatrix} 1 & 0 & 0 \\ 0 & 1 & 0 \\ 0 & 0 & 1 \end{bmatrix}。$$

同理 $\text{adj}\mathbf{A} \cdot \mathbf{A} = \det\mathbf{A} \cdot \begin{bmatrix} 1 & 0 & 0 \\ 0 & 1 & 0 \\ 0 & 0 & 1 \end{bmatrix}。$ ∎

定理 **1.91** 設$\mathbf{A}$是 $n \times n$ 矩陣。則$\mathbf{A}$是可逆矩陣若且唯若 $\det\mathbf{A} \neq 0$。當$\mathbf{A}$是可逆矩陣, $\mathbf{A}$之反矩陣等於

$$\mathbf{A}^{-1} = \frac{\mathrm{adj}\mathbf{A}}{\det\mathbf{A}}。$$

證明: 設$\mathbf{A}$是可逆矩陣, 則 $\mathbf{A} \cdot \mathbf{A}^{-1} = \mathbf{I}$。因此 $\det\mathbf{A} \cdot \det(\mathbf{A}^{-1}) = \det\mathbf{I} = 1$。故知 $\det\mathbf{A} \neq 0$。反之, 設 $\det\mathbf{A} \neq 0$, 援用定理1.89知

$$\mathbf{A} \cdot \frac{\mathrm{adj}\mathbf{A}}{\det\mathbf{A}} = \frac{\mathrm{adj}\mathbf{A}}{\det\mathbf{A}} \cdot \mathbf{A} = \mathbf{I},$$

所以, $\mathbf{A}$是可逆矩陣, 且 $\mathbf{A}^{-1} = \frac{\mathrm{adj}\mathbf{A}}{\det\mathbf{A}}$。 ■

例 **1.92** 同例1.59,

$$\mathbf{A}^{-1} = \frac{\mathrm{adj}\mathbf{A}}{\det\mathbf{A}} = \frac{1}{24}\begin{bmatrix} 3 & 9 & 6 \\ 6 & -22 & -4 \\ 3 & 1 & -2 \end{bmatrix}。$$

■

1.9 Crame 定理

本節介紹如何利用行列式解聯立方程組, 這就是著名的 Crame 定理。

定理 **1.93** (Crame 定理) 設$\mathbf{A}$是$n \times n$可逆矩陣, $\mathbf{b}$是$n \times 1$向量。則方程式$\mathbf{Ax} = \mathbf{b}$之唯一解$\mathbf{x} = \begin{bmatrix} x_1 \\ \vdots \\ x_n \end{bmatrix}$可表成

$$x_i = \frac{\det\mathbf{A}_i}{\det\mathbf{A}},$$

其中$n \times n$矩陣$\mathbf{A}_i$的第i行等於$\mathbf{b}$, 其餘各行與矩陣$\mathbf{A}$之對應行相等。

證明: 令$\mathbf{A} = [a_{ij}]$, $\mathbf{b} = \begin{bmatrix} b_1 \\ \vdots \\ b_n \end{bmatrix}$, 且令$C_{ij}$爲$a_{ij}$之餘因子。方程式$\mathbf{A}\mathbf{x} = \mathbf{b}$之

唯一解等於

$$\mathbf{x} = \begin{bmatrix} x_1 \\ \vdots \\ x_n \end{bmatrix} = \mathbf{A}^{-1}\mathbf{b} = \frac{1}{\det\mathbf{A}}(\mathrm{adj}\mathbf{A} \cdot \mathbf{b}),$$

因此得

$$x_i = \frac{1}{\det\mathbf{A}} \sum_{k=1}^{n} b_k C_{ki} = \frac{\det\mathbf{A}_i}{\det\mathbf{A}}。$$

例 **1.94** 考慮例1.40中之聯立方程組

$$\begin{cases} 2x_1 - 4x_2 + 5x_3 & = & -8 \\ x_1 + 2x_2 + x_3 & = & 3 \\ 3x_1 - x_2 + 2x_3 & = & 4。 \end{cases}$$

此例中

$$\mathbf{A} = \begin{bmatrix} 2 & -4 & 5 \\ 1 & 2 & 1 \\ 3 & -1 & 2 \end{bmatrix}, \qquad \mathbf{A}_1 = \begin{bmatrix} -8 & -4 & 5 \\ 3 & 2 & 1 \\ 4 & -1 & 2 \end{bmatrix},$$

$$\mathbf{A}_2 = \begin{bmatrix} 2 & -8 & 5 \\ 1 & 3 & 1 \\ 3 & 4 & 2 \end{bmatrix}, \qquad \mathbf{A}_3 = \begin{bmatrix} 2 & -4 & -8 \\ 1 & 2 & 3 \\ 3 & -1 & 4 \end{bmatrix},$$

由Crame定理得

$$x_1 = \frac{\det\mathbf{A}_1}{\det\mathbf{A}} = \frac{-87}{-29} = 3$$

$$x_2 = \frac{\det\mathbf{A}_2}{\det\mathbf{A}} = \frac{-29}{-29} = 1$$

$$x_3 = \frac{\det\mathbf{A}_3}{\det\mathbf{A}} = \frac{58}{-29} = -2。$$

1.10 習題

1.2節習題

習題 **1.1** $(*)$ 令 $a = 2$, $\mathbf{A} = \begin{bmatrix} 1 & 2 \\ 4 & 0 \\ -2 & 3 \end{bmatrix}$, $\mathbf{B} = \begin{bmatrix} -1 & 0 & 2 \\ 5 & 1 & -3 \end{bmatrix}$, $\mathbf{C} = \begin{bmatrix} 3 & -1 & 2 \\ 1 & 2 & -1 \\ 0 & 1 & 1 \end{bmatrix}$, $\mathbf{D} = \begin{bmatrix} 2 & 1 & 0 \\ 0 & 4 & -3 \end{bmatrix}$, 試驗證命題1.5中所有性質。

習題 **1.2** $(*)$ 設 $\mathbf{A} = \begin{bmatrix} 1 & 3 \\ 5 & 2 \\ 0 & -1 \end{bmatrix}$, $\mathbf{C} = \begin{bmatrix} -1 & 0 & 3 & 2 \\ 8 & 1 & 0 & -2 \end{bmatrix}$, 驗證 $(\mathbf{AC})^T = \mathbf{C}^T \mathbf{A}^T$。

習題 **1.3** $(*)$ 試舉例說明矩陣乘法消去律不一定成立, 也就是說, 若 $\mathbf{AB} = \mathbf{AC}$不一定表示$\mathbf{B} = \mathbf{C}$; 同理, 若$\mathbf{DF} = \mathbf{EF}$不一定表示$\mathbf{D} = \mathbf{E}$。

習題 **1.4** $(**)$ 證明命題1.5第1部分。

習題 **1.5** $(**)$ 證明命題1.8第4部分。

習題 **1.6** $(**)$ 證明兩上(下)三角矩陣相乘仍爲上(下)三角矩陣。

習題 **1.7** $(**)$ 完成定理1.33之證明。

1.3節習題

習題 **1.8** (∗) 設 $\mathbf{A} \xrightarrow{R} \mathbf{B}$, 證明存在一可逆矩陣 $\mathbf{E}$ 滿足 $\mathbf{A} = \mathbf{EB}$。敍述並證明 $\mathbf{A} \xrightarrow{C} \mathbf{B}$ 的對應情況。

習題 **1.9** (∗∗) 設 $\mathbf{A}$, $\mathbf{B}$ 為階數相同之方陣。若 $\mathbf{A}$ 列(或行)等效於 $\mathbf{B}$, 證明 $\mathbf{A}$ 與 $\mathbf{B}$ 同時為可逆矩陣或同時為不可逆矩陣。

習題 **1.10** (∗) 試寫出所有 1×1, 2×2, 以及 3×3 的基本矩陣。

習題 **1.11** (∗) 判斷下列各組 $\mathbf{A}$, $\mathbf{B}$ 矩陣是否列等效, 若是, 試求出一可逆矩陣 $\mathbf{E}$ 滿足 $\mathbf{A} = \mathbf{EB}$。

1. $\mathbf{A} = \begin{bmatrix} 2 & 2 & 0 \\ 1 & 1 & 1 \\ 0 & 0 & 1 \end{bmatrix}$, $\mathbf{B} = \begin{bmatrix} 1 & 0 & 0 \\ 0 & 1 & 0 \\ 0 & 0 & 1 \end{bmatrix}$。

2. $\mathbf{A} = \begin{bmatrix} 2 & 2 & 0 \\ 1 & 1 & 1 \\ 0 & 0 & 1 \end{bmatrix}$, $\mathbf{B} = \begin{bmatrix} 1 & 1 & 1 \\ 0 & 0 & -2 \\ 0 & 0 & 1 \end{bmatrix}$。

習題 **1.12** (∗) 設 $\mathbf{A}$ 列等效於 $\mathbf{I}$, 證明 $\mathbf{A}$ 可寫成有限個基本矩陣之乘積。

習題 **1.13** (∗∗) 試完成定理 1.39 之證明。

1.4 節習題

習題 **1.14** (∗∗) 證明上(下)三角矩陣若為可逆, 其反矩陣亦為上(下)三角矩陣。

習題 **1.15** (∗) 利用高斯消去法計算下列各聯立方程組之解集合。

$$1. \begin{cases} 2x_1 + 4x_2 + x_3 + x_4 - x_5 &= 10 \\ 3x_1 - x_2 + 3x_3 - 2x_4 + x_5 &= -13 \\ 5x_1 + 3x_2 - x_3 - x_4 + 2x_5 &= 10 \\ x_1 - x_2 + x_3 + 2x_4 - x_5 &= 7 \\ -x_1 + 2x_2 - x_3 + 2x_4 + x_5 &= 10 \text{。} \end{cases}$$

$$2. \begin{cases} 5x_1 + 10x_2 + 5x_3 + 6x_4 + 5x_5 &= 43 \\ x_1 + 3x_2 + x_3 + x_4 + x_5 &= 9 \\ 2x_1 + 4x_2 + 3x_3 + 2x_4 + 2x_5 &= 17 \\ 3x_1 + 6x_2 + 3x_3 + 4x_4 + 3x_5 &= 27 \\ 4x_1 + 8x_2 + 4x_3 + 5x_4 + 4x_5 &= 35 \text{。} \end{cases}$$

$$3. \begin{cases} 2x_1 + x_2 - x_3 &= 8 \\ 4x_1 + 5x_2 + x_3 &= 22 \\ -5x_1 - 2x_2 + 3x_3 &= -5 \text{。} \end{cases}$$

$$4. \begin{cases} 2x_1 + x_2 + 4x_3 &= 5 \\ 6x_1 + 3x_2 + 12x_3 &= 16 \text{。} \end{cases}$$

$$5. \begin{cases} x_1 - x_2 + x_3 &= 2 \\ 3x_1 - 3x_2 + 3x_3 &= 6 \text{。} \end{cases}$$

習題 **1.16** ($**$) 試詳細討論當方程式個數m多於未知數個數n時$m \times n$聯立方程組解之情形, 並舉例說明之。

習題 **1.17** ($*$) 解下列齊次方程組。

$$1. \begin{cases} 2x_1 + 4x_2 + x_3 + x_4 - x_5 &= 0 \\ 3x_1 - x_2 + 3x_3 - 2x_4 + x_5 &= 0 \\ 5x_1 + 3x_2 - x_3 - x_4 + 2x_5 &= 0 \\ x_1 - x_2 + x_3 + 2x_4 - x_5 &= 0 \\ -x_1 + 2x_2 - x_3 + 2x_4 + x_5 &= 0 \text{。} \end{cases}$$

$$2. \begin{cases} 2x_1 + 4x_2 + x_3 + x_4 - x_5 = 0 \\ 3x_1 - x_2 + 3x_3 - 2x_4 + x_5 = 0 \\ 5x_1 + 3x_2 - x_3 - x_4 + 2x_5 = 0 \\ 4x_1 + 4x_2 - 2x_3 - 3x_4 + 3x_5 = 0 \\ x_1 - x_2 + x_3 + 2x_4 - x_5 = 0\text{。} \end{cases}$$

$$3. \begin{cases} 2x_1 + 4x_2 + x_3 = 0 \\ 6x_1 + 12x_2 + 3x_3 = 0\text{。} \end{cases}$$

習題 **1.18** ($*$) 利用高斯消去法求 $\mathbf{A} = \begin{bmatrix} 1 & -1 & 0 & 1 \\ 2 & 2 & -1 & 3 \\ -1 & 5 & 2 & 1 \\ 3 & -1 & 1 & -1 \end{bmatrix}$ 之反矩陣。

1.5節習題

習題 **1.19** ($**$) 求矩陣 $\mathbf{A} = \begin{bmatrix} 1 & -1 & 0 & 1 \\ 2 & 2 & -1 & 3 \\ -1 & 5 & 2 & 1 \\ 3 & -1 & 1 & -1 \end{bmatrix}$ 之LD分解以及 LDU分解。

習題 **1.20** ($**$) 請問一個方陣之LD分解及LDU分解是否唯一? 試證明或舉反例說明。

習題 **1.21** ($**$) 承上題, 請問在什麼情況下, LD分解是唯一的?

1.6節習題

習題 **1.22** ($*$) 設 $\mathbf{A} = \left[\begin{array}{cc|cc} 2 & 1 & 4 & 3 \\ 1 & 5 & 0 & -1 \\ \hline -2 & 1 & -3 & 2 \end{array} \right]$, $\mathbf{B} = \begin{bmatrix} 4 & -1 \\ 1 & 3 \\ \hline 0 & -2 \\ 2 & 1 \end{bmatrix}$。分別利用分割及第1.2節原矩陣乘法定義計算 $\mathbf{AB}$, 並比較其結果。

習題 **1.23** (∗∗) 同上題, 將B作行分割 $\mathbf{B} = \begin{bmatrix} 4 & -1 \\ 1 & 3 \\ 0 & -2 \\ 2 & 1 \end{bmatrix} \triangleq \begin{bmatrix} \mathbf{b}_1 & \mathbf{b}_2 \end{bmatrix}$。計

算 $\begin{bmatrix} \mathbf{Ab}_1 & \mathbf{Ab}_2 \end{bmatrix}$ 並比較上題 $\mathbf{AB}$ 之乘積驗證 $\mathbf{AB} = \begin{bmatrix} \mathbf{Ab}_1 & \mathbf{Ab}_2 \end{bmatrix}$。

習題 **1.24** (∗∗) 證明 $\begin{bmatrix} \mathbf{I} & \mathbf{A} \\ \mathbf{0} & \mathbf{I} \end{bmatrix}$ 是可逆矩陣, 且 $\begin{bmatrix} \mathbf{I} & \mathbf{A} \\ \mathbf{0} & \mathbf{I} \end{bmatrix}^{-1} = \begin{bmatrix} \mathbf{I} & -\mathbf{A} \\ \mathbf{0} & \mathbf{I} \end{bmatrix}$。

請問 $\begin{bmatrix} \mathbf{I} & \mathbf{0} \\ \mathbf{B} & \mathbf{I} \end{bmatrix}^{-1}$ 等於什麼?

1.7節習題

習題 **1.25** (∗) 求 $\mathbf{A} = \begin{bmatrix} 5 & -4 & 2 & 2 \\ 3 & -1 & 1 & 1 \\ 10 & -5 & 4 & 3 \\ -7 & 2 & -3 & -1 \end{bmatrix}$ 之行列式。

習題 **1.26** (∗∗) 設A是可逆方陣。證明 $\det(\mathbf{A}^{-1}) = (\det\mathbf{A})^{-1}$。

習題 **1.27** (∗∗) 設一方陣 $\mathbf{A} = \begin{bmatrix} \mathbf{A}_1 & \mathbf{0} \\ \mathbf{0} & \mathbf{A}_2 \end{bmatrix}$, 其中 $\mathbf{A}_1, \mathbf{A}_2$ 都是方陣。證明 $\det\mathbf{A} = (\det\mathbf{A}_1)(\det\mathbf{A}_2)$。

習題 **1.28** (∗∗) 推廣上一題, 設方陣 $\mathbf{A} = \begin{bmatrix} \mathbf{A}_1 & \mathbf{A}_3 \\ \mathbf{0} & \mathbf{A}_2 \end{bmatrix}$ 或是 $\mathbf{A} =$ $\begin{bmatrix} \mathbf{A}_1 & \mathbf{0} \\ \mathbf{A}_4 & \mathbf{A}_2 \end{bmatrix}$, 其中 $\mathbf{A}_1, \mathbf{A}_2$ 都是方陣。證明 $\det\mathbf{A} = (\det\mathbf{A}_1)(\det\mathbf{A}_2)$。

習題 **1.29** (∗) 利用上題, 求 $\mathbf{A} = \begin{bmatrix} 1 & 2 & 4 & 5 & 0 & 4 \\ 0 & -1 & 2 & 8 & 1 & -1 \\ 0 & 0 & 3 & 2 & 0 & 0 \\ 0 & 0 & 1 & 1 & 0 & 0 \\ 0 & 0 & -2 & 1 & 2 & 5 \\ 0 & 0 & 4 & 8 & -3 & -1 \end{bmatrix}$ 之行列式。

習題 **1.30** ($***$) 證明定理1.76。

習題 **1.31** ($***$) 證明定理1.77。
(提示: 令$f(\mathbf{A}) = \sum_{j=1}^{n}(-1)^{i+j}a_{ij}\det\mathbf{A}_{ij}$, 證明$f$滿足定理1.76三個性質)

習題 **1.32** ($**$) 求 Vandermonde 矩陣

$$\mathbf{V} = \begin{bmatrix} 1 & 1 & \cdots & 1 \\ \lambda_1 & \lambda_2 & & \lambda_n \\ \lambda_1^2 & \lambda_2^2 & & \lambda_n^2 \\ \vdots & \vdots & & \vdots \\ \lambda_1^{n-1} & \lambda_2^{n-1} & & \lambda_n^{n-1} \end{bmatrix}$$

之行列式。

習題 **1.33** (Schur 定理)($***$)
設 $\mathbf{A} = \begin{bmatrix} \mathbf{A}_{11} & \mathbf{A}_{12} \\ \mathbf{A}_{21} & \mathbf{A}_{22} \end{bmatrix}$, 其中$\mathbf{A}_{11}$, $\mathbf{A}_{22}$為方陣。

1. 設$\mathbf{A}_{11}$為可逆矩陣。令 $\mathbf{B}_1 = \mathbf{A}_{22} - \mathbf{A}_{21}\mathbf{A}_{11}^{-1}\mathbf{A}_{12}$。證明:

   (a) $\det\mathbf{A} = (\det\mathbf{A}_{11})(\det\mathbf{B}_1)$。

   (b) $\mathbf{A}$為可逆若且唯若$\mathbf{B}_1$為可逆。

   (c) 當$\mathbf{A}$可逆時,

   $$\mathbf{A}^{-1} = \begin{bmatrix} \mathbf{A}_{11}^{-1} + \mathbf{A}_{11}^{-1}\mathbf{A}_{12}\mathbf{B}_1^{-1}\mathbf{A}_{21}\mathbf{A}_{11}^{-1} & -\mathbf{A}_{11}^{-1}\mathbf{A}_{12}\mathbf{B}_1^{-1} \\ -\mathbf{B}_1^{-1}\mathbf{A}_{21}\mathbf{A}_{11}^{-1} & \mathbf{B}_1^{-1} \end{bmatrix}$$。

2. 設$\mathbf{A}_{22}$為可逆矩陣。令 $\mathbf{B}_2 = \mathbf{A}_{11} - \mathbf{A}_{12}\mathbf{A}_{22}^{-1}\mathbf{A}_{21}$。證明:

   (a) $\det\mathbf{A} = (\det\mathbf{A}_{22})(\det\mathbf{B}_2)$。

(b) $\mathbf{A}$爲可逆若且唯若$\mathbf{B}_2$爲可逆。

(c) 當$\mathbf{A}$可逆時,

$$\mathbf{A}^{-1} = \begin{bmatrix} \mathbf{B}_2^{-1} & -\mathbf{B}_2^{-1}\mathbf{A}_{12}\mathbf{A}_{22}^{-1} \\ -\mathbf{A}_{22}^{-1}\mathbf{A}_{21}\mathbf{B}_2^{-1} & \mathbf{A}_{22}^{-1} + \mathbf{A}_{22}^{-1}\mathbf{A}_{21}\mathbf{B}_2^{-1}\mathbf{A}_{12}\mathbf{A}_{22}^{-1} \end{bmatrix}。$$

習題 **1.34** $(***)$ 設 $\mathbf{A} = \begin{bmatrix} \mathbf{A}_{11} & \mathbf{A}_{12} \\ \mathbf{A}_{21} & \mathbf{A}_{22} \end{bmatrix}$, 其中$\mathbf{A}_{11}$, $\mathbf{A}_{22}$爲可逆方陣。令 $\mathbf{B}_1 = \mathbf{A}_{22} - \mathbf{A}_{21}\mathbf{A}_{11}^{-1}\mathbf{A}_{12}$, $\mathbf{B}_2 = \mathbf{A}_{11} - \mathbf{A}_{12}\mathbf{A}_{22}^{-1}\mathbf{A}_{21}$。證明下列敍述等效:

1. $\mathbf{A}$爲可逆矩陣。

2. $\mathbf{B}_1$爲可逆矩陣。

3. $\mathbf{B}_2$爲可逆矩陣。

又當上述任一條件成立時, 證明

$$\mathbf{B}_1^{-1} = \mathbf{A}_{22}^{-1} + \mathbf{A}_{22}^{-1}\mathbf{A}_{21}\mathbf{B}_2^{-1}\mathbf{A}_{12}\mathbf{A}_{22}^{-1},$$

且

$$\mathbf{B}_2^{-1} = \mathbf{A}_{11}^{-1} + \mathbf{A}_{11}^{-1}\mathbf{A}_{12}\mathbf{B}_1^{-1}\mathbf{A}_{21}\mathbf{A}_{11}^{-1}。$$

1.8節習題

習題 **1.35** $(*)$ 設 $\mathbf{A} = \begin{bmatrix} a & b \\ c & d \end{bmatrix}$。證明$\mathbf{A}$是可逆矩陣若且唯若 $ad - bc \neq 0$, 並證明當$\mathbf{A}$是可逆時,

$$\mathbf{A}^{-1} = \frac{1}{ad - bc} \begin{bmatrix} d & -b \\ -c & a \end{bmatrix}。$$

習題 **1.36** $(*)$ 利用定理1.91求例1.84矩陣$\mathbf{A}$之反矩陣。

習題 **1.37** (∗∗) 證明對任意的方陣$\mathbf{A}$, $\mathrm{adj}(\mathbf{A}^T) = (\mathrm{adj}\mathbf{A})^T$。

習題 **1.38** (∗) 證明$\mathrm{adj}\mathbf{I}_n = \mathbf{I}_n$。

習題 **1.39** (∗∗) 設$\mathbf{A}$為$n \times n$矩陣, k為任意純量, 證明$\det(k\mathbf{A}) = k^n \det\mathbf{A}$。

習題 **1.40** (∗∗) 設$\mathbf{A}$為$n \times n$可逆矩陣, 其中$n \geq 2$, 證明$\det(\mathrm{adj}\mathbf{A}) = (\det\mathbf{A})^{n-1}$。

習題 **1.41** (∗∗) 證明Vandermonde矩陣(見第1.7節習題1.32)為可逆若且唯若對所有的$i \neq j$, $\lambda_i \neq \lambda_j$。

習題 **1.42** (∗∗) 設$\mathbf{A}$, $\mathbf{B}$分別為$m \times n$及$n \times m$矩陣。

1. 證明 $\det(\mathbf{I}_m + \mathbf{AB}) = \det(\mathbf{I}_n + \mathbf{BA})$。

2. 證明 $\mathbf{I}_m + \mathbf{AB}$ 與 $\mathbf{I}_n + \mathbf{BA}$ 同時可逆或同時不可逆。

3. 當 $\mathbf{I}_m + \mathbf{AB}$ 可逆時, 證明

   (a) $(\mathbf{I}_m + \mathbf{AB})^{-1}\mathbf{A} = \mathbf{A}(\mathbf{I}_n + \mathbf{BA})^{-1}$。

   (b) $(\mathbf{I}_n + \mathbf{BA})^{-1} = \mathbf{I}_n - \mathbf{B}(\mathbf{I}_m + \mathbf{AB})^{-1}\mathbf{A}$。

1.9節習題

習題 **1.43** (∗) 利用Crame定理解聯立方程組

$$\begin{cases} 2x_1 + 4x_2 + x_3 + x_4 - x_5 &=& 10 \\ 3x_1 - x_2 + 3x_3 - 2x_4 + x_5 &=& -13 \\ 5x_1 + 3x_2 - x_3 - x_4 + 2x_5 &=& 10 \\ x_1 - x_2 + x_3 + 2x_4 - x_5 &=& 7 \\ -x_1 + 2x_2 - x_3 + 2x_4 + x_5 &=& 10。 \end{cases}$$

線性代數

第 2 章

向量空間

2.1　前言

數學上我們常會遇到許多元素彼此相加或是乘上一個純量(實數)的情況, 譬如實數系或複數系本身, 或是實值函數, 還有n維空間裡的向量或是相同階數的矩陣等等都是常見的例子。在這一章我們將會發現上述的例子儘管各個元素看似不同, 其實它們都具有共通的代數結構, 此種代數結構是線性代數裡最基本的結構, 稱爲向量空間。每個向量空間主要由兩個集合和兩種代數運算所組成, 在2.2節裡我們首先介紹其中的一個集合, 它是由所有的純量所組成, 稱爲域(field)。2.3節介紹向量空間的定義與向量空間基本性質, 2.4節研究在何種條件下, 向量空間的子集亦會是向量空間。2.5節以後到2.7節, 我們會在向量空間中引入一個非常重要的幾何概念: 維度。有了維度的概念, 在2.8節中我們將任一有限維度的向量空間分解成數個子空間的和集。在本章最後2.9節, 我們將引入商集的概念, 定義商空間並推導一些重要性質。

2.2 域

相信各位讀者對實數或複數的加法與乘法都非常熟悉, 實數系或複數系即構成代數中的域。爲了讓此書更完整, 在正式介紹向量空間前, 各位不妨先學習一些域的基本概念。由於本書裡所用到的域也僅限於實數系或複數系, 本節只做簡略的介紹, 想對域有更詳細的瞭解可在一般的抽象代數書中找到。

定義 **2.1** 域

一個域(或稱體)是由一個集合$\mathbb{F}$構成, 其組成之元素稱爲純量(或是數), 並在$\mathbb{F}$中定義了兩種運算, 分別稱爲加法 " $+$ " 以及乘法" $\cdot$ "; 它們滿足下列幾個條件:

1. (封閉性)對所有的a、$b \in \mathbb{F}$, 其和$a + b \in \mathbb{F}$, 其積$a \cdot b$(或簡寫成ab) $\in \mathbb{F}$,

2. (交換性)對所有的a、$b \in \mathbb{F}$, 恆有$a + b = b + a$以及$ab = ba$,

3. (結合性)對所有的a、b、$c \in \mathbb{F}$, 恆有$(a + b) + c = a + (b + c)$, $(ab)c = a(bc)$,

4. (分配性)對所有的a、b、$c \in \mathbb{F}$, 恆有$a(b + c) = ab + ac$,

5. (單位元素)對所有的$a \in \mathbb{F}$, 存在一數$0 \in \mathbb{F}$(稱爲零), 與另一數$1 \in \mathbb{F}$(稱爲一), $1 \neq 0$, 且 $a + 0 = 0 + a = a, 1 \cdot a = a \cdot 1 = a$, (可以證明0與1是唯一決定的),

6. (加法反元素) 對每個 $a \in \mathbb{F}$, 必定存在一數 $b \in \mathbb{F}$, 使得$a + b = b + a = 0$, (不難證明b是唯一的, b稱爲a之加法反元素, a之加法反元素常表爲$-a$),

7. (乘法反元素) 對每個$a \in \mathbb{F}, a \neq 0$, 必定存在一數$c \in \mathbb{F}$, 使得$ac = ca = 1$, (可以證明$c$是唯一的, 並稱$c$爲$a$之乘法反元素, a之乘法反元素常以$\frac{1}{a}$或$1/a$或a^{-1}表示)。 ■

域$\mathbb{F}$中任兩數a、b相減定義爲a與b之加法反元素$-b$相加。同樣地, 若b不爲零, a、b兩數相除定義爲a與b之乘法反元素b^{-1}相乘。

定義 2.2

$$
\begin{aligned}
a - b &\triangleq a + (-b),\\
\frac{a}{b} &\triangleq a\left(\frac{1}{b}\right) = ab^{-1}。
\end{aligned}
$$

∎

例 2.3 令$\mathbb{N}$、$\mathbb{Z}$、$\mathbb{Q}$、$\mathbb{R}$, 以及$\mathbb{C}$分別代表所有的正整數、整數、有理數、實數, 以及複數所成之集合。很明顯地, $\mathbb{Q}$、$\mathbb{R}$, 以及$\mathbb{C}$都是域, 但是$\mathbb{N}$與$\mathbb{Z}$不是域, 譬如說3是正整數, 但其加法反元素-3不在$\mathbb{N}$裡, 同理, 2是整數, 但其乘法反元素$1/2$不在$\mathbb{Z}$裡。

∎

到目前爲止, 我們所看到的域皆具有無窮多個元素, 其實並非每個域都如此。在這一節的習題裡, 我們會引導讀者建立具有有限元素的域$\mathbb{Z}_2$。在第五個公設裡, 我們要求$1 \neq 0$以避免域$\mathbb{F}$只包含零一個數。透過上述域的七個公設, 我們可以推導出其餘的性質。底下僅略舉一二, 由於這些性質讀者必然十分熟悉, 我們不打算在此討論其詳細的證明。

命題 2.4 對所有的$a, b, c, d \in \mathbb{F}$, 恆有

1. (加法消去律) 若$a + b = a + c$, 則$b = c$。

2. 對任意的a及b, 存在唯一的$x \in \mathbb{F}$滿足$a + x = b$, 此x正好等於$b - a$。

3. $-(-a) = a$。

4. $a(b - c) = ab - ac$。

67

5. $0 \cdot a = a \cdot 0 = 0$。

6. (乘法消去律)若$ab = ac$且$a \neq 0$, 則 $b = c$。

7. 對任意的a及b, $a \neq 0$, 存在唯一的$x \in \mathbb{F}$滿足$ax = b$, 此x正好等於$b \cdot a^{-1}$。

8. 若$a \neq 0$, 則$(a^{-1})^{-1} = a$。

9. 若$ab = 0$, 則$a = 0$或$b = 0$。

10. $(-a)b = -(ab)$, $(-a)(-b) = ab$。

11. 若 $b \neq 0$ 且 $d \neq 0$, 則 $(a/b)+(c/d) = (ad+bc)/(bd)$ 且 $(a/b)(c/d) = (ac)/(bd)$。

12. 若$b \neq 0$,$c \neq 0$且$d \neq 0$, 則$(a/b)/(c/d) = (ad)/(bc)$。　■

2.3　向量空間公設

瞭解域之後, 接下來我們介紹向量空間的概念。

定義 **2.5** 向量空間

設$\mathcal{V}$爲一集合, $\mathbb{F}$爲一個域。若存在兩種運算, 一爲向量加法(vector addition) $+ : \mathcal{V} \times \mathcal{V} \longrightarrow \mathcal{V}$, 另一爲純量向量乘法(scalar multiplication) (在不致於和域$\mathbb{F}$中之乘法混淆下純量向量乘法又常簡稱爲純量乘法) $\cdot : \mathbb{F} \times \mathcal{V} \longrightarrow \mathcal{V}$(若$a \in \mathbb{F}$, $\mathbf{x} \in \mathcal{V}$, $a \cdot \mathbf{x}$常簡寫成$a\mathbf{x}$), 使得下列條件均成立, 則稱$\mathcal{V}$爲佈於$\mathbb{F}$上之一向量空間(vector space)或是線性空間(linear space) :

1. 對所有的$\mathbf{x}$, $\mathbf{y} \in \mathcal{V}$, 恆有 $\mathbf{x} + \mathbf{y} = \mathbf{y} + \mathbf{x}$,

2. 對所有的 $\mathbf{x}$, $\mathbf{y}$, $\mathbf{z} \in \mathcal{V}$, 恆有 $(\mathbf{x} + \mathbf{y}) + \mathbf{z} = \mathbf{x} + (\mathbf{y} + \mathbf{z})$,

3. 存在零向量 $\mathbf{0} \in \mathcal{V}$, 使得對所有的 $\mathbf{x} \in \mathcal{V}$, 恆有 $\mathbf{x} + \mathbf{0} = \mathbf{0} + \mathbf{x} = \mathbf{x}$,

4. 對每個 $\mathbf{x} \in \mathcal{V}$, 存在 $\mathbf{y} \in \mathcal{V}$, 使得 $\mathbf{x} + \mathbf{y} = \mathbf{y} + \mathbf{x} = \mathbf{0}$ ($\mathbf{y}$稱爲$\mathbf{x}$之加法反元素),

5. 對所有的$\mathbf{x} \in \mathcal{V}$, 所有的$a$、$b \in \mathbb{F}$, 恆有 $a(b\mathbf{x}) = (ab)\mathbf{x}$,

6. 對所有的$\mathbf{x}$、$\mathbf{y} \in \mathcal{V}$, 所有的$a \in \mathbb{F}$, 恆有 $a(\mathbf{x} + \mathbf{y}) = a\mathbf{x} + a\mathbf{y}$,

7. 對所有的$\mathbf{x} \in \mathcal{V}$, 所有的$a$、$b \in \mathbb{F}$, 恆有 $(a + b)\mathbf{x} = a\mathbf{x} + b\mathbf{x}$,

8. 對每個 $\mathbf{x} \in \mathcal{V}$, $1 \cdot \mathbf{x} = \mathbf{x}$。　　　　　　　　　　　　■

　　佈於$\mathbb{F}$上之向量空間$\mathcal{V}$常寫成$(\mathcal{V}, \mathbb{F})$或是$_\mathbb{F}\mathcal{V}$, 我們也常將域$\mathbb{F}$省略不寫, 直接稱$\mathcal{V}$爲一向量空間。$\mathcal{V}$中之元素稱爲向量, $\mathbb{F}$中之元素稱爲純量。當$\mathbb{F} = \mathbb{R}$(或$\mathbb{C}$)時, 又稱$\mathcal{V}$爲一實(或複)向量空間。

　　$+ : \mathcal{V} \times \mathcal{V} \longrightarrow \mathcal{V}$表示向量加法必須具備封閉性: 對所有的$\mathbf{x}$, $\mathbf{y} \in \mathcal{V}$, 恆有$\mathbf{x} + \mathbf{y} \in \mathcal{V}$。同理, $\cdot : \mathbb{F} \times \mathcal{V} \longrightarrow \mathcal{V}$表示純量乘法亦必須具備封閉性: 對所有的$\mathbf{x} \in \mathcal{V}$, 所有的$a \in \mathbb{F}$, 恆有$a\mathbf{x} \in \mathcal{V}$。前四個公設與向量加法有關, 後四個則與純量向量乘法有關。第一個與第二個公設分別表示向量加法具備交換性與結合性。同樣地, 第五個公設可看成純量向量乘法的結合性。第三個公設說明任何向量空間至少包含一個向量, 也就是零向量。第四公設斷言任何向量必有加法反元素。第六及第七個公設稱分配性。最後一個公設稱爲同值性 (identity) 看似理所當然, 在後面我們將會瞭解它的重要性。

例 **2.6** 設$\mathbb{F}$爲一個域, 令$\mathbb{F}^n = \{(x_1, x_2, \cdots, x_n)|x_i \in \mathbb{F}\}$。定義向量相加與純量乘法如下:

$$
\begin{aligned}
&(x_1, x_2, \cdots, x_n) + (y_1, y_2, \cdots, y_n) \\
\triangleq\ & (x_1 + y_1, x_2 + y_2, \cdots, x_n + y_n), \\
& a(x_1, x_2, \cdots, x_n) \\
\triangleq\ & (ax_1, ax_2, \cdots, ax_n),
\end{aligned}
$$

則不難看出$(\mathbb{F}^n, \mathbb{F})$爲向量空間, 此空間之零向量爲

$$
\mathbf{0} \triangleq (0, 0, \cdots, 0),
$$

$\mathbf{x} = (x_1, x_2, \cdots, x_n)$之加法反元素則爲

$$
-\mathbf{x} \triangleq (-x_1, -x_2, \cdots, -x_n)。
$$

$\blacksquare$

上例中若$\mathbb{F} = \mathbb{R}$, $n = 2$或3, 則爲大家所熟知的二或三維的歐氏空間。從幾何上看, 此時兩向量相加可用平形四邊形法得其和, 純量乘法則相當於將向量的長度乘以適當的倍數, 但方向不變 (當$a > 0$時) 或是將方向反向 (當$a < 0$時)。

一個向量空間$(\mathcal{V}, \mathbb{F})$, 其主要組成元素除了兩集合$\mathcal{V}$與$\mathbb{F}$外, 更重要的是如何定義向量加法與純量乘法。下一個例子說明, 同樣的集合$(\mathbb{F}^n, \mathbb{F})$, 如果定義不同的向量加法與純量乘法, $(\mathbb{F}^n, \mathbb{F})$就不一定會是向量空間了。

例 **2.7** 上例中若將純量乘法改成

$$
a(x_1, x_2, \cdots, x_n) \triangleq (a^2 x_1, a^2 x_2, \cdots, a^2 x_n),
$$

則 $(\mathbb{F}^n, \mathbb{F})$ 不再是向量空間。這是因爲一般而言

$$
\begin{aligned}
(a+b)(x_1, \cdots, x_n) &= ((a+b)^2 x_1, \cdots, (a+b)^2 x_n) \\
&\neq ((a^2+b^2)x_1, \cdots, (a^2+b^2)x_n) \\
&= (a^2 x_1, \cdots, a^2 x_n) + (b^2 x_1, \cdots, b^2 x_n) \\
&= a(x_1, \cdots, x_n) + b(x_1, \cdots, x_n),
\end{aligned}
$$

向量空間的第七公設不再成立。你能看出還有其他那些公設不一定成立嗎？∎

例 **2.8** 令$\mathbb{F}_n[t]$代表階數小於n, 變數爲t且係數均落於$\mathbb{F}$之所有多項式所成之集合。設

$$
\begin{aligned}
f(t) &= a_0 + a_1 t + \cdots + a_{n-1} t^{n-1}, \quad a_i \in \mathbb{F}, \\
g(t) &= b_0 + b_1 t + \cdots + b_{n-1} t^{n-1}, \quad b_i \in \mathbb{F},
\end{aligned}
$$

並定義

$$
\begin{aligned}
(f+g)(t) &\triangleq f(t) + g(t) \\
&\triangleq (a_0 + b_0) + (a_1 + b_1)t + \cdots + (a_{n-1} + b_{n-1})t^{n-1}, \\
(cf)(t) &\triangleq c(f(t)) \triangleq ca_0 + ca_1 t + \cdots + ca_{n-1} t^{n-1}, \quad c \in \mathbb{F},
\end{aligned}
$$

且定義零多項式$h(t) = 0$之階數爲$-\infty$, 非零之常數多項式$q(t) = k(k \neq 0)$之階數爲0。很明顯地, $\mathbb{F}_n[t]$爲佈於$\mathbb{F}$上之向量空間。∎

例 **2.9** 令$(C[a,b], \mathbb{R})$代表定義在閉區間$[a,b]$之所有實數值連續函數所成之集合。設函數$f, g \in C[a,b]$, $c \in \mathbb{R}$, 定義

$$
\begin{aligned}
(f+g)(t) &\triangleq f(t) + g(t), \\
(cf)(t) &\triangleq c(f(t)),
\end{aligned}
$$

則$(C[a,b], \mathbb{R})$爲一實向量空間。∎

例 **2.10** 令$(\mathbb{F}^{n \times m}, \mathbb{F})$代表所有元素爲$\mathbb{F}$中之數之$n \times m$矩陣所形成之集合。設兩矩陣相加還有純量與矩陣相乘如同第1章中所定義, 則$(\mathbb{F}^{n \times m}, \mathbb{F})$爲一向量空間。∎

例 **2.11** 若我們在$(\mathbb{R}, \mathbb{Q})$上定義純量乘法與向量加法爲一般實數的乘法與加法, 則$(\mathbb{R}, \mathbb{Q})$是向量空間。∎

例 **2.12** 微分方程 $\dot{x}(t) - 4x(t) = 0$ 的解集合構成一個佈於 $\mathbb{R}$ 的向量空間。∎

　　由以上的例子我們可以發現, 向量空間的概念已經被廣泛應用到數學的各個領域: 分析、數論、矩陣計算以及微分方程, 作爲各領域思考的基本數學工具。

　　根據向量空間八個公設, 我們可以推導出一些重要的性質。首先, 我們證明消去律。

定理 **2.13** (消去律)

若 $\mathbf{x} + \mathbf{y} = \mathbf{x} + \mathbf{z}$, 則 $\mathbf{y} = \mathbf{z}$。

證明: 對$\mathbf{x}$, 存在向量$\mathbf{v}$使得 $\mathbf{x} + \mathbf{v} = \mathbf{v} + \mathbf{x} = \mathbf{0}$。因此,

$$
\begin{aligned}
\mathbf{y} &= \mathbf{0} + \mathbf{y} \\
&= (\mathbf{v} + \mathbf{x}) + \mathbf{y} \\
&= \mathbf{v} + (\mathbf{x} + \mathbf{y}) \\
&= \mathbf{v} + (\mathbf{x} + \mathbf{z}) \\
&= (\mathbf{v} + \mathbf{x}) + \mathbf{z} \\
&= \mathbf{0} + \mathbf{z} \\
&= \mathbf{z}。
\end{aligned}
$$
∎

向量空間第三個公設告訴我們任何向量空間必包含一個零向量。利用消去律, 我們可以證明這樣的零向量是唯一存在的。

定理 2.14 零向量 **0** 唯一存在。

證明: 利用矛盾證法, 設存在另一個零向量$\mathbf{0}'$, 則對所有的向量 **x**, 恆有

$$\begin{cases} \mathbf{x} + \mathbf{0} = \mathbf{0} + \mathbf{x} = \mathbf{x} \\ \mathbf{x} + \mathbf{0}' = \mathbf{0}' + \mathbf{x} = \mathbf{x}, \end{cases}$$

因此 $\mathbf{x} + \mathbf{0} = \mathbf{x} + \mathbf{0}'$, 根據消去律得 $\mathbf{0} = \mathbf{0}'$, 故得證。 ■

向量空間第四個公設告訴我們任何向量必有加法反元素。同樣地, 利用消去律, 我們可以證明每個向量的加法反元素也是唯一存在。

定理 2.15 對任意的向量 **x**, 其加法反元素唯一存在。

證明: 再次利用矛盾證法, 設**y**及**z**都是**x**之加法反元素。則有

$$\mathbf{x} + \mathbf{y} = \mathbf{y} + \mathbf{x} = \mathbf{0}$$

$$\mathbf{x} + \mathbf{z} = \mathbf{z} + \mathbf{x} = \mathbf{0},$$

因此 $\mathbf{x} + \mathbf{y} = \mathbf{x} + \mathbf{z}$。根據消去律可證得 $\mathbf{y} = \mathbf{z}$。 ■

x 唯一的加法反元素將以 $-\mathbf{x}$ 表之。兩向量相減則可透過加法反元素定義如下。

定義 2.16 $\mathbf{x} - \mathbf{y} \triangleq \mathbf{x} + (-\mathbf{y})$。 ■

底下列出一些有用的性質。

命題 2.17 對所有的$\mathbf{x} \in \mathcal{V}$, 所有的 $a \in \mathbb{F}$, 恆有

線性代數

1. $0 \cdot \mathbf{x} = \mathbf{0}$。

2. $(-a)\mathbf{x} = -(a\mathbf{x}) = a(-\mathbf{x})$, 且 $(-1)\mathbf{x} = -\mathbf{x}$。

3. $a \cdot \mathbf{0} = \mathbf{0}$。

證明:

1. 因為

$$
\begin{aligned}
0\mathbf{x} + 0\mathbf{x} &= (0+0)\mathbf{x} \\
&= 0\mathbf{x} \\
&= 0\mathbf{x} + \mathbf{0},
\end{aligned}
$$

由消去律立即得到 $0\mathbf{x} = \mathbf{0}$。

2. 因為 $a\mathbf{x} + (-a)\mathbf{x} = (a + (-a))\mathbf{x} = 0\mathbf{x} = \mathbf{0}$, 因此$a\mathbf{x}$的加法反元素等於$(-a)\mathbf{x}$, 也就是$-(a\mathbf{x}) = (-a)\mathbf{x}$。上式中取 $a = 1$ 可得 $-(1 \cdot \mathbf{x}) = (-1)\mathbf{x}$, 由向量空間最後一個公設知$1 \cdot \mathbf{x} = \mathbf{x}$, 於是得$-\mathbf{x} = (-1)\mathbf{x}$。因為$(ab)\mathbf{x} = a(b\mathbf{x})$, 取 $b = -1$ 得 $(a \cdot (-1))\mathbf{x} = a((-1)\mathbf{x})$, 因此 $(-a)\mathbf{x} = a(-\mathbf{x})$。

3. 此部分的證明留給讀者自行練習。

■

命題 **2.18** 對所有的$\mathbf{x}, \mathbf{y} \in \mathcal{V}$, 所有的 $a, b \in \mathbb{F}$, 恆有

1. $(a - b)\mathbf{x} = a\mathbf{x} - b\mathbf{x}$。

2. $a(\mathbf{x} - \mathbf{y}) = a\mathbf{x} - a\mathbf{y}$。

3. $a\mathbf{x} = \mathbf{0}$若且唯若$a = 0$ 或是 $\mathbf{x} = \mathbf{0}$。

4. 若 $a\mathbf{x} = a\mathbf{y}$, 且 $a \neq 0$, 則 $\mathbf{x} = \mathbf{y}$。

5. 若 $a\mathbf{x} = b\mathbf{x}$, 且 $\mathbf{x} \neq \mathbf{0}$, 則 $a = b$。

證明: 我們只證第一個部分, 其餘的留作習題。

1.

$$
\begin{aligned}
a\mathbf{x} - b\mathbf{x} &= a\mathbf{x} + (-b)\mathbf{x} \\
&= (a + (-b))\mathbf{x} \\
&= (a - b)\mathbf{x}。
\end{aligned}
$$

2.4　子空間

上一節介紹了向量空間的概念, 從這一節開始我們將討論向量空間中一些重要的結構。假設$\mathcal{V}$是向量空間, 有沒有可能在$\mathcal{V}$中存在子集合$\mathcal{W}$, 其本身也是向量空間呢? 另一個問題是$\mathcal{V}$中若存在其他較小的向量空間, 這些子向量空間的交集或是聯集是否仍為$\mathcal{V}$之子向量空間呢?

　　首先我們介紹子空間的定義。

定義 **2.19** 設$(\mathcal{V}, \mathbb{F})$為一向量空間, $\mathcal{W}$為$\mathcal{V}$之一子集。若在$(\mathcal{W}, \mathbb{F})$中之向量加法與純量乘法的定義與原向量空間$(\mathcal{V}, \mathbb{F})$中相同的情況下, $(\mathcal{W}, \mathbb{F})$本身也構成一個向量空間, 則稱$(\mathcal{W}, \mathbb{F})$為$(\mathcal{V}, \mathbb{F})$之一子空間(subspace)。 ∎

　　如何判斷某子集合為子空間呢? 下面的定理描述了一個簡單的方法用來決定子空間的基本特性。

定理 2.20 設 $(\mathcal{V}, \mathbb{F})$ 為向量空間, $\mathcal{W}$ 為 $\mathcal{V}$ 之子集。則 $(\mathcal{W}, \mathbb{F})$ 為 $(\mathcal{V}, \mathbb{F})$ 之子空間之充分且必要條件為

 1. $\mathbf{0} \in \mathcal{W}$,

 2. 對所有的 $\mathbf{x}, \mathbf{y} \in \mathcal{W}$, 恆有 $\mathbf{x} + \mathbf{y} \in \mathcal{W}$,

 3. 對所有的 $\mathbf{x} \in \mathcal{W}$, 所有的 $a \in \mathbb{F}$, 恆有 $a\mathbf{x} \in \mathcal{W}$。

證明:『必要性』首先設 $\mathcal{W}$ 為 $\mathcal{V}$ 之子空間。由向量加法及純量乘法之封閉性知條件 $2,3$ 必成立。因為 $\mathcal{W}$ 為向量空間, 由公設三知 $\mathcal{W}$ 中有零向量 $\mathbf{0}'$, 使得對任意的 $\mathbf{x} \in \mathcal{W}$, 恆有 $\mathbf{x} + \mathbf{0}' = \mathbf{0}' + \mathbf{x} = \mathbf{x}$。但因為 $\mathbf{x} \in \mathcal{V}$, 故有 $\mathbf{x} + \mathbf{0} = \mathbf{0} + \mathbf{x} = \mathbf{x}$, 因此 $\mathbf{x} + \mathbf{0}' = \mathbf{x} + \mathbf{0}$。由消去律得 $\mathbf{0}' = \mathbf{0}$, 換句話說, $\mathcal{W}$ 中的零向量 $\mathbf{0}'$ 與 $\mathcal{V}$ 中之零向量 $\mathbf{0}$ 相同。

　　『充分性』反過來, 假設條件 $1,2,3$ 均成立。仔細觀察向量加法及純量乘法之封閉性及向量空間八個公設, 除了公設四之外, 在 $\mathcal{V}$ 中成立在 $\mathcal{W}$ 中自然成立。底下證明公設四在 $\mathcal{W}$ 中其實也會成立: 設 $\mathbf{x} \in \mathcal{W}$, 由條件 3 知 $\mathbf{x}$ 之加法反元素 $-\mathbf{x} = (-1) \cdot \mathbf{x}$ 亦在 $\mathcal{W}$ 中, 故得證。∎

例 2.21 設 $\mathcal{W}$ 為 $(\mathbb{F}^{n \times n}, \mathbb{F})$ 中所有對稱矩陣所成之子集。因為 $n \times n$ 的零矩陣 $\mathbf{0}$ 為對稱矩陣, 故 $\mathbf{0} \in \mathcal{W}$。設 $\mathbf{A}, \mathbf{B} \in \mathcal{W}$, 即 $\mathbf{A}, \mathbf{B}$ 為 $\mathbb{F}^{n \times n}$ 中之對稱矩陣, 則 $(\mathbf{A} + \mathbf{B})^T = \mathbf{A}^T + \mathbf{B}^T = \mathbf{A} + \mathbf{B}$, 故 $\mathbf{A} + \mathbf{B}$ 亦為對稱, 亦即 $\mathbf{A} + \mathbf{B} \in \mathcal{W}$。同理, 若 $\mathbf{A}$ 為對稱矩陣, a 為任意實數, 則 $(a \cdot \mathbf{A})^T = a \cdot \mathbf{A}^T = a \cdot \mathbf{A}$, 故 $a\mathbf{A}$ 亦為對稱矩陣, 因此 $\mathcal{W}$ 為 $\mathbb{F}^{n \times n}$ 之子空間。

　　設 $\mathcal{U}$ 為 $\mathbb{F}^{n \times n}$ 中所有對角矩陣所成之子集合。很明顯地, $\mathcal{U}$ 亦為 $\mathbb{F}^{n \times n}$ 之子空間。事實上, $\mathcal{U}$ 亦為 $\mathcal{W}$ 之子空間。∎

例 2.22 設 $\mathcal{W}$ 為 $C[a,b]$ 中所有在 a 之值等於 0 之連續函數所成之子集。很明顯地, 零函數屬於 $\mathcal{W}$。設 $f, g \in \mathcal{W}$, 則 $(f + g)(a) = f(a) + g(a) = 0 + 0 = 0$,

故$f + g \in \mathcal{W}$。同理, 設$f \in \mathcal{W}$, c爲任意實數, 則$cf \in \mathcal{W}$。故知$\mathcal{W}$爲$C[a,b]$之子空間。∎

已知$\mathcal{V}$爲向量空間, 則$\mathcal{V}$本身亦爲其子空間, 這是$\mathcal{V}$中可能存在的最大子空間, 稱爲 improper 子空間。只包含零向量之子集$\{\mathbf{0}\}$亦爲$\mathcal{V}$之子空間, 稱爲零(trivial) 子空間, 簡稱零空間。很明顯地, 零空間是存在於$\mathcal{V}$中最小的子空間, 因爲$\mathcal{V}$之任意子空間必含零向量。

例 **2.23** $(\mathbb{R}^2, \mathbb{R})$中所有可能的子空間包括

1. 零空間,

2. $\{\lambda(a,b)|$其中a和b是給定不全爲零的實數, λ是任意實數$\}$,

3. $\mathbb{R}^2$。∎

例 **2.24** $(\mathbb{R}^2, \mathbb{R})$中, $\mathcal{W} \triangleq \{(x,y)|y = 1\}$不是子空間。爲什麼呢? 譬如說, 原點$\mathbf{0} = (0,0) \notin \mathcal{W}$。又$\mathcal{W}$中任意兩個向量$(x_1, 1), (x_2, 1)$相加得

$$\underbrace{(x_1, 1)}_{\in \mathcal{W}} + \underbrace{(x_2, 1)}_{\in \mathcal{W}} = \underbrace{(x_1 + x_2, 2)}_{\notin \mathcal{W}}。$$

同理, 除非$a = 1$, 否則一般而言$a(x, 1) = (ax, a) \notin \mathcal{W}$。∎

一向量空間$\mathcal{V}$中任意多個子空間之交集仍爲$\mathcal{V}$之子空間, 如下面定理所敍。

定理 **2.25** 一向量空間$\mathcal{V}$中任意多個子空間之交集仍爲$\mathcal{V}$中之子空間。
證明: 設$\mathcal{C}$爲$\mathcal{V}$中所有子空間所成之集合。注意$\mathcal{C} \neq \emptyset$。(爲什麼呢?) 設$\mathcal{C}_1 \subset \mathcal{C}$, $\mathcal{C}_1 \neq \emptyset$, 換句話說, $\mathcal{C}_1$中的元素均爲$\mathcal{V}$中之子空間, 且其元素個數是任意多個。因此, 對任意的$\mathcal{S} \in \mathcal{C}_1$, 恆有$\mathbf{0} \in \mathcal{S}$。於是$\mathbf{0} \in \bigcap_{\mathcal{S} \in \mathcal{C}_1} \mathcal{S}$。設$\mathbf{x}, \mathbf{y} \in \bigcap_{\mathcal{S} \in \mathcal{C}_1} \mathcal{S}$, 則對所有

的$\mathcal{S}\in\mathcal{C}_1$, 必有$\mathbf{x}, \mathbf{y}\in\mathcal{S}$, 因爲$\mathcal{S}$爲$\mathcal{V}$之子空間, 因此對所有的$a, b\in\mathbb{F}$, 恆有$a\mathbf{x} + b\mathbf{y}\in\mathcal{S}$, 於是得$a\mathbf{x} + b\mathbf{y}\in\bigcap\limits_{\mathcal{S}\in\mathcal{C}_1}\mathcal{S}$。故得證。 ∎

雖然任意個數的子空間其交集仍爲子空間, 但任意個子空間的聯集並不一定爲子空間。

例 2.26 令$\mathcal{W}_1 = \{(x, y)|x = y\}$及$\mathcal{W}_2 = \{(x, y)|x = -y\}$是 $(\mathbb{R}^2, \mathbb{R})$中兩個子空間, 其聯集$\mathcal{W}_1\cup\mathcal{W}_2$不是$\mathbb{R}^2$之子空間。例如取$\mathbf{w}_1 = (1, 1)\in\mathcal{W}_1$, $\mathbf{w}_2 = (1, -1)\in\mathcal{W}_2$, 但是$\mathbf{w}_1 + \mathbf{w}_2 = (2, 0)\notin\mathcal{W}_1\cup\mathcal{W}_2$。 ∎

由例2.26可看出$\mathcal{W}_1\cup\mathcal{W}_2$之所以不一定爲$\mathcal{V}$之子空間, 主要原因是對任意的$\mathbf{w}_1\in\mathcal{W}_1$、$\mathbf{w}_2\in\mathcal{W}_2$, 其和$\mathbf{w}_1 + \mathbf{w}_2$不一定落在$\mathcal{W}_1\cup\mathcal{W}_2$內, 於是我們引入下列和空間的觀念。

定義 2.27 設$\mathcal{V}$爲向量空間, 且設$\mathcal{S}_1$及$\mathcal{S}_2$爲$\mathcal{V}$之任意兩個非空子集。$\mathcal{S}_1$及$\mathcal{S}_2$ 之和集(sum)定義爲 $\mathcal{S}_1 + \mathcal{S}_2 \triangleq \{\mathbf{s}|\mathbf{s} = \mathbf{s}_1 + \mathbf{s}_2, \mathbf{s}_1\in\mathcal{S}_1, \mathbf{s}_2\in\mathcal{S}_2\}$。$\mathcal{S}_1$及$\mathcal{S}_2$之和集有時亦簡稱爲$\mathcal{S}_1$及$\mathcal{S}_2$之和。 ∎

換句話說, 和集$\mathcal{S}_1 + \mathcal{S}_2$中之元素$\mathbf{s}$必可表成$\mathcal{S}_1$中某向量$\mathbf{s}_1$與$\mathcal{S}_2$中某向量$\mathbf{s}_2$之和: $\mathbf{s} = \mathbf{s}_1 + \mathbf{s}_2$。底下定理告訴我們兩子空間之和集仍爲子空間, 且此子空間爲包含此兩子空間聯集之最小子空間。

定理 2.28 設$\mathcal{V}$是向量空間。設$\mathcal{W}_1$及$\mathcal{W}_2$是$\mathcal{V}$的子空間。則$\mathcal{W}_1 + \mathcal{W}_2$也是$\mathcal{V}$ 的子空間, 並且是$\mathcal{V}$中包含$\mathcal{W}_1\cup\mathcal{W}_2$最小的子空間, 換言之,

1. $\mathcal{W}_1 + \mathcal{W}_2$是$\mathcal{V}$之子空間,

2. $\mathcal{W}_1\cup\mathcal{W}_2\subset\mathcal{W}_1 + \mathcal{W}_2$,

3. 若$\mathcal{W}$爲$\mathcal{V}$中包含$\mathcal{W}_1 \cup \mathcal{W}_2$之任意子空間, 則恆有$\mathcal{W}_1 + \mathcal{W}_2 \subset \mathcal{W}$。

$\mathcal{W}_1 + \mathcal{W}_2$稱做是$\mathcal{W}_1$及$\mathcal{W}_2$之和空間。

證明:

1. 因爲$\mathbf{0} \in \mathcal{W}_1$, 且$\mathbf{0} \in \mathcal{W}_2$, 於是$\mathbf{0} = \mathbf{0} + \mathbf{0} \in \mathcal{W}_1 + \mathcal{W}_2$。設$\mathbf{x}, \mathbf{y} \in \mathcal{W}_1 + \mathcal{W}_2$, 則存在向量$\mathbf{u_1}, \mathbf{v_1} \in \mathcal{W}_1$以及$\mathbf{u_2}, \mathbf{v_2} \in \mathcal{W}_2$滿足$\mathbf{x} = \mathbf{u_1} + \mathbf{u_2}$, $\mathbf{y} = \mathbf{v_1} + \mathbf{v_2}$。因此, 對所有的$a, b \in \mathbb{F}$, 恆有$a\mathbf{u}_1 + b\mathbf{v}_1 \in \mathcal{W}_1$, $a\mathbf{u}_2 + b\mathbf{v}_2 \in \mathcal{W}_2$。於是我們得到 $a\mathbf{x} + b\mathbf{y} = a(\mathbf{u}_1 + \mathbf{u}_2) + b(\mathbf{v}_1 + \mathbf{v}_2) = (a\mathbf{u}_1 + b\mathbf{v}_1) + (a\mathbf{u}_2 + b\mathbf{v}_2) \in \mathcal{W}_1 + \mathcal{W}_2$。所以$\mathcal{W}_1 + \mathcal{W}_2$是$\mathcal{V}$之子空間。

2. 由於$\mathcal{W}_1 \subset \mathcal{W}_1 + \mathcal{W}_2$且$\mathcal{W}_2 \subset \mathcal{W}_1 + \mathcal{W}_2$, 立即可得$\mathcal{W}_1 \cup \mathcal{W}_2 \subset \mathcal{W}_1 + \mathcal{W}_2$。

3. 假設$\mathcal{W}$是包含$\mathcal{W}_1 \cup \mathcal{W}_2$之任一子空間。令$\mathbf{w} \in \mathcal{W}_1 + \mathcal{W}_2$, 則$\mathbf{w}$必可表示成$\mathcal{W}_1$中之某一個向量$\mathbf{w}_1$及$\mathcal{W}_2$中某一個向量$\mathbf{w}_2$之和: $\mathbf{w} = \mathbf{w}_1 + \mathbf{w}_2$。又$\mathcal{W}_1 \subset \mathcal{W}_1 \cup \mathcal{W}_2$且$\mathcal{W}_2 \subset \mathcal{W}_1 \cup \mathcal{W}_2$, 因此$\mathbf{w}_1$及$\mathbf{w}_2$均屬於$\mathcal{W}_1 \cup \mathcal{W}_2$。但已知$\mathcal{W}_1 \cup \mathcal{W}_2 \subset \mathcal{W}$, 於是$\mathbf{w}_1, \mathbf{w}_2 \in \mathcal{W}$。因爲$\mathcal{W}$爲子空間, 可得$\mathbf{w} = \mathbf{w}_1 + \mathbf{w}_2 \in \mathcal{W}$, 因此證得$\mathcal{W}_1 + \mathcal{W}_2 \subset \mathcal{W}$。∎

和集的觀念可以推廣至任意有限個子集如下。

定義 **2.29** 設$\mathcal{V}$爲向量空間, 且設 $\mathcal{S}_1, \mathcal{S}_2, \cdots, \mathcal{S}_n$ 均爲$\mathcal{V}$之非空子集。則 $\mathcal{S}_1, \mathcal{S}_2, \cdots, \mathcal{S}_n$之和集定義爲

$$\mathcal{S}_1 + \mathcal{S}_2 + \cdots + \mathcal{S}_n$$
$$\triangleq \{\mathbf{s_1} + \mathbf{s_2} + \cdots + \mathbf{s}_n \mid \mathbf{s}_i \in \mathcal{S}_i, \quad i = 1, \cdots, n\}.$$

例 **2.30** 設$\mathcal{V} = \mathbb{R}^3$, $\mathcal{S}_1 \triangleq \{(a, 0, 0)|a \in \mathbb{R}\}$, $\mathcal{S}_2 \triangleq \{(0, b, 0)|b \in \mathbb{R}\}$, $\mathcal{S}_3 \triangleq \{(0, 0, c)|c \in \mathbb{R}\}$。很明顯地, $\mathcal{S}_1 + \mathcal{S}_2 + \mathcal{S}_3 = \mathbb{R}^3$。∎

下面的定理是定理2.28與習題2.18之推廣, 證明的方法十分類似, 留給讀者練習。

定理 **2.31** 設$\mathcal{V}$是向量空間, 且設 $\mathcal{W}_1, \mathcal{W}_2, \cdots, \mathcal{W}_n$ 均爲$\mathcal{V}$之子空間。則 $\mathcal{W}_1 + \mathcal{W}_2 + \cdots + \mathcal{W}_n$是$\mathcal{V}$中包含$\mathcal{W}_1 \cup \mathcal{W}_2 \cup \cdots \cup \mathcal{W}_n$之最小子空間, 也就是說

1. $\mathcal{W}_1 + \mathcal{W}_2 + \cdots + \mathcal{W}_n$是$\mathcal{V}$的子空間,

2. $\mathcal{W}_1 \cup \mathcal{W}_2 \cup \cdots \cup \mathcal{W}_n \subset \mathcal{W}_1 + \mathcal{W}_2 + \cdots + \mathcal{W}_n$,

3. 若$\mathcal{W}$爲$\mathcal{V}$中包含$\mathcal{W}_1 \cup \mathcal{W}_2 \cup \cdots \cup \mathcal{W}_n$之任意子空間, 則恆有$\mathcal{W}_1 + \mathcal{W}_2 + \cdots + \mathcal{W}_n \subset \mathcal{W}$。

更進一步地, 設$\mathcal{C}$代表$\mathcal{V}$中包含$\mathcal{W}_1 \cup \mathcal{W}_2 \cup \cdots \cup \mathcal{W}_n$所有子空間所成之集合, 則$\mathcal{W}_1 + \mathcal{W}_2 + \cdots + \mathcal{W}_n = \bigcap_{\mathcal{Y} \in \mathcal{C}} \mathcal{Y}$。$\mathcal{W}_1 + \mathcal{W}_2 + \cdots + \mathcal{W}_n$稱爲是$\mathcal{W}_1, \mathcal{W}_2, \cdots, \mathcal{W}_n$之和空間。∎

2.5 線性組合

定義 **2.32** 設$(\mathcal{V}, \mathbb{F})$爲向量空間, 且設$\mathcal{S}$爲$\mathcal{V}$之非空子集。設$\mathbf{x} \in \mathcal{V}$。如果可以在$\mathcal{S}$中找到有限個向量 $\mathbf{y}_1 \cdots \mathbf{y}_n$, 且可以找到同樣數目的純量 $a_1, a_2, \cdots, a_n$, 使得$\mathbf{x}$可表成$\mathbf{x} = a_1 \mathbf{y}_1 + \cdots + a_n \mathbf{y}_n$, 則稱向量$\mathbf{x}$爲$\mathcal{S}$中元素之一線性組合(linear combination), 或簡稱$\mathbf{x}$爲向量$\mathbf{y}_1, \cdots, \mathbf{y}_n$之一線性組合。純量$a_1, \cdots, a_n$稱爲此線性組合之係數。∎

例 **2.33** 在$(\mathbb{R}^2, \mathbb{R})$中, 令$\mathcal{S} \triangleq \{\mathbf{y}_1, \mathbf{y}_2, \mathbf{y}_3\}$, 其中$\mathbf{y}_1 = (1,1)$, $\mathbf{y}_2 = (-1,-1)$, $\mathbf{y}_3 = (1,-1)$。請問$\mathbf{x} = (5,-3)$是否為$\mathcal{S}$中元素之線性組合?

解: 此問題相當於問是否能找到三個實數a_1, a_2, a_3使得$\mathbf{x} = a_1\mathbf{y}_1 + a_2\mathbf{y}_2 + a_3\mathbf{y}_3$, 也就是 $(5,-3) = a_1(1,1) + a_2(-1,-1) + a_3(1,-1)$。將上式乘開可得下列聯立方程式:
$$\begin{cases} a_1 - a_2 + a_3 = 5 \\ a_1 - a_2 - a_3 = -3。 \end{cases}$$

於是得 $a_1 - a_2 = 1, a_3 = 4$。若令 $a_1 = 3$ 得 $a_2 = 2$, 若令 $a_1 = -3$ 得 $a_2 = -4$。於是我們有 $\mathbf{x} = 3\mathbf{y}_1 + 2\mathbf{y}_2 + 4\mathbf{y}_3$ 或是 $\mathbf{x} = -3\mathbf{y}_1 - 4\mathbf{y}_2 + 4\mathbf{y}_3$。因此$\mathbf{x}$可表為$\mathcal{S}$中元素之線性組合。注意線性組合之係數不是唯一。∎

從上例可知, 一般來說, 表為$\mathcal{S}$中元素之線性組合之係數不一定是唯一, 除非$\mathcal{S}$是線性獨立集, 見下節說明。

例 **2.34** 在$\mathbb{R}_3[t]$, 試問$t^2 + 7t + 3$是否為$t^2 + 2t + 3$與$-t^2 + 3t - 2$之線性組合?

解: 令$t^2 + 7t + 3 = a(t^2 + 2t + 3) + b(-t^2 + 3t - 2)$, 乘開比較係數得
$$\begin{cases} a - b = 1 \\ 2a + 3b = 7 \\ 3a - 2b = 3。 \end{cases}$$

因為解不出 a, b 滿足上面所有關係式, 故知 $t^2 + 7t + 3$ 不是 $t^2 + 2t + 3$ 與 $-t^2 + 3t - 2$ 之線性組合。∎

接下來我們介紹一個很重要的符號。

定義 **2.35** 設$\mathcal{V}$是一個向量空間, $\mathcal{S}$是$\mathcal{V}$中非空之子集。定義$\text{span}(\mathcal{S})$為$\mathcal{S}$中元素所有的線性組合所成之集合。∎

線性代數

　　請注意$\mathcal{S}$所含之元素可能有無限多個, 但每次只能取有限個向量作線性組合。若允許取無限多個向量出來作線性組合, 將牽涉到無窮級數收斂的問題, 屬於分析的範疇, 不在線性代數課程裏討論。因此在本書中我們的討論僅限於有限個數的向量相加。

例 **2.36** 在$(\mathbb{R}^3, \mathbb{R})$, 設三個座標軸分別爲$x_1, x_2$, 以及$x_3$軸。令$\mathbf{e}_1 \triangleq (1, 0, 0)$, $\mathbf{e}_2 \triangleq (0, 1, 0)$, $\mathbf{e}_3 \triangleq (0, 0, 1)$。則

$$\text{span}(\{\mathbf{e}_1\}) = \{a\mathbf{e}_1 | a \in \mathbb{R}\} = \{(a, 0, 0) | a \in \mathbb{R}\} \ (\text{可想像爲}x_1\text{軸}),$$
$$\text{span}(\{\mathbf{e}_2\}) = \{b\mathbf{e}_2 | b \in \mathbb{R}\} = \{(0, b, 0) | b \in \mathbb{R}\} \ (\text{可想像爲}x_2\text{軸}),$$
$$\text{span}(\{\mathbf{e}_3\}) = \{c\mathbf{e}_3 | c \in \mathbb{R}\} = \{(0, 0, c) | c \in \mathbb{R}\} \ (\text{可想像爲}x_3\text{軸})。$$

又

$$\text{span}(\{\mathbf{e}_1, \mathbf{e}_2\}) = \{(a, b, 0) | a, b \in \mathbb{R}\} \ (\text{可想像爲}x_1 x_2\text{平面}),$$
$$\text{span}(\{\mathbf{e}_2, \mathbf{e}_3\}) = \{(0, b, c) | b, c \in \mathbb{R}\} \ (\text{可想像爲}x_2 x_3\text{平面}),$$
$$\text{span}(\{\mathbf{e}_1, \mathbf{e}_3\}) = \{(a, 0, c) | a, c \in \mathbb{R}\} \ (\text{可想像爲}x_1 x_3\text{平面})。$$

另外,

$$\begin{aligned}
\text{span}(\{\mathbf{e}_1, \mathbf{e}_2, \mathbf{e}_3\}) &= \{a\mathbf{e}_1 + b\mathbf{e}_2 + c\mathbf{e}_3 | a, b, c \in \mathbb{R}\} \\
&= \{(a, b, c) | a, b, c \in \mathbb{R}\} \\
&= \mathbb{R}^3,
\end{aligned}$$

且

$$\text{span}(\{\mathbf{e}_1, \mathbf{e}_2, \mathbf{e}_3, (7, 3, 4)\}) = \mathbb{R}^3。$$

■

一般而言, 當$\mathcal{S} = \{\mathbf{y}_1 \cdots \mathbf{y}_n\}$爲有限集時, span$(\mathcal{S}) = \{a_1\mathbf{y}_1 + a_2\mathbf{y}_2 + \cdots + a_n\mathbf{y}_n | a_i \in \mathbb{R}, i = 1 \cdots n\}$。若$\mathcal{S}$爲無限集合, 則span$(\mathcal{S}) = \{a_1\mathbf{y}_1 + a_2\mathbf{y}_2 + \cdots + a_n\mathbf{y}_n |$ 對任意的$n \in \mathbb{N}, \mathbf{y}_i \in \mathcal{S}, a_i \in \mathbb{F}\}$。

若$\mathcal{S}$爲$\mathcal{V}$中非空之子集, 則$\mathcal{S}$至少包含一個向量$\mathbf{x}$。因爲$\mathbf{0} = 0 \cdot \mathbf{x}$, 因此span$(\mathcal{S})$必包含$\mathcal{V}$中之零向量。

以上討論span$(\mathcal{S})$時, 我們都是假設$\mathcal{S} \neq \emptyset$。爲了往後方便討論, 當$\mathcal{S} = \emptyset$時, 我們定義span$(\mathcal{S})$爲零空間。

定義 2.37 我們定義span$(\emptyset) \triangleq \{\mathbf{0}\}$。　■

因此, 根據定義, $\mathcal{V}$中任何子集$\mathcal{S}$, 無論$\mathcal{S}$是空集合或非空集合, span$(\mathcal{S})$必包含零向量。

接下來, 我們來看看span$(\mathcal{S})$的一些重要性質。設$\mathcal{S}$爲向量空間$\mathcal{V}$之子集, $\mathcal{S}$可能是子空間, 可能不是; 現在的問題是: 我們希望找到一個子空間包含$\mathcal{S}$, 而且我們希望找到的子空間是最小的一個。換句話說, 如果還有其他的子空間$\mathcal{W}$也包含$\mathcal{S}$, 則$\mathcal{W}$亦包含該子空間。下面的定理告訴我們包含$\mathcal{S}$最小的子空間正好等於span$(\mathcal{S})$。

定理 2.38 設$\mathcal{V}$爲向量空間, $\mathcal{S}$爲$\mathcal{V}$之子集。則span$(\mathcal{S})$爲$\mathcal{V}$中包含$\mathcal{S}$之最小子空間, 換言之,

1. $\mathcal{S} \subset$ span$(\mathcal{S})$,

2. span$(\mathcal{S})$爲$\mathcal{V}$之子空間,

3. 若$\mathcal{W}$爲$\mathcal{V}$中包含$\mathcal{S}$之任一子空間, 則恆有span$(\mathcal{S}) \subset \mathcal{W}$。

證明: 如果$\mathcal{S} = \emptyset$, 此定理顯然成立。底下我們假設$\mathcal{S} \neq \emptyset$。

1. 假設$\mathbf{x}\in\mathcal{S}$。因為$\mathbf{x} = 1 \cdot \mathbf{x}$, 因此$\mathbf{x}\in\mathrm{span}(\mathcal{S})$, 於是得$\mathcal{S} \subset \mathrm{span}(\mathcal{S})$。

2. 已知$\mathbf{0}\in\mathrm{span}(\mathcal{S})$。假設 $\mathbf{x}, \mathbf{y}\in\mathrm{span}(\mathcal{S})$, 根據定義$2.32$, 必存在有限個向量 $\mathbf{x}_1,\cdots,\mathbf{x}_n,\mathbf{y}_1,\cdots,\mathbf{y}_m\in\mathcal{S}$ 以及相同個純量 $a_1,\cdots,a_n,b_1,\cdots,b_m\in\mathbb{F}$ 使得 $\mathbf{x} = a_1\mathbf{x}_1 + \cdots + a_n\mathbf{x}_n$ 且 $\mathbf{y} = b_1\mathbf{y}_1 + \cdots + b_m\mathbf{y}_m$。因此得 $\mathbf{x} + \mathbf{y} = a_1\mathbf{x}_1 + \cdots + a_n\mathbf{x}_n + b_1\mathbf{y}_1 + \cdots + b_m\mathbf{y}_m\in\mathrm{span}(\mathcal{S})$。同理可證明對任意的純量$a$, 恆有 $a\mathbf{x}\in\mathrm{span}(\mathcal{S})$。因此 $\mathrm{span}(\mathcal{S})$ 是$\mathcal{V}$之子空間。

3. 假設$\mathcal{W}$是$\mathcal{V}$中包含$\mathcal{S}$之任一子空間。設 $\mathbf{z}\in\mathrm{span}(\mathcal{S})$, 則存在 $\mathbf{v}_1, \mathbf{v}_2\cdots\mathbf{v}_l$ $\in\mathcal{S} \subset \mathcal{W}$, 以及 $a_1\cdots a_l\in\mathbb{F}$, 使得 $\mathbf{z} = a_1\mathbf{v}_1 + a_2\mathbf{v}_2\cdots + a_l\mathbf{v}_l$, 故$\mathbf{z}\in\mathcal{W}$。 ∎

往後我們稱$\mathrm{span}(\mathcal{S})$為$\mathcal{S}$所生成 (或擴展) 之子空間。由以上的定理立即得到下面的結論。

推論 2.39 設$\mathcal{V}$是向量空間, $\mathcal{S}$為$\mathcal{V}$中之任一子集。

1. 如果$\mathcal{S}$本身是$\mathcal{V}$之子空間, 則$\mathrm{span}(\mathcal{S}) = \mathcal{S}$。

2. $\mathrm{span}(\mathrm{span}(\mathcal{S})) = \mathrm{span}(\mathcal{S})$。 ∎

下面的推論也是顯而易見的。

推論 2.40 設$\mathcal{V}$是向量空間, $\mathcal{S}$為$\mathcal{V}$中任意子集。設$\mathcal{C}$為$\mathcal{V}$中包含$\mathcal{S}$的所有子空間所成之集合。則$\mathrm{span}(\mathcal{S}) = \bigcap_{\mathcal{Y}\in\mathcal{C}} \mathcal{Y}$。 ∎

推論 2.41 設$\mathcal{V}$是向量空間, $\mathcal{W}_1,\cdots,\mathcal{W}_n$是$\mathcal{V}$之子空間, 則$\mathcal{W}_1 + \cdots + \mathcal{W}_n = \mathrm{span}(\mathcal{W}_1 \cup \mathcal{W}_2 \cdots \cup \mathcal{W}_n)$。 ∎

推論 **2.42** 設$\mathcal{V}$是向量空間, $\mathcal{S}_1$及$\mathcal{S}_2$為$\mathcal{V}$之子集, 且$\mathcal{S}_1 \subset \mathcal{S}_2$。則$\mathrm{span}(\mathcal{S}_1) \subset$ $\mathrm{span}(\mathcal{S}_2)$。 ∎

定義 **2.43** 設$\mathcal{V}$是向量空間, $\mathcal{S}$是$\mathcal{V}$之子集。若$\mathrm{span}(\mathcal{S}) = \mathcal{V}$, 則稱$\mathcal{S}$是$\mathcal{V}$的一個擴展子集(spanning subset)。 ∎

例 **2.44** 考慮$(\mathbb{R}^3, \mathbb{R})$。因為 $\mathrm{span}(\{\mathbf{e}_1, \mathbf{e}_2, \mathbf{e}_3\}) = \mathbb{R}^3$, 因此$\{\mathbf{e}_1, \mathbf{e}_2, \mathbf{e}_3\}$是$\mathbb{R}^3$的一個擴展子集, 但是$\mathrm{span}(\{\mathbf{e}_1, \mathbf{e}_2\})$不是$\mathbb{R}^3$的擴展子集。$\{\mathbf{e}_1, \mathbf{e}_2, \mathbf{e}_3, (1, 1, -3)\}$也是$\mathbb{R}^3$的擴展子集, 因為任意的向量$(a, b, c) = a\mathbf{e}_1 + b\mathbf{e}_2 + c\mathbf{e}_3 + 0(1, 1, -3)$。 ∎

例 **2.45** 請問$\mathcal{S} = \{(1, 0, 0), (1, 1, 0), (1, 1, 1)\}$是否為$\mathbb{R}^3$之擴展子集?
解: 對任意的實數a, b, c, 恆有 $(a, b, c) = (a - b)(1, 0, 0) + (b - c)\ (1, 1, 0) + c(1, 1, 1)$, 因此$\mathcal{S}$是$\mathbb{R}^3$之擴展子集。 ∎

例 **2.46** 令$\mathcal{S} = \{(1, 1, 0), (2, 1, 3), (7, 4, 9)\}$, 因為$\mathrm{span}(\mathcal{S}) \neq \mathbb{R}^3$(為什麼?), 故$\mathcal{S}$不是$\mathbb{R}^3$之擴展子集。 ∎

例 **2.47** $\left\{ \begin{bmatrix} 1 & 0 \\ 0 & 0 \end{bmatrix}, \begin{bmatrix} 0 & 1 \\ 0 & 0 \end{bmatrix}, \begin{bmatrix} 0 & 0 \\ 1 & 0 \end{bmatrix}, \begin{bmatrix} 0 & 0 \\ 0 & 1 \end{bmatrix} \right\}$ 是$\mathbb{R}^{2 \times 2}$之擴展子集, 這是因為對任意的$a, b, c, d \in \mathbb{R}$, 恆有

$$\begin{bmatrix} a & b \\ c & d \end{bmatrix} = a \begin{bmatrix} 1 & 0 \\ 0 & 0 \end{bmatrix} + b \begin{bmatrix} 0 & 1 \\ 0 & 0 \end{bmatrix} + c \begin{bmatrix} 0 & 0 \\ 1 & 0 \end{bmatrix} + d \begin{bmatrix} 0 & 0 \\ 0 & 1 \end{bmatrix}。$$

∎

例 **2.48** $\{1, t, t^2, \cdots, t^{n-1}\}$是$\mathbb{F}_n[t]$之擴展子集。 ∎

2.6 線性相依與線性獨立

定義 2.49 設$(\mathcal{V}, \mathbb{F})$是向量空間, $\mathcal{S}$是$\mathcal{V}$之子集。

1. 若在$\mathcal{S}$中存在有限個相異的向量$\mathbf{x}_1, \mathbf{x}_2 \cdots \mathbf{x}_n$, 並存在不全爲零的純量$a_1$, $a_2 \cdots a_n \in \mathbb{F}$, 使得
$$a_1 \mathbf{x}_1 + \cdots + a_n \mathbf{x}_n = \mathbf{0},$$
則稱$\mathcal{S}$爲$\mathcal{V}$中之一線性相依子集(linearly dependent subset), 或簡稱$\mathcal{S}$是線性相依(linearly dependent), 有時亦稱$\mathcal{S}$中的元素是線性相依。

2. 若$\mathcal{S}$不是線性相依, 則稱$\mathcal{S}$爲$\mathcal{V}$中之一線性獨立子集(linearly independent subset), 或簡稱$\mathcal{S}$是線性獨立(linearly independent), 亦稱$\mathcal{S}$中的元素是線性獨立。 ■

由上面定義得知$\mathcal{S}$是線性獨立意謂對$\mathcal{S}$中任意有限個相異的向量$\mathbf{x}_1, \cdots, \mathbf{x_n}$, 若有
$$a_1 \mathbf{x_1} + \cdots + a_n \mathbf{x_n} = \mathbf{0},$$
則恆有$a_1 = a_2 = \cdots = a_n = 0$。換句話說, 零向量$\mathbf{0}$表示成$\mathcal{S}$中向量$\mathbf{x}_1, \cdots, \mathbf{x_n}$之線性組合的方式只有一種, 那就是
$$\mathbf{0} = 0\mathbf{x_1} + \cdots + 0\mathbf{x_n}。$$

例 2.50 在$\mathbb{R}^3$中, 令$\mathbf{x}_1 = (1, 2, 3), \mathbf{x}_2 = (-1, 0, 1), \mathbf{x}_3 = (1, -4, -9)$, 因爲$2\mathbf{x}_1 + 3\mathbf{x}_2 + \mathbf{x}_3 = \mathbf{0}$, 故知$\mathcal{S} = \{\mathbf{x}_1, \mathbf{x}_2, \mathbf{x}_3\}$是線性相依子集。 ■

例 2.51 $\mathbb{R}^{2\times 3}$中, 令$\mathbf{A}_1 = \begin{bmatrix} 1 & 2 & 3 \\ 4 & -5 & 0 \end{bmatrix}$, $\mathbf{A}_2 = \begin{bmatrix} -3 & 1 & 2 \\ 0 & 2 & -5 \end{bmatrix}$, $\mathbf{A}_3 = \begin{bmatrix} 5 & -4 & -7 \\ -4 & 1 & 10 \end{bmatrix}$, 因爲$\mathbf{A}_1 + 2\mathbf{A}_2 + \mathbf{A}_3 = \mathbf{0}$, 故知$\{\mathbf{A}_1, \mathbf{A}_2, \mathbf{A}_3\}$是線性相依子集。 ■

例 **2.52** $\mathbb{R}^3$中, 若$a\mathbf{e}_1+b\mathbf{e}_2+c\mathbf{e}_3 = \mathbf{0}$, 必定有$a = b = c = 0$, 因此$\{\mathbf{e}_1, \mathbf{e}_2, \mathbf{e}_3\}$是線性獨立子集。∎

例 **2.53** 上例可推廣到$(\mathbb{R}^n, \mathbb{R})$。令

$$
\begin{aligned}
\mathbf{e}_1 &= (1, 0, 0, \cdots 0, 0), \\
\mathbf{e}_2 &= (0, 1, 0, \cdots 0, 0), \\
&\vdots \\
\mathbf{e}_n &= (0, 0, 0, \cdots 0, 1),
\end{aligned}
$$

則$\{\mathbf{e}_1, \mathbf{e}_2, \cdots, \mathbf{e}_n\}$爲線性獨立子集。∎

例 **2.54** 在$\mathbb{R}^{2\times 2}$中, 若

$$
a \begin{bmatrix} 1 & 0 \\ 0 & 0 \end{bmatrix} + b \begin{bmatrix} 1 & 1 \\ 0 & 0 \end{bmatrix} + c \begin{bmatrix} 1 & 1 \\ 1 & 0 \end{bmatrix} + d \begin{bmatrix} 1 & 1 \\ 1 & 1 \end{bmatrix} = \begin{bmatrix} 0 & 0 \\ 0 & 0 \end{bmatrix},
$$

必定有$a = b = c = d = 0$, 因此

$$
\left\{ \begin{bmatrix} 1 & 0 \\ 0 & 0 \end{bmatrix}, \begin{bmatrix} 1 & 1 \\ 0 & 0 \end{bmatrix}, \begin{bmatrix} 1 & 1 \\ 1 & 0 \end{bmatrix}, \begin{bmatrix} 1 & 1 \\ 1 & 1 \end{bmatrix} \right\}
$$

是線性獨立子集。∎

例 **2.55** 很明顯地, $\{1, t, t^2, \cdots, t^{n-1}\}$是$\mathbb{F}_n[t]$中之一線性獨立子集。∎

下面的定理也是顯而易見的。

定理 **2.56** 設$\mathcal{V}$是向量空間, 則下列敍述成立。

1. $\emptyset$ 是線性獨立子集。

2. 若$\mathcal{S}$是$\mathcal{V}$之子集, 且$\mathcal{S}$含零向量, 則$\mathcal{S}$必定是線性相依。

3. 若$\mathcal{V}$之子集$\mathcal{S}$只含一個非零的向量, 也就是$\mathcal{S} = \{\mathbf{x}\}$, 這裡的$\mathbf{x} \neq \mathbf{0}$, 則$\mathcal{S}$為線性獨立。∎

定理 **2.57** 設$\mathcal{V}$是向量空間, $\mathcal{S}_1 \subset \mathcal{S}_2 \subset \mathcal{V}$。則有

1. 若 $\mathcal{S}_1$ 是線性相依, 則 $\mathcal{S}_2$ 亦為線性相依。

2. 若 $\mathcal{S}_2$ 是線性獨立, 則 $\mathcal{S}_1$ 亦為線性獨立。

證明:

1. 設$\mathcal{S}_1$是線性相依, 則可在$\mathcal{S}_1$中找到有限個相異的向量$\mathbf{x}_1, \mathbf{x}_2 \cdots \mathbf{x}_n$, 並可以找到不全為零純量$a_1, a_2 \cdots a_n$, 使得$a_1\mathbf{x}_1 + \cdots + a_n\mathbf{x}_n = \mathbf{0}$。因為$\mathcal{S}_1 \subset \mathcal{S}_2$, 因此$\mathbf{x}_1, \mathbf{x}_2 \cdots \mathbf{x}_n$亦為$\mathcal{S}_2$中之向量, 由定義得知得證。

2. 利用反證法。設$\mathcal{S}_1$是線性相依。由此定理第1部份知$\mathcal{S}_2$必為線性相依, 此與假設「$\mathcal{S}_2$是線性獨立」相矛盾, 故得證。∎

若$\mathcal{S}$是向量空間$\mathcal{V}$中的一個線性獨立子集, 如果再多加入一個$\mathcal{S}$外之向量$\mathbf{x}$, 這時新形成的子集是否仍然是線性獨立子集呢? 以下重要的引理回答了這個問題。

引理 **2.58** 設$\mathcal{V}$是向量空間, $\mathcal{S}$是$\mathcal{V}$中線性獨立子集。設 $\mathbf{x} \in \mathcal{V}, \mathbf{x} \notin \mathcal{S}$。則$\mathcal{S} \cup \{\mathbf{x}\}$是線性相依若且唯若$\mathbf{x} \in \mathrm{span}(\mathcal{S})$; 等效來說, $\mathcal{S} \cup \{\mathbf{x}\}$是線性獨立若且唯若$\mathbf{x} \notin \mathrm{span}(\mathcal{S})$。

證明: 『必要性』假設 $\mathcal{S} \cup \{\mathbf{x}\}$是線性相依, 則存在相異的向量$\mathbf{x}_1, \cdots, \mathbf{x}_n \in \mathcal{S} \cup \{\mathbf{x}\}$ 以及不全為零的純量$a_1, \cdots, a_n$, 使得

$$a_1\mathbf{x}_1 + \cdots + a_n\mathbf{x}_n = \mathbf{0}。 \tag{2.1}$$

底下將證明$\mathbf{x} \in \{\mathbf{x}_1, \cdots, \mathbf{x}_n\}$。利用反證法, 設$\mathbf{x} \notin \{\mathbf{x}_1 \cdots \mathbf{x}_n\}$, 則必有$\{\mathbf{x}_1 \cdots \mathbf{x}_n\} \subset \mathcal{S}$。已知$\mathcal{S}$是線性獨立, 因此$\{\mathbf{x}_1, \cdots, \mathbf{x}_n\}$亦爲線性獨立, 於是得$a_1 = a_2 = \cdots = a_n = 0$, 此與先前假設$a_1, a_2, \cdots, a_n$不全爲零相互矛盾, 因此得知$\mathbf{x} \in \{\mathbf{x}_1, \cdots, \mathbf{x}_n\}$。不失一般性, 我們可以假設$\mathbf{x} = \mathbf{x}_1$。由(2.1)式得

$$a_1\mathbf{x} + a_2\mathbf{x}_2 + \cdots + a_n\mathbf{x}_n = \mathbf{0}。 \tag{2.2}$$

不難證明 $a_1 \neq 0$, 因爲如果$a_1 = 0$, (2.2)式變成$a_2\mathbf{x}_2 + \cdots + a_n\mathbf{x}_n = \mathbf{0}$, 又$\{\mathbf{x}_2 \cdots \mathbf{x}_n\} \subset \mathcal{S}$, 故爲線性獨立, 於是$a_2 = a_3 = \cdots = a_n = 0$, 此又與$a_1, a_2, \cdots, a_n$不全爲零之假設矛盾, 故知$a_1 \neq 0$。因此, $\mathbf{x} = -a_1^{-1}(a_2\mathbf{x}_2 + \cdots + a_n\mathbf{x}_n) \in \mathrm{span}(\mathcal{S})$。

『充分性』當 $\mathbf{x} = \mathbf{0}$ 時顯然成立。底下假設 $\mathbf{x} \neq \mathbf{0}$。則存在相異 $\mathbf{v}_1, \cdots,$ $\mathbf{v}_m \in \mathcal{S}$, 及不全爲零之$b_1, \cdots, b_m \in \mathbb{F}$滿足

$$\mathbf{x} = b_1\mathbf{v}_1 + \cdots + b_m\mathbf{v}_m,$$

亦即

$$b_1\mathbf{v}_1 + b_2\mathbf{v}_2 + \cdots + b_m\mathbf{v}_m + (-1)\mathbf{x} = \mathbf{0}。$$

因爲 $\mathbf{x} \notin \mathcal{S}$, 因此對所有的 $i = 1, 2, \cdots, m$, $\mathbf{x} \neq \mathbf{v}_i$。故$\mathbf{x}, \mathbf{v}_1, \cdots, \mathbf{v}_m$ 兩兩相異且 $\{\mathbf{x}, \mathbf{v}_1, \cdots, \mathbf{v}_m\}$ 是線性相依。於是證明了 $\mathcal{S} \cup \{\mathbf{x}\}$ 是線性相依。∎

例 **2.59** $\mathbb{R}^3$中, $\{\mathbf{e}_1, \mathbf{e}_2, \mathbf{e}_3, (3, 1, -2)\}$是線性相依, 因爲

$$(3, 1, -2) = 3\mathbf{e}_1 + 1\mathbf{e}_2 + (-2)\mathbf{e}_3。$$

∎

推論 **2.60** 設$\mathcal{V}$是向量空間, $\mathcal{S}$是$\mathcal{V}$之子集。則$\mathcal{S}$是線性相依若且唯若存在向量$\mathbf{x} \in \mathcal{S}$使得$\mathbf{x} \in \mathrm{span}(\mathcal{S} - \{\mathbf{x}\})$。∎

換言之, 子集$\mathcal{S}$是線性相依若且唯若$\mathcal{S}$中必存在一向量$\mathbf{x}$可以表示為$\mathcal{S}$其他向量之線性組合。因此若$\mathcal{S}$是線性獨立, 則$\mathcal{S}$中沒有任何向量可以表示為其他的向量的線性組合。這個特性引導出一個集合為線性獨立子集的等效條件。

定理 **2.61** 設 $\mathcal{V}$是向量空間, $\mathcal{S}$是 $\mathcal{V}$的子集。則 $\mathcal{S}$是線性獨立若且唯若對每個$\mathrm{span}(\mathcal{S})$中的元素$\mathbf{v}$, 其表為$\mathrm{span}(\mathcal{S})$中元素之線性組合的方式是唯一的。

證明:『必要性』假設$\mathcal{S}$是線性獨立。令$\mathbf{v} \in \mathrm{span}(\mathcal{S})$, 且設$\mathbf{v}$可以寫成兩種$\mathcal{S}$中元素的線性組合。不妨將這兩種線性組合表成:

$$\mathbf{v} = a_1\mathbf{x}_1 + \cdots + a_n\mathbf{x}_n$$
$$\mathbf{v} = b_1\mathbf{x}_1 + \cdots + b_n\mathbf{x}_n$$

這裡的線性組合係數a_i, b_j有可能等於零。這表示

$$(a_1 - b_1)\mathbf{x}_1 + \cdots + (a_n - b_n)\mathbf{x}_n = \mathbf{0}。$$

因為$\mathcal{S}$是線性獨立, 所以對$i = 1, 2, \cdots, n$, 必有$a_i = b_i$, 故得證。

『充分性』這部份的證明留予讀者做為習題。 ■

2.7 基底及維度

由2.5節中的討論, 我們知道向量空間$\mathcal{V}$中每一個向量, 皆可表示為$\mathcal{V}$的擴展子集$\mathcal{S}$中元素的線性組合。若進一步要求這樣的線性組合表示是唯一的, 則由上一節的討論知道只需再要求$\mathcal{S}$是線性獨立即可。在這一節中, 我們將研究一個同時是線性獨立子集和擴展子集的集合所具有的特性。

定義 **2.62** 設$\mathcal{V}$是向量空間, $\mathcal{B}$是$\mathcal{V}$的子集。若

1. $\mathcal{B}$是一個線性獨立子集,

2. $\mathcal{B}$是一個擴展子集,

則我們稱集合$\mathcal{B}$是$\mathcal{V}$的一組基底。∎

例 2.63 考慮$(\mathbb{R}^3, \mathbb{R})$, 則

1. $\{\mathbf{e_1}, \mathbf{e_2}, \mathbf{e_3}\}$是線性獨立集。

2. $\text{span}(\{\mathbf{e_1}, \mathbf{e_2}, \mathbf{e_3}\}) = \mathbb{R}^3$。

根據定義, $\{\mathbf{e_1}, \mathbf{e_2}, \mathbf{e_3}\}$是$(\mathbb{R}^3, \mathbb{R})$一組基底。我們稱此基底為$(\mathbb{R}^3, \mathbb{R})$之標準基底(standard basis)。∎

例 2.64 考慮$(\mathbb{R}^n, \mathbb{R})$, 則$\{\mathbf{e_1}, \mathbf{e_2}, \cdots, \mathbf{e_n}\}$構成$(\mathbb{R}^n, \mathbb{R})$一組基底。同樣地我們稱此基底為$(\mathbb{R}^n, \mathbb{R})$之標準基底。∎

底下, 讓我們看一些較抽象的例子。

例 2.65 考慮$(\mathbb{R}^{2\times 2}, \mathbb{R})$, 則

1. $\left\{ \begin{bmatrix} 1 & 0 \\ 0 & 0 \end{bmatrix}, \begin{bmatrix} 0 & 1 \\ 0 & 0 \end{bmatrix}, \begin{bmatrix} 0 & 0 \\ 1 & 0 \end{bmatrix}, \begin{bmatrix} 0 & 0 \\ 0 & 1 \end{bmatrix} \right\}$ 是線性獨立子集。

2. $\text{span}\left(\left\{ \begin{bmatrix} 1 & 0 \\ 0 & 0 \end{bmatrix}, \begin{bmatrix} 0 & 1 \\ 0 & 0 \end{bmatrix}, \begin{bmatrix} 0 & 0 \\ 1 & 0 \end{bmatrix}, \begin{bmatrix} 0 & 0 \\ 0 & 1 \end{bmatrix} \right\}\right) = (\mathbb{R}^{2\times 2}, \mathbb{R})$。

根據定義, $\left\{ \begin{bmatrix} 1 & 0 \\ 0 & 0 \end{bmatrix}, \begin{bmatrix} 0 & 1 \\ 0 & 0 \end{bmatrix}, \begin{bmatrix} 0 & 0 \\ 1 & 0 \end{bmatrix}, \begin{bmatrix} 0 & 0 \\ 0 & 1 \end{bmatrix} \right\}$ 構成$(\mathbb{R}^{2\times 2}, \mathbb{R})$ 一組基底, 稱之為$(\mathbb{R}^{2\times 2}, \mathbb{R})$之標準基底。∎

例 2.66 在2.3節曾介紹過階數小於n, 變數為t且係數均落於$\mathbb{F}$之所有多項式所成的向量空間$\mathbb{F}_n[t]$。很明顯地,

1. $\{1, t, t^2, \cdots, t^{n-1}\}$是線性獨立子集。

2. $\mathrm{span}(\{1, t, t^2, \cdots, t^{n-1}\}) = \mathbb{F}_n[t]$。

根據定義, $\{1, t, t^2, \cdots, t^{n-1}\}$是$\mathbb{F}_n[t]$的一組基底, 稱之爲$\mathbb{F}_n[t]$之標準基底。∎

例 **2.67** 在2.2節中, 我們提到零向量所構成的集合$\{\mathbf{0}\}$亦是一個向量空間。再由2.6節的定義, 我們知道

1. $\emptyset$是線性獨立子集。

2. $\mathrm{span}(\emptyset) = \{\mathbf{0}\}$。

因此, 根據定義, 空集合$\emptyset$是零空間$\{\mathbf{0}\}$的基底。 ∎

由基底的定義我們知道基底是一個線性獨立子集亦是一個擴展子集, 由上一節的定理2.61, 我們可以得到下列有關基底的第一個重要性質。

定理 **2.68** 設$\mathcal{V}$是向量空間, $\mathcal{B}$是$\mathcal{V}$的子集。則$\mathcal{B}$是$\mathcal{V}$的一組基底若且唯若$\mathcal{V}$中每一個元素皆可表示成$\mathcal{B}$中元素的線性組合, 而且這種表示法是唯一的。 ∎

爲了後續推導的需要, 我們在此需要嚴謹地定義有限集和無限集。

定義 **2.69** 有限集和無限集

1. 若$\mathcal{S} = \emptyset$或$\mathcal{S}$僅包含有限的元素, 則我們稱$\mathcal{S}$爲有限集。$\mathcal{S}$所含元素的個數以$\mathrm{card}(\mathcal{S})$表示。

2. 若$\mathcal{S}$不是有限集則我們稱$\mathcal{S}$爲無限集。 ∎

例 **2.70** 我們給出以下兩個例子:

1. $\{1, 2, 3\}$是有限集, 且$\mathrm{card}(\{1, 2, 3\}) = 3$。另外, $\mathrm{card}(\emptyset) = 0$。

2. $\mathbb{N} = \{1, 2, 3, \cdots\}$是無限集。 ∎

   在這個定義之下, 我們可以藉由擴展子集是否是有限集來初步分類向量空間。

定義 **2.71** 設$\mathcal{V}$是向量空間。

1. 若存在一個有限集 $\mathcal{M} \subset \mathcal{V}$使得$\mathrm{span}(\mathcal{M}) = \mathcal{V}$, 則我們說$\mathcal{V}$是有限維度, 並記做$\dim\mathcal{V} < \infty$。

2. 若$\mathcal{V}$不是有限維度則稱$\mathcal{V}$是無限維度。 ∎

   底下讓我們看一些例子。

例 **2.72** 因為$\mathrm{span}(\emptyset) = \{\mathbf{0}\}$, 所以零空間$\{\mathbf{0}\}$是有限維度。 ∎

例 **2.73** 因為$\mathrm{span}(\{\mathbf{e}_1, \mathbf{e}_2 \cdots \mathbf{e}_n\}) = (\mathbb{R}^n, \mathbb{R})$, 所以$(\mathbb{R}^n, \mathbb{R})$是有限維度。 ∎

例 **2.74** 考慮$\mathbb{F}_n[t]$, 我們知道$\mathrm{span}(\{1, t, t^2, \cdots, t^{n-1}\}) = \mathbb{F}_n[t]$, 所以$\mathbb{F}_n[t]$是有限維度。 ∎

例 **2.75** 考慮$(\mathbb{R}^{m \times n}, \mathbb{R})$。因為

$$
\mathrm{span}(\{\underbrace{\begin{bmatrix} 1 & 0 & \cdots & 0 \\ 0 & 0 & \cdots & 0 \\ \vdots & \vdots & \ddots & \vdots \\ 0 & 0 & \cdots & 0 \end{bmatrix}, \begin{bmatrix} 0 & 1 & \cdots & 0 \\ 0 & 0 & \cdots & 0 \\ \vdots & \vdots & \ddots & \vdots \\ 0 & 0 & \cdots & 0 \end{bmatrix}, \cdots \begin{bmatrix} 0 & 0 & \cdots & 0 \\ 0 & 0 & \cdots & \vdots \\ \vdots & \vdots & \ddots & \vdots \\ 0 & 0 & \cdots & 1 \end{bmatrix}}_{m \times n \text{個}}\})
$$

$$
= (\mathbb{R}^{m \times n}, \mathbb{R}),
$$

所以$(\mathbb{R}^{m \times n}, \mathbb{R})$是有限維度。 ∎

線性代數

底下是一些無限維度向量空間的例子。

例 **2.76** 考慮所有變數為t且係素均落在$\mathbb{F}$為實數的多項式所組成的集合$\mathbb{F}[t]$，不難看出$\mathbb{F}[t]$是一個向量空間，但是我們找不到有限的子集擴展整個空間。根據定義，$\mathbb{F}[t]$是無限維度的向量空間。∎

例 **2.77** 很明顯$(C[a,b], \mathbb{R})$也是一個無限維度的向量空間。∎

例 **2.78** 向量空間$(\mathbb{R}, \mathbb{Q})$是無限維度的向量空間。這個結果其實很容易理解，因為實數無法用有限多個有理數經由乘法與加法建構。這類的討論屬於數論的範疇，已超出本書討論的主題。有興趣的讀者請參閱Roman(2005a)。∎

接下來讓我們再將注意力拉回到基底上。我們先介紹以下兩個概念：

定義 **2.79** 設$\mathcal{V}$是向量空間，$\mathcal{S}$是$\mathcal{V}$的子集。若

  1. $\mathcal{S}$是線性獨立子集，

  2. 對所有$\mathbf{x} \in \mathcal{V}$但$\mathbf{x} \notin \mathcal{S}$，$\mathcal{S} \cup \{\mathbf{x}\}$是線性相依，

則我們稱$\mathcal{S}$是$\mathcal{V}$的一組最大獨立子集。∎

例 **2.80** 因為對所有的$\mathbf{x} \in \mathbb{R}^3$，$\mathbf{x} \notin \{\mathbf{e}_1, \mathbf{e}_2, \mathbf{e}_3\}$，$\{\mathbf{e}_1, \mathbf{e}_2, \mathbf{e}_3, \mathbf{x}\}$是線性相依，所以$\{\mathbf{e}_1, \mathbf{e}_2, \mathbf{e}_3\}$是$\mathbb{R}^3$的一組最大獨立子集。∎

定義 **2.81** 設$\mathcal{V}$是向量空間，$\mathcal{S}$是$\mathcal{V}$的子集。若

  1. $\mathrm{span}(\mathcal{S}) = \mathcal{V}$，

  2. 對所有$\mathcal{M} \subsetneq \mathcal{S}, \mathrm{span}(\mathcal{M}) \neq \mathcal{V}$，

則我們稱$\mathcal{S}$是$\mathcal{V}$的一組最小擴展子集。∎

例 **2.82** 再次考慮$\mathbb{R}^3$。令 $\mathcal{S} = \{\mathbf{e}_1, \mathbf{e}_2, \mathbf{e}_3\}$。因為 $\mathrm{span}(\mathcal{S}) = \mathbb{R}^3$ 且從 $\mathcal{S}$ 中移去任何一個向量後不再是擴展子集, 因此 $\mathcal{S}$ 是 $\mathbb{R}^3$ 的一組最小擴展子集。∎

從以上兩個例子隱約可以看出最大獨立子集和最小擴展子集之間的關聯性, 接下來幾個定理, 我們將明確地建立基底與最大獨立子集和最小擴展子集的等效性。

定理 **2.83** 設$\mathcal{V}$是向量空間, $\mathcal{B}$是$\mathcal{V}$的子集。則$\mathcal{B}$是$\mathcal{V}$的一組基底若且唯若$\mathcal{B}$是$\mathcal{V}$的一組最大獨立子集。

證明:『必要性』設$\mathcal{B}$是$\mathcal{V}$的一組基底, 根據定義$\mathcal{B}$是$\mathcal{V}$之一組線性獨立子集與擴展子集。因此, 對所有$\mathbf{x} \in \mathcal{V}$, $\mathbf{x} \in \mathrm{span}(\mathcal{B})$。根據引理2.58, 若$\mathbf{x} \notin \mathcal{B}$, $\mathcal{B} \cup \{\mathbf{x}\}$是線性相依子集, 所以$\mathcal{B}$是$\mathcal{V}$的一組最大獨立子集。

『充分性』設$\mathcal{B}$是$\mathcal{V}$的一組最大獨立子集, 因此$\mathcal{B}$是$\mathcal{V}$的一組線性獨立子集, 且對所有$\mathbf{x} \in \mathcal{V}$但$\mathbf{x} \notin \mathcal{B}$, $\mathcal{B} \cup \{\mathbf{x}\}$是線性相依。根據引理2.58得, $\mathbf{x} \in \mathrm{span}(\mathcal{B})$。於是$\mathcal{B}$是$\mathcal{V}$的一組擴展子集, 因此也是一組基底。∎

由這個定理, 我們可以推導出下列有關有限維度向量空間基底的特性。

推論 **2.84** 設$\mathcal{V}$是向量空間。則$\mathcal{V}$是有限維度若且唯若$\mathcal{V}$有一組基底是有限集。

證明:『充分性』假設$\mathcal{B}$是$\mathcal{V}$的一組有限基底。根據定義, $\mathrm{span}(\mathcal{B}) = \mathcal{V}$。所以$\mathcal{V}$是有限維度的向量空間。

『必要性』若$\mathcal{V}$是零空間, 其唯一的一組基底$\emptyset$是有限集。若$\mathcal{V}$不是零空間, 則因為$\mathcal{V}$是有限維度向量空間, 所以存在一個有限集$\mathcal{S} = \{\mathbf{x}_1, \mathbf{x}_2, \cdots, \mathbf{x}_n\}$使得$\mathrm{span}(\mathcal{S}) = \mathcal{V}$。因為$\mathcal{V} \neq \{\mathbf{0}\}$, 所以$\mathcal{S}$必然包含一個非零向量, 不妨設此非零向量為$\mathbf{x}_1$。很明顯地, $\mathcal{B} = \{\mathbf{x}_1\}$是線性獨立子集。加入向量$\mathbf{x}_2$至$\mathcal{B}$, 此時

若$\{\mathbf{x}_1, \mathbf{x}_2\}$是線性相依, 則捨棄向量$\mathbf{x}_2$, 否則保留向量$\mathbf{x}_2$。繼續加入向量$\mathbf{x}_3$, 若得一線性相依子集, 則捨棄向量$\mathbf{x}_3$, 否則保留向量$\mathbf{x}_3$。依此步驟, 從$\mathcal{S}$中依序選出向量加入此線性獨立子集$\mathcal{B}$中, 因為$\mathcal{S}$是有限集, 我們必然可以在加入有限多個向量到$\mathcal{B}$中之後使得$\mathcal{B}$成為$\mathcal{V}$的一組最大獨立子集。這表示有限集$\mathcal{B}$是一組基底。 ■

推論2.84之證明隱含了在有限維空間中尋求基底的方法。底下讓我們看一個例子:

例 **2.85** 考慮$(\mathbb{R}^3, \mathbb{R})$。令$\mathbf{x}_1 = (1, -1, 0), \mathbf{x}_2 = (2, -2, 0), \mathbf{x}_3 = (1, 0, -1),$ $\mathbf{x}_4 = (0, 1, -1), \mathbf{x}_5 = (2, 1, -3),$ 並令$\mathcal{S} = \{\mathbf{x}_1, \mathbf{x}_2, \mathbf{x}_3, \ \mathbf{x}_4, \mathbf{x}_5\}$。很明顯地, $\mathrm{span}(\mathcal{S}) = \mathbb{R}^3$。類似推論2.84的證明, 我們可以從$\mathcal{S}$中建立一組基底。

步驟*1*: 我們從$\mathcal{S}$中任選一個元素。在這個例子中, 我們選擇$\mathbf{x}_1$, 並令$\mathcal{B} = \{\mathbf{x}_1\}$。

步驟*2*: 因為$\mathbf{x}_2 = 2\mathbf{x}_1$, $\{\mathbf{x}_1, \mathbf{x}_2\}$是線性相依, 所以不加$\mathbf{x}_2$到$\mathcal{B}$中。

步驟*3*: 因為$\{\mathbf{x}_1, \mathbf{x}_3\}$是線性獨立, 我們將$\mathbf{x}_3$加到$\mathcal{B}$中。

步驟*4*: 因為$\{\mathbf{x}_1, \mathbf{x}_3, \mathbf{x}_4\}$是線性獨立, 我們將$\mathbf{x}_4$加到$\mathcal{B}$中。

步驟*5*: 因為$\mathbf{x}_5 = \mathbf{x}_1 + \mathbf{x}_3 + 2\mathbf{x}_4$, 所以$\{\mathbf{x}_1, \mathbf{x}_3, \mathbf{x}_4, \mathbf{x}_5\}$是線性相依, 因此我們不將$\mathbf{x}_5$加到$\mathcal{B}$中。

最後我們得到$\mathcal{B} = \{\mathbf{x}_1, \mathbf{x}_3, \mathbf{x}_4\}$是$\mathbb{R}^3$中一組最大獨立子集, 所以$\{\mathbf{x}_1, \mathbf{x}_3, \mathbf{x}_4\}$是$\mathbb{R}^3$中的一組基底。 ■

對於最小擴展子集, 我們亦有下列類似的特性。

定理 **2.86** 設$\mathcal{V}$是向量空間。則$\mathcal{B}$是$\mathcal{V}$的一組基底若且唯若$\mathcal{B}$是$\mathcal{V}$的一組最小擴展子集。

證明:『必要性』設$\mathcal{B}$是$\mathcal{V}$的一組最小擴展子集。若$\mathcal{B}$是線性相依, 根據推論2.60, 必然存在向量$\mathbf{x} \in \mathcal{B}$使得$\mathbf{x} \in \mathrm{span}(\mathcal{B} - \{\mathbf{x}\})$, 這表示$\mathcal{B} - \{\mathbf{x}\}$也是一組擴展子集, 但這違反了$\mathcal{B}$是$\mathcal{V}$的一組最小擴展子集的假設, 因此知$\mathcal{B}$是線性獨立, 這也證明了$\mathcal{B}$是$\mathcal{V}$的基底。

『充分性』設$\mathcal{B}$是$\mathcal{V}$的一組基底。根據定義, $\mathcal{B}$是$\mathcal{V}$之擴展子集。若存在$\mathcal{B}$的真子集$\mathcal{B}'$(即$\mathcal{B}' \subset \mathcal{B}$但$\mathcal{B}' \neq \mathcal{B}$)也是$\mathcal{V}$的擴展子集, 則根據推論2.60知$\mathcal{B}$是線性相依。這違反了$\mathcal{B}$是基底的假設, 所以$\mathcal{B}$是$\mathcal{V}$的一組最小擴展子集。∎

定理2.83以及定理2.86分別建立了基底與最大獨立子集和最小擴展子集的等效性。當$\mathcal{V}$是有限維度, 推論2.84主要是從一組有限擴展子集選出其中線性獨立的向量因而建立一組最大獨立子集, 從而證明出若向量空間$\mathcal{V}$是有限維度必有一組基底是有限集。由基底與最小擴展子集的等效性, 事實上我們也可以從一組有限擴展子集刪去其中線性相依的向量因而建立一組最小擴展子集, 從而得到一組基底。我們闡述如下。

推論2.84『必要性』另一種證法:

若$\mathcal{V}$是零空間, 定理顯然成立。設$\mathcal{V}$不是零空間, 則存在一個有限集$\mathcal{M} \subset \mathcal{V}$使得$\mathrm{span}(\mathcal{M}) = \mathcal{V}$。若$\mathcal{M}$不是最小擴展子集, 則必可捨去$\mathcal{M}$中某個向量$\mathbf{x}$使得$\mathcal{M} - \{\mathbf{x}\}$仍為$\mathcal{V}$之擴展子集。若$\mathcal{M} - \{\mathbf{x}\}$是最小擴展子集, 則根據定理2.86知$\mathcal{M} - \{\mathbf{x}\}$即為$\mathcal{V}$的一組有限基底, 否則重複上述步驟, 由於$\mathcal{M}$是有限集, 最後我們必然可以找到$\mathcal{V}$的最小擴展子集$\mathcal{M}'$, 再次根據定理2.86知其亦為$\mathcal{V}$的一組有限基底。∎

線性代數

事實上, 無論是有限維度或是無限維度向量空間, 必然含有一組基底。只是在無限維度的情況下, 基底存在性的證明牽涉了無窮集合的性質, 證明較複雜, 遠離本書趣旨, 有興趣的讀者可參閱 Friedberg et $al.$(2003)。我們看一個簡單的例子。

例 **2.87** $\mathbb{F}[t]$是無限維度向量空間, $\{1, t, t^2, \cdots\}$是$\mathbb{F}[t]$的一組基底。 ∎

至此, 我們已經介紹了基底的定義, 討論了基底的等效概念: 最大獨立子集與最小擴展子集。我們也證明了有限維度向量空間基底的存在性。接下來, 我們要介紹有限維度向量空間基底最重要的一個特性, 那就是基底個數的不變性; 也就是在給定的有限維度向量空間中任意兩組不相同的基底, 它們所含的元素個數必然相等。此恆長不變基底的元素個數, 我們定義爲此有限維度向量空間的維度。我們先看以下的引理。

引理 **2.88** 設$\mathcal{V}$是向量空間。令$\mathbf{x}, \mathbf{x}_1, \mathbf{x}_2, \cdots, \mathbf{x}_n \in \mathcal{V}$, 且$\mathbf{x} = a_1\mathbf{x}_1 + a_2\mathbf{x}_2 + \cdots + a_n\mathbf{x}_n$, 其中$a_1 \neq 0$。則$\mathrm{span}(\{\mathbf{x}_1, \mathbf{x}_2, \cdots, \mathbf{x}_n\}) = \mathrm{span}(\{\mathbf{x}, \mathbf{x}_2, \cdots, \mathbf{x}_n\})$。
證明: 令$\mathbf{y} \in \mathrm{span}(\{\mathbf{x}_1, \mathbf{x}_2 \cdots \mathbf{x}_n\})$。則存在$b_1, b_2, \cdots, b_n \in \mathbb{F}$使得$\mathbf{y} = b_1\mathbf{x}_1 + b_2\mathbf{x}_2 + \cdots + b_n\mathbf{x}_n$。因爲$\mathbf{x}_1 = a_1^{-1}\mathbf{x} - a_1^{-1}a_2\mathbf{x}_2 - \cdots - a_1^{-1}a_n\mathbf{x}_n$, 我們有$\mathbf{y} = (b_1a_1^{-1}\mathbf{x} - b_1a_1^{-1}a_2\mathbf{x}_2 - \cdots - b_1a_1^{-1}a_n\mathbf{x}_n) + b_2\mathbf{x}_2 + \cdots + b_n\mathbf{x}_n$。這表示$\mathbf{y} \in \mathrm{span}(\{\mathbf{x}, \mathbf{x}_2, \cdots, \mathbf{x}_n\})$, 所以 $\mathrm{span}(\{\mathbf{x}_1, \mathbf{x}_2, \cdots, \mathbf{x}_n\}) \subset \mathrm{span}(\{\mathbf{x}, \mathbf{x}_2, \cdots, \mathbf{x}_n\})$。用類似的方法, 我們可以證明 $\mathrm{span}(\{\mathbf{x}, \mathbf{x}_2, \cdots, \mathbf{x}_n\}) \subset \mathrm{span}(\{\mathbf{x}_1, \mathbf{x}_2, \cdots, \mathbf{x}_n\})$。 ∎

有了這個引理, 我們可以證明底下一個非常重要的定理, 稱之爲 Steinitz 替換定理。

定理 **2.89** (Steinitz替換定理)
設$\mathcal{V}$是向量空間, $\mathbf{x}_1, \mathbf{x}_2, \cdots, \mathbf{x}_n \in \mathcal{V}$, 並且 $\mathbf{y}_1, \mathbf{y}_2, \cdots, \mathbf{y}_m \in \mathrm{span}(\{\mathbf{x}_1, \mathbf{x}_2,$

$\cdots, \mathbf{x}_n\}) \triangleq \mathcal{W}$。則若$\{\mathbf{y}_1, \mathbf{y}_2, \cdots, \mathbf{y}_m\}$是線性獨立, 必有$m \leq n$。

證明: 利用反證法, 令$m > n$。因為$\mathbf{y}_1 \in \operatorname{span}(\{\mathbf{x}_1, \mathbf{x}_2, \cdots, \mathbf{x}_n\})$, 所以存在$a_1, a_2, \cdots, a_n \in \mathbb{F}$使得 $\mathbf{y}_1 = a_1\mathbf{x}_1 + a_2\mathbf{x}_2 + \cdots + a_n\mathbf{x}_n$。由於$\mathbf{y}_1 \neq \mathbf{0}$(為什麼呢?), 所以存在某個 $a_i \neq 0$。不妨假設$a_1 \neq 0$。則根據引理2.88, $\operatorname{span}(\{\mathbf{y}_1, \mathbf{x}_2, \mathbf{x}_3 \cdots \mathbf{x}_n\}) = \operatorname{span}(\{\mathbf{x}_1, \mathbf{x}_2 \cdots \mathbf{x}_n\}) = \mathcal{W}$。因為$\mathbf{y}_2 \in \mathcal{W} = \operatorname{span}(\{\mathbf{y}_1, \mathbf{x}_2, \cdots, \mathbf{x}_n\})$, 所以存在$b_1, b_2, \cdots, b_n$使得$\mathbf{y}_2 = b_1\mathbf{y}_1 + b_2\mathbf{x}_2 + \cdots + b_n\mathbf{x}_n$。然而$b_2, \cdots, b_n$不全為零, 這是因為若$b_i = 0, i = 2, \cdots, n$, 則$\mathbf{y}_2 = b_1\mathbf{y}_1$, 這表示$\{\mathbf{y}_1, \mathbf{y}_2, \cdots, \mathbf{y}_m\}$線性相依, 此違反我們的假設。因此, 不失一般性, 我們可令$b_2 \neq 0$。再根據引理2.88, 我們有 $\operatorname{span}(\{\mathbf{y}_1, \mathbf{x}_2, \mathbf{x}_3, \cdots, \mathbf{x}_n\}) = \operatorname{span}(\{\mathbf{y}_1, \mathbf{y}_2, \mathbf{x}_3, \cdots, \mathbf{x}_n\}) = \mathcal{W}$。重複以上步驟, 我們最終可以得到 $\operatorname{span}(\{\mathbf{y}_1, \mathbf{y}_2, \cdots, \mathbf{y}_n\}) = \operatorname{span}(\{\mathbf{x}_1, \mathbf{x}_2, \cdots, \mathbf{x}_n\}) = \mathcal{W}$。因為$m > n$, 所以存在$c_1, c_2, \cdots, c_n \in \mathbb{F}$使得 $\mathbf{y}_m = c_1\mathbf{y}_1 + c_2\mathbf{y}_2 + \cdots + c_n\mathbf{y}_n$。據此, $\{\mathbf{y}_1, \cdots, \mathbf{y}_m\}$是線性相依子集。此又違反了我們的假設。故知必有$m \leq n$。 ∎

由定理2.89, 我們可以得到以下幾個非常重要的推論。

推論 2.90 令$\mathcal{V}$是有限維度向量空間。若$\operatorname{span}(\{\mathbf{x}_1, \mathbf{x}_2, \cdots, \mathbf{x}_n\}) = \mathcal{V}$, 則對$\mathcal{V}$的任意有限子集$\{\mathbf{y}_1, \mathbf{y}_2, \cdots, \mathbf{y}_m\}$, 且$m > n$, $\{\mathbf{y}_1, \mathbf{y}_2, \cdots, \mathbf{y}_m\}$ 必是線性相依 (換句話說, 若$\{\mathbf{y}_1, \mathbf{y}_2, \cdots, \mathbf{y}_m\}$是線性獨立, 則$m \leq n$)。 ∎

推論 2.91 令$\mathcal{V}$是有限維度向量空間。令$\{\mathbf{x}_1, \mathbf{x}_2, \cdots, \mathbf{x}_n\}$是$\mathcal{V}$的一組基底。則任何元素個數大於$n$的子集必線性相依。因此$\mathcal{V}$中線性獨立子集元素的最大可能個數是$n$。 ∎

這些結論告訴我們有限維度向量空間中線性獨立子集所含的元素個數必然小於或等於擴展子集所含的元素個數。底下是這些推論的一些應用。

例 **2.92** 考慮$\mathbb{R}^3$。因爲$\{\mathbf{e}_1, \mathbf{e}_2, \mathbf{e}_3\}$是$\mathbb{R}^3$的一組基底，根據推論2.91，$\mathbb{R}^3$中所有擁有4個元素以上的子集必線性相依。∎

例 **2.93** 考慮$\mathbb{F}_5[t]$。因爲$\{1, t, t^2, t^3, t^4\}$是$\mathbb{F}_5[t]$的一組基底，所以$\mathbb{F}_5[t]$中擁有5個元素以上的子集必線性相依。∎

結合以上的討論，我們可以得到一個非常重要的結論，那就是在有限維度向量空間中，每一組基底都是有限集，而且任意兩組不相同的基底，它們所含的元素個數必然相等。

定理 **2.94** 設$\mathcal{V}$是有限維度向量空間，則每一組基底都是有限集。若$\{\mathbf{x}_1, \mathbf{x}_2, \cdots, \mathbf{x}_n\}$和$\{\mathbf{y}_1, \mathbf{y}_2, \cdots, \mathbf{y}_m\}$都是$\mathcal{V}$的基底，則恆有$n = m$。

證明：若$\mathcal{V}$是零空間，定理顯然成立。若$\mathcal{V}$是非零之有限維度向量空間，由推論 2.84知$\mathcal{V}$有一組基底是有限集。設此有限基底爲$\{\mathbf{x}_1, \mathbf{x}_2, \cdots, \mathbf{x}_n\}$，根據推論2.91知任何元素個數大於$n$的子集必線性相依，因此絕不可能爲基底。換言之，$\mathcal{V}$之所有基底必然爲有限集。現假定$\{\mathbf{x}_1, \mathbf{x}_2, \cdots, \mathbf{x}_n\}$和$\{\mathbf{y}_1, \mathbf{y}_2, \cdots, \mathbf{y}_m\}$都是$\mathcal{V}$的基底，因爲$\mathrm{span}(\{\mathbf{x}_1, \mathbf{x}_2, \cdots, \mathbf{x}_n\}) = \mathcal{V}$，且$\{\mathbf{y}_1, \mathbf{y}_2, \cdots, \mathbf{y}_m\}$是獨立子集，所以根據定理2.89，得$m \leq n$。同樣地，因爲$\mathrm{span}(\{\mathbf{y}_1, \mathbf{y}_2, \cdots, \mathbf{y}_m\}) = \mathcal{V}$，且$\{\mathbf{x}_1, \mathbf{x}_2, \cdots, \mathbf{x}_n\}$是獨立子集，再次援用定理2.89，可得$n \leq m$。因此我們得到$n = m$。∎

之前我們用有限維度和無限維度粗略地分類向量空間，定理2.94告訴我們一個非常重要的事實，就是在有限維度向量空間的情況下，我們可以更進一步的用非負整數分類所有的向量空間。每個有限維度向量空間特有的整數我們稱之爲該向量空間之維度(dimension)。

定義 **2.95** 有限維度向量空間$\mathcal{V}$中每個基底所含向量的個數稱爲$\mathcal{V}$的維度，記作 $\dim\mathcal{V}$。若$\mathcal{V}$的維度等於n，則稱$\mathcal{V}$爲n維向量空間，並記作$\dim\mathcal{V} = n$。∎

讓我們看一些例子。

例 **2.96** 很明顯地, $\dim(\mathbb{R}^n, \mathbb{R}) = n$, 這是因爲$\{\mathbf{e}_1, \mathbf{e}_2, \cdots, \mathbf{e}_n\}$是 $(\mathbb{R}^n, \mathbb{R})$的一組基底。 ∎

例 **2.97** 考慮$(\mathbb{R}^{m \times n}, \mathbb{R})$。因爲

$$\underbrace{\left\{\begin{bmatrix} 1 & 0 & \cdots & 0 \\ 0 & 0 & \cdots & 0 \\ \vdots & \vdots & \ddots & \vdots \\ 0 & 0 & \cdots & 0 \end{bmatrix}, \begin{bmatrix} 0 & 1 & \cdots & 0 \\ 0 & 0 & \cdots & 0 \\ \vdots & \vdots & \ddots & \vdots \\ 0 & 0 & \cdots & 0 \end{bmatrix}, \cdots \begin{bmatrix} 0 & 0 & \cdots & 0 \\ 0 & 0 & \cdots & \vdots \\ \vdots & \vdots & \ddots & \vdots \\ 0 & 0 & \cdots & 1 \end{bmatrix}\right\}}_{m \times n個}$$

是$(\mathbb{R}^{m \times n}, \mathbb{R})$的一組基底, 所以$\dim(\mathbb{R}^{m \times n}, \mathbb{R}) = m \times n$。 ∎

例 **2.98** 因爲 $\{1, t \cdots, t^{n-1}\}$ 是 $\mathbb{F}_n[t]$的一組基底, 所以 $\dim\mathbb{F}_n[t] = n$。 ∎

例 **2.99** 參見例 2.67, 空集合 $\emptyset$ 是零向量空間的基底, 所以 $\dim\{\mathbf{0}\} = 0$。∎

接下來我們討論一些n維向量空間重要的特性。

定理 **2.100** 設$\mathcal{V}$是n維向量空間, 則

1. 任意包含n個向量的擴展子集必是$\mathcal{V}$的一組基底。

2. 任意包含n個向量的線性獨立子集必是$\mathcal{V}$的一組基底。

證明:

101

線性代數

1. 假設$\mathcal{B} = \{\mathbf{x}_1, \mathbf{x}_2, \cdots, \mathbf{x}_n\}$是$\mathcal{V}$的一組擴展子集。我們只需證明$\mathcal{B}$是$\mathcal{V}$的一組最小擴展子集。利用反證法，假設存在$\mathcal{B}$的真子集$\mathcal{S} \subsetneq \mathcal{B}$使得 span $(\mathcal{S}) = \mathcal{V}$。因為$\text{card}(\mathcal{S}) < n$，根據Steinitz替換定理，$\mathcal{V}$中任意元素個數等於$n$的子集必然線性相依，這牴觸了$\dim\mathcal{V} = n$的假設，所以$\mathcal{B}$必然是$\mathcal{V}$的最小擴展子集。

2. 這部份的證明留予讀者做為習題。∎

例 **2.101** 我們知道$\dim(\mathbb{R}^3, \mathbb{R}) = 3$。又因為$\{(1,0,0), (1,1,0), (1,1,1)\}$是擴展子集(見例2.45)，所以$\{(1,0,0), (1,1,0), (1,1,1)\}$必然是 $\mathbb{R}^3$的一組基底。∎

底下定理是一個非常重要的結果，往後章節常會引用。

定理 **2.102** 設$\mathcal{V}$是n維向量空間。若r是一個小於n的整數，且$\{\mathbf{x}_1, \mathbf{x}_2, \cdots, \mathbf{x}_r\}$是$\mathcal{V}$的線性獨立子集，則必存在$n-r$個向量$\mathbf{x}_{r+1}, \cdots, \mathbf{x}_n \in \mathcal{V}$使得$\{\mathbf{x}_1, \cdots, \mathbf{x}_r, \mathbf{x}_{r+1}, \cdots, \mathbf{x}_n\}$是$\mathcal{V}$的一組基底。

證明: 因為$r < n$，所以$\{\mathbf{x}_1, \cdots, \mathbf{x}_r\}$不能形成$\mathcal{V}$的一組基底，因此$\{\mathbf{x}_1, \cdots, \mathbf{x}_r\}$不是$\mathcal{V}$的最大獨立子集。故存在向量$\mathbf{x}_{r+1} \in \mathcal{V}$使得$\{\mathbf{x}_1, \cdots, \mathbf{x}_{r+1}\}$ 是$\mathcal{V}$的線性獨立子集。倘若$r + 1 < n$，持續上述的步驟，直到我們得到n個線性獨立向量$\mathbf{x}_1, \mathbf{x}_2, \cdots, \mathbf{x}_n$。根據定理2.100，$\{\mathbf{x}_1, \cdots, \mathbf{x}_n\}$是$\mathcal{V}$的一組基底。∎

下面的推論證明並不難，留給讀者自己思考。

推論 **2.103** 設$\mathcal{V}$是n維向量空間。令$\mathcal{B} = \{\mathbf{x}_1, \mathbf{x}_2, \cdots, \mathbf{x}_n\}$是$\mathcal{V}$的一組基底，而$\mathcal{S} = \{\mathbf{y}_1, \mathbf{y}_2, \cdots \mathbf{y}_m\}$是$\mathcal{V}$的線性獨立子集 (因此，$m \leq n$)。則必存在$\mathcal{B}$的子集$\mathcal{S}_1$，其中$\text{card}(\mathcal{S}_1) = n - m$，使得$\mathcal{S} \cup \mathcal{S}_1$是$\mathcal{V}$的一組基底。∎

底下我們給一個實例。

例 **2.104** 我們考慮$\mathbb{F}_3[t]$。已知$\mathcal{B} = \{1, t, t^2\}$是$\mathbb{F}_3[t]$的一組基底。令$\mathcal{S} \triangleq \{t^2 - 7, t - 3\}$, 不難驗證$\mathcal{S}$是一個線性獨立子集, 根據推論2.103, 必可找到一個$\mathcal{B}$的子集$\mathcal{S}_1$, 其中$\text{card}(\mathcal{S}_1) = 1$, 使得$\mathcal{S} \cup \mathcal{S}_1$是$\mathbb{F}_3[t]$的一組基底。此例中, 可以選擇$\mathcal{S}_1$是$\{1\}$, $\{t\}$, 或是$\{t^2\}$等等。因此我們知道$\mathcal{S}_1$的選擇不是唯一的。 ■

令$\mathcal{V}$是n維向量空間, $\mathcal{W}$是它的一個子空間。從直觀上來看, 這表示$\mathcal{V}$額外包含了一些與$\mathcal{W}$中向量線性獨立的向量。因此很直覺地, $\mathcal{W}$的維度必然小於或等於$\mathcal{V}$的維度, 而且當$\mathcal{V}$與$\mathcal{W}$的維度相等時, $\mathcal{W}$的最大獨立子集亦是$\mathcal{V}$的最大獨立子集, 所以$\mathcal{V}$與$\mathcal{W}$應該相同。下面重要的定理即是證實這些直觀的猜想。

定理 **2.105** 設$\mathcal{V}$是有限維度向量空間。令$\mathcal{W}$是$\mathcal{V}$的子空間, 則

1. $\mathcal{W}$亦是有限維度向量空間, 並且$\dim\mathcal{W} \leq \dim\mathcal{V}$。

2. 若$\dim\mathcal{W} = \dim\mathcal{V}$, 則$\mathcal{W} = \mathcal{V}$。

證明:

1. 令$\dim\mathcal{V} = n \geq 0$。若$\mathcal{W} = \{\mathbf{0}\}$, 則$\mathcal{W}$是有限維度向量空間並且$\dim\mathcal{W} = 0 \leq n = \dim\mathcal{V}$。若$\mathcal{W} \neq \{\mathbf{0}\}$, 則$\mathcal{W}$必包含一非零向量$\mathbf{x}_1$。顯然$\{\mathbf{x}_1\}$是線性獨立子集。若$\{\mathbf{x}_1\}$不是$\mathcal{W}$的最大獨立子集, 則必然存在$\mathbf{x}_2 \in \mathcal{W}$使得$\{\mathbf{x}_1, \mathbf{x}_2\}$為$\mathcal{V}$之線性獨立子集。重複上述步驟, 依次加入$\mathcal{W}$中的元素, 最終我們可以得到集合$\{\mathbf{x}_1, \mathbf{x}_2, \cdots, \mathbf{x}_m\}$使其為$\mathcal{W}$之最大獨立子集。因為$\mathcal{W} \subset \mathcal{V}$, 所以$\{\mathbf{x}_1, \mathbf{x}_2, \cdots, \mathbf{x}_m\}$亦是$\mathcal{V}$的線性獨立子集, 又根據 *Steinitz* 替換定理, m必然小於或等於n。故得$\dim\mathcal{W} = m \leq n = \dim\mathcal{V}$。

2. 這個證明留予讀者做為習題。 ■

底下讓我們看一個例子。

例 **2.106** 考慮向量空間$(\mathbb{R}^2, \mathbb{R})$。因$\dim(\mathbb{R}^2, \mathbb{R}) = 2$，則根據定理2.105，所有$\mathbb{R}^2$的子空間只能是0維，1維或是2維，參見例2.23。

1. 由前面討論知維度是0的子空間只有零空間$\{\mathbf{0}\}$。

2. 再由定理2.105知道，維度是2的空間只有$\mathbb{R}^2$本身。

3. 在$\mathbb{R}^2$中維度為1的子空間只有一種可能，那就是通過原點的任意直線，也就是$\{\lambda(a, b) | $其中$a$和$b$是給定不全為零的實數，$\lambda$是任意實數$\}$。　　■

2.8　直和與向量空間的分解

在2.4節，我們已經介紹了兩子空間之和空間的定義。為了喚回讀者的印象，底下再給出一個和空間的例子。

例 **2.107** 我們考慮$(\mathbb{R}^3, \mathbb{R})$。令

$$\mathcal{W}_1 = \{(a, b, 0) \mid a, b \in \mathbb{R}\},$$
$$\mathcal{W}_2 = \{(0, b, c) \mid b, c \in \mathbb{R}\},$$

很明顯地，$\mathbb{R}^3 = \mathcal{W}_1 + \mathcal{W}_2$，且對任意$(a, b, c) \in \mathbb{R}^3$，我們有

$$
\begin{aligned}
(a, b, c) &= \underbrace{(a, b, 0)}_{\in \mathcal{W}_1} + \underbrace{(0, 0, c)}_{\in \mathcal{W}_2} \\
&= \underbrace{(a, 0, 0)}_{\in \mathcal{W}_1} + \underbrace{(0, b, c)}_{\in \mathcal{W}_2} \\
&= \underbrace{(a, b_1, 0)}_{\in \mathcal{W}_1} + \underbrace{(0, b_2, c)}_{\in \mathcal{W}_2}, \quad b_1 + b_2 = b_\circ
\end{aligned}
$$

此例中，任意$(a, b, c) \in \mathbb{R}^3$都可以寫成$\mathcal{W}_1$以及$\mathcal{W}_2$中元素的和，但這種分解不是唯一的。　　■

例 **2.108** 再次考慮$(\mathbb{R}^3, \mathbb{R})$。若令

$$\begin{aligned}
\mathcal{W}_1 &= \{(a, b, 0) \mid a, b \in \mathbb{R}\}, \\
\mathcal{W}_2 &= \{(0, 0, c) \mid c \in \mathbb{R}\},
\end{aligned}$$

則$\mathbb{R}^3 = \mathcal{W}_1 + \mathcal{W}_2$, 並且對所有$(a, b, c) \in \mathbb{R}^3$,

$$(a, b, c) = \underbrace{(a, b, 0)}_{\in \mathcal{W}_1} + \underbrace{(0, 0, c)}_{\in \mathcal{W}_2}。 \tag{2.3}$$

與上例不同的是(2.3)的分解是唯一的。 ∎

　　比較這兩個例子, 最大的差異點在於例2.107中的$\mathcal{W}_1 \cap \mathcal{W}_2 \neq \{\mathbf{0}\}$, 然而在例2.108中的$\mathcal{W}_1 \cap \mathcal{W}_2 = \{\mathbf{0}\}$。不難猜測$\mathbb{R}^3$中向量分解的唯一性與$\mathcal{W}_1 \cap \mathcal{W}_2$是否只含有零向量有關。接下來的內容我們將證實這個猜測, 並推廣到任意的向量空間上。首先讓我們看以下的定義。

定義 **2.109** 令$\mathcal{V}$是一個向量空間, $\mathcal{W}_1$及$\mathcal{W}_2$是$\mathcal{V}$的子空間。如果

  1. $\mathcal{V} = \mathcal{W}_1 + \mathcal{W}_2$,

  2. 若我們將$\mathcal{V}$中任意的向量$\mathbf{v}$分解成$\mathcal{W}_1$和$\mathcal{W}_2$中的向量和, 即$\mathbf{v} = \mathbf{w}_1 + \mathbf{w}_2$, 其中$\mathbf{w}_1 \in \mathcal{W}_1, \mathbf{w}_2 \in \mathcal{W}_2$, 則這種分解是唯一的,

則我們說$\mathcal{V}$是$\mathcal{W}_1$和$\mathcal{W}_2$的直和(direct sum), 記成$\mathcal{V} = \mathcal{W}_1 \oplus \mathcal{W}_2$。 ∎

　　以下的定理將證明我們的猜測。

定理 **2.110** 令$\mathcal{V}$是向量空間, $\mathcal{W}_1, \mathcal{W}_2$是$\mathcal{V}$的子空間。則$\mathcal{V} = \mathcal{W}_1 \oplus \mathcal{W}_2$若且唯若

1. $\mathcal{V} = \mathcal{W}_1 + \mathcal{W}_2$,

2. $\mathcal{W}_1 \cap \mathcal{W}_2 = \{\mathbf{0}\}$。

證明:『必要性』令$\mathcal{V} = \mathcal{W}_1 \oplus \mathcal{W}_2$, 則

1. 根據定義, $\mathcal{V} = \mathcal{W}_1 + \mathcal{W}_2$。

2. 假設$\mathbf{x} \in \mathcal{W}_1 \cap \mathcal{W}_2$, 則$\mathbf{x} \in \mathcal{W}_1$且$\mathbf{x} \in \mathcal{W}_2$。因為

$$\underbrace{\mathbf{x}}_{\in \mathcal{V}} = \underbrace{\mathbf{x}}_{\in \mathcal{W}_1} + \underbrace{\mathbf{0}}_{\in \mathcal{W}_2} = \underbrace{\mathbf{0}}_{\in \mathcal{W}_1} + \underbrace{\mathbf{x}}_{\in \mathcal{W}_2},$$

而$\mathbf{x}$的分解表示法是唯一的, 所以$\mathbf{x}$必然等於$\mathbf{0}$。這表示$\mathcal{W}_1 \cap \mathcal{W}_2 = \{\mathbf{0}\}$。

『充分性』假設$\mathcal{V} = \mathcal{W}_1 + \mathcal{W}_2$且$\mathcal{W}_1 \cap \mathcal{W}_2 = \{\mathbf{0}\}$。令$\mathbf{x} \in \mathcal{V}$, 並令

$$\mathbf{x} = \mathbf{w}_1 + \mathbf{w}_2 = \mathbf{w}'_1 + \mathbf{w}'_2, \tag{2.4}$$

其中$\mathbf{w}_1, \mathbf{w}'_1 \in \mathcal{W}_1, \mathbf{w}_2, \mathbf{w}'_2 \in \mathcal{W}_2$。由(2.4)式, 我們推得

$$\underbrace{\mathbf{w}_1 - \mathbf{w}'_1}_{\in \mathcal{W}_1} = \underbrace{\mathbf{w}'_2 - \mathbf{w}_2}_{\in \mathcal{W}_2},$$

由$\mathcal{W}_1 \cap \mathcal{W}_2 = \{\mathbf{0}\}$得

$$\mathbf{w}_1 - \mathbf{w}'_1 = \mathbf{0}, \mathbf{w}_2 - \mathbf{w}'_2 = \mathbf{0},$$

這表示$\mathbf{w}_1 = \mathbf{w}'_1, \mathbf{w}_2 = \mathbf{w}'_2$, 因此我們證明了$\mathbf{x}$分解成$\mathcal{W}_1$及$\mathcal{W}_2$中向量和的表示法是唯一的。根據定義, $\mathcal{V} = \mathcal{W}_1 \oplus \mathcal{W}_2$。　■

當然, 我們也可以從基底來判斷一向量空間是否是其兩子空間的直和。請看以下的定理, 這個定理的證明非常直接, 因此留予讀者作為習題。

定理 **2.111** 設$\mathcal{V}$是有限維度向量空間, $\mathcal{W}_1$和$\mathcal{W}_2$是$\mathcal{V}$的子空間。令$\mathcal{B}_1$和$\mathcal{B}_2$分別是$\mathcal{W}_1$和$\mathcal{W}_2$的基底, 則$\mathcal{V} = \mathcal{W}_1 \oplus \mathcal{W}_2$若且唯若$\mathcal{B}_1 \cap \mathcal{B}_2 = \emptyset$且$\mathcal{B}_1 \cup \mathcal{B}_2$是$\mathcal{V}$的基底。 ∎

接下來是個很重要的定理, 它斷言任一有限維度的向量空間總是可以分解成兩子空間的直和。

定理 **2.112** (分解定理)

令$\mathcal{V}$是有限維度向量空間,$\mathcal{W}$是$\mathcal{V}$的任一子空間。則必存在一$\mathcal{V}$的子空間$\mathcal{U}$, 使得$\mathcal{V} = \mathcal{W} \oplus \mathcal{U}$。我們稱$\mathcal{U}$爲$\mathcal{W}$在$\mathcal{V}$中的互補子空間(complementary subspace)。

證明: 若$\mathcal{V}$爲零空間, 定理顯然成立。令 $\dim\mathcal{V} = n > 0$且$\dim\mathcal{W} = r(r \leq n)$。

第一種情況: 若$r = n$則$\mathcal{V} = \mathcal{W}$。此時選擇$\mathcal{U} = \{\mathbf{0}\}$。

第二種情況: 若$r = 0$則$\mathcal{W} = \{\mathbf{0}\}$。此時選擇$\mathcal{U} = \mathcal{V}$。

第三種情況: 若$0 < r < n$。令$\{\mathbf{x}_1, \cdots, \mathbf{x}_r\}$是$\mathcal{W}$的一組基底。由2.7節定理2.102知必存在 $\mathbf{x}_{r+1}, \cdots, \mathbf{x}_n \in \mathcal{V}$ 使得 $\{\mathbf{x}_1, \cdots, \mathbf{x}_r, \mathbf{x}_{r+1}, \cdots, \mathbf{x}_n\}$是$\mathcal{V}$的一組基底。令$\mathcal{U} = \text{span}(\{\mathbf{x}_{r+1}, \cdots, \mathbf{x}_n\})$。因爲 $\{\mathbf{x}_{r+1}, \cdots, \mathbf{x}_n\}$是線性獨立子集, 所以$\{\mathbf{x}_{r+1}, \cdots, \mathbf{x}_n\}$是$\mathcal{U}$的基底。不難證明$\mathcal{V} = \mathcal{W} \oplus \mathcal{U}$, 這部份的細節留給讀者自行練習。 ∎

由以上的定理我們知道, 對任一的有限維度向量空間$\mathcal{V}$, 若固定$\mathcal{V}$中任一子空間$\mathcal{W}$, 則必然存在一子空間$\mathcal{U}$在$\mathcal{V}$中與$\mathcal{W}$互補。但我們必須注意的是,$\mathcal{U}$的選擇不是唯一。請看以下的例子。

例 **2.113** 令$\mathcal{V} = \mathbb{R}^2, \mathcal{W} = \text{span}(\{(2,1)\})$。

1. 令$\mathcal{U} = \text{span}(\{(0,1)\})$, 因爲$\{(2,1), (0,1)\}$是$\mathbb{R}^2$的一組基底, 故 $\mathbb{R}^2 = \mathcal{W} \oplus \mathcal{U}$。

2. 令$\mathcal{U}' = \text{span}\{(1,1)\}$, 因爲$\{(2,1),(1,1)\}$也是$\mathbb{R}^2$的一組基底, 所 以$\mathbb{R}^2 = \mathcal{W} \oplus \mathcal{U}'$。

從這個例子中我們知道, $\mathcal{W}$在$\mathcal{V}$的互補子空間不僅不唯一, 還有可能有無限多個。 ■

若$\mathcal{V}$可表示成$\mathcal{W}$與$\mathcal{U}$之和, 接下來我們介紹一個利用$\mathcal{V},\mathcal{U}$和$\mathcal{W}$的維度去判斷$\mathcal{V}$是否是$\mathcal{W}$與$\mathcal{U}$的直和。

定理 **2.114** 令$\mathcal{V}$是有限維度向量空間,$\mathcal{W}_1, \mathcal{W}_2$是$\mathcal{V}$中兩個子空間。若$\mathcal{V} = \mathcal{W}_1 \oplus \mathcal{W}_2$, 則$\dim\mathcal{V} = \dim\mathcal{W}_1 + \dim\mathcal{W}_2$。
證明:

第一種情況: 若$\mathcal{W}_1 = \{\mathbf{0}\}$, 則$\mathcal{W}_2 = \mathcal{V}$, 反之, 若$\mathcal{W}_2 = \{\mathbf{0}\}$, 則$\mathcal{W}_1 = \mathcal{V}$。在這些情況下, 顯而易見地$\dim\mathcal{V} = \dim\mathcal{W}_1 + \dim\mathcal{W}_2$。

第二種情況: 設$\mathcal{W}_1 \neq \{\mathbf{0}\}$並且$\mathcal{W}_2 \neq \{\mathbf{0}\}$。因爲$\dim\mathcal{V} < \infty$, 所以$\dim\mathcal{W}_1 < \infty$而且$\dim\mathcal{W}_2 < \infty$。假設$\dim\mathcal{W}_1 = r, \dim\mathcal{W}_2 = n-r$, 並令$\{\mathbf{x}_1, \cdots, \mathbf{x}_r\}$與$\{\mathbf{x}_{r+1}, \cdots, \mathbf{x}_n\}$分別是$\mathcal{W}_1$與$\mathcal{W}_2$的基底。我們只需證明$\dim\mathcal{V} = n$。不難證明$\{\mathbf{x}_1, \cdots, \mathbf{x}_r, \mathbf{x}_{r+1}, \cdots, \mathbf{x}_n\}$是$\mathcal{V}$的一組基底, 細節留予讀者作爲習題。

■

例 **2.115** 考慮向量空間$\mathbb{R}^3$。令$\mathcal{W}_1 = \text{span}\{(1,0,0),(0,1,0)\}, \mathcal{W}_2 = \text{span}\{(0,0,1)\}$, 則很明顯地$\mathbb{R}^3 = \mathcal{W}_1 \oplus \mathcal{W}_2$。因此$\dim\mathbb{R}^3 = \dim\mathcal{W}_1 + \dim\mathcal{W}_2 = 2 + 1 = 3$。 ■

利用定理2.114的手法, 不難建立有限維度向量空間$\mathcal{V}$中子空間$\mathcal{W}_1, \mathcal{W}_2$和$\mathcal{W}_1 + \mathcal{W}_2$的維度關係。

定理 **2.116** (布林公式)(Boolean formula)

令$\mathcal{V}$是有限維度向量空間, $\mathcal{W}_1, \mathcal{W}_2$是$\mathcal{V}$的子空間, 則$\mathcal{W}_1 + \mathcal{W}_2$亦為有限維度向量空間, 並且有

$$\dim(\mathcal{W}_1 + \mathcal{W}_2) = \dim\mathcal{W}_1 + \dim\mathcal{W}_2 - \dim(\mathcal{W}_1 \cap \mathcal{W}_2)。$$

證明:這部份的證明留予讀者作為習題。 ∎

讓我們看一個例子。

例 **2.117** 考慮向量空間$\mathbb{R}^3$。令$\mathcal{W}_1 = \mathrm{span}\{(1,0,0),(0,1,0)\}$, $\mathcal{W}_2 = \mathrm{span}\{(0,1,0),(0,0,1)\}$, 則$\mathbb{R}^3 = \mathcal{W}_1 + \mathcal{W}_2$, 並且$\mathcal{W}_1 \cap \mathcal{W}_2 = \mathrm{span}\{(0,1,0)\}$。於是有

$$\begin{aligned}
\dim(\mathcal{W}_1 + \mathcal{W}_2) &= \dim\mathcal{W}_1 + \dim\mathcal{W}_2 - \dim(\mathcal{W}_1 \cap \mathcal{W}_2)\\
&= 2+2-1\\
&= 3。
\end{aligned}$$

∎

以下重要的結論直接由定理2.114及定理2.116可得。

推論 **2.118** 令 $\mathcal{V}$ 是有限維度向量空間, 設 $\mathcal{W}_1, \mathcal{W}_2$ 是 $\mathcal{V}$ 的子空間, 且 $\mathcal{V} = \mathcal{W}_1 + \mathcal{W}_2$。則 $\mathcal{V} = \mathcal{W}_1 \oplus \mathcal{W}_2$ 若且唯若 $\dim\mathcal{V} = \dim\mathcal{W}_1 + \dim\mathcal{W}_2$。 ∎

以上有關直和的討論, 不難推廣到任意k個$\mathcal{V}$的子空間。

定義 **2.119** 令$\mathcal{V}$是向量空間, $\mathcal{W}_1,\cdots,\mathcal{W}_k$是$\mathcal{V}$的子空間。如果

  1. $\mathcal{V} = \mathcal{W}_1 + \mathcal{W}_2 + \cdots + \mathcal{W}_k,$

2. 若我們將$\mathcal{V}$中任意的向量$\mathbf{v}$分解成 $\mathcal{W}_1, \cdots, \mathcal{W}_k$ 中的向量和, 即$\mathbf{v} = \mathbf{w}_1 + \mathbf{w}_2 + \cdots + \mathbf{w}_k$, 其中$\mathbf{w}_i \in \mathcal{W}_i$, 則這種分解是唯一的,

那麼我們稱$\mathcal{V}$是子空間$\mathcal{W}_1, \cdots, \mathcal{W}_k$的直和, 並記做$\mathcal{V} = \mathcal{W}_1 \oplus \mathcal{W}_2 \oplus \cdots \oplus \mathcal{W}_k$。
∎

類似定理2.110, 我們有以下的推廣。

定理 **2.120** 令$\mathcal{V}$是向量空間, $\mathcal{W}_1, \cdots, \mathcal{W}_k$是$\mathcal{V}$的子空間。則

$$\mathcal{V} = \mathcal{W}_1 \oplus \mathcal{W}_2 \oplus \cdots \oplus \mathcal{W}_k$$

若且唯若

1. $\mathcal{V} = \mathcal{W}_1 + \mathcal{W}_2 + \cdots + \mathcal{W}_k,$

2. 對所有的$i = 1, 2, \cdots, k,$ $\mathcal{W}_i \cap \left(\sum_{j \neq i} \mathcal{W}_j \right) = \{\mathbf{0}\}.$

證明: 這個定理的證明非常類似定理2.110, 因此留予讀者做爲習題。 ∎

例 **2.121** 考慮$\mathbb{R}^4$, 並令$\mathcal{W}_1 = \{(a, b, 0, 0) \mid a, b \in \mathbb{R}\}$, $\mathcal{W}_2 = \{(0, 0, c, 0) \mid c \in \mathbb{R}\}$, $\mathcal{W}_3 = \{(0, 0, 0, d) \mid d \in \mathbb{R}\}$。不難驗證

1. 因爲$(a, b, c, d) = (a, b, 0, 0) + (0, 0, c, 0) + (0, 0, 0, d)$, 所以$\mathcal{V} = \mathcal{W}_1 + \mathcal{W}_2 + \mathcal{W}_3$。

2. $\mathcal{W}_1 \cap (\mathcal{W}_2 + \mathcal{W}_3) = \{\mathbf{0}\}$, $\mathcal{W}_2 \cap (\mathcal{W}_1 + \mathcal{W}_3) = \{\mathbf{0}\}$, $\mathcal{W}_3 \cap (\mathcal{W}_1 + \mathcal{W}_2) = \{\mathbf{0}\}$,

所以$\mathbb{R}^4 = \mathcal{W}_1 \oplus \mathcal{W}_2 \oplus \mathcal{W}_3$。 ∎

當然, 我們可以輕易推廣定理2.111:

定理 2.122 設$\mathcal{V}$是有限維度向量空間, $\mathcal{W}_1, \cdots, \mathcal{W}_k$是$\mathcal{V}$的子空間。令$\mathcal{B}_1, \cdots,$ $\mathcal{B}_k$分別是$\mathcal{W}_1, \cdots, \mathcal{W}_k$的基底, 則$\mathcal{V} = \mathcal{W}_1 \oplus \cdots \oplus \mathcal{W}_k$若且唯若$\mathcal{B}_1, \mathcal{B}_2, \cdots, \mathcal{B}_k$ 兩兩互斥(即當$i \neq j$必有$\mathcal{B}_i \cap \mathcal{B}_j = \emptyset$)且$\mathcal{B}_1 \cup \cdots \cup \mathcal{B}_k$是$\mathcal{V}$的基底。 ∎

我們一樣可以用維度去判斷一有限維度向量空間$\mathcal{V}$是否為其子空間$\mathcal{W}_1, \mathcal{W}_2,$ $\cdots, \mathcal{W}_k$之直和。

定理 2.123 令$\mathcal{V}$是有限維度向量空間, $\mathcal{W}_1, \cdots, \mathcal{W}_k$是$\mathcal{V}$的子空間, 且$\mathcal{V} = \mathcal{W}_1$ $+ \cdots + \mathcal{W}_k$。則$\mathcal{V} = \mathcal{W}_1 \oplus \mathcal{W}_2 \oplus \cdots \oplus \mathcal{W}_k$若且唯若$\dim \mathcal{V} = \dim \mathcal{W}_1 + \dim \mathcal{W}_2 +$ $\cdots + \dim \mathcal{W}_k$。 ∎

2.9　商集與商空間

在這一節中, 我們將介紹等價關係與商集的概念。我們將證明透過向量空間$\mathcal{V}$的子空間$\mathcal{W}, \mathcal{V}$上可以定義一個等價關係。這個等價關係可以導出一個商集。我們也將證明這個商集有一個自然的向量空間結構, 這個向量空間被稱為$\mathcal{V}$在$\mathcal{W}$上的商空間。最後我們討論商空間的維度。

定義 2.124 令$\mathcal{X}, \mathcal{Y}$是非空集合。一個從$\mathcal{X}$到$\mathcal{Y}$的二元關係(binary rela- tion) $\mathcal{R}$是$\mathcal{X} \times \mathcal{Y}$的一個子集。 ∎

例 2.125 若$\mathcal{X} = \{1, 2\}, \mathcal{Y} = \{a, b, c\}$。則$\mathcal{R}_1 = \{(1, a), (2, a), (2, b)\}$是從$\mathcal{X}$到$\mathcal{Y}$的一個二元關係。$\mathcal{R}_2 = \{(2, c)\}$也是從$\mathcal{X}$到$\mathcal{Y}$的一個二元關係。 ∎

若$\mathcal{R}$是一個從$\mathcal{X}$到$\mathcal{Y}$的二元關係。對所有$x \in \mathcal{X}$, $y \in \mathcal{Y}$, 若$(x, y) \in \mathcal{R}$, 則我們記做$x\mathcal{R}y$; 若$(\mathbf{x}, \mathbf{y}) \notin \mathcal{R}$, 則我們記做$x\not\mathcal{R}y$。

例 **2.126** 承例2.125, $1\mathcal{R}_1a$, $2\mathcal{R}_1a$, 但$2\mathcal{R}_1c$。$2\mathcal{R}_2c$, 但$1\mathcal{R}_2c$。 ∎

　　若$\mathcal{R}$是一個從$\mathcal{X}$到$\mathcal{X}$的二元關係, 則我們稱$\mathcal{R}$是一個在$\mathcal{X}$上的二元關係。

定義 **2.127** 一個$\mathcal{X}$上的二元關係$\mathcal{R}$若滿足

　　1. (反身性) 對所有$x \in \mathcal{X}$, $(x, x) \in \mathcal{R}$,

　　2. (對稱性) 若$(x, y) \in \mathcal{R}$, 則$(y, x) \in \mathcal{R}$,

　　3. (遞移性) 若$(x, y) \in \mathcal{R}$, $(y, z) \in \mathcal{R}$, 則$(x, z) \in \mathcal{R}$,

則稱$\mathcal{R}$爲$\mathcal{X}$上之一等價關係(equivalence relation)。 ∎

例 **2.128** 令$\mathcal{X} = \mathbb{R}$。令$\mathcal{R} = \{(x, y)|x, y \in \mathbb{R} \text{且} x = y\}$。則

　　1. 對所有$x \in \mathbb{R}$, $x\mathcal{R}x$,

　　2. 若$x\mathcal{R}y$, 則$y\mathcal{R}x$,

　　3. 若$x\mathcal{R}y$, $y\mathcal{R}z$, 則$x\mathcal{R}z$。

因此$\mathcal{R}$是$\mathbb{R}$上一個等價關係。 ∎

例 **2.129** 令$\mathcal{X} = \{1, 2, 3\}$。令$\mathcal{R}_3 = \{(1,1), (2,2), (3,3), (1,2), (2,1)\}$。則不難檢查$\mathcal{R}_3$是$\mathcal{X}$上一個等價關係。 ∎

定義 **2.130** 設$\mathcal{R}$是$\mathcal{X}$上的等價關係。令$x \in \mathcal{X}$, 我們定義

$$[x] \triangleq \{y \in \mathcal{X}|y\mathcal{R}x\}。$$

$[x]$稱爲等價類(equivalence class)。 ∎

例 **2.131** 承例2.129, $[1] = \{1, 2\}$, $[2] = \{1, 2\}$以及$[3] = \{3\}$。 ∎

例 **2.132** 定義

$$\mathcal{R} = \{(x, y) | x, y \in \mathbb{Z}並且x - y是3的倍數\},$$

則$\mathcal{R}$是在$\mathbb{Z}$上的等價關係, 且$[0] = \{3n | n \in \mathbb{Z}\}$, $[1] = \{3n + 1 | n \in \mathbb{Z}\}$以及$[2] = \{3n + 2 | n \in \mathbb{Z}\}$。 ∎

定理 **2.133** 設$\mathcal{R}$是$\mathcal{X}$上的等價關係。則

1. 對所有$x \in \mathcal{X}$, $x \in [x]$, 因此$[x] \neq \emptyset$,

2. $[x] = [y]$若且唯若$(x, y) \in \mathcal{R}$,

3. 若$[x] \neq [y]$, 則$[x] \cap [y] = \emptyset$。

證明:

1. 因為$\mathcal{R}$是$\mathcal{X}$上的等價關係, 所以對所有$x \in \mathcal{X}$, $(x, x) \in \mathcal{R}$。因此$x \in [x]$。

2. 設$(x, y) \in \mathcal{R}$。令$x' \in [x]$, 則$(x', x) \in \mathcal{R}$。因為$\mathcal{R}$是$\mathcal{X}$上的等價關係, 所以$(x', y) \in \mathcal{R}$。因此$x' \in [y]$, 故得$[x] \subset [y]$。同理可證若$y' \in [y]$, 則$y' \in [x]$, 因此$[y] \subset [x]$。這表示$[x] = [y]$。反之, 設$[x] = [y]$。由此定理第1部分知$x \in [x]$, 因此$x \in [y]$, 所以$(x, y) \in \mathcal{R}$。

3. 設$[x] \neq [y]$。利用反證法, 假設$[x] \cap [y] \neq \emptyset$, 則存在$z \in [x] \cap [y]$。因此$(z, x) \in \mathcal{R}$, 且$(z, y) \in \mathcal{R}$, 這表示$(x, y) \in \mathcal{R}$。由此定理第2部分知, $[x] = [y]$, 此與我們的假設矛盾。故知必有$[x] \cap [y] = \emptyset$。 ∎

定義 **2.134** 設$\mathcal{R}$是$\mathcal{X}$上的等價關係。則所有的等價類所成的集合記爲

$$\mathcal{X}/\mathcal{R} \triangleq \{[x]|x \in \mathcal{X}\}。$$

我們稱集合$\mathcal{X}/\mathcal{R}$爲$\mathcal{X}$根據$\mathcal{R}$衍生出的商集(quotient set)。 ■

例 **2.135** 承例2.132, $\mathcal{X}/\mathcal{R} = \{[0], [1], [2]\}$。 ■

設$\mathcal{V}$是向量空間, $\mathcal{W}$是$\mathcal{V}$的子空間。根據$\mathcal{W}$, 我們可以定義$\mathcal{V}$上一個二元關係如下:

$$\mathcal{R}_\mathcal{W} = \{(\mathbf{x}, \mathbf{y})|\mathbf{x}, \mathbf{y} \in \mathcal{V}, \mathbf{x} - \mathbf{y} \in \mathcal{W}\}。$$

由子空間的基本定義不難證明$\mathcal{R}_\mathcal{W}$是$\mathcal{V}$上的等價關係(見習題2.78)。設$\mathbf{v} \in \mathcal{V}$, 其等價類爲

$$
\begin{aligned}
[\mathbf{v}] &= \{\mathbf{u} \in \mathcal{V}|\mathbf{u}\mathcal{R}_\mathcal{W}\mathbf{v}\} \\
&= \{\mathbf{u} \in \mathcal{V}|\mathbf{u} - \mathbf{v} \in \mathcal{W}\} \\
&= \{\mathbf{u} \in \mathcal{V}|存在\mathbf{w} \in \mathcal{W}使得\mathbf{u} = \mathbf{v} + \mathbf{w}\} \\
&= \{\mathbf{v} + \mathbf{w}|\mathbf{w} \in \mathcal{W}\} \\
&= \mathbf{v} + \mathcal{W},
\end{aligned}
$$

其中$\mathbf{v} + \mathcal{W} \triangleq \{\mathbf{v} + \mathbf{w}|\mathbf{w} \in \mathcal{W}\}$。這樣定義出來的等價類$[\mathbf{v}]$又稱爲$\mathcal{W}$在$\mathcal{V}$中的陪集(coset), 並稱$\mathbf{v}$爲$\mathbf{v} + \mathcal{W}$的陪集表現(coset representative)。$\mathcal{V}$ 根據$\mathcal{R}_\mathcal{W}$定義的商集$\mathcal{V}/\mathcal{R}_\mathcal{W}$亦記爲$\mathcal{V}/\mathcal{W}$。若$[\mathbf{u}_1] = [\mathbf{u}_2], [\mathbf{v}_1] = [\mathbf{v}_2]$, 則$\mathbf{u}_1 - \mathbf{u}_2 \in \mathcal{W}$且$\mathbf{v}_1 - \mathbf{v}_2 \in \mathcal{W}$(見習題2.78)。因爲$\mathcal{W}$是$\mathcal{V}$的子空間, 所以對所有的$a, b \in \mathbb{F}$恆有$a(\mathbf{u}_1 - \mathbf{u}_2) + b(\mathbf{v}_1 - \mathbf{v}_2) \in \mathcal{W}$。這表示$(a\mathbf{u}_1 + b\mathbf{v}_1) - (a\mathbf{u}_2 + b\mathbf{v}_2) \in \mathcal{W}$。因此$[a\mathbf{u}_1 + b\mathbf{v}_1] = [a\mathbf{u}_2 + b\mathbf{v}_2]$。因此我們可以合理地定義陪集的加法與純量乘法如下:

定義 **2.136** 設$\mathcal{V}$是向量空間, $\mathcal{W}$是$\mathcal{V}$的子空間。設$\mathbf{u}, \mathbf{v} \in \mathcal{V}, a \in \mathbb{F}$, 定義陪集的加法與純量乘法為

$$[\mathbf{u}] + [\mathbf{v}] \triangleq [\mathbf{u} + \mathbf{v}],$$
$$a[\mathbf{v}] \triangleq [a\mathbf{v}]。$$

■

請注意上述陪集的加法與純量乘法也可以寫成

$$(\mathbf{u} + \mathcal{W}) + (\mathbf{v} + \mathcal{W}) \triangleq (\mathbf{u} + \mathbf{v}) + \mathcal{W},$$
$$a(\mathbf{v} + \mathcal{W}) \triangleq a\mathbf{v} + \mathcal{W}。$$

不難驗證在此向量加法與純量乘法定義下, $\mathcal{V}/\mathcal{W}$滿足向量空間所有公設, 因此 $\mathcal{V}/\mathcal{W}$是個向量空間(見習題2.78)。綜合以上所述, 我們有下面的定理:

定理 **2.137** 令$\mathcal{V}$是向量空間,$\mathcal{W}$是$\mathcal{V}$的子空間。則$\mathcal{R}_\mathcal{W} = \{(\mathbf{x}, \mathbf{y}) | \mathbf{x}, \mathbf{y} \in \mathcal{V}, \mathbf{x} - \mathbf{y} \in \mathcal{W}\}$是$\mathcal{V}$上的一個等價關係。在上述向量加法與純量乘法定義下, 商集 $\mathcal{V}/\mathcal{W}$是一個向量空間, 稱為$\mathcal{V}$對模(modulo)$\mathcal{W}$之商空間(quotient sp- ace), 其中$\mathcal{V}/\mathcal{W}$的零向量為$[\mathbf{0}] = \mathcal{W}$。

■

接下來我們討論$\mathcal{V}/\mathcal{W}$的維度。首先看幾個重要的引理, 這些結果在往後章節, 特別是第5章討論到 Jordan 標準式時扮演舉足輕重之角色。

引理 **2.138** 令$\mathcal{V}$是向量空間, $\mathcal{W}$是$\mathcal{V}$的子空間。若 $\{[\mathbf{u}_1], \cdots, [\mathbf{u}_r]\}$ 是 $\mathcal{V}/\mathcal{W}$ 中的線性獨立子集, 則$\{\mathbf{u}_1, \cdots, \mathbf{u}_r\}$是$\mathcal{V}$中的線性獨立子集。

證明: 令$a_1\mathbf{u}_1 + \cdots + a_r\mathbf{u}_r = \mathbf{0}$, 則$[a_1\mathbf{u}_1 + \cdots a_r\mathbf{u}_r] = a_1[\mathbf{u}_1] + \cdots + a_r[\mathbf{u}_r] = [\mathbf{0}]$。已知$\{[\mathbf{u}_1], \cdots, [\mathbf{u}_r]\}$是$\mathcal{V}/\mathcal{W}$中的線性獨立子集, 因此$a_1 = a_2 = \cdots = a_r = 0$, 亦即$\{\mathbf{u}_1, \cdots, \mathbf{u}_r\}$是$\mathcal{V}$中的線性獨立子集, 故得證。

■

引理 **2.139** 設$\mathcal{V}$是向量空間, $\mathcal{W}$是$\mathcal{V}$的子空間。設$\{[\mathbf{u}_1], \cdots, [\mathbf{u}_r]\}$與$\{\mathbf{w}_1, \cdots, \mathbf{w}_k\}$分別為$\mathcal{V}/\mathcal{W}$與$\mathcal{W}$中之線性獨立子集, 則$\{\mathbf{u}_1, \cdots, \mathbf{u}_r, \mathbf{w}_1, \cdots, \mathbf{w}_k\}$為$\mathcal{V}$中之線性獨立子集。

證明: 設$a_1\mathbf{u}_1 + \cdots + a_r\mathbf{u}_r + b_1\mathbf{w}_1 + \cdots + b_k\mathbf{w}_k = \mathbf{0}$, 則$[a_1\mathbf{u}_1 + \cdots + a_r\mathbf{u}_r + b_1\mathbf{w}_1 + \cdots + b_k\mathbf{w}_k] = [\mathbf{0}]$。這表示$[a_1\mathbf{u}_1 + \cdots + a_r\mathbf{u}_r] + [b_1\mathbf{w}_1 + \cdots + b_k\mathbf{w}_k] = [\mathbf{0}]$。因為$b_1\mathbf{w}_1 + \cdots + b_k\mathbf{w}_k \in \mathcal{W}$, 所以$[b_1\mathbf{w}_1 + \cdots + b_k\mathbf{w}_k] = [\mathbf{0}]$。因此$[a_1\mathbf{u}_1 + \cdots + a_r\mathbf{u}_r] = a_1[\mathbf{u}_1] + \cdots + a_r[\mathbf{u}_r] = [\mathbf{0}]$。根據假設, $\{[\mathbf{u}_1], \cdots, [\mathbf{u}_r]\}$是線性獨立子集, 所以$a_1 = \cdots = a_r = 0$。因此, $b_1\mathbf{w}_1 + \cdots + b_k\mathbf{w}_k = \mathbf{0}$。又因為$\{\mathbf{w}_1, \cdots, \mathbf{w}_k\}$是線性獨立子集, 所以$b_1 = \cdots = b_k = 0$。這表示$\{\mathbf{u}_1, \cdots, \mathbf{u}_r, \mathbf{w}_1, \cdots, \mathbf{w}_k\}$是$\mathcal{V}$中的線性獨立子集。∎

根據上面的引理, 我們可以得到$\mathcal{V}$、$\mathcal{W}$、以及$\mathcal{V}/\mathcal{W}$基底之間重要的聯結。

定理 **2.140** 設$\mathcal{V}$為有限維度向量空間, $\mathcal{W}$是$\mathcal{V}$的子空間。設 $\{[\mathbf{u}_1], \cdots, [\mathbf{u}_r]\}$與$\{\mathbf{w}_1, \cdots, \mathbf{w}_k\}$分別為$\mathcal{V}/\mathcal{W}$與$\mathcal{W}$中的基底, 則$\{\mathbf{u}_1, \cdots, \mathbf{u}_r, \mathbf{w}_1, \cdots, \mathbf{w}_k\}$是$\mathcal{V}$的一組基底。

證明: $\{\mathbf{u}_1, \cdots, \mathbf{u}_r, \mathbf{w}_1, \cdots, \mathbf{w}_k\}$的線性獨立性已經在引理$2.139$中證明。因此我們只要再證明擴展性即可。令 $\mathbf{v} \in \mathcal{V}$, 則 $[\mathbf{v}] \in \mathcal{V}/\mathcal{W}$。因此存在 $a_1, \cdots, a_r \in \mathbb{F}$使得

$$
\begin{aligned}
[\mathbf{v}] &= a_1[\mathbf{u}_1] + \cdots + a_r[\mathbf{u}_r] \\
&= [a_1\mathbf{u}_1 + \cdots + a_r\mathbf{u}_r]。
\end{aligned}
$$

這表示$\mathbf{v} - (a_1\mathbf{u}_1 + \cdots + a_r\mathbf{u}_r) \in \mathcal{W}$(見習題2.78)。因此存在$b_1, \cdots, b_k \in \mathbb{F}$使得

$$
\mathbf{v} - (a_1\mathbf{u}_1 + \cdots + a_r\mathbf{u}_r) = b_1\mathbf{w}_1 + \cdots + b_k\mathbf{w}_k。
$$

這又表示$\mathbf{v} = a_1\mathbf{u}_1 + \cdots + a_r\mathbf{u}_r + b_1\mathbf{w}_1 + \cdots + b_k\mathbf{w}_k$。由此, 我們知道$\text{span}(\{\mathbf{u}_1, \cdots, \mathbf{u}_r, \mathbf{w}_1, \cdots, \mathbf{w}_k\}) = \mathcal{V}$。∎

類似的手法可以證明底下重要的定理。

定理 2.141 設$\mathcal{V}$是有限維度向量空間, $\mathcal{W}$是$\mathcal{V}$的子空間。則$\mathcal{V}/\mathcal{W}$也是有限維度向量空間, 且$\dim(\mathcal{V}/\mathcal{W}) = \dim\mathcal{V} - \dim\mathcal{W}$。 ∎

底下我們舉一個簡單的例子。

例 2.142 令$\mathcal{V} = \mathbb{R}^2$, $\mathcal{W} = \mathrm{span}(\{(1,0)\})$。不難驗證$[(0,1)] = (0,1) + \mathcal{W} = \{(a,1)|a \in \mathbb{R}\}$, 而$[(2,3)] = [(0,3)] = (0,3) + \mathcal{W} = \{(a,3)|a \in \mathbb{R}\}$。一般來說, $[(c,d)] = [(0,d)]$, 其中$(c,d) \in \mathbb{R}^2$。由此可見, 我們可以用$\mathrm{span}(\{(0,1)\})$裡的向量描述商空間$\mathcal{V}/\mathcal{W}$。很明顯地, 商空間$\mathcal{V}/\mathcal{W} = \{[(0,b)]|b \in \mathbb{R}\} = \{(0,b) + \mathcal{W}|b \in \mathbb{R}\}$是一個一維的向量空間。 ∎

2.10　習題

2.2節習題

習題 2.1 (∗) 證明有理數的集合$\mathbb{Q}$為域。(提示: 對所有$x \in \mathbb{Q}$, 都存在$m, n \in \mathbb{Z}$, $m \neq 0$, 使得$x = \frac{n}{m}$。)

習題 2.2 (∗) 令$\mathbb{Z}_2 = \{0,1\}$。並定義

$$0 + 0 = 0, 0 + 1 = 1 + 0 = 1, 1 + 1 = 0$$
$$0 \cdot 0 = 0, 0 \cdot 1 = 1 \cdot 0 = 0, 以及1 \cdot 1 = 1。$$

試證明$\mathbb{Z}_2$是域。並求1的乘法與加法反元素。

$\mathbb{Z}_2$是所有域中結構最為簡單的有限域, 由於$\mathbb{Z}_2$的有限性, 它非常適合拿來舉例與說明。所以雖然在正文中我們不會提到$\mathbb{Z}_2$這個域, 但在接下來的習題中, 我們會以$\mathbb{Z}_2$以及佈於$\mathbb{Z}_2$的有限維向量空間做為習題。希望藉由$\mathbb{Z}_2$的有限性讓讀者更了解線性代數的結構。

習題 **2.3** $(***)$ 令$\mathbb{Z}_n = \{0, 1, 2, \cdots, n-1\}$。並定義$\mathbb{Z}_n$的加法與乘法爲

$+$	0	1	$\cdots$	$n-2$	$n-1$
0	0	1	$\cdots$	$n-2$	$n-1$
1	1	2	$\cdots$	$n-1$	0
$\vdots$	$\vdots$	$\vdots$	$\ddots$	$\vdots$	$\vdots$
$n-2$	$n-2$	$n-1$	$\cdots$	$n-4$	$n-3$
$n-1$	$n-1$	0	$\cdots$	$n-3$	$n-2$

$\cdot$	0	1	2	$\cdots$	$n-2$	$n-1$
0	0	0	0	$\cdots$	0	0
1	0	1	2	$\cdots$	$n-2$	$n-1$
2	0	2	4	$\cdots$	$n-4$	$n-2$
$\vdots$	$\vdots$	$\vdots$	$\vdots$	$\ddots$	$\vdots$	$\vdots$
$n-2$	0	$n-2$	$n-4$	$\cdots$	4	2
$n-1$	0	$n-1$	$n-2$	$\cdots$	2	1

試證明n爲質數時, $\mathbb{Z}_n$爲域。

2.3節習題

習題 **2.4** $(**)$ 在$(\mathbb{R}^n, \mathbb{C})$與$(\mathbb{C}^n, \mathbb{R})$中, 如果我們定義

$$
(x_1, x_2, \cdots, x_n) + (y_1, y_2, \cdots, y_n)
$$
$$
\triangleq \quad (x_1 + y_1, x_2 + y_2, \cdots, x_n + y_n),
$$
$$
a(x_1, x_2, \cdots, x_n)
$$
$$
\triangleq \quad (ax_1, ax_2, \cdots, ax_n),
$$

請問$(\mathbb{R}^n, \mathbb{C})$與$(\mathbb{C}^n, \mathbb{R})$是向量空間嗎?

習題 **2.5** $(**)$ 試證明對所有的$\mathbf{x} \in \mathcal{V}$, 所有的 $a \in \mathbb{F}$, 恆有$a \cdot \mathbf{0} = \mathbf{0}$。

習題 **2.6** $(**)$ 試完成命題2.18之證明。

習題 **2.7** $(*)$ 設$\mathcal{V}$是佈於域$\mathbb{F}$之向量空間, 證明對所有$a, b \in \mathbb{F}$, $\mathbf{x}, \mathbf{y} \in \mathcal{V}$

$$(a + b) \cdot (\mathbf{x} + \mathbf{y}) = a\mathbf{x} + a\mathbf{y} + b\mathbf{x} + b\mathbf{y}。$$

習題 **2.8** $(*)$ 設$\mathcal{V}$和$\mathcal{W}$皆是佈於$\mathbb{F}$的向量空間。令$\mathcal{U} = \{(\mathbf{v}, \mathbf{w}) : \mathbf{v} \in \mathcal{V}$及$\mathbf{w} \in \mathcal{W}\}$。若定義

$$\begin{aligned}(\mathbf{v}_1, \mathbf{w}_1) + (\mathbf{v}_2, \mathbf{w}_2) &= (\mathbf{v}_1 + \mathbf{v}_2, \mathbf{w}_1 + \mathbf{w}_2), \mathbf{v}_i \in \mathcal{V}, \mathbf{w}_i \in \mathcal{W}, \\ c(\mathbf{v}_1, \mathbf{w}_1) &= (c\mathbf{v}_1, c\mathbf{w}_1), \ c \in \mathbb{F},\end{aligned}$$

試證明$\mathcal{U}$是佈於$\mathbb{F}$一個向量空間。

習題 **2.9** $(**)$ 令$\mathbb{F}$是任意的域。一個從正整數到$\mathbb{F}$的映射σ爲$\mathbb{F}$中的序列(sequence)。若對$i = 1, 2, \cdots$, $\sigma(i) = a_i$, 我們記此序列爲$\{a_i\}$。令$\mathcal{V}$是所有只有有限非零項a_i的序列的集合。定義

$$\{a_i\} + \{b_i\} = \{a_i + b_i\},$$

且

$$c\{a_i\} = \{ca_i\},\text{其中}c \in \mathbb{F}。$$

試證明在這運算之下, $\mathcal{V}$是一個向量空間。

習題 **2.10** $(**)$ 令$\mathcal{V} = \{(x_1, x_2) \in \mathbb{R}^2 | x_1 + 8x_2 = 0\}$。若定義$\mathcal{V}$上的向量加法與純量乘法即爲一般$(\mathbb{R}^2, \mathbb{R})$的向量加法與純量乘法, 試證明$\mathcal{V}$是一個向量空間。

習題 **2.11** (∗) 令$\mathcal{V} = \{(x_1, x_2, x_3) \in \mathbb{R}^3 | x_1^2 + x_2^2 + x_3^2 = 1\}$。若定義$\mathcal{V}$上的向量加法和純量乘法爲$(\mathbb{R}^3, \mathbb{R})$上的向量加法與純量乘法, 請問$\mathcal{V}$是向量空間嗎?

習題 **2.12** (∗∗) 令$\mathcal{V} = (\mathbb{Z}_2)_n[t]$(即爲皆數小於$n$且所有係數均落於$\mathbb{Z}_2$的所有多項式所成之集合; 定義見習題2.2題與例2.8。試證明$t + t = 0$。

習題 **2.13** (∗∗) 承上題, 若$n = 3$, 試寫出所有$\mathcal{V}$中的元素。

2.4節習題

習題 **2.14** (∗) 寫出$(\mathbb{R}^3, \mathbb{R})$中所有可能的子空間。

習題 **2.15** (∗∗) 試證明定理2.20之條件2和3成立若且唯若對所有的$\mathbf{x}, \mathbf{y} \in \mathcal{W}$, 所有的$a, b \in \mathbb{F}$, 恆有$a\mathbf{x} + b\mathbf{y} \in \mathcal{W}$。

習題 **2.16** (∗∗) 設$(\mathcal{V}, \mathbb{F})$爲向量空間, $\mathcal{W}$爲$\mathcal{V}$之非空子集合。試證明$(\mathcal{W}, \mathbb{F})$爲$(\mathcal{V}, \mathbb{F})$之子空間若且唯若定理2.20之條件2和3成立。

習題 **2.17** (∗∗) 假設$\mathcal{V}$爲向量空間, $\mathcal{W}_1$及$\mathcal{W}_2$爲$\mathcal{V}$之子空間。試證明$\mathcal{W}_1 \cup \mathcal{W}_2$亦爲$\mathcal{V}$之子空間之充分且必要條件爲 $\mathcal{W}_1 \subset \mathcal{W}_2$ 或是$\mathcal{W}_2 \subset \mathcal{W}_1$。

習題 **2.18** (∗∗) 設$\mathcal{V}$是向量空間, $\mathcal{W}_1$及$\mathcal{W}_2$是$\mathcal{V}$的子空間。令$\mathcal{C}$代表$\mathcal{V}$中包含$\mathcal{W}_1 \cup \mathcal{W}_2$所有子空間所成之集合。試證明$\mathcal{W}_1 + \mathcal{W}_2 = \bigcap_{\mathcal{Y} \in \mathcal{C}} \mathcal{Y}$。

習題 **2.19** (∗) 令$C(\mathbb{R})$表示所有定義在$\mathbb{R}$上的連續函數所成的集合。很明顯地$C(\mathbb{R})$是佈於$\mathbb{R}$的向量空間。令$C^2(\mathbb{R})$是所有定義在$\mathbb{R}$上二次連續可微函數的集合。試證明$C^2(\mathbb{R})$是$C(\mathbb{R})$的子空間。

習題 **2.20** ($*$) 令$\mathcal{V} = \mathbb{R}^2$。試證明

$$\mathcal{W} = \{(x_1, x_2)|x_1 + x_2 = 0, x_1, x_2 \in \mathbb{R}\}$$

是$\mathcal{V}$子空間。

習題 **2.21** ($*$) 設$\mathcal{V}$是向量空間, $\mathcal{W}$是$\mathcal{V}$的子空間。若$\mathcal{U}$是$\mathcal{W}$的子空間, 試證明$\mathcal{U}$是$\mathcal{V}$的子空間。

習題 **2.22** ($**$) 設$\mathcal{V}$是佈於$\mathbb{F}$之向量空間。試證明$\mathcal{V}$之非空子集$\mathcal{W}$是$\mathcal{V}$的子空間若且唯若對所有$a \in \mathbb{F}$, $\mathbf{x}, \mathbf{y} \in \mathcal{W}$, $a\mathbf{x} + \mathbf{y} \in \mathcal{W}$。

習題 **2.23** ($*$) 讀過微積分的讀者知道微分方程

$$y'' - 4y = 0$$

的解集合為$\mathcal{S} = \{ae^{2t} + be^{-2t}|a, b \in \mathbb{R}\}$。試證明$\mathcal{S}$是$C(\mathbb{R})$的子空間。

習題 **2.24** ($*$) 令$\mathcal{W} = \{\mathbf{A} = [a_{ij}] \in \mathbb{R}^{n \times n}|$當$i \leq j$時, $a_{ij} = 0\}$。試證$\mathcal{W}$是$\mathbb{R}^{n \times n}$的一個子空間。

習題 **2.25** ($*$) 令$\mathcal{V} = \{\mathbf{A} \in \mathbb{R}^{n \times n}|\text{tr}(\mathbf{A}) = 0\}$。試證明$\mathcal{V}$是$\mathbb{R}^{n \times n}$的一個子空間。若$\mathcal{W}$如第2.24題的定義, 試求$\mathcal{W} \cap \mathcal{V}$。

習題 **2.26** ($**$) 令$\mathcal{V} = (\mathbb{Z}_2)_3[t]$(所有階數小於3, 變數為$t$且係數均落於$\mathbb{Z}_2$之所有多項式)。試寫出所有$\mathcal{V}$中的子空間(參考習題2.13)。

習題 **2.27** ($***$) 令$\mathcal{V} = (\mathbb{Z}_2^3, \mathbb{Z}_2)$。試寫出所有$\mathcal{V}$中的子空間。

線性代數

2.5節習題

習題 **2.28** (∗∗) 證明推論2.39。

習題 **2.29** (∗∗) 證明推論2.40。

習題 **2.30** (∗∗) 證明推論2.41。

習題 **2.31** (∗∗) 證明推論2.42。

習題 **2.32** (∗) 下列各列皆爲$\mathbb{R}^3$中的向量。試判斷各列第一項是否可以寫成其餘兩項的線性組合。

　1. $(1, 0, 0), (0, 1, 0), (0, 0, 1)$。

　2. $(2, 1, 1), (1, -3, 2), (4, -5, 5)$。

　3. $(7, 7, 7), (2, 2, 3), (3, 3, 1)$。

　4. $(3, 2, 4), (1, 1, -1), (1, 0, 5)$。

　5. $(-1, -1, -2), (1, 1, 1), (1, 0, 1)$。

　6. $(1, -3, 5), (1, 2, -1), (1, 3, -1)$。

習題 **2.33** (∗) 下列各列皆爲$\mathbb{R}^{2\times2}$中的向量。試判斷各列第一項是否可以寫成其餘兩項的線性組合。

　1. $\begin{bmatrix} 1 & 0 \\ 0 & 0 \end{bmatrix}, \begin{bmatrix} 0 & 1 \\ 0 & 0 \end{bmatrix}, \begin{bmatrix} 0 & 0 \\ 1 & 0 \end{bmatrix}$。

　2. $\begin{bmatrix} 2 & 4 \\ 0 & -6 \end{bmatrix}, \begin{bmatrix} -2 & 1 \\ 4 & 1 \end{bmatrix}, \begin{bmatrix} 1 & 1 \\ 1 & 1 \end{bmatrix}$。

3. $\begin{bmatrix} -2 & 1 \\ 3 & 2 \end{bmatrix}, \begin{bmatrix} 1 & 1 \\ 0 & 1 \end{bmatrix}, \begin{bmatrix} 2 & 1 \\ 3 & 2 \end{bmatrix}$。

習題 2.34 (**) 設$\mathcal{V}$是向量空間, $\mathcal{S}_1, \mathcal{S}_2$是$\mathcal{V}$中任意的子集。試證明

$$\text{span}(\mathcal{S}_1 \cup \mathcal{S}_2) = \text{span}(\mathcal{S}_1) + \text{span}(\mathcal{S}_2)。$$

習題 2.35 (***) 設$\mathcal{V}$是向量空間, $\mathcal{S}_1, \mathcal{S}_2$是$\mathcal{V}$中任意的子集。試證明

$$\text{span}(\mathcal{S}_1 \cap \mathcal{S}_2) \subset \text{span}(\mathcal{S}_1) \cap \text{span}(\mathcal{S}_2)。$$

試問等號何時會成立。

習題 2.36 (**) 設$\mathcal{V} = C(\mathbb{R})$。很明顯地$\mathcal{W} = \text{span}(\{1, t, t^2, \cdots, t^n\}) \subset C(\mathbb{R})$, 其中$n$是正整數。試說明不論$n$爲何, $e^t, \sin t$皆不屬於$\mathcal{W}$。

習題 2.37 (*) 試證明$\text{span}(\{(1, 1), (2, 3)\}) = \mathbb{R}^2$。

習題 2.38 (*) 令$\mathcal{V} = \mathbb{R}^2$, $\mathcal{W} = \{(x_1, x_2) | x_1 + x_2 = 0\}$是$\mathcal{V}$的子空間。試找出$\mathbb{R}^2$中的向量$\mathbf{v}$使得$\text{span}(\{\mathbf{v}\}) = \mathcal{W}$。

習題 2.39 (**) 令$\mathcal{V} = \mathbb{R}^3$, $\mathcal{W} = \{(x_1, x_2, x_3) | x_1 - 2x_2 + x_3 = 0\}$是$\mathcal{V}$的子空間。試找出$\mathbb{R}^3$中的向量集$\mathcal{S}$得$\text{span}(\mathcal{S}) = \mathcal{W}$。

習題 2.40 (*) 設$\mathcal{V} = (\mathbb{Z}_2^3, \mathbb{Z}_2)$。試寫出$\text{span}(\{(1, 0, 0), (0, 1, 1)\})$中所有的元素。

習題 2.41 (*) 設$\mathcal{V} = (\mathbb{Z}_2^3, \mathbb{Z}_2)$。試說明$\text{span}(\{(1, 0, 0), (0, 1, 0), (0, 0, 1)\}) = \mathcal{V}$。

2.6節習題

習題 **2.42** (∗∗) 證明定理2.56。

習題 **2.43** (∗∗) 證明推論2.60。

習題 **2.44** (∗∗) 完成定理2.61之充分性證明。

習題 **2.45** (∗) 試證明 $\left\{ \begin{bmatrix} 1 & 0 \\ 0 & 0 \end{bmatrix}, \begin{bmatrix} 0 & 1 \\ 0 & 0 \end{bmatrix}, \begin{bmatrix} 0 & 1 \\ 1 & 0 \end{bmatrix}, \begin{bmatrix} 1 & 0 \\ 0 & 1 \end{bmatrix} \right\}$ 在$(\mathbb{R}^{2\times 2}, \mathbb{R})$是線性獨立子集。

習題 **2.46** (∗) 若$\{\mathbf{A}_1, \cdots, \mathbf{A}_m\}$是$\mathbb{R}^{n\times l}$中的線性獨立子集。試證明$\{\mathbf{A}_1^T, \cdots, \mathbf{A}_m^T\}$亦是$\mathbb{R}^{l\times n}$中的線性獨立子集。

習題 **2.47** (∗) 試證明$\{1, t, \cdots, t^{n-1}\}$在$\mathbb{R}_n[t]$中是線性獨立子集。

習題 **2.48** (∗) 試判斷下列何者$\mathbb{R}^3$中的子集是線性獨立子集。

  1. $\{(1,1,0),(0,1,1),(1,0,1)\}$。

  2. $\{(2,2,2),(1,1,1),(1,0,0)\}$。

  3. $\{(0,0,0),(1,0,1),(0,1,0)\}$。

  4. $\{(3,1,2),(4,2,7),(-1,-1,-5)\}$。

習題 **2.49** (∗∗) 設$\mathcal{V}$是佈於$\mathbb{R}$的向量空間。

  1. 若$\mathbf{u}, \mathbf{v}$是$\mathcal{V}$中相異的向量，試證明$\{\mathbf{u}, \mathbf{v}\}$是線性獨立子集若且唯若$\{\mathbf{u} + \mathbf{v}, \mathbf{u} - \mathbf{v}\}$是線性獨立子集。

2. 若 $\mathbf{u}, \mathbf{v}, \mathbf{w}$ 是 $\mathcal{V}$ 中相異的向量, 試證明 $\{\mathbf{u}, \mathbf{v}, \mathbf{w}\}$ 是線性獨立子集若且唯若 $\{\mathbf{u} + \mathbf{v}, \mathbf{u} + \mathbf{w}, \mathbf{v} + \mathbf{w}\}$ 是線性獨立子集。

習題 **2.50** (∗∗∗) 設 $\mathcal{V}$ 是佈於 $\mathbb{Z}_2$ 的向量空間, 若 $\{\mathbf{u}, \mathbf{v}\}$ 是 $\mathcal{V}$ 中的線性獨立子集, 試問 $\{\mathbf{u} + \mathbf{v}, \mathbf{u} - \mathbf{v}\}$ 是 $\mathcal{V}$ 中的線性獨立子集嗎? 若是, 證明你的猜測, 若否, 舉出反例。

習題 **2.51** (∗∗) 寫出所有 $(\mathbb{Z}_2^2, \mathbb{Z}_2)$ 中的線性獨立子集。

習題 **2.52** (∗∗) 令 $\mathcal{V} = (\mathbb{Z}_2^3, \mathbb{Z}_2)$, $\mathcal{W} = \{(x_1, x_2, x_3) | x_1 + x_2 + x_3 = 0\}$ 是 $\mathcal{V}$ 中的子空間。試寫出所有 $\mathcal{W}$ 中的線性獨立子集。

2.7節習題

習題 **2.53** (∗) 試求 $(\mathbb{C}^n, \mathbb{C})$ 和 $(\mathbb{C}^n, \mathbb{R})$ 的維度。

習題 **2.54** (∗∗) 完成定理2.100第2部分之證明。

習題 **2.55** (∗∗) 證明推論2.103。(提示: 可利用數學歸納法)

習題 **2.56** (∗∗) 完成定理2.105第2部分之證明。

習題 **2.57** (∗∗) 設 $\mathcal{V}$ 是 n 維的向量空間。令 $\mathcal{S}$ 是一個 $\mathcal{V}$ 中向量個數小於等於 n 的擴展集。試證明 $\mathcal{S}$ 是 $\mathcal{V}$ 中的一組基底。

習題 **2.58** (∗) 請描述 $(\mathbb{R}^3, \mathbb{R})$ 中不同維度的子空間。

習題 **2.59** (∗) 請問下列集合何者是 $\mathbb{R}^3$ 的基底。

1. $\{(1, 1, 0), (0, 1, 1), (1, 0, 1)\}$。

2. $\{(2, -1, 3), (1, 5, 2), (1, -6, 1)\}$。

3. $\{(1, 1, 1), (2, 2, 2), (1, 0, 1)\}$。

習題 **2.60** $(**)$ 設$\mathcal{V}$是向量空間, $\mathbf{w}, \mathbf{u}, \mathbf{v}$是$\mathcal{V}$中相異的向量。試證明$\{\mathbf{u}, \mathbf{v}, \mathbf{w}\}$是$\mathcal{V}$的基底若且唯若$\{\mathbf{u} + \mathbf{v} + \mathbf{w}, \mathbf{v} + \mathbf{w}, \mathbf{w}\}$是$\mathcal{V}$的基底。

習題 **2.61** $(***)$ 令$\mathcal{V} = \mathbb{R}^{n \times n}$, $\mathcal{W} = \{\mathbf{A} | \mathbf{A} \in \mathbb{R}^{n \times n}, \mathrm{tr}(\mathbf{A}) = 0\}$是$\mathcal{V}$的子空間。試找出$\mathcal{W}$的基底並指出$\mathcal{W}$的維度。

習題 **2.62** $(*)$ 令$\mathcal{V} = \mathbb{R}^3$, $\mathcal{W} = \{(x_1, x_2, x_3) | x_1 - 2x_2 + x_3 = 0, 2x_1 - 3x_2 + x_3 = 0, x_1, x_2, x_3 \in \mathbb{R}\}$是$\mathcal{V}$的子空間。試找出$\mathcal{W}$的一組基底。

習題 **2.63** $(***)$ 令$\mathcal{V} = \mathbb{R}^{2 \times 2}$, $\mathcal{W}_1 = \{\begin{bmatrix} a & b \\ c & a \end{bmatrix} | a, b, c \in \mathbb{R}\}$, $\mathcal{W}_2 = \{\begin{bmatrix} 0 & a \\ -a & b \end{bmatrix} | a, b \in \mathbb{R}\}$。試證明$\mathcal{W}_1$和$\mathcal{W}_2$是$\mathcal{V}$的子空間, 並找出$\mathcal{W}_1, \mathcal{W}_2, \mathcal{W}_1 \cap \mathcal{W}_2$和$\mathcal{W}_1 + \mathcal{W}_2$的基底。

習題 **2.64** $(***)$ 令a爲任意實數, 令$\mathcal{V} = \mathbb{R}_n[t]$, $\mathcal{W} = \{f | f \in \mathbb{R}_n[t], f(a) = 0\}$。試證明$\mathcal{W}$是$\mathcal{V}$的子空間並找出$\mathcal{W}$的維度。

習題 **2.65** $(**)$ 令$\mathcal{V} = \mathbb{R}^{n \times n}$, $\mathcal{W} = \{\mathbf{A} | \mathbf{A} = [a_{ij}] \in \mathcal{V}$, 並且對$i = 1, 2, \cdots, n$, $a_{ij} = 0\}$。試證明$\mathcal{W}$是$\mathcal{V}$的子空間並找出$\mathcal{W}$的維度。

習題 **2.66** $(*)$ 試找出$\mathcal{V} = (\mathbb{Z}_2^3, \mathbb{Z}_2)$的基底並找出$(\mathbb{Z}_2^3, \mathbb{Z}_2)$的維度。

習題 **2.67** $(**)$ 承上題, $\mathcal{W} = \{(x_1, x_2, x_3) | x_1 + x_2 + x_3 = 0, x_1, x_2, x_3 \in \mathbb{Z}_2\}$是$\mathcal{V}$的子空間。試寫出$\mathcal{W}$所有可能的基底。

習題 **2.68** (∗∗∗) 承上題, $\mathcal{W} = \{(x_1, x_2, x_3) | x_1 + x_2 + x_3 = 0, x_1 - x_2 + x_3 = 0, x_1, x_2, x_3 \in \mathbb{Z}_2\}$是$\mathcal{V}$的子空間。試寫出$\mathcal{W}$所有可能的基底。

2.8節習題

習題 **2.69** (∗∗) 證明定理2.111。

習題 **2.70** (∗∗) 試完成定理2.112的證明。

習題 **2.71** (∗∗) 試完成定理2.114的證明。

習題 **2.72** (∗∗) 證明定理2.116。

習題 **2.73** (∗∗) 證明定理2.120。

習題 **2.74** (∗∗) 證明定理2.122。

習題 **2.75** (∗∗) 令$\mathcal{V}$是有限維度向量空間, $\mathcal{W}_1, \mathcal{W}_2, \mathcal{W}_3$是$\mathcal{V}$的子空間, 試推廣定理2.116(布林公式)並證明之。

習題 **2.76** 設$\mathcal{V}$是有限維度向量空間, $\mathcal{W}_1, \cdots, \mathcal{W}_k$是$\mathcal{V}$的子空間。證明下列兩敍述等效。

1. $\mathcal{V} = \mathcal{W}_1 \oplus \cdots \oplus \mathcal{W}_k$。

2. $\mathcal{V} = \mathcal{W}_1 + \cdots + \mathcal{W}_k$, 且若$\mathbf{w}_1 + \cdots + \mathbf{w}_k = \mathbf{0}, \mathbf{w}_i \in \mathcal{W}_i$, 則對所有的$i = 1, \cdots, k$, 必有$\mathbf{w}_i = \mathbf{0}$。

線性代數

習題 **2.77** ($**$) 證明定理2.123。

2.9節習題

習題 **2.78** ($**$) 令$\mathcal{V}$是向量空間,$\mathcal{W}$是$\mathcal{V}$的子空間。

 1. 證明$\mathcal{R}_{\mathcal{W}} = \{(\mathbf{x},\mathbf{y})|\mathbf{x},\mathbf{y} \in \mathcal{V}, \mathbf{x}-\mathbf{y} \in \mathcal{W}\}$是$\mathcal{V}$上的一個等價關係。

 2. 設$\mathbf{u} \in \mathcal{V}$, 證明陪集$[\mathbf{u}]$是$\mathcal{V}$的子空間若且唯若$\mathbf{u} \in \mathcal{W}$。

 3. 設$\mathbf{u}_1, \mathbf{u}_2 \in \mathcal{V}$, 證明$[\mathbf{u}_1] = [\mathbf{u}_2]$若且唯若$\mathbf{u}_1 - \mathbf{u}_2 \in \mathcal{W}$。

 4. 定義陪集的加法與純量乘法如定義2.136。證明商集$\mathcal{V}/\mathcal{W}$是一個向量空間, 其中零向量為$[\mathbf{0}] = \mathcal{W}$。

習題 **2.79** ($**$) 令$\mathcal{V} = \mathbb{R}^2$, $\mathcal{W} = \mathrm{span}(\{1,2\})$。

 1. 試求等價類$[(4,-2)]$中的向量。

 2. 寫出所有$\mathcal{V}/\mathcal{W}$中的向量。

 3. 若將$\mathbb{R}^2$中的每一個向量對應到平面的一點, 則$\mathcal{W}$對應到平面上的一條通過原點的直線; 那$[(4,-2)]$對應到什麼樣的圖形?

習題 **2.80** ($***$) 令$\mathcal{V} = (\mathbb{Z}_2^2, \mathbb{Z}_2)$, $\mathcal{W} = \mathrm{span}(\{(1,0)\})$。

 1. 試寫出所有$\mathcal{V}/\mathcal{W}$中的向量。

 2. 試用$\mathcal{V}/\mathcal{W}$與$\mathcal{W}$的維度關係驗證你第一小題給出的答案。

 3. 若將$\mathbb{Z}_2^2$中的每一個向量對應到平面的一點, 則$\mathcal{W}$對應到平面上什麼樣的圖形? 所有$\mathcal{V}/\mathcal{W}$中的向量又對應到什麼樣的圖形?

習題 **2.81** ($**$) 證明定理2.141。

第 3 章

線性映射

3.1 前言

在前一章中, 我們研究了向量空間的結構。在這一章裡, 我們將研究定義在兩向量空間之間的線性映射。首先在3.2節中, 我們介紹一些集合間映射的基本定義與性質。在3.3節中, 我們將介紹線性映射的定義。我們將會發現, 線性映射是一種保留代數運算的映射。3.4節介紹線性映射相關的一些基本空間, 並介紹維度定理。3.5節中, 我們利用同構映射在所有有限維度向量空間的集合上建立一個等價關係。這個等價關係可以讓我們用非負整數去分類所有的有限維度向量空間。在3.6與3.7節中, 我們利用同構映射將n維向量空間中的向量對應到$\mathbb{F}^n$中的向量, 這使得向量空間之間的線性映射可以對應到一個矩陣, 這個矩陣稱為該線性映射的代表矩陣。3.8節介紹對偶空間及其基本特性。在3.9節中我們將利用維度定理再度探討商空間的維度。最後, 在3.10節中我們將透過三個同構定理更深入了解商空間的內在結構。

3.2 集合間的映射

設S, S'爲任兩非空之集合。從S到S'之一映射 (或稱函數)T, 以$T : S \longrightarrow S'$表之, 是一種對應關係, 它將S中每一元素對應到S'中唯一的一元素。設$x \in S$, 我們以Tx或$T(x)$表示S'相對應之元素, 並稱Tx爲映射T在x之值(value) 或像(image)。

若$W \subset S$, 我們稱集合$T(W) \triangleq \{Tw | w \in W\}$爲$W$之像集。若$U \subset S'$, $T^{-1}(U) \triangleq \{s \in S | Ts \in U\}$爲$U$之逆像集 (inverse image)。另外, 我們稱$T(S)$爲T之像域或值域, S爲T之定義域(domain), 而S'稱爲T之對應域。

對於逆映像, 不難證明有下列特性。

定理 **3.1** 設S, S'爲任兩非空之集合。$T : S \longrightarrow S'$是任意的映射。令V是S的子集, W和U是S'的子集。則

1. 若$W \subset U$, 則$T^{-1}(W) \subset T^{-1}(U)$。

2. $T^{-1}(W \cap U) = T^{-1}(W) \cap T^{-1}(U)$。

3. $T^{-1}(W \cup U) = T^{-1}(W) \cup T^{-1}(U)$。

4. $V \subset T^{-1}T(V)$。

5. $TT^{-1}(W) \subset W$。

證明: 這個定理的證明留予讀者做爲習題(見習題3.1)。　　　　　　　　　■

定義 **3.2** 設$T : S \longrightarrow S'$爲一映射。

1. 設$x_1, x_2 \in S$。若$x_1 \neq x_2$恆有$Tx_1 \neq Tx_2$(或是$Tx_1 = Tx_2$恆有$x_1 = x_2$), 則稱T爲一對一(one $-$ to $-$ one)或稱T爲單射(inje- ctive)。

2. 若$T(\mathcal{S}) = \mathcal{S}'$(亦即對每個$y \in \mathcal{S}'$, 存在$x \in \mathcal{S}$使得$y = Tx$), 則稱$T$為映成(onto)或蓋射(surjective)。

3. 當T同時為單射及蓋射, 則稱T為蓋單(bijective)映射。 ■

根據定義, 若T為蓋單映射, 則對$\mathcal{S}'$中每一個元素y, $\mathcal{S}$中必存在唯一的元素x滿足$y = Tx$。

例 **3.3** 同值映射(identity mapping)
設$I_S : \mathcal{S} \longrightarrow \mathcal{S}$定義為$I_S(x) \triangleq x$, 這裡的$x \in \mathcal{S}$, 則$I_S$為蓋單映射。 ■

定義 **3.4** 設$F : \mathcal{S} \longrightarrow \mathcal{S}'$, $G : \mathcal{S}' \longrightarrow \mathcal{S}''$為兩映射。它們的合成映射(composite mapping)$(G \circ F) : \mathcal{S} \longrightarrow \mathcal{S}''$定義為$(G \circ F)(x) \triangleq G(Fx)$, 這裡的$x \in \mathcal{S}$。(圖3.1) ■

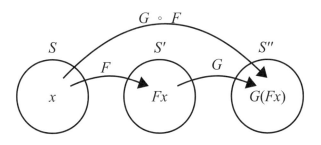

圖 3.1: 合成映射

例 **3.5** 對任意的映射$F : \mathcal{S} \longrightarrow \mathcal{S}'$, 恆有$F \circ I_S = F$, $I_{S'} \circ F = F$。 ■

一般而言, $F \circ G \neq G \circ F$, 也就是說合成不具交換性, 但結合性是成立的。(見習題3.2及圖3.2)。

命題 **3.6** 設 $F : \mathcal{S} \longrightarrow \mathcal{S}', G : \mathcal{S}' \longrightarrow \mathcal{S}'', H : \mathcal{S}'' \longrightarrow \mathcal{S}'''$。則恆有 $H \circ (G \circ F) = (H \circ G) \circ F \triangleq H \circ G \circ F$ ◼

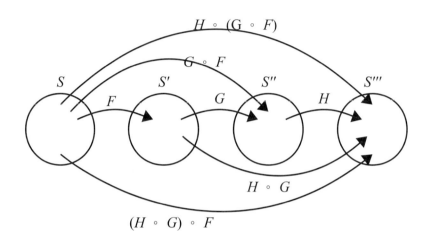

圖 3.2: 映射結合性

定義 **3.7** 令 $F : \mathcal{S} \longrightarrow \mathcal{S}'$ 爲一映射。

1. 若存在一個映射 $G_L : F(\mathcal{S}) \longrightarrow \mathcal{S}$ 滿足 $G_L \circ F = I_S$，則稱 F 爲左可逆 (left-invertible)，並稱 G_L 爲 F 之一左逆映射。

2. 若存在一個映射 $G_R : \mathcal{S}' \longrightarrow \mathcal{S}$ 滿足 $F \circ G_R = I_{S'}$，則稱 F 爲右可逆 (right-invertible)，並稱 G_R 爲 F 之一右逆映射。

3. 若存在一個映射 $G : \mathcal{S}' \longrightarrow \mathcal{S}$ 滿足 $G \circ F = I_S$ 以及 $F \circ G = I_{S'}$，則稱 F 爲可逆 (two-sided invertible)，並稱 G 爲 F 之一逆映射。 ◼

在此要注意的是, 即使映射F的逆映射不存在, 我們還是可以對$\mathcal{S}'$中的子集取逆映像, 一個簡單的分別是逆映像一定是對一個集合作用。例如$F : \mathbb{R} \longrightarrow \mathbb{R}$定義爲$F(x) = x^2$, F的逆映射不存在, 但對於$\mathbb{R}$中任意的子集, 我們還是可以取逆映像。譬如$F^{-1}([0,4]) = [-2,2]$。

定理 3.8 設$F : \mathcal{S} \longrightarrow \mathcal{S}'$爲一映射。則以下敘述成立:

1. F爲左可逆若且唯若F爲單射。

2. F爲右可逆若且唯若F爲蓋射。

3. F爲可逆若且唯若F爲蓋單映射, 也就是F同時爲左可逆及右可逆。當F可逆時, 其逆映射唯一存在, 我們以F^{-1}表示F之逆映射。

證明:

1. 『必要性』設F爲左可逆, 則存在映射$G_L : F(\mathcal{S}) \longrightarrow \mathcal{S}$滿足$G_L \circ F = I_\mathcal{S}$。令$x, y \in \mathcal{S}$及$Fx = Fy$。則$x = I_S x = (G_L \circ F)(x) = G_L(Fx) = G_L(Fy) = (G_L \circ F)(y) = I_S y = y$。因此$F$爲單射。
   『充分性』反過來, 假設F爲單射。則對任意的$z \in F(\mathcal{S})$, 存在唯一的$x \in \mathcal{S}$滿足$Fx = z$。定義一映射$G_L : F(\mathcal{S}) \longrightarrow \mathcal{S}$如下 : $G_L z \triangleq x$。則對所有的$x \in \mathcal{S}$恆有$(G_L \circ F)(x) = G_L(Fx) = x = I_S x$, 因此$G_L \circ F = I_S$。故證明了$F$是左可逆。

2. 第2及第3部份之證明留予讀者做爲習題(見習題3.3) ■

3.3　線性映射

定義 3.9 設$(\mathcal{V}, \mathbb{F}), (\mathcal{W}, \mathbb{F})$爲兩向量空間。若一映射$\mathbf{L} : \mathcal{V} \longrightarrow \mathcal{W}$滿足下列兩條件:

1. 對所有的$\mathbf{x}, \mathbf{y} \in \mathcal{V}$, 恆有$\mathbf{L}(\mathbf{x} + \mathbf{y}) = \mathbf{L}\mathbf{x} + \mathbf{L}\mathbf{y}$。

2. 對所有的$\mathbf{x} \in \mathcal{V}$, 所有的$a \in \mathbb{F}$, 恆有$\mathbf{L}(a\mathbf{x}) = a\mathbf{L}\mathbf{x}$。

則稱$\mathbf{L}$爲一線性映射(linear mapping)或線性轉換(linear transformat- ion)。當$\mathcal{V} = \mathcal{W}$時, 線性映射又稱線性算子(linear operator)。 ∎

很明顯地, 上述兩條件等價於下列條件: 對所有的$\mathbf{x}, \mathbf{y} \in \mathcal{V}$, 所有的$a, b \in \mathbb{F}$, 恆有$\mathbf{L}(a\mathbf{x} + b\mathbf{y}) = a\mathbf{L}\mathbf{x} + b\mathbf{L}\mathbf{y}$(見習題3.13)。當$\mathbf{L}$爲線性映射時, 由數學歸納法不難證明對任意的$n \in \mathbb{N}$, 所有的$\mathbf{x_i} \in \mathcal{V}$, 以及所有的$a_i \in \mathbb{F}$, 恆有$\mathbf{L}(a_1\mathbf{x}_1 + a_2\mathbf{x}_2 + \cdots + a_n\mathbf{x}_n) = a_1\mathbf{L}\mathbf{x}_1 + a_2\mathbf{L}\mathbf{x}_2 + \cdots + a_n\mathbf{L}\mathbf{x}_n$(見習題3.14)。

往後談到映射$\mathbf{L} : \mathcal{V} \longrightarrow \mathcal{W}$時, 我們都是假設$\mathcal{V}$及$\mathcal{W}$佈於相同的域$\mathbb{F}$上。

例 **3.10** 同值映射$\mathbf{I}_\mathcal{V} : \mathcal{V} \longrightarrow \mathcal{V}$定義爲$\mathbf{I}_\mathcal{V}(\mathbf{x}) \triangleq \mathbf{x}$, 此對所有的$\mathbf{x} \in \mathcal{V}$均成立(圖3.3)。則$\mathbf{I}_\mathcal{V}(a\mathbf{x} + b\mathbf{y}) = a\mathbf{x} + b\mathbf{y} = a\mathbf{I}_\mathcal{V}\mathbf{x} + b\mathbf{I}_\mathcal{V}\mathbf{y}$, 故$\mathbf{I}_\mathcal{V}$爲線性映射。 ∎

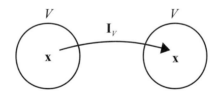

圖 3.3: 同值映射

例 **3.11** 零映射$\mathbf{0} : \mathcal{V} \longrightarrow \mathcal{W}$定義如下: 對所有的$\mathbf{x} \in \mathcal{V}$, $\mathbf{0}(\mathbf{x}) \triangleq \mathbf{0}_\mathcal{W}$(圖3.4), 這裡的$\mathbf{0}_\mathcal{W}$代表$\mathcal{W}$中之零向量。則$\mathbf{0}$亦爲線性映射。 ∎

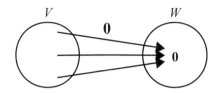

圖 3.4: 零映射

例 **3.12** 令$\mathbf{L} : C[a,b] \longrightarrow \mathbb{R}$爲積分算子, 定義爲$\mathbf{L}(x(\cdot)) \triangleq \int_a^b x(t)dt$。因爲對任意的$x, y \in C[a,b]$, 任意的實數$c, d$, 恆有

$$
\begin{aligned}
\mathbf{L}(cx(\cdot) + dy(\cdot)) &= \int_a^b (cx(t) + dy(t))dt \\
&= c\int_a^b x(t)dt + d\int_a^b y(t)dt \\
&= c\mathbf{L}(x(\cdot)) + d\mathbf{L}(y(\cdot)),
\end{aligned}
$$

故知$\mathbf{L}$爲線性映射。∎

例 **3.13** 同理, 微分算子亦爲線性。例如, 令$\mathbf{D} : \mathbb{F}_n[t] \longrightarrow \mathbb{F}_{n-1}[t]$定義爲$\mathbf{D}(f(\cdot)) \triangleq f'$, 這裡的$f \in \mathbb{F}_n[t]$, f'代表f的微分, 則$\mathbf{D}$爲線性映射。∎

例 **3.14** 給定任意矩陣$\mathbf{A} \in \mathbb{F}^{m \times n}$, 我們可以定義一線性映射$\mathbf{L_A} : \mathbb{F}^n \longrightarrow \mathbb{F}^m$如下: 對所有的$\mathbf{x} \in \mathbb{F}^n$, $\mathbf{L_A}(\mathbf{x}) \triangleq \mathbf{Ax}$。我們稱$\mathbf{L_A}$爲左乘映射(left multiplication mapping)。∎

例 **3.15** 定義映射$\mathbf{L} : \mathbb{R}^{2 \times 2} \longrightarrow \mathbb{R}^{2 \times 2}$爲$\mathbf{L}(\mathbf{A}) = \mathbf{A}^T$, 其中$\mathbf{A} \in \mathbb{R}^{2 \times 2}$。則不難驗證, $\mathbf{L}$是線性映射(見習題3.16)。∎

反之, 定義在兩個有限維度向量空間之間的任意線性映射, 當基底選定後, 存在唯一的矩陣與之對應, 因此我們可以在線性映射與矩陣之間建構出一一對應的關係。在稍後的章節裡，我們會再回到這個話題作詳細討論。爲符號上方便，令 $\mathcal{L}(\mathcal{V}, \mathcal{W})$ 代表所有從向量空間 $(\mathcal{V}, \mathbb{F})$ 到向量空間 $(\mathcal{W}, \mathbb{F})$ 之線性映射所成之集合。當 $\mathcal{V} = \mathcal{W}$ 時，$\mathcal{L}(\mathcal{V}, \mathcal{V})$ 簡寫成 $\mathcal{L}(\mathcal{V})$。則我們得到一個很重要的定理。

定理 3.16 對任意的 $\mathbf{L}, \mathbf{M} \in \mathcal{L}(\mathcal{V}, \mathcal{W}), c \in \mathbb{F}$，以及任意的 $\mathbf{v} \in \mathcal{V}$，如果我們定義

$$(\mathbf{L} + \mathbf{M})(\mathbf{v}) \triangleq \mathbf{L}\mathbf{v} + \mathbf{L}\mathbf{v},$$
$$(c\mathbf{L})(\mathbf{v}) \triangleq c\mathbf{L}\mathbf{v},$$

以此爲向量加法及純量乘法，則 $\mathcal{L}(\mathcal{V}, \mathcal{W})$ 爲一向量空間，其零向量等於零映射。

證明：這個定理的證明留予讀者做爲習題(見習題3.17) ■
　　兩個線性映射之合成亦爲線性映射，如下面定理所述。

定理 3.17 設 $\mathbf{L} \in \mathcal{L}(\mathcal{V}, \mathcal{W}), \mathbf{M} \in \mathcal{L}(\mathcal{W}, \mathcal{U})$，其中 $\mathcal{V}, \mathcal{W}, \mathcal{U}$ 爲向量空間，則有 $\mathbf{M} \circ \mathbf{L} \in \mathcal{L}(\mathcal{V}, \mathcal{U})$。

證明：令 $\mathbf{x}, \mathbf{y} \in \mathcal{V}$，且 $a, b \in \mathbb{F}$。則

$$\begin{aligned}
(\mathbf{M} \circ \mathbf{L})(a\mathbf{x} + b\mathbf{y}) &= \mathbf{M}(\mathbf{L}(a\mathbf{x} + b\mathbf{y})) \\
&= \mathbf{M}(a\mathbf{L}\mathbf{x} + b\mathbf{L}\mathbf{y}) \\
&= a\mathbf{M}(\mathbf{L}\mathbf{x}) + b\mathbf{M}(\mathbf{L}\mathbf{y}) \\
&= a(\mathbf{M} \circ \mathbf{L})\mathbf{x} + b(\mathbf{M} \circ \mathbf{L})\mathbf{y}。
\end{aligned}$$

故得證。 ■
　　下面的定理也是顯而易見的(見習題3.18)。

定理 **3.18** 設$\mathcal{V}, \mathcal{W}$為向量空間, $\mathbf{L} \in \mathcal{L}(\mathcal{V}, \mathcal{W})$。若$\mathbf{L}$為可逆, 則$\mathbf{L}^{-1}$亦為線性映射, 亦即$\mathbf{L}^{-1} \in \mathcal{L}(\mathcal{W}, \mathcal{V})$。 ∎

接下來是一個很重要的定理, 後面章節常會引用它。

定理 **3.19** 設$(\mathcal{V}, \mathbb{F}), (\mathcal{W}, \mathbb{F})$為兩向量空間, $\{\mathbf{v}_1 \cdots \mathbf{v}_n\}$為$\mathcal{V}$之一組基底。設$\mathbf{w}_1 \cdots \mathbf{w}_n \in \mathcal{W}$為任意給定。則存在唯一的線性映射$\mathbf{L} \in \mathcal{L}(\mathcal{V}, \mathcal{W})$滿足$\mathbf{L}\mathbf{v}_i = \mathbf{w}_i$, $i = 1, 2, \cdots, n$。同時, 對任意的$a_i \in \mathbb{F}, i = 1, 2, \cdots, n$, 恆有

$$\mathbf{L}(a_1\mathbf{v}_1 + \cdots + a_n\mathbf{v}_n) = a_1\mathbf{w}_1 + \cdots + a_n\mathbf{w}_n。$$

證明:

1. 首先我們證明$\mathbf{L}$的存在性。令$\mathbf{v} \in \mathcal{V}$。將$\mathbf{v}$表成$\{\mathbf{v}_1, \cdots, \mathbf{v}_n\}$之線性組合$\mathbf{v} = a_1\mathbf{v}_1 + \cdots + a_n\mathbf{v}_n$, 其中$a_1, \cdots, a_n \in \mathbb{F}$唯一決定。定義一映射如下:

$$\mathbf{L}\mathbf{v} \triangleq a_1\mathbf{w}_1 + \cdots + a_n\mathbf{w}_n,$$

很明顯地, 對所有的$i = 1, 2, \cdots, n$, 恆有$\mathbf{L}\mathbf{v}_i = \mathbf{w}_i$。

2. 接下來, 我們證明$\mathbf{L}$是線性映射。設$\mathbf{u} \in \mathcal{V}$, 並將$\mathbf{u}$表成$\mathbf{u} = b_1\mathbf{v}_1 + \cdots + b_n\mathbf{v}_n$, 其中$b_1, \cdots, b_n \in \mathbb{F}$。於是有

$$
\begin{aligned}
\mathbf{L}(\mathbf{v} + \mathbf{u}) &= \mathbf{L}((a_1 + b_1)\mathbf{v}_1 + \cdots + (a_n + b_n)\mathbf{v}_n) \\
&= (a_1 + b_1)\mathbf{w}_1 + \cdots + (a_n + b_n)\mathbf{w}_n \\
&= (a_1\mathbf{w}_1 + a_2\mathbf{w}_2 + \cdots + a_n\mathbf{w}_n) \\
&\quad + (b_1\mathbf{w}_1 + b_2\mathbf{w}_2 + \cdots + b_n\mathbf{w}_n) \\
&= \mathbf{L}\mathbf{v} + \mathbf{L}\mathbf{u}。
\end{aligned}
$$

同理可證$\mathbf{L}(c\mathbf{v}) = c\mathbf{L}\mathbf{v}$, 故知$\mathbf{L} \in \mathcal{L}(\mathcal{V}, \mathcal{W})$。

3. 最後我們證明 **L** 之唯一性。假設存在另一個線性映射 $\mathbf{L}' \in \mathcal{L}(\mathcal{V}, \mathcal{W})$ 亦滿足 $\mathbf{L}'\mathbf{v}_i = \mathbf{w}_i$, 此對所有的 i 成立。則必有

$$
\begin{aligned}
\mathbf{L}'\mathbf{v} &= \mathbf{L}'(a_1\mathbf{v}_1 + \cdots + a_n\mathbf{v}_n) \\
&= a_1\mathbf{L}'\mathbf{v}_1 + \cdots + a_n\mathbf{L}'\mathbf{v}_n \\
&= a_1\mathbf{w}_1 + \cdots + a_n\mathbf{w}_n \\
&= \mathbf{L}\mathbf{v},
\end{aligned}
$$

因此, $\mathbf{L}' = \mathbf{L}$。故得證。 ∎

推論 3.20 設 $\mathcal{V}, \mathcal{W}$ 爲向量空間, $\mathbf{L}, \mathbf{M} \in \mathcal{L}(\mathcal{V}, \mathcal{W})$。設 $\dim\mathcal{V} = n < \infty$, $\{\mathbf{x}_1, \cdots, \mathbf{x}_n\}$ 爲 $\mathcal{V}$ 之任一組基底。若對所有的 $i = 1, 2, \cdots, n$, 恆有 $\mathbf{L}\mathbf{x}_i = \mathbf{M}\mathbf{x}_i$, 則 $\mathbf{L} = \mathbf{M}$。 ∎

3.4 核空間與像空間

設 $\mathcal{V}$ 和 $\mathcal{W}$ 爲向量空間, 則每個線性映射 $\mathbf{L} \in \mathcal{L}(\mathcal{V}, \mathcal{W})$ 必分別在 $\mathcal{V}$ 和 $\mathcal{W}$ 中各衍生一個重要的子空間, 稱爲核空間及像空間。

定義 3.21 設 $\mathcal{V}$ 和 $\mathcal{W}$ 爲向量空間, $\mathbf{L} \in \mathcal{L}(\mathcal{V}, \mathcal{W})$。

1. **L** 之核空間(null space 或 kernel)定義爲

$$
\mathcal{K}er(\mathbf{L}) = \{\mathbf{x} \in \mathcal{V} \mid \mathbf{L}\mathbf{x} = \mathbf{0}\}。
$$

2. **L** 之像空間(range space 或 image)定義爲

$$
\mathcal{I}m(\mathbf{L}) = \{\mathbf{L}\mathbf{x} \in \mathcal{W} \mid \mathbf{x} \in \mathcal{V}\}。
$$

∎

$\mathbf{L}$之核空間及像空間又常分別記作$\mathcal{N}(\mathbf{L})$及$\mathcal{R}(\mathbf{L})$。圖3.5及3.6或許可以幫助讀者想像這兩個空間。

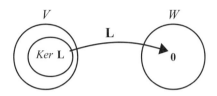

圖 3.5: 核空間

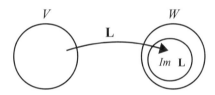

圖 3.6: 像空間

例 **3.22** 同值映射$\mathbf{I}_\mathcal{V} : \mathcal{V} \longrightarrow \mathcal{V}$之核空間與像空間分別為$\mathcal{K}er(\mathbf{I}_\mathcal{V}) = \{\mathbf{0}\}$及$\mathcal{I}m(\mathbf{I}_\mathcal{V}) = \mathcal{V}$。∎

例 **3.23** 零映射$\mathbf{0} : \mathcal{V} \longrightarrow \mathcal{W}$ 之核空間與像空間分別為$\mathcal{K}er(\mathbf{0}) = \mathcal{V}$及$\mathcal{I}m(\mathbf{0}) = \{\mathbf{0}\}$。∎

定理 **3.24** 設$\mathcal{V}, \mathcal{W}$為向量空間, $\mathbf{L} \in \mathcal{L}(\mathcal{V}, \mathcal{W})$。則

1. $\mathcal{K}er(\mathbf{L})$為$\mathcal{V}$之子空間。

2. $\mathcal{I}m(\mathbf{L})$為$\mathcal{W}$之子空間。

證明:

1. 由於$\mathbf{L}(\mathbf{0}) = \mathbf{0}$(見習題$3.15$), 因此$\mathbf{0} \in \mathcal{K}er(\mathbf{L})$。假設$\mathbf{x}_1, \mathbf{x}_2 \in \mathcal{K}er(\mathbf{L})$, 則有$\mathbf{L}\mathbf{x}_1 = \mathbf{L}\mathbf{x}_2 = \mathbf{0}$。因此$\mathbf{L}(a\mathbf{x}_1 + b\mathbf{x}_2) = a\mathbf{L}\mathbf{x}_1 + b\mathbf{L}\mathbf{x}_2 = a\mathbf{0} + b\mathbf{0} = \mathbf{0}$。於是得 $a\mathbf{x}_1 + b\mathbf{x}_2 \in \mathcal{K}er(\mathbf{L})$。故得證。

2. 此部分證明留做習題(見習題3.28)。 ■

從逆映像的觀點來看, 上述定理的第一部份可視爲$\mathbf{L}^{-1}(\{\mathbf{0}\})$是$\mathcal{V}$的子空間。其實對所有$\mathcal{W}$中的子空間, 其逆映像都是$\mathcal{V}$中的子空間。

定理 **3.25** 設$\mathcal{V}$和$\mathcal{W}$爲向量空間, $\mathbf{L} \in \mathcal{L}(\mathcal{V}, \mathcal{W})$。令$\mathcal{U}$是$\mathcal{W}$的任意子空間, 則$\mathbf{L}^{-1}(\mathcal{U})$是$\mathcal{V}$的子空間。

證明: 由於$\mathbf{L}(\mathbf{0}) = \mathbf{0}$見習題3.15, 因此$\mathbf{0} \in \mathbf{L}^{-1}(\mathcal{U})$。假設$\mathbf{x}_1, \mathbf{x}_2 \in \mathbf{L}^{-1}(\mathcal{U})$, 則存在$\mathbf{y}_1, \mathbf{y}_2 \in \mathcal{U}$使得$\mathbf{L}\mathbf{x}_1 = \mathbf{y}_1$以及$\mathbf{L}\mathbf{x}_2 = \mathbf{y}_2$。根據線性映射的定義, 對任意的$a, b \in \mathbb{F}$, $\mathbf{L}(a\mathbf{x}_1 + b\mathbf{x}_2) = a\mathbf{y}_1 + b\mathbf{y}_2 \in \mathcal{U}$, 這表示$a\mathbf{x}_1 + b\mathbf{x}_2 \in \mathbf{L}^{-1}(\mathcal{U})$, 故知$\mathbf{L}^{-1}(\mathcal{U})$是$\mathcal{V}$的子空間。 ■

圖3.7是這個定理的示意圖。

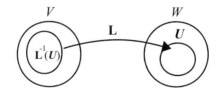

圖 3.7: 子空間的逆映像

例 **3.26** 設$\mathbf{L} : \mathbb{R}^3 \longrightarrow \mathbb{R}^2$定義爲$\mathbf{L}(a_1, a_2, a_3) = (a_1, a_2)$, 其中$a_1, a_2, a_3 \in \mathbb{R}$。則$\mathbf{L}^{-1}(\text{span}(\{(1,0)\})) = \text{span}(\{(1,0,0), (0,0,1)\})$ 是$\mathbb{R}^3$的子空間。 ■

定義 **3.27** 設$\mathcal{V}, \mathcal{W}$爲有限維度向量空間, $\mathbf{L} \in \mathcal{L}(\mathcal{V}, \mathcal{W})$。

1. $\mathcal{K}er(\mathbf{L})$的維度稱爲$\mathbf{L}$之核維度或映零維度(nullity), 以nullity$(\mathbf{L})$表之。

2. $\mathcal{I}m(\mathbf{L})$的維度稱爲$\mathbf{L}$之秩(rank), 以rank$(\mathbf{L})$表之。 ∎

定義 **3.28** 設$\mathbf{A} \in \mathbb{F}^{m \times n}$。

1. $\mathbf{A}$之核空間 (以$\mathcal{N}(\mathbf{A})$或$\mathcal{K}er(\mathbf{A})$表之) 定義爲$\mathcal{K}er(\mathbf{L_A})$, 亦即$\mathcal{N}(\mathbf{A}) = \mathcal{K}er(\mathbf{A}) = \{\mathbf{x} \in \mathbb{F}^n \mid \mathbf{Ax} = \mathbf{0}\}$。$\mathcal{K}er(\mathbf{A})$之維度稱爲$\mathbf{A}$之核維度或映零維度, 以nullity$(\mathbf{A})$表之。

2. $\mathbf{A}$之像空間 (以$\mathcal{R}(\mathbf{A})$或$\mathcal{I}m(\mathbf{A})$表之) 定義爲$\mathcal{I}m(\mathbf{L_A})$, 亦即$\mathcal{R}(\mathbf{A}) = \mathcal{I}m(\mathbf{A}) = \{\mathbf{Ax} \in \mathbb{F}^m \mid \mathbf{x} \in \mathbb{F}^n\}$。$\mathcal{I}m(\mathbf{A})$之維度稱爲$\mathbf{A}$之秩, 以rank$(\mathbf{A})$表之。 ∎

例 **3.29** 給定一矩陣$\mathbf{A} = \begin{bmatrix} 1 & -1 & 1 & 0 \\ 0 & 1 & 0 & 1 \end{bmatrix}$。令$\mathbf{x} = \begin{bmatrix} x_1 \\ x_2 \\ x_3 \\ x_4 \end{bmatrix}$。計算

$$\mathbf{Ax} = \begin{bmatrix} 1 & -1 & 1 & 0 \\ 0 & 1 & 0 & 1 \end{bmatrix} \begin{bmatrix} x_1 \\ x_2 \\ x_3 \\ x_4 \end{bmatrix} = \begin{bmatrix} 0 \\ 0 \end{bmatrix}$$

得

$$\begin{cases} x_1 - x_2 + x_3 &= 0 \\ x_2 + x_4 &= 0, \end{cases}$$

經高斯消去法化簡得

$$\begin{cases} x_1 &= -x_3 - x_4 \\ x_2 &= -x_4。 \end{cases}$$

若令$x_3 = a, x_4 = b$, 則得$x_1 = -a - b$, $x_2 = -b$。於是,

$$\mathbf{x} = \begin{bmatrix} x_1 \\ x_2 \\ x_3 \\ x_4 \end{bmatrix} = \begin{bmatrix} -a - b \\ -b \\ a \\ b \end{bmatrix} = a \begin{bmatrix} -1 \\ 0 \\ 1 \\ 0 \end{bmatrix} + b \begin{bmatrix} -1 \\ -1 \\ 0 \\ 1 \end{bmatrix}。$$

因此得

$$\mathcal{K}er(\mathbf{A}) = \mathrm{span}(\{ \begin{bmatrix} -1 \\ 0 \\ 1 \\ 0 \end{bmatrix}, \begin{bmatrix} -1 \\ -1 \\ 0 \\ 1 \end{bmatrix} \})。$$

因爲$\{ \begin{bmatrix} -1 \\ 0 \\ 1 \\ 0 \end{bmatrix}, \begin{bmatrix} -1 \\ -1 \\ 0 \\ 1 \end{bmatrix} \}$是線性獨立子集, 此兩向量亦構成$\mathcal{K}er(\mathbf{A})$之一組基底。因此$\mathrm{nullity}(\mathbf{A}) = \dim\mathcal{K}er(\mathbf{A}) = 2$。 ■

從上例中, 我們注意到, 若$\mathbf{A}$是一個$m \times n$矩陣, 則

$$\mathcal{I}m(\mathbf{A}) = \{\mathbf{y} \in \mathbb{F}^m \mid \text{存在}\mathbf{x} \in \mathbb{F}^n \text{使得}\mathbf{y} = \mathbf{Ax}\}。$$

對$\mathbf{A}$做行分割$\mathbf{A} = [\mathbf{a}_1 \cdots \mathbf{a}_n]$, 並令 $\mathbf{x} = \begin{bmatrix} x_1 \\ x_2 \\ \vdots \\ x_n \end{bmatrix}$, 則

$$\begin{aligned} \mathbf{Ax} &= \begin{bmatrix} \mathbf{a}_1 & \mathbf{a}_2 & \cdots & \mathbf{a}_n \end{bmatrix} \begin{bmatrix} x_1 \\ x_2 \\ \vdots \\ x_n \end{bmatrix} \\ &= x_1\mathbf{a}_1 + x_2\mathbf{a}_2 + \cdots + x_n\mathbf{a}_n。 \end{aligned}$$

故$\mathcal{I}m(\mathbf{A}) = \text{span}(\{\mathbf{a}_1, \cdots, \mathbf{a}_n\})$。因此$\mathcal{I}m(\mathbf{A})$又常稱爲$\mathbf{A}$之行空間 (column space), 且$\text{rank}(\mathbf{A})$正好等於矩陣$\mathbf{A}$中行向量最大的獨立個數。

例 3.30 承例3.29, 令$\mathbf{A} = \begin{bmatrix} 1 & -1 & 1 & 0 \\ 0 & 1 & 0 & 1 \end{bmatrix} \triangleq \begin{bmatrix} \mathbf{a}_1 & \mathbf{a}_2 & \mathbf{a}_3 & \mathbf{a}_4 \end{bmatrix}$, 不難看出$\mathbf{a}_1 = \mathbf{a}_3$, $\mathbf{a}_2 = -\mathbf{a}_3 + \mathbf{a}_4$, 所以$\mathcal{I}m(\mathbf{A}) = \text{span}(\{\mathbf{a}_1, \mathbf{a}_2, \mathbf{a}_3, \mathbf{a}_4\}) = \text{span}(\{\mathbf{a}_3, \mathbf{a}_4\})$。因爲$\{\mathbf{a}_3, \mathbf{a}_4\}$是線性獨立, 所以$\{\mathbf{a}_3, \mathbf{a}_4\}$是 $\mathcal{I}m(\mathbf{A})$的一組基底。這表示$\text{rank}(\mathbf{A}) = \dim\mathcal{I}m(\mathbf{A}) = 2$。∎

接下來幾個重要的定理將利用$\mathcal{K}er(\mathbf{L})$和$\mathcal{I}m(\mathbf{L})$刻畫$\mathbf{L}$的特性。

定理 3.31 令$\mathbf{L} \in \mathcal{L}(\mathcal{V}, \mathcal{W})$, 則$\mathbf{L}$是單射若且唯若$\mathcal{K}er(\mathbf{L}) = \{\mathbf{0}\}$。
證明:『必要性』設$\mathbf{L}$是單射。令$\mathbf{x} \in \mathcal{K}er(\mathbf{L})$, 則$\mathbf{L}\mathbf{x} = \mathbf{0}$。但$\mathbf{L}\mathbf{0} = \mathbf{0}$, 所以$\mathbf{x} = \mathbf{0}$。

『充分性』設$\mathcal{K}er(\mathbf{L}) = \{\mathbf{0}\}$, 並令$\mathbf{L}\mathbf{x}_1 = \mathbf{L}\mathbf{x}_2$。因爲$\mathbf{L}$是線性映射, 所以$\mathbf{L}\mathbf{x}_1 - \mathbf{L}\mathbf{x}_2 = \mathbf{L}(\mathbf{x}_1 - \mathbf{x}_2) = \mathbf{0}$。故$\mathbf{x}_1 - \mathbf{x}_2 \in \mathcal{K}er(\mathbf{L})$。因爲 $\mathcal{K}er(\mathbf{L}) = \{\mathbf{0}\}$, 所以$\mathbf{x}_1 - \mathbf{x}_2 = \mathbf{0}$。這表示$\mathbf{x}_1 = \mathbf{x}_2$, 所以$\mathbf{L}$是單射。∎

事實上, 當$\mathcal{V}$是有限維度, 則$\mathbf{L}$是單射若且唯若$\dim(\mathcal{I}m(\mathbf{L})) = \dim\mathcal{V}$。爲了證明上述的事實並建立更多此類的等效條件, 我們必須介紹一個連結秩與核維度的定理。

引理 3.32 設$\mathcal{V}, \mathcal{W}$爲向量空間, $\mathbf{L} \in \mathcal{L}(\mathcal{V}, \mathcal{W})$, 並設$\mathbf{L}$是單射。若$\{\mathbf{v}_1, \cdots, \mathbf{v}_n\}$是$\mathcal{V}$的線性獨立子集, 則$\{\mathbf{L}\mathbf{v}_1, \cdots, \mathbf{L}\mathbf{v}_n\}$是$\mathcal{W}$的線性獨立子集。
證明: 令$a_1\mathbf{L}\mathbf{v}_1 + \cdots + a_n\mathbf{L}\mathbf{v}_n = \mathbf{0}$, 則$\mathbf{L}(a_1\mathbf{v}_1 + \cdots + a_n\mathbf{v}_n) = \mathbf{0}$。因爲$\mathbf{L}$是單射, 所以$a_1\mathbf{v}_1 + \cdots + a_n\mathbf{v}_n = \mathbf{0}$。又因爲$\{\mathbf{v}_1, \cdots, \mathbf{v}_n\}$是線性獨立子集, 所以$a_1 = a_2 = \cdots = a_n = 0$。由此可知$\{\mathbf{L}\mathbf{v}_1, \cdots, \mathbf{L}\mathbf{v}_n\}$是 $\mathcal{W}$中的線性獨立子集。∎

引理 3.33 設$\mathcal{V}, \mathcal{W}$爲向量空間, 其中$\dim\mathcal{V} = n < \infty$。令$\{\mathbf{v}_1, \cdots, \mathbf{v}_n\}$是$\mathcal{V}$的基底; 並令$\mathbf{L} \in \mathcal{L}(\mathcal{V}, \mathcal{W})$, 則

1. $\mathcal{I}m(\mathbf{L}) = \text{span}(\{\mathbf{L}\mathbf{v}_1, \cdots, \mathbf{L}\mathbf{v}_n\})$, 因此$\dim\mathcal{I}m(\mathbf{L}) < \infty$。

2. $\dim\mathcal{I}m(\mathbf{L}) \leq \dim\mathcal{V}$。

3. 若$\mathbf{L}$是單射, 則$\{\mathbf{L}\mathbf{v}_1, \cdots, \mathbf{L}\mathbf{v}_n\}$是$\mathcal{I}m(\mathbf{L})$的一組基底。故 $\dim\mathcal{I}m(\mathbf{L}) = \dim\mathcal{V} = n$。

證明: 這部份的證明非常簡單, 因此留給讀者做爲習題(見習題3.31)。　■

　　有了這兩個引理, 我們很容易證明下述定理。

定理 3.34 維度定理(dimension theorem)

設$\mathcal{V}, \mathcal{W}$爲向量空間, 其中$\dim\mathcal{V} = n < \infty$。若$\mathbf{L} \in \mathcal{L}(\mathcal{V}, \mathcal{W})$, 則

$$\text{nullity}(\mathbf{L}) + \text{rank}(\mathbf{L}) = \dim\mathcal{V}。 \tag{3.1}$$

證明: 令$\dim\mathcal{K}er(\mathbf{L}) = k(\leq n)$。若$k = 0$, 則$\mathcal{K}er(\mathbf{L}) = \{\mathbf{0}\}$。因此$\mathbf{L}$是單射, 根據引理3.33, $\text{rank}(\mathbf{L}) = n$, 故(3.1)式成立。若$k = n$, 則$\mathcal{K}er(\mathbf{L}) = \mathcal{V}$, 這表示$\mathcal{I}m(\mathbf{L}) = \{\mathbf{0}\}$, 故(3.1)式亦成立。若$0 < k < n$, 設$\{\mathbf{v}_1, \cdots, \mathbf{v}_k\}$爲$\mathcal{K}er(\mathbf{L})$之一組基底。因爲$n > k$, 根據第2.7節定理2.102知存在$\mathbf{v}_{k+1}, \cdots, \mathbf{v}_n \in \mathcal{V}$使得$\{\mathbf{v}_1, \cdots, \mathbf{v}_n\}$是$\mathcal{V}$的一組基底。再根據引理3.33, $\mathcal{I}m(\mathbf{L}) = \text{span}(\{\mathbf{L}\mathbf{v}_1, \mathbf{L}\mathbf{v}_2, \cdots, \mathbf{L}\mathbf{v}_n\})$。但對$i = 1, 2, \cdots, k$, $\mathbf{L}\mathbf{v}_i = \mathbf{0}$, 所以$\{\mathbf{L}\mathbf{v}_{k+1}, \cdots, \mathbf{L}\mathbf{v}_n\}$是$\mathcal{I}m(\mathbf{L})$的一組擴展子集。令$a_{k+1}\mathbf{L}\mathbf{v}_{k+1} + \cdots + a_n\mathbf{L}\mathbf{v}_n = \mathbf{0}$, 則$\mathbf{L}(a_{k+1}\mathbf{v}_{k+1} + \cdots + a_n\mathbf{v}_n) = \mathbf{0}$。所以$a_{k+1}\mathbf{v}_{k+1} + \cdots + a_n\mathbf{v}_n \in \mathcal{K}er\mathbf{L}$。因爲$\{\mathbf{v}_1, \cdots, \mathbf{v}_k\}$是$\mathcal{K}er(\mathbf{L})$的一組基底, 所以存在$a_1, \cdots, a_k$使得$a_1\mathbf{v}_1 + \cdots + a_k\mathbf{v}_k = a_{k+1}\mathbf{v}_{k+1} + \cdots + a_n\mathbf{v}_n$。重寫上面的方程式, 我們有$a_1\mathbf{v}_1 + \cdots + a_k\mathbf{v}_k - a_{k+1}\mathbf{v}_{k+1} - \cdots - a_n\mathbf{v}_n =$

$\mathbf{0}$。因爲$\{\mathbf{v}_1,\cdots,\mathbf{v}_n\}$是$\mathcal{V}$中的線性獨立子集, 所以$a_1 = a_2 = \cdots = a_n = 0$。這表示$\{\mathbf{Lv}_{k+1},\cdots,\mathbf{Lv}_n\}$是線性獨立子集, 因此$\{\mathbf{Lv}_{k+1},\cdots,\mathbf{Lv}_n\}$是$\mathcal{I}m(\mathbf{L})$的一組基底, 故得$\mathrm{rank}(\mathbf{L}) = n - k$。∎

推論 3.35 設$\mathbf{A} \in \mathbb{F}^{m\times n}$, 則

$$\mathrm{nullity}(\mathbf{A}) + \mathrm{rank}(\mathbf{A}) = n。$$

∎

例3.30中$\mathrm{nullity}(\mathbf{A}) + \mathrm{rank}(\mathbf{A}) = 2 + 2 = 4$正好等於$\mathbf{A}$的行數。應用這個定理, 我們可以推導出以下的特性。

定理 3.36 令$\dim\mathcal{V} = n < \infty, \dim\mathcal{W} = m < \infty$。設$\mathbf{L} \in \mathcal{L}(\mathcal{V},\mathcal{W})$, 則

1. 映射$\mathbf{L}$是左可逆若且唯若$\mathrm{rank}(\mathbf{L}) = n(\leq m)$。

2. 映射$\mathbf{L}$是右可逆若且唯若$\mathrm{rank}(\mathbf{L}) = m(\leq n)$。

3. 映射$\mathbf{L}$是可逆若且唯若$n = m$且$\mathrm{rank}(\mathbf{L}) = n$。

證明:

1. 令$\mathbf{L}$爲左可逆, 這等效於$\mathbf{L}$是單射。由定理3.31知$\mathcal{K}er(\mathbf{L}) = \{\mathbf{0}\}$。這表示$\mathrm{nullity}(\mathbf{L}) = 0$。再由定理3.34知$n = \dim\mathcal{V} = \mathrm{rank}(\mathbf{L}) = \dim\mathcal{I}m\mathbf{L} \leq \dim\mathcal{W} = m$。反向的證明亦同。

2. 令$\mathbf{L}$爲右可逆, 這等效於$\mathbf{L}$是蓋射。於是$\mathcal{I}m(\mathbf{L}) = \mathcal{W}$。因此$m = \dim\mathcal{W} = \dim\mathcal{I}m\mathbf{L} \leq \dim\mathcal{V} = n$。反之亦然。

3. 令$\mathbf{L}$爲可逆, 這等效於$\mathbf{L}$同時爲單射和蓋射。由此定理第1及第2部分得知 $\mathrm{rank}(\mathbf{L}) = n = m$。反之亦然。∎

推論 **3.37** 設$\mathcal{V}$及$\mathcal{W}$是有限維度向量空間，且$\dim\mathcal{V} = \dim\mathcal{W}$。設$\mathbf{L} \in \mathcal{L}(\mathcal{V}, \mathcal{W})$，則下列各敍述等效。

1. $\mathbf{L}$是單射。

2. $\mathbf{L}$是蓋射。

3. $\mathbf{L}$是蓋單映射。 ∎

3.5 有限維度向量空間的分類

由3.3節以及3.4節的討論我們知道，若兩有限維度向量空間$\mathcal{V}$和$\mathcal{W}$之間存在線性蓋單映射，則$\mathcal{V}$和$\mathcal{W}$中的向量不僅一一對應，並且具有相同的向量加法與純量乘法代數結構。在這一節中，我們將證明所有佈於相同域上的n維向量空間皆有相同的代數結構；亦即它們之間皆存在線性蓋單映射。

定義 **3.38** 設$(\mathcal{V}, \mathbb{F}), (\mathcal{W}, \mathbb{F})$爲向量空間。若存在線性蓋單映射$\mathbf{L} \in \mathcal{L}(\mathcal{V}, \mathcal{W})$，則我們說$\mathcal{V}$同構(isomorphic)於$\mathcal{W}$，並記作$\mathcal{V} \sim \mathcal{W}$。我們稱$\mathbf{L}$爲從$\mathcal{V}$到$\mathcal{W}$的一個同構映射(isomorphism)。 ∎

下面的定理告訴我們，對於兩個佈於相同域上的有限維度向量空間，其同構映射的存在性完全決定於它們的維度是否相等。

定理 **3.39** 設$\mathcal{V}$和$\mathcal{W}$是佈於相同域上的有限維度向量空間，則$\mathcal{V} \sim \mathcal{W}$若且唯若$\dim\mathcal{V} = \dim\mathcal{W}$。

證明：『必要性』設$\mathcal{V} \sim \mathcal{W}$。則根據定義，存在單蓋映射$\mathbf{L} \in \mathcal{L}(\mathcal{V}, \mathcal{W})$。因爲$\dim\mathcal{V} \triangleq n < \infty, \dim\mathcal{W} \triangleq m < \infty$且$\mathbf{L}$是單蓋映射，根據定理3.36，$n = m$。

『充分性』設$\dim\mathcal{V} = \dim\mathcal{W} \triangleq n < \infty$。並令$\{\mathbf{v}_1, \cdots, \mathbf{v}_n\}$和$\{\mathbf{w}_1, \cdots, \mathbf{w}_n\}$分別是$\mathcal{V}$和$\mathcal{W}$的基底。根據定理3.19，存在唯一的$\mathbf{L} \in \mathcal{L}(\mathcal{V}, \mathcal{W})$使得對所有$j = 1, 2, \cdots, n$，$\mathbf{L}\mathbf{v}_j = \mathbf{w}_j$。因爲$\mathcal{I}m(\mathbf{L}) = \text{span}(\{\mathbf{L}\mathbf{v}_1, \cdots, \mathbf{L}\mathbf{v}_n\}) = \text{span}(\{\mathbf{w}_1, \cdots, \mathbf{w}_n\}) = \mathcal{W}$，所以$\mathbf{L}$是蓋射。又因爲$\mathbf{L} \in \mathcal{L}(\mathcal{V}, \mathcal{W})$，並且$\dim(\mathcal{V}) = \dim(\mathcal{W}) = n < \infty$，由定理3.36知$\mathbf{L}$可逆映射。這表示$\mathcal{V} \sim \mathcal{W}$。∎

這個定理告訴我們，所有n維向量空間之間都存在一個同構映射；也就是所有n維向量空間皆有相同的代數結構。若將有相同代數結構的向量空間視爲等同，則n維向量空間是唯一的。這個論點可以用等價關係與等價類來精確描述。令$\mathcal{X}$是所有佈於相同域$\mathbb{F}$上之有限維度向量空間所成的集合，定義$\mathcal{X}$上的二元關係爲

$$\mathcal{R} = \{(\mathcal{U}, \mathcal{V}) | \mathcal{U}, \mathcal{V} \in \mathcal{X} \text{並且} \mathcal{U} \sim \mathcal{V}\}。$$

不難檢查$\mathcal{R}$滿足

1. 對所有的$\mathcal{V} \in \mathcal{X}$，恆有$(\mathcal{V}, \mathcal{V}) \in \mathcal{R}$。

2. 若$(\mathcal{V}, \mathcal{W}) \in \mathcal{R}$則$(\mathcal{W}, \mathcal{V}) \in \mathcal{R}$。

3. 若$(\mathcal{V}, \mathcal{W}) \in \mathcal{R}, (\mathcal{W}, \mathcal{Z}) \in \mathcal{R}$，則$(\mathcal{V}, \mathcal{Z}) \in \mathcal{R}$。

因此$\mathcal{R}$是$\mathcal{X}$的一個等價關係。而所有$\mathcal{X}/\mathcal{R}$中的元素$[\mathcal{U}]$包含所有與$\mathcal{U}$相同維度的向量空間。由定理3.39及以上的討論我們有以下的推論。

推論 **3.40** 令$\mathcal{R}$與$\mathcal{X}$定義如上，則存在唯一蓋單映射$i : \mathcal{X}/\mathcal{R} \longrightarrow \mathbb{N} \cup \{0\}$滿足對所有$\mathcal{U}, \mathcal{V} \in \mathcal{X}$若$\dim\mathcal{U} > \dim\mathcal{V}$，則$i([\mathcal{U}]) > i([\mathcal{V}])$。

證明：對所有$[\mathcal{U}] \in \mathcal{X}/\mathcal{R}$，令$i([\mathcal{U}]) = \dim\mathcal{U}$，則$i$滿足所求。令$i'$是另一個滿足定理所需條件的蓋單映射，我們使用數學歸納法來證明$i = i'$。很明顯

地，$i'([\{\mathbf{0}\}]) = 0$。根據數學歸納法假設對所有維度小於n的向量空間等價類$\mathcal{U}$皆有$i([\mathcal{U}]) = i'([\mathcal{U}])$。若對$n$維向量空間的等價類$\mathcal{V}$，$i([\mathcal{V}]) \neq i'([\mathcal{V}])$，則$i'([\mathcal{V}]) = l > n$（否則$i'$不會是單射）。但對所有維度大於$n$的向量空間等價類，皆不會被$i'$映射到$\{n, n+1, \cdots l\}$，否則會違反我們對$i'$的要求。但如此一來，$i'$就不是蓋射；故知$i([\mathcal{V}]) = i'([\mathcal{V}])$。根據數學歸納法，$i = i'$。∎

利用維度的概念，我們對所有同構的有限維度向量空間賦予一個非負的整數加以分類所有的有限維度向量空間；反過來，這個非負的整數也決定了相對應向量空間的代數結構。這樣的方法也常見於討論向量空間以外的數學物件，例如數學家就利用群(group)去分類所有拓樸空間(topological space)。

定理3.39還有一個非常重要的意涵，那就是一個看似複雜的n維向量空間總是可以轉換到簡單的向量空間$(\mathbb{F}^n, \mathbb{F})$中討論。這個觀點會在下一節中詳細討論。讓我們先看一個例子。

例 **3.41** 考慮向量空間$(\mathbb{R}^2, \mathbb{R})$及$\mathcal{L}(\mathbb{R}^2, \mathbb{R})$。令$\mathbf{L}_1, \mathbf{L}_2 \in \mathcal{L}(\mathbb{R}^2, \mathbb{R})$為滿足 $\mathbf{L}_1(1,0) = 1$、$\mathbf{L}_1(0,1) = 0$及$\mathbf{L}_2(0,1) = 1$、$\mathbf{L}_2(1,0) = 0$的唯一線性映射。不難驗證，$\{\mathbf{L}_1, \mathbf{L}_2\}$是$\mathcal{L}(\mathbb{R}^2, \mathbb{R})$的一組基底。(見習題3.42) 所以$\mathcal{L}(\mathbb{R}^2, \mathbb{R})$是一個2維向量空間。因此$(\mathbb{R}^2, \mathbb{R})$與$\mathcal{L}(\mathbb{R}^2, \mathbb{R})$有相同的代數結構。這兩個向量空間的對應不難找到，對任意屬於$\mathcal{L}(\mathbb{R}^2, \mathbb{R})$中的向量$a_1\mathbf{L}_1 + a_2\mathbf{L}_2$，$a_1, a_2 \in \mathbb{R}$，皆可對應到$(\mathbb{R}^2, \mathbb{R})$中的向量$(a_1, a_2)$。將這種對應記為$\overline{\mathbf{L}}$，則$\overline{\mathbf{L}}$為蓋單映射，並且對所有的$a_1, a_2, b_1, b_2, c \in \mathbb{R}$，

$$\overline{\mathbf{L}}((a_1\mathbf{L}_1 + a_2\mathbf{L}_2) + (b_1\mathbf{L}_1 + b_2\mathbf{L}_2)) = (a_1, a_2) + (b_1, b_2),$$
$$\overline{\mathbf{L}}(c(a_1\mathbf{L}_1 + a_2\mathbf{L}_2)) = c(a_1, a_2)。$$

因此$\mathcal{L}(\mathbb{R}^2, \mathbb{R}) \sim (\mathbb{R}^2, \mathbb{R})$。∎

3.6 代表矩陣

由上一節的討論，我們知道所有佈於相同域上的n維向量空間都有相同的代數結構。在這一節中，我們將看似任意較複雜或抽象的n維向量空間轉換到大家所熟知的n維歐幾里得空間$(\mathbb{F}^n, \mathbb{F})$。在這種轉換之下，向量空間之間的線性映射可以對應一個矩陣，而我們也將利用這個矩陣的結構去刻畫線性映射的性質。底下先介紹一些符號及定義。

定義 3.42 設$\mathcal{V}$是一個向量空間。若我們考慮基底$\mathcal{B}$中向量的順序，則稱$\mathcal{B}$是$\mathcal{V}$的一組有序基底。∎

例 3.43 考慮$(\mathbb{R}^3, \mathbb{R})$。令$\mathcal{B} = \{\mathbf{e}_1, \mathbf{e}_2, \mathbf{e}_3\}$，$\overline{\mathcal{B}} = \{\mathbf{e}_2, \mathbf{e}_1, \mathbf{e}_3\}$。若不考慮向量排列順序，則$\mathcal{B} = \overline{\mathcal{B}}$。但若考慮向量排列順序，亦即視$\mathcal{B}$和$\overline{\mathcal{B}}$為$\mathcal{V}$之有序基底，則$\mathcal{B} \neq \overline{\mathcal{B}}$。∎

例 3.44 在$(\mathbb{F}^n, \mathbb{F})$中，$\mathcal{B} = \{\mathbf{e}_1, \mathbf{e}_2, \cdots, \mathbf{e}_n\}$稱為$(\mathbb{F}^n, \mathbb{F})$中的標準有序基底。∎

例 3.45 在$\mathbb{F}_n[t]$中，$\mathcal{B} = \{1, t, t^2, \cdots, t^{n-1}\}$稱為$\mathbb{F}_n[t]$中的標準有序基底。∎

例 3.46 設$\mathcal{V}$是一個佈於$\mathbb{F}$上的有限維度向量空間。令$\dim(\mathcal{V}, \mathbb{F}) = n$。因為$\dim(\mathbb{F}^n, \mathbb{F}) = n$，所以$\mathcal{V} \sim \mathbb{F}^n$。令$\mathcal{B} = \{\mathbf{v}_1, \mathbf{v}_2, \cdots, \mathbf{v}_n\}$是$\mathcal{V}$的一組有序基底。由定理3.19我們知道存在一個唯一的線性映射$\phi_{\mathcal{B}} : \mathcal{V} \longrightarrow \mathbb{F}^n$ 使得$\phi_{\mathcal{B}}(\mathbf{v}_i) = \mathbf{e}_i, i = 1, 2, \cdots, n$。不難證明這個映射有以下特性:

1. $\phi_{\mathcal{B}}$是一個線性蓋單映射。

2. 對任意$\mathbf{v} = x_1\mathbf{v}_1 + \cdots + x_n\mathbf{v}_n$, $\phi_{\mathcal{B}}(\mathbf{v}) = \begin{bmatrix} x_1 \\ \vdots \\ x_n \end{bmatrix}$。

我們將$\phi_{\mathcal{B}}(\mathbf{v})$簡記爲$[\mathbf{v}]_{\mathcal{B}}$。

定義 3.47 我們稱線性映射$\phi_{\mathcal{B}} : \mathcal{V} \longrightarrow \mathbb{F}^n$爲$\mathcal{V}$參照有序基底$\mathcal{B}$的標準表示，

而稱$[\mathbf{v}]_{\mathcal{B}} = \begin{bmatrix} x_1 \\ \vdots \\ x_n \end{bmatrix}$爲$\mathbf{v}$參照有序基底$\mathcal{B}$之座標向量(coordinate vector)。 ∎

例 3.48 考慮$(\mathbb{R}^2, \mathbb{R})$。令$\mathcal{B} = \{\mathbf{e}_1, \mathbf{e}_2\}$是$\mathbb{R}^2$中的標準有序基底。若$\mathbf{v} = \begin{bmatrix} 8 \\ 9 \end{bmatrix}$，

則$\mathbf{v} = 8\mathbf{e}_1 + 9\mathbf{e}_2$。因此$[\mathbf{v}]_{\mathcal{B}} = \begin{bmatrix} 8 \\ 9 \end{bmatrix}$。令$\overline{\mathcal{B}} = \{\mathbf{v}_1, \mathbf{v}_2\}$，其中$\mathbf{v}_1 = \begin{bmatrix} 2 \\ 1 \end{bmatrix}$, $\mathbf{v}_2 = $

$\begin{bmatrix} 1 \\ 3 \end{bmatrix}$，則$\overline{\mathcal{B}}$是另一組有序基底，且$\begin{bmatrix} 8 \\ 9 \end{bmatrix} = 3\mathbf{v}_1 + 2\mathbf{v}_2$。因此$[\mathbf{v}]_{\overline{\mathcal{B}}} = \begin{bmatrix} 3 \\ 2 \end{bmatrix}$。∎

例 3.49 考慮$\mathbb{F}_3[t]$。令$\mathcal{B} = \{1, t, t^2\}$爲$\mathbb{F}_3[t]$中的標準有序基底。若$f(t) = 7 + $

$5t - 4t^2$，則$[f]_{\mathcal{B}} = \begin{bmatrix} 7 \\ 5 \\ -4 \end{bmatrix}$。令$\overline{\mathcal{B}} = \{2, t+1, 2t^2\}$是另一組有序基底。因

爲$f(t) = 1 \cdot 2 + 5 \cdot (t+1) + (-2) \cdot 2t^2$，所以$[f]_{\overline{\mathcal{B}}} = \begin{bmatrix} 1 \\ 5 \\ -2 \end{bmatrix}$。 ∎

令$\mathcal{B}_{\mathcal{V}} = \{\mathbf{v}_1, \cdots, \mathbf{v}_n\}$及$\mathcal{B}_{\mathcal{W}} = \{\mathbf{w}_1, \cdots, \mathbf{w}_m\}$分別是有限維度向量空間$\mathcal{V}$和$\mathcal{W}$之有序基底，$\mathbf{L} \in \mathcal{L}(\mathcal{V}, \mathcal{W})$。對$1 \leq j \leq n, \mathbf{L}\mathbf{v}_j \in \mathcal{W}$，因此存在$a_{1j}, a_{2j}, \cdots, a_{nj} \in \mathbb{F}$使得

$$\mathbf{L}\mathbf{v}_j = a_{1j}\mathbf{w}_1 + a_{2j}\mathbf{w}_2 + \cdots + a_{mj}\mathbf{w}_m = \sum_{i=1}^{m} a_{ij}\mathbf{w}_i。$$

換言之，$[\mathbf{L}\mathbf{v}_j]_{\mathcal{B}_{\mathcal{W}}} = \phi_{\mathcal{B}_{\mathcal{W}}}(\mathbf{L}\mathbf{v}_j) = \begin{bmatrix} a_{1j} \\ \vdots \\ a_{mj} \end{bmatrix} \triangleq \mathbf{a}_j。$

我們定義矩陣

$$\mathbf{A} \triangleq [\mathbf{L}]_{\mathcal{B}_{\mathcal{V}}}^{\mathcal{B}_{\mathcal{W}}} \triangleq [a_{ij}]_{m \times n} \triangleq [\mathbf{a}_1 \mathbf{a}_2 \cdots \mathbf{a}_n],$$

其中$\mathbf{a}_j$是$\mathbf{A}$的第j行。因此我們有一個從向量空間$\mathcal{L}(\mathcal{V}, \mathcal{W})$到空間$\mathbb{F}^{m \times n}$的映射 $\Phi_{\mathcal{B}_{\mathcal{V}}}^{\mathcal{B}_{\mathcal{W}}}$，定義爲$\Phi_{\mathcal{B}_{\mathcal{V}}}^{\mathcal{B}_{\mathcal{W}}}(\mathbf{L}) = [\mathbf{L}]_{\mathcal{B}_{\mathcal{V}}}^{\mathcal{B}_{\mathcal{W}}} = \mathbf{A}$。我們有下面重要的定理，其證明很容易， 留給讀者自己思考。

定理 3.50 令$\mathcal{V}$和$\mathcal{W}$是有限維度向量空間。則

1. 一旦選定$\mathcal{V}$和$\mathcal{W}$的有序基底$\mathcal{B}_{\mathcal{V}}$和$\mathcal{B}_{\mathcal{W}}$，則上述定義$\Phi_{\mathcal{B}_{\mathcal{V}}}^{\mathcal{B}_{\mathcal{W}}}$是有意義的。

2. $\Phi_{\mathcal{B}_{\mathcal{V}}}^{\mathcal{B}_{\mathcal{W}}}$是線性映射。

3. $\Phi_{\mathcal{B}_{\mathcal{V}}}^{\mathcal{B}_{\mathcal{W}}}$是可逆映射。　　　　　　　　　　　　■

於是，我們可以引入代表矩陣的觀念。

定義 3.51 我們稱矩陣$\mathbf{A} = \Phi_{\mathcal{B}_{\mathcal{V}}}^{\mathcal{B}_{\mathcal{W}}}(\mathbf{L}) = [\mathbf{L}]_{\mathcal{B}_{\mathcal{V}}}^{\mathcal{B}_{\mathcal{W}}}$爲$\mathbf{L}$參照有序基底$\mathcal{B}_{\mathcal{V}}$及 $\mathcal{B}_{\mathcal{W}}$之 代表矩陣。若$\mathcal{V} = \mathcal{W}$且$\mathcal{B}_{\mathcal{V}} = \mathcal{B}_{\mathcal{W}}$，我們簡記 $\mathbf{A} = [\mathbf{L}]_{\mathcal{B}_{\mathcal{V}}}^{\mathcal{B}_{\mathcal{V}}}$ 爲 $[\mathbf{L}]_{\mathcal{B}_{\mathcal{V}}}$。　　■

例 3.52 設$\mathcal{V}$爲n維向量空間，若$\mathbf{I}_{\mathcal{V}} \in \mathcal{L}(\mathcal{V})$是$\mathcal{V}$到$\mathcal{V}$的同值映射，則對任意$\mathcal{V}$ 的有序基底$\mathcal{B}$，$[\mathbf{I}_{\mathcal{V}}]_{\mathcal{B}} = \mathbf{I}_n$。　　　　　　　　　　■

底下的定理闡述了$\phi_{\mathcal{B}_{\mathcal{V}}}$、$\phi_{\mathcal{B}_{\mathcal{W}}}$、$\mathbf{L}$與代表矩陣$[\mathbf{L}]_{\mathcal{B}_{\mathcal{V}}}^{\mathcal{B}_{\mathcal{W}}}$四者的關聯。

定理 3.53 設$\mathcal{V}, \mathcal{W}$爲有限維度向量空間，並設$\dim\mathcal{V} = n$，$\dim\mathcal{W} = m$。 若$\mathbf{L} \in \mathcal{L}(\mathcal{V}, \mathcal{W})$，且$\mathcal{B}_{\mathcal{V}}$和$\mathcal{B}_{\mathcal{W}}$分別是$\mathcal{V}$和$\mathcal{W}$之有序基底，則對所有的$\mathbf{v} \in \mathcal{V}$， 恆有$[\mathbf{L}\mathbf{v}]_{\mathcal{B}_{\mathcal{W}}} = [\mathbf{L}]_{\mathcal{B}_{\mathcal{V}}}^{\mathcal{B}_{\mathcal{W}}}[\mathbf{v}]_{\mathcal{B}_{\mathcal{V}}}$。

證明: 令$\mathcal{B}_\mathcal{V} = \{\mathbf{v}_1, \cdots, \mathbf{v}_n\}$, $\mathcal{B}_\mathcal{W} = \{\mathbf{w}_1, \cdots, \mathbf{w}_m\}$, $\mathbf{A} = [\mathbf{L}]_{\mathcal{B}_\mathcal{V}}^{\mathcal{B}_\mathcal{W}} \in \mathbb{F}^{m \times n}$。
我們定義映射$\mathbf{G} : \mathcal{V} \longrightarrow \mathbb{F}^m$, $\mathbf{H} : \mathcal{V} \longrightarrow \mathbb{F}^m$分別為

$$\mathbf{Gv} \triangleq [\mathbf{Lv}]_{\mathcal{B}_\mathcal{W}},$$
$$\mathbf{Hv} \triangleq [\mathbf{L}]_{\mathcal{B}_\mathcal{V}}^{\mathcal{B}_\mathcal{W}}[\mathbf{v}]_{\mathcal{B}_\mathcal{V}} = \mathbf{A}[\mathbf{v}]_{\mathcal{B}_\mathcal{V}},$$

其中$\mathbf{v} \in \mathcal{V}$。不難看出

1. $\mathbf{G}$和$\mathbf{H}$都是線性映射, 這是因為$\mathbf{G} = \phi_{\mathcal{B}_\mathcal{W}} \circ \mathbf{L}$, $\mathbf{H} = \mathbf{L}_\mathbf{A} \circ \phi_{\mathcal{B}_\mathcal{V}}$。

2. 對所有$j = 1, 2, \cdots, n$, $\mathbf{Gv}_j = [\mathbf{Lv}_j]_{\mathcal{B}_\mathcal{W}} = \mathbf{a}_j$, $\mathbf{Hv}_j = \mathbf{A}[\mathbf{v}_j]_{\mathcal{B}_\mathcal{V}} = \mathbf{Ae}_j = \mathbf{a}_j$, 其中$\mathbf{a}_j$為$\mathbf{A}$之第$j$行, 因此$\mathbf{Gv}_j = \mathbf{Hv}_j$。

則根據推論3.20得$\mathbf{G} = \mathbf{H}$。 ∎

讀者可以試著用圖3.8來想像這個定理。由這個定理我們可以直接看出下面推論。

推論 3.54 符號同上, 則$\mathbf{L} = \phi_{\mathcal{B}_\mathcal{W}}^{-1} \circ \mathbf{L}_\mathbf{A} \circ \phi_{\mathcal{B}_\mathcal{V}}$(參見圖3.9)。 ∎

定理3.53與其推論3.54告訴我們, 藉由選擇向量空間的有序基底, 有限維度向量空間的線性映射運算皆可用矩陣運算來完成, 底下讓我們來看兩個例子。

例 3.55 考慮微分算子$\mathbf{D} : \mathbb{R}_4[t] \longrightarrow \mathbb{R}_3[t]$(見例3.13), 分別選擇$\mathcal{B}_4 = \{1, t, t^2, t^3\}$、$\mathcal{B}_3 = \{1, t, t^2\}$為$\mathbb{R}_4[t]$及$\mathbb{R}_3[t]$的有序基底。因為

$$\mathbf{D}(1) = 0 = 0 \cdot 1 + 0 \cdot t + 0 \cdot t^2$$
$$\mathbf{D}(t) = 1 = 1 \cdot 1 + 0 \cdot t + 0 \cdot t^2$$
$$\mathbf{D}(t^2) = 2t = 0 \cdot 1 + 2 \cdot t + 0 \cdot t^2$$
$$\mathbf{D}(t^3) = 3t^2 = 0 \cdot 1 + 0 \cdot t + 3 \cdot t^2,$$

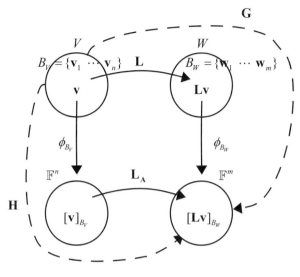

圖 3.8: 代表矩陣 $\mathbf{A} = [\mathbf{L}]^{\mathcal{B}_\mathcal{W}}_{\mathcal{B}_\mathcal{V}}$

所以

$$[\mathbf{D}]^{\mathcal{B}_3}_{\mathcal{B}_4} = \begin{bmatrix} 0 & 1 & 0 & 0 \\ 0 & 0 & 2 & 0 \\ 0 & 0 & 0 & 3 \end{bmatrix}。$$

若 $f(t) = 1 - 2t + 3t^2 + 4t^3 \in \mathbb{R}_4[t]$，則

$$[f]_{\mathcal{B}_4} = \phi_{\mathcal{B}_4}(f) = \begin{bmatrix} 1 \\ -2 \\ 3 \\ 4 \end{bmatrix}。$$

因為

$$\mathbf{D}(f) = f'(t) = -2 + 6t + 12t^2,$$

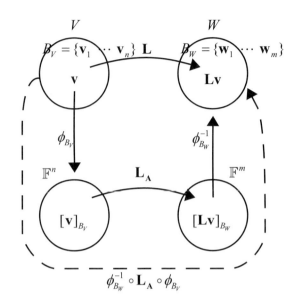

圖 3.9: 線性映射分解$\mathbf{L} = \phi_{\mathcal{B}_{\mathcal{W}}}^{-1} \circ \mathbf{L_A} \circ \phi_{\mathcal{B}_{\mathcal{V}}}$

所以

$$[\mathbf{D}f]_{\mathcal{B}_3} = \begin{bmatrix} -2 \\ 6 \\ 12 \end{bmatrix}。$$

值得注意的是$[\mathbf{D}f]_{B_3} = [\mathbf{D}]_{\mathcal{B}_4}^{\mathcal{B}_3}[f]_{\mathcal{B}_4}$，這表示在這個例子中，多項式的微分運算可以用矩陣代數運算來完成。∎

例 **3.56** 考慮集合$\mathcal{S} = \{ae^{3t} + be^{-4t}|a, b \in \mathbb{R}\}$。不難驗證集合$\mathcal{S}$是一個佈於$\mathbb{R}$是一個向量空間。而$\mathcal{B} = \{e^{3t}, e^{-4t}\}$是$\mathcal{S}$的基底。所以$\mathcal{S}$是二維向量空間。考慮線性微分算子$\mathbf{D} : \mathcal{S} \longrightarrow \mathcal{S}$定義為

$$\mathbf{D}(ae^{3t} + be^{-4t}) = 3ae^{3t} - 4be^{-4t}。$$

因為

$$\mathbf{D}(e^{3t}) = 3e^{3t} = 3e^{3t} + 0e^{-4t},$$
$$\mathbf{D}(e^{-4t}) = -4e^{-4t} = 0e^{3t} - 4e^{-4t},$$

所以

$$[\mathbf{D}]_{\mathcal{B}} = \begin{bmatrix} 3 & 0 \\ 0 & -4 \end{bmatrix}。$$

若 $f(t) = 4e^{3t} + 3e^{-4t} \in \mathcal{S}$, 則

$$[f]_{\mathcal{B}} = \begin{bmatrix} 4 \\ 3 \end{bmatrix}。$$

因為

$$\mathbf{D}(f) = 12e^{3t} - 12e^{-4t},$$

所以

$$[\mathbf{D}(f)]_{\mathcal{B}} = \begin{bmatrix} 12 \\ -12 \end{bmatrix}。$$

不難看到

$$[\mathbf{D}(f)]_{\mathcal{B}} = \begin{bmatrix} 12 \\ -12 \end{bmatrix} = \begin{bmatrix} 3 & 0 \\ 0 & -4 \end{bmatrix} \begin{bmatrix} 4 \\ 3 \end{bmatrix} = [\mathbf{D}]_{\mathcal{B}}[f]_{\mathcal{B}}。 \blacksquare$$

　　若線性映射可藉由選擇基底對應到一個唯一的代表矩陣, 那不難猜測與證明線性映射的合成對應到矩陣的相乘。

定理 **3.57** 設 $\mathcal{V}, \mathcal{W}$ 與 $\mathcal{U}$ 是有限維度向量空間。令 $\mathbf{L} \in \mathcal{L}(\mathcal{V}, \mathcal{W})$, $\mathbf{M} \in \mathcal{L}(\mathcal{W}, \mathcal{U})$(因此 $\mathbf{M} \circ \mathbf{L} \in \mathcal{L}(\mathcal{V}, \mathcal{U})$)。令 $\mathcal{B}_{\mathcal{V}}$, $\mathcal{B}_{\mathcal{W}}$ 和 $\mathcal{B}_{\mathcal{U}}$ 分別是 $\mathcal{V}$, $\mathcal{W}$ 和 $\mathcal{U}$ 選定的有序基底。則

$$[\mathbf{M} \circ \mathbf{L}]_{\mathcal{B}_{\mathcal{V}}}^{\mathcal{B}_{\mathcal{U}}} = [\mathbf{M}]_{\mathcal{B}_{\mathcal{W}}}^{\mathcal{B}_{\mathcal{U}}} [\mathbf{L}]_{\mathcal{B}_{\mathcal{V}}}^{\mathcal{B}_{\mathcal{W}}}。$$

線性代數

證明: 令$\mathcal{B}_\mathcal{V} = \{\mathbf{v}_1, \mathbf{v}_2, \cdots, \mathbf{v}_n\}$, $\mathcal{B}_\mathcal{W} = \{\mathbf{w}_1, \mathbf{w}_2, \cdots, \mathbf{w}_m\}$, 以及$\mathcal{B}_\mathcal{U} = \{\mathbf{u}_1, \mathbf{u}_2, \cdots, \mathbf{u}_p\}$。再令$\mathbf{A} \triangleq [\mathbf{L}]_{\mathcal{B}_\mathcal{V}}^{\mathcal{B}_\mathcal{W}} \triangleq [a_{ij}]$, 以及$\mathbf{C} \triangleq [\mathbf{M}]_{\mathcal{B}_\mathcal{W}}^{\mathcal{B}_\mathcal{U}} \triangleq [c_{ij}]$, 則由定義知

$$\mathbf{L}\mathbf{v}_j = \sum_{i=1}^{m} a_{ij}\mathbf{w}_i, \ \ j = 1, 2, \cdots, n,$$

$$\mathbf{M}\mathbf{w}_i = \sum_{k=1}^{p} c_{ki}\mathbf{u}_k, \ \ i = 1, 2, \cdots, m。$$

因此

$$\begin{aligned}
(\mathbf{M} \circ \mathbf{L})\mathbf{v}_j &= \mathbf{M}(\mathbf{L}\mathbf{v}_j) \\
&= \mathbf{M}(\sum_{i=1}^{m} a_{ij}\mathbf{w}_i) \\
&= \sum_{i=1}^{m} a_{ij}(\mathbf{M}\mathbf{w}_i) \\
&= \sum_{i=1}^{m} a_{ij}(\sum_{k=1}^{p} c_{ki}\mathbf{u}_k) \\
&= \sum_{k=1}^{p}(\sum_{i=1}^{m} c_{ki}a_{ij})\mathbf{u}_k \\
&= \sum_{k=1}^{p} d_{kj}\mathbf{u}_k,
\end{aligned}$$

其中 $d_{kj} = \sum_{i=1}^{m} c_{ki}a_{ij}$。也就是說, 若令$\mathbf{D} \triangleq [d_{ij}]$, 則

$$[\mathbf{M} \circ \mathbf{L}]_{\mathcal{B}_\mathcal{V}}^{\mathcal{B}_\mathcal{U}} = [d_{ij}] = \mathbf{D} = \mathbf{C}\mathbf{A} = [\mathbf{M}]_{\mathcal{B}_\mathcal{W}}^{\mathcal{B}_\mathcal{U}}[\mathbf{L}]_{\mathcal{B}_\mathcal{V}}^{\mathcal{B}_\mathcal{W}}。$$

156

推論 **3.58** 設$\mathcal{V}$是有限維度向量空間。令$\mathbf{L}, \mathbf{M} \in \mathcal{L}(V)$，$\mathcal{B}$是$\mathcal{V}$的有序基底。則

$$[\mathbf{M} \circ \mathbf{L}]_\mathcal{B} = [\mathbf{M}]_\mathcal{B}[\mathbf{L}]_\mathcal{B}。$$

■

在第1章裡我們介紹過可逆方陣的定義。首先我們將可逆方陣的觀念推廣到不是方陣的情況，這又可細分為左可逆與右可逆。

定義 **3.59** 設$\mathbf{A} \in \mathbb{F}^{m \times n}$。

1. 若存在$\mathbf{E} \in \mathbb{F}^{n \times m}$使得$\mathbf{EA} = \mathbf{I}_n$，則稱$\mathbf{A}$是左可逆，並且稱$\mathbf{E}$為$\mathbf{A}$的一個左逆矩陣。

2. 若存在$\mathbf{C} \in \mathbb{F}^{n \times m}$使得$\mathbf{AC} = \mathbf{I}_m$，則稱$\mathbf{A}$是右可逆，並且稱$\mathbf{C}$為$\mathbf{A}$的一個右逆矩陣。 ■

由之前的討論我們知道，藉由基底的選擇，有限維度向量空間之間的線性映射可以用矩陣運算來完成。而定理3.50又告訴我們一旦選定基底，一個適當大小的矩陣總是可以對應到一個抽象線性映射。這表示矩陣的結構與線性映射的特性有密切的關聯。接下來的內容，我們將研究矩陣$\mathbf{A} \in \mathbb{F}^{m \times n}$所定義的左乘映射 $\mathbf{L_A} : \mathbb{F}^n \longrightarrow \mathbb{F}^m$ 與矩陣本身結構的關聯。習題3.49要求讀者證明一些左乘映射的基本特性。很明顯地，矩陣$\mathbf{A}$的可逆性等效於$\mathbf{L_A}$的可逆性。

定理 **3.60** 設$\mathbf{A} \in \mathbb{F}^{m \times n}$。

1. $\mathbf{L_A}$是左可逆若且唯若$\mathbf{A}$是左可逆。

2. $\mathbf{L_A}$是右可逆若且唯若$\mathbf{A}$是右可逆。

3. $\mathbf{L_A}$是可逆若且唯若$\mathbf{A}$是可逆。

證明:

1. 『充分性』假設存在一個矩陣$\mathbf{E} \in \mathbb{F}^{n \times m}$使得$\mathbf{EA} = \mathbf{I}_n$。由習題3.49，我們知道$\mathbf{L_{EA}} = \mathbf{L_{I_n}}$，所以$\mathbf{L_E} \circ \mathbf{L_A} = \mathbf{L_{I_n}} = \mathbf{I}_{\mathbb{F}^n}$。這表示$\mathbf{L_A}$是左可逆。『必要性』設$\mathbf{L_A}$是左可逆。因此存在一線性映射$\mathbf{M} \in \mathcal{L}(\mathbb{F}^m, \mathbb{F}^n)$使得$\mathbf{M} \circ \mathbf{L_A} = \mathbf{I}_{\mathbb{F}^n}$。令$\mathcal{B}_n$和$\mathcal{B}_m$分別是$\mathbb{F}^n$和$\mathbb{F}^m$的標準有序基底。則$\mathbf{I}_n = [\mathbf{I}_{\mathbb{F}^n}]^{\mathcal{B}_n}_{\mathcal{B}_n} = [\mathbf{M} \circ \mathbf{L_A}]^{\mathcal{B}_n}_{\mathcal{B}_n} = [\mathbf{M}]^{\mathcal{B}_n}_{\mathcal{B}_m}[\mathbf{L_A}]^{\mathcal{B}_m}_{\mathcal{B}_n}$。令$\mathbf{E} \triangleq [\mathbf{M}]^{\mathcal{B}_n}_{\mathcal{B}_m} \in \mathbb{F}^{n \times m}$。再由習題3.49，我們知道$[\mathbf{L_A}]^{\mathcal{B}_m}_{\mathcal{B}_n} = \mathbf{A}$，因此$\mathbf{EA} = \mathbf{I}_n$。故$\mathbf{A}$是左可逆。

第2及第3部分的證明非常類似於第1部分，請讀者當習題練習。 ∎

下面是有關矩陣本身結構的一些重要的定義與定理。

定義 3.61 設$\mathbf{A} \in \mathbb{F}^{m \times n}$。

1. 若$\text{rank}(\mathbf{A}) = n$(即$\mathbf{A}$的所有行都線性獨立)，則我們稱$\mathbf{A}$有全行秩(full column rank)。

2. 若$\text{rank}(\mathbf{A}) = m$(即$\mathbf{A}^T$的所有行都線性獨立)，則我們稱$\mathbf{A}$有全列秩(full row rank)。

3. 若$\mathbf{A}$同時有全行秩及全列秩，則我們稱$\mathbf{A}$有全秩(full rank)。 ∎

定理 3.62 設$\mathbf{A} \in \mathbb{F}^{m \times n}$。

1. $\mathbf{A}$是左可逆若且唯若$\mathbf{A}$有全行秩(即$m \geq n$)。

2. $\mathbf{A}$是右可逆若且唯若$\mathbf{A}$有全列秩(即$m \leq n$)。

3. 以下的敍述是等效的

  (a) **A**可逆。

  (b) $m = n$且**A**有全秩。

  (c) **A**是方陣並且**A**同時是右可逆與左可逆。

  (d) **L$_\mathbf{A}$**同時是右可逆與左可逆。

證明:

1. 若**A**是左可逆, 因此**L$_\mathbf{A}$**是左可逆。由定理3.36知rank(**L$_\mathbf{A}$**) = n(也表示$m \geq n$)。因此rank(**A**) = n, 所以**A**有全行秩。反之亦然。

2. 若**A**是右可逆, 則**L$_\mathbf{A}$**是右可逆。由定理3.36知rank(**L$_\mathbf{A}$**) = m(也表示$n \geq m$), 因此rank**A** = m, 所以**A**有全列秩。反之亦然。

3. 這部份的證明直接由第1及第2部分的結果即可得出。 ∎

這個定理告訴我們如何從矩陣的結構得到有關矩陣左乘映射可逆性的資訊。反過來, 由矩陣左乘映射的可逆性也可以推得矩陣的結構(行獨立個數、列獨立個數)。讓我們看一個例子。

例 **3.63** 令
$$\mathbf{A} = \begin{bmatrix} \frac{1}{3} & 0 \\ 0 & \frac{1}{7} \\ 0 & 0 \end{bmatrix}。$$
因為**A**有全行秩, 所以**A**是左可逆。很明顯地,
$$\mathbf{L_A} \begin{bmatrix} 1 \\ 0 \end{bmatrix} = \begin{bmatrix} \frac{1}{3} \\ 0 \\ 0 \end{bmatrix},$$

$$\mathbf{L_A}\begin{bmatrix} 0 \\ 1 \end{bmatrix} = \begin{bmatrix} 0 \\ \frac{1}{7} \\ 0 \end{bmatrix}。$$

所以$\mathbf{L_A}$的左逆映射$\mathbf{M}$只須有以下性質:

$$\mathbf{M}\begin{bmatrix} \frac{1}{3} \\ 0 \\ 0 \end{bmatrix} = \begin{bmatrix} 1 \\ 0 \end{bmatrix},$$

$$\mathbf{M}\begin{bmatrix} 0 \\ \frac{1}{7} \\ 0 \end{bmatrix} = \begin{bmatrix} 0 \\ 1 \end{bmatrix}。$$

這個性質等效於

$$\mathbf{M}\begin{bmatrix} 1 \\ 0 \\ 0 \end{bmatrix} = \begin{bmatrix} 3 \\ 0 \end{bmatrix},$$

$$\mathbf{M}\begin{bmatrix} 0 \\ 1 \\ 0 \end{bmatrix} = \begin{bmatrix} 0 \\ 7 \end{bmatrix}。$$

因此, 若$\mathcal{B}_2, \mathcal{B}_3$分別是$\mathbb{R}^2$和$\mathbb{R}^3$的標準有序基底, 則 $[\mathbf{M}]_{\mathcal{B}_3}^{\mathcal{B}_2} = \begin{bmatrix} 3 & 0 & * \\ 0 & 7 & * \end{bmatrix}$, 其中*表示任意實數。由定義3.59, 我們知道 $\begin{bmatrix} 3 & 0 & * \\ 0 & 7 & * \end{bmatrix}$是$\mathbf{A}$的左逆矩陣, 這表示$\mathbf{A}$的左逆矩陣並不是唯一的(這等效於$\mathbf{L_A}$的左逆映射不是唯一的)。 ■

既然線性映射與其代表矩陣一一對應, 線性映射的可逆性自然等效於代表矩陣的可逆性, 如下所示。

定理 **3.64** 設$\mathcal{V}, \mathcal{W}$是有限維度的向量空間。令$\mathcal{B}_\mathcal{V}, \mathcal{B}_\mathcal{W}$分別是$\mathcal{V}$和$\mathcal{W}$任意的有序基底, 而$\mathbf{L} \in \mathcal{L}(\mathcal{V}, \mathcal{W})$, 則$\mathbf{L}$可逆若且唯若$[\mathbf{L}]_{\mathcal{B}_\mathcal{V}}^{\mathcal{B}_\mathcal{W}}$可逆。當$\mathbf{L}$可逆時, 則 $[\mathbf{L}^{-1}]_{\mathcal{B}_\mathcal{W}}^{\mathcal{B}_\mathcal{V}} = ([\mathbf{L}]_{\mathcal{B}_\mathcal{V}}^{\mathcal{B}_\mathcal{W}})^{-1}$。

證明:『必要性』假設L可逆, 則$\dim\mathcal{V} = \dim\mathcal{W} \triangleq n$。這表示$[\mathbf{L}]_{\mathcal{B}_\mathcal{V}}^{\mathcal{B}_\mathcal{W}} \in \mathbb{F}^{n\times n}$。因為L可逆, 所以$\mathbf{L}^{-1}$存在, 而且

1. $\mathbf{L}^{-1} \circ \mathbf{L} = \mathbf{I}_\mathcal{V}$,

2. $\mathbf{L} \circ \mathbf{L}^{-1} = \mathbf{I}_\mathcal{W}$。

由1可得 $[\mathbf{I}_\mathcal{V}]_{\mathcal{B}_\mathcal{V}} = [\mathbf{L}^{-1}\circ\mathbf{L}]_{\mathcal{B}_\mathcal{V}}^{\mathcal{B}_\mathcal{V}} = [\mathbf{L}^{-1}]_{\mathcal{B}_\mathcal{W}}^{\mathcal{B}_\mathcal{V}}[\mathbf{L}]_{\mathcal{B}_\mathcal{V}}^{\mathcal{B}_\mathcal{W}}$, 而由2可得 $[\mathbf{I}_\mathcal{W}]_{\mathcal{B}_\mathcal{W}} = [\mathbf{L}\circ\mathbf{L}^{-1}]_{\mathcal{B}_\mathcal{W}}^{\mathcal{B}_\mathcal{W}} = [\mathbf{L}]_{\mathcal{B}_\mathcal{V}}^{\mathcal{B}_\mathcal{W}}[\mathbf{L}^{-1}]_{\mathcal{B}_\mathcal{W}}^{\mathcal{B}_\mathcal{V}}$。因此 $[\mathbf{L}]_{\mathcal{B}_\mathcal{V}}^{\mathcal{B}_\mathcal{W}}$ 可逆並且 $([\mathbf{L}]_{\mathcal{B}_\mathcal{V}}^{\mathcal{B}_\mathcal{W}})^{-1} = [\mathbf{L}^{-1}]_{\mathcal{B}_\mathcal{W}}^{\mathcal{B}_\mathcal{V}}$。

『充分性』假設$[\mathbf{L}]_{\mathcal{B}_\mathcal{V}}^{\mathcal{B}_\mathcal{W}} \triangleq \mathbf{A} = [a_{ij}]$可逆。令$\mathbf{C} \triangleq \mathbf{A}^{-1} \triangleq [c_{ij}]$。令$\mathcal{B}_\mathcal{V} = \{\mathbf{v}_1, \cdots, \mathbf{v}_n\}$, $\mathcal{B}_\mathcal{W} = \{\mathbf{w}_1, \cdots, \mathbf{w}_n\}$, 則根據定理3.19, 存在$\mathbf{M} \in \mathcal{L}(\mathcal{W}, \mathcal{V})$使得對所有$j = 1, 2, \cdots, n$, $\mathbf{Mw}_j = \sum_{i=1}^{n} c_{ij}\mathbf{v}_i$。由代表矩陣定義知$[\mathbf{M}]_{\mathcal{B}_\mathcal{W}}^{\mathcal{B}_\mathcal{V}} = [c_{ij}] = \mathbf{C}$。因此$[\mathbf{M}\circ\mathbf{L}]_{\mathcal{B}_\mathcal{V}} = [\mathbf{M}]_{\mathcal{B}_\mathcal{W}}^{\mathcal{B}_\mathcal{V}}[\mathbf{L}]_{\mathcal{B}_\mathcal{V}}^{\mathcal{B}_\mathcal{W}} = \mathbf{CA} = \mathbf{I}_n = [\mathbf{I}_\mathcal{V}]_{\mathcal{B}_\mathcal{V}}$。因為$\Phi_{\mathcal{B}_\mathcal{W}}^{\mathcal{B}_\mathcal{V}} : \mathcal{L}(\mathcal{W}, \mathcal{V}) \longrightarrow (\mathbb{F}^{n\times n}, \mathbb{F})$是同構映射, 所以$\mathbf{M}\circ\mathbf{L} = \mathbf{I}_\mathcal{V}$。用類似的方法, 我們可以證明$\mathbf{L}\circ\mathbf{M} = \mathbf{I}_\mathcal{W}$。所以L可逆並且$\mathbf{L}^{-1} = \mathbf{M}$。∎

根據上述定理, 立即得以下兩個推論。

推論 3.65 設$\mathcal{V}$是有限維度向量空間。令$\mathbf{L} \in \mathcal{L}(\mathcal{V})$, 並且$\mathcal{B}$是$\mathcal{V}$任意的有序基底。則L可逆若且唯若$[\mathbf{L}]_\mathcal{B}$可逆。當L可逆時, $[\mathbf{L}]_\mathcal{B}^{-1} = [\mathbf{L}^{-1}]_\mathcal{B}$。∎

推論 3.66 設$\mathbf{A} \in \mathbb{F}^{n\times n}$可逆, 則$(\mathbf{L_A})^{-1} = \mathbf{L_{A^{-1}}}$。∎

到目前為止, 我們已經知道藉由基底的選擇可以將有限維度向量空間$(\mathcal{V}, \mathbb{F})$中向量唯一對應到$(\mathbb{F}^n, \mathbb{F})$中的向量。這自然會產生一個問題: 若$\mathcal{B}, \overline{\mathcal{B}}$是$\mathcal{V}$的兩組有序基底, 則對所有$\mathbf{v} \in \mathcal{V}$, $[\mathbf{v}]_\mathcal{B}$和$[\mathbf{v}]_{\overline{\mathcal{B}}}$之間的關聯為何? 這關聯是否是一個線性映射? 若是, 那如何計算這個轉換? 這個問題可藉由向量空間之間的線性映射與其代表矩陣來解決。考慮$\mathcal{V}$上的同值映射$\mathbf{I}_\mathcal{V}$, 如圖3.10所示。很明顯地, 依定理3.53, $[\mathbf{v}]_\mathcal{B} = [\mathbf{I}_\mathcal{V}\mathbf{v}]_\mathcal{B} = [\mathbf{I}_\mathcal{V}]_{\overline{\mathcal{B}}}^{\mathcal{B}}[\mathbf{v}]_{\overline{\mathcal{B}}}$。因此, $[\mathbf{I}_\mathcal{V}]_{\overline{\mathcal{B}}}^{\mathcal{B}}$正是我們尋求的線性映射。我們將以上的討論結論如下。

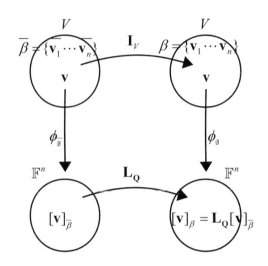

圖 3.10: 座標變換

定理 3.67 設$\mathcal{V}$是有限維度向量空間, $\mathcal{B}$和$\overline{\mathcal{B}}$是$\mathcal{V}$中任兩組有序基底。若令$\mathbf{Q} = [\mathbf{I}_\mathcal{V}]_{\overline{\mathcal{B}}}^{\mathcal{B}}$, 則對所有的$\mathbf{v} \in \mathcal{V}$, $[\mathbf{v}]_\mathcal{B} = \mathbf{Q}[\mathbf{v}]_{\overline{\mathcal{B}}}$。我們稱$\mathbf{Q}$爲從$\overline{\mathcal{B}}$到$\mathcal{B}$的轉移矩陣 (transition matrix)。 ∎

值得注意的是, 若令$\mathcal{B} = \{\mathbf{v}_1, \cdots, \mathbf{v}_n\}$, $\overline{\mathcal{B}} = \{\overline{\mathbf{v}}_1, \cdots, \overline{\mathbf{v}}_n\}$, 且令$\mathbf{Q} = [\mathbf{I}_\mathcal{V}]_{\overline{\mathcal{B}}}^{\mathcal{B}} = [\mathbf{Q}_1 \mathbf{Q}_2 \cdots \mathbf{Q}_n]$, 其中$\mathbf{Q}_j$爲$\mathbf{Q}$之第$j$行。因爲$[\overline{\mathbf{v}}_j]_{\overline{\mathcal{B}}} = \mathbf{e}_j$, 故對$j = 1, 2, \cdots, n$, 我們有$[\overline{\mathbf{v}}_j]_\mathcal{B} = \mathbf{Q}[\overline{\mathbf{v}}_j]_{\overline{\mathcal{B}}} = \mathbf{Q}\mathbf{e}_j = \mathbf{Q}_j$。換言之, $\mathbf{Q}$之第j行$\mathbf{Q}_j$正好等於$\overline{\mathbf{v}}_j$參照有序基底$\mathcal{B}$之座標向量。

我們舉一個例子說明。

例 3.68 考慮$(\mathbb{R}^2, \mathbb{R})$。令$\mathcal{B} = \{\mathbf{v}_1, \mathbf{v}_2\}$, $\overline{\mathcal{B}} = \{\overline{\mathbf{v}}_1, \overline{\mathbf{v}}_2\}$。其中 $\mathbf{v}_1 = \begin{bmatrix} 1 \\ 3 \end{bmatrix}$, $\mathbf{v}_2 = \begin{bmatrix} 3 \\ 1 \end{bmatrix}$, $\overline{\mathbf{v}}_1 = \begin{bmatrix} -1 \\ 5 \end{bmatrix}$, 以及$\overline{\mathbf{v}}_2 = \begin{bmatrix} 7 \\ 5 \end{bmatrix}$。則有$\overline{\mathbf{v}}_1 = 2\mathbf{v}_1 + (-1)\mathbf{v}_2, \overline{\mathbf{v}}_2 = \mathbf{v}_1 + 2\mathbf{v}_2$。所以$[\mathbf{I}_\mathcal{V}]_{\overline{\mathcal{B}}}^{\mathcal{B}} = \begin{bmatrix} 2 & 1 \\ -1 & 2 \end{bmatrix}$。 ∎

很自然地，我們可以預期$\mathbf{Q}$是可逆矩陣，且$\mathbf{Q}^{-1}$是從$\mathcal{B}$到$\overline{\mathcal{B}}$的轉移矩陣。底下定理證明了這個猜測。

定理 **3.69** 設$\mathcal{V}$是有限維度向量空間。令$\mathcal{B}, \overline{\mathcal{B}}$是$\mathcal{V}$的任兩組有序基底，$\mathbf{Q} \triangleq [\mathbf{I}_\mathcal{V}]^{\overline{\mathcal{B}}}_\mathcal{B}$ 是從$\overline{\mathcal{B}}$到$\mathcal{B}$的轉移矩陣。則$\mathbf{Q}$是可逆矩陣，且$\mathbf{P} \triangleq \mathbf{Q}^{-1}$是從$\mathcal{B}$到$\overline{\mathcal{B}}$的轉移矩陣。

證明: 因為$\mathbf{I}_\mathcal{V}$可逆，故$[\mathbf{I}_\mathcal{V}]^{\overline{\mathcal{B}}}_\mathcal{B}$可逆，且$\left([\mathbf{I}_\mathcal{V}]^{\overline{\mathcal{B}}}_\mathcal{B}\right)^{-1} = \left[\mathbf{I}_\mathcal{V}^{-1}\right]^{\overline{\mathcal{B}}}_\mathcal{B} = [\mathbf{I}_\mathcal{V}]^{\overline{\mathcal{B}}}_{\mathcal{B}}$。 ∎

對任意兩組$\mathcal{V}$的有序基底$\mathcal{B}$及$\overline{\mathcal{B}}$，我們都可以找到一個從$\overline{\mathcal{B}}$到$\mathcal{B}$的轉移矩陣$\mathbf{Q}$，且$\mathbf{Q}$是可逆矩陣。反之，若先固定一組有序基底$\mathcal{B}$和給定一個任意的可逆矩陣$\mathbf{Q}$，我們必可建構出另一組$\mathcal{V}$的有序基底$\overline{\mathcal{B}}$使得$\mathbf{Q}$是從$\overline{\mathcal{B}}$到$\mathcal{B}$的轉移矩陣。

定理 **3.70** 設$\mathcal{V}$是n維向量空間。令$\mathcal{B}$是$\mathcal{V}$的一組有序基底。則對任意的可逆矩陣$\mathbf{Q} \in \mathbb{F}^{n \times n}$，存在$\mathcal{V}$的一組有序基底$\overline{\mathcal{B}}$使得$\mathbf{Q}$是從$\overline{\mathcal{B}}$到$\mathcal{B}$的轉移矩陣。

證明: 令$\mathcal{B} = \{\mathbf{v}_1, \cdots, \mathbf{v}_n\}$，$\mathbf{Q} = [q_{ij}]$。對所有$j = 1, 2, \cdots, n$，令

$$\overline{\mathbf{v}}_j \triangleq \sum_{i=1}^{n} q_{ij} \mathbf{v}_i。$$

我們只需證明$\overline{\mathcal{B}} = \{\overline{\mathbf{v}}_1, \cdots, \overline{\mathbf{v}}_n\}$是$\mathcal{V}$的一組有序基底即可。令$\overline{x}_1 \overline{\mathbf{v}}_1 + \cdots + \overline{x}_n \overline{\mathbf{v}}_n = \mathbf{0}$，則

$$\begin{aligned}
\sum_{j=1}^{n} \overline{x}_j \overline{\mathbf{v}}_j &= \sum_{j=1}^{n} \overline{x}_j (\sum_{i=1}^{n} q_{ij} \mathbf{v}_i) \\
&= \sum_{i=1}^{n} (\sum_{j=1}^{n} q_{ij} \overline{x}_j) \mathbf{v}_i \\
&= \mathbf{0}。
\end{aligned}$$

對所有$i = 1, 2, \cdots, n$, 令

$$x_i = \sum_{j=1}^{n} q_{ij}\overline{x}_j \circ \tag{3.2}$$

則$x_1\mathbf{v}_1 + \cdots + x_n\mathbf{v}_n = \mathbf{0}$。因爲$\{\mathbf{v}_1, \mathbf{v}_2, \cdots, \mathbf{v}_n\}$是線性獨立子集, 所以$x_1 = x_2 = \cdots = x_n = 0$, 再由(3.2)式得

$$\begin{bmatrix} x_1 \\ \vdots \\ x_n \end{bmatrix} = \underbrace{\begin{bmatrix} q_{11} & \cdots & q_{1n} \\ \vdots & \ddots & \vdots \\ q_{n1} & \cdots & q_{nn} \end{bmatrix}}_{\mathbf{Q}} \begin{bmatrix} \overline{x}_1 \\ \vdots \\ \overline{x}_n \end{bmatrix} = \begin{bmatrix} 0 \\ \vdots \\ 0 \end{bmatrix} \circ$$

因爲$\mathbf{Q}$是可逆矩陣, 所以$\overline{x}_1 = \cdots = \overline{x}_n = 0$。故得證。 ■

3.7　線性映射與基底變換

在這一節中, 我們將研究在不同基底選取之下代表矩陣之間的關聯。設$\mathcal{V}$是有限維度的向量空間, $\mathbf{L}$是$\mathcal{V}$上的線性映射。令$\mathcal{B}, \overline{\mathcal{B}}$是$\mathcal{V}$的有序基底, $\mathbf{Q}$是從$\overline{\mathcal{B}}$到$\mathcal{B}$的轉移矩陣, 且令$\mathbf{A} \triangleq [\mathbf{L}]_{\mathcal{B}}$及$\overline{\mathbf{A}} \triangleq [\mathbf{L}]_{\overline{\mathcal{B}}}$分別是$\mathbf{L}$參照有序基底$\mathcal{B}$與$\overline{\mathcal{B}}$的代表矩陣。參見圖3.11。此圖的上下兩部分以及左右兩部分, 我們已在上兩節中詳細討論。但在圖3.11中更指出了$[\mathbf{L}]_{\mathcal{B}}$與$[\mathbf{L}]_{\overline{\mathcal{B}}}$的關聯, 那就是$[\mathbf{L}]_{\overline{\mathcal{B}}} = \mathbf{Q}^{-1}[\mathbf{L}]_{\mathcal{B}}\mathbf{Q}$。

定理 **3.71** 設$\mathcal{V}$是有限維度向量空間, $\mathbf{L} \in \mathcal{L}(\mathcal{V})$。令$\mathbf{A} \triangleq [\mathbf{L}]_{\mathcal{B}}$及$\overline{\mathbf{A}} \triangleq [\mathbf{L}]_{\overline{\mathcal{B}}}$分別是$\mathbf{L}$參照有序基底$\mathcal{B}$和$\overline{\mathcal{B}}$的代表矩陣。則

$$\overline{\mathbf{A}} = \mathbf{Q}^{-1}\mathbf{A}\mathbf{Q}, \tag{3.3}$$

其中$\mathbf{Q}$是從$\overline{\mathcal{B}}$到$\mathcal{B}$的轉移矩陣, 換言之, $[\mathbf{L}]_{\overline{\mathcal{B}}} = [\mathbf{I}_{\mathcal{V}}]_{\mathcal{B}}^{\overline{\mathcal{B}}}[\mathbf{L}]_{\mathcal{B}}[\mathbf{I}_{\mathcal{V}}]_{\overline{\mathcal{B}}}^{\mathcal{B}}$。

證明: 因爲$\mathbf{I}_{\mathcal{V}} \circ \mathbf{L} = \mathbf{L} \circ \mathbf{I}_{\mathcal{V}} = \mathbf{L}$, 故$[\mathbf{I}_{\mathcal{V}} \circ \mathbf{L}]_{\overline{\mathcal{B}}}^{\mathcal{B}} = [\mathbf{L} \circ \mathbf{I}_{\mathcal{V}}]_{\overline{\mathcal{B}}}^{\mathcal{B}}$。這表示$[\mathbf{I}_{\mathcal{V}}]_{\mathcal{B}}^{\mathcal{B}}[\mathbf{L}]_{\overline{\mathcal{B}}} = [\mathbf{L}]_{\mathcal{B}}[\mathbf{I}_{\mathcal{V}}]_{\overline{\mathcal{B}}}^{\mathcal{B}}$, 因此$[\mathbf{L}]_{\overline{\mathcal{B}}} = ([\mathbf{I}_{\mathcal{V}}]_{\overline{\mathcal{B}}}^{\mathcal{B}})^{-1}[\mathbf{L}]_{\mathcal{B}}[\mathbf{I}_{\mathcal{V}}]_{\overline{\mathcal{B}}}^{\mathcal{B}} = [\mathbf{I}_{\mathcal{V}}]_{\mathcal{B}}^{\overline{\mathcal{B}}}[\mathbf{L}]_{\mathcal{B}}[\mathbf{I}_{\mathcal{V}}]_{\overline{\mathcal{B}}}^{\mathcal{B}}$。 ■

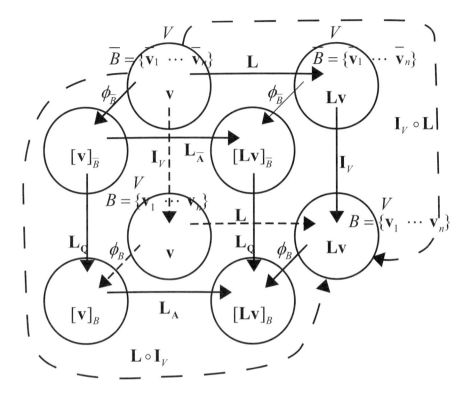

圖 3.11: 座標轉換與代表矩陣

滿足(3.3)式的兩個同階方陣稱為相似。

定義 **3.72** 設 $\mathbf{A}, \overline{\mathbf{A}} \in \mathbb{F}^{n \times n}$。若存在可逆矩陣 $\mathbf{Q} \in \mathbb{F}^{n \times n}$ 使得 $\overline{\mathbf{A}} = \mathbf{Q}^{-1} \mathbf{A} \mathbf{Q}$，則我們說 $\mathbf{A}$ 和 $\overline{\mathbf{A}}$ 相似(similar)。 ∎

由這個定義，我們直接得到以下推論。

推論 **3.73** 設 $\mathcal{V}$ 是有限維度向量空間，$\mathbf{L} \in \mathcal{L}(\mathcal{V})$，且設 $\mathcal{B}$ 和 $\overline{\mathcal{B}}$ 是 $\mathcal{V}$ 的任兩組有序基底。則 $[\mathbf{L}]_\mathcal{B}$ 和 $[\mathbf{L}]_{\overline{\mathcal{B}}}$ 相似。更精確地說，$[\mathbf{L}]_{\overline{\mathcal{B}}} = \mathbf{Q}^{-1} [\mathbf{L}]_\mathcal{B} \mathbf{Q}$，其中 $\mathbf{Q}$ 是從 $\overline{\mathcal{B}}$ 到 $\mathcal{B}$ 的轉移矩陣。 ∎

當 $\mathcal{V} = \mathbb{F}^n$, 則我們有以下定理。

定理 3.74 設 $\mathbf{A} \in \mathbb{F}^{n \times n}$, $\overline{\mathcal{B}} \triangleq \{\mathbf{v}_1, \cdots, \mathbf{v}_n\}$ 是 $\mathbb{F}^n$ 中任意的一組有序基底。令 $\mathbf{Q} \in \mathbb{F}^{n \times n}$ 且令其行分割爲 $\mathbf{Q} \triangleq [\mathbf{v}_1, \cdots, \mathbf{v}_n]$, 則 $[\mathbf{L_A}]_{\overline{\mathcal{B}}} = \mathbf{Q}^{-1}\mathbf{A}\mathbf{Q}$。

證明: 令 $\mathcal{B}$ 是 $\mathbb{F}^n$ 的標準有序基底, 則 $[\mathbf{L_A}]_{\mathcal{B}} = \mathbf{A}$。又從定理3.67之後的討論知 $\mathbf{Q}$ 是從 $\overline{\mathcal{B}}$ 到 $\mathcal{B}$ 的轉移矩陣, 所以 $[\mathbf{L_A}]_{\overline{\mathcal{B}}} = \mathbf{Q}^{-1}\mathbf{A}\mathbf{Q}$。 ∎

底下讓我們看一個例子。

例 3.75 考慮向量空間 $(\mathbb{R}^2, \mathbb{R})$。令 $\mathbf{A} = \begin{bmatrix} 3 & 2 \\ 0 & 1 \end{bmatrix}$, 且設 $\overline{\mathcal{B}} = \left\{ \begin{bmatrix} 1 \\ 1 \end{bmatrix} \begin{bmatrix} 2 \\ 1 \end{bmatrix} \right\}$, 則 $\overline{\mathcal{B}}$ 是 $\mathbb{R}^2$ 的一組有序基底。令 $\mathcal{B} = \left\{ \begin{bmatrix} 1 \\ 0 \end{bmatrix} \begin{bmatrix} 0 \\ 1 \end{bmatrix} \right\}$ 是 $\mathbb{R}^2$ 的標準有序基底。因爲

$$\begin{bmatrix} 1 \\ 1 \end{bmatrix} = 1 \begin{bmatrix} 1 \\ 0 \end{bmatrix} + 1 \begin{bmatrix} 0 \\ 1 \end{bmatrix},$$

$$\begin{bmatrix} 2 \\ 1 \end{bmatrix} = 2 \begin{bmatrix} 1 \\ 0 \end{bmatrix} + 1 \begin{bmatrix} 0 \\ 1 \end{bmatrix},$$

所以 $\mathbf{Q} = \begin{bmatrix} 1 & 2 \\ 1 & 1 \end{bmatrix}$ 是從 $\overline{\mathcal{B}}$ 到 $\mathcal{B}$ 的轉移矩陣, 因此由定理3.74得 $[\mathbf{L_A}]_{\overline{\mathcal{B}}} = \mathbf{Q}^{-1}\mathbf{A}\mathbf{Q} = \begin{bmatrix} -3 & -6 \\ 4 & 7 \end{bmatrix}$。 ∎

由定理3.71知, 有限維度向量空間 $\mathcal{V}$ 上之線性映射 $\mathbf{L}$ 參照任兩組有序基底 $\mathcal{B}$ 和 $\overline{\mathcal{B}}$ 之代表矩陣 $\mathbf{A} \triangleq [\mathbf{L}_{\mathcal{B}}]$ 及 $\overline{\mathbf{A}} \triangleq [\mathbf{L}_{\overline{\mathcal{B}}}]$ 有相似的關係: $\overline{\mathbf{A}} = \mathbf{Q}^{-1}\mathbf{A}\mathbf{Q}$, 其中 $\mathbf{Q}$ 是從 $\overline{\mathcal{B}}$ 到 $\mathcal{B}$ 的轉移矩陣。反之, 若先在 $\mathcal{V}$ 上給定一組有序基底 $\mathcal{B}$, 則對所有相似於 $\mathbf{A} \triangleq [\mathbf{L}]_{\mathcal{B}}$ 的矩陣 $\overline{\mathbf{A}} \triangleq \mathbf{Q}^{-1}\mathbf{A}\mathbf{Q}$, 定理3.70暗示必可找到 $\mathcal{V}$ 的一組有序基底 $\overline{\mathcal{B}}$, 使得 $\overline{\mathbf{A}}$ 等於 $\mathbf{L}$ 參照 $\overline{\mathcal{B}}$ 之代表矩陣 $[\mathbf{L}]_{\overline{\mathcal{B}}}$, 且 $\mathbf{Q}$ 是從 $\overline{\mathcal{B}}$ 到 $\mathcal{B}$ 的轉移矩陣。

定理 **3.76** 設$\mathcal{V}$是有限維度向量空間。令$\mathbf{L} \in \mathcal{L}(\mathcal{V})$，且$\mathcal{B}$是$\mathcal{V}$的一組有序基底。令$\mathbf{A} \triangleq [\mathbf{L}]_{\mathcal{B}}$。設$\overline{\mathbf{A}}$是任一與$\mathbf{A}$相似的矩陣，則必存在一組$\mathcal{V}$的有序基底$\overline{\mathcal{B}}$使得$\overline{\mathbf{A}} = [\mathbf{L}]_{\overline{\mathcal{B}}}$。

證明: 因為$\mathbf{A}$和$\overline{\mathbf{A}}$相似，所以存在可逆矩陣$\mathbf{Q}$使得$\overline{\mathbf{A}} = \mathbf{Q}^{-1}\mathbf{A}\mathbf{Q}$。令$\mathbf{Q} = [q_{ij}]$，$\mathcal{B} = \{\mathbf{v}_1, \cdots, \mathbf{v}_n\}$。對所有的$i = 1, 2, \cdots, n$，定義$\overline{\mathbf{v}}_j = \sum_{i=1}^{n} q_{ij}\mathbf{v}_i$。則根據定理3.70的證明，$\overline{\mathcal{B}} \triangleq \{\overline{\mathbf{v}}_1, \cdots, \overline{\mathbf{v}}_n\}$是$\mathcal{V}$的一組有序基底。我們只需證明$\overline{\mathbf{A}} = [\mathbf{L}]_{\overline{\mathcal{B}}}$即可。令$\mathbf{A} = [a_{ij}]$以及$\overline{\mathbf{A}} = [\overline{a}_{ij}]$。因為$\overline{\mathbf{A}} = \mathbf{Q}^{-1}\mathbf{A}\mathbf{Q}$，所以$\mathbf{Q}\overline{\mathbf{A}} = \mathbf{A}\mathbf{Q}$。這表示對所有的$1 \leq k, j \leq n$，恆有$\sum_{i=1}^{n} q_{ki}\overline{a}_{ij} = \sum_{i=1}^{n} a_{ki}q_{ij}$。因為$\mathbf{A} = [\mathbf{L}]_{\mathcal{B}}$，所以對$i = 1, 2, \cdots, n$，$\mathbf{L}\mathbf{v}_i = \sum_{k=1}^{n} a_{ki}\mathbf{v}_k$。這表示

$$
\begin{aligned}
\mathbf{L}\overline{\mathbf{v}}_j &= \mathbf{L}(\sum_{i=1}^{n} q_{ij}\mathbf{v}_i) \\
&= \sum_{i=1}^{n} q_{ij}(\mathbf{L}\mathbf{v}_i) \\
&= \sum_{i=1}^{n} q_{ij}(\sum_{k=1}^{n} a_{ki}\mathbf{v}_k) \\
&= \sum_{k=1}^{n}(\sum_{i=1}^{n} q_{ij}a_{ki})\mathbf{v}_k \\
&= \sum_{k=1}^{n}(\sum_{i=1}^{n} q_{ki}\overline{a}_{ij})\mathbf{v}_k \\
&= \sum_{i=1}^{n} \overline{a}_{ij}(\sum_{k=1}^{n} q_{ki}\mathbf{v}_k) \\
&= \sum_{i=1}^{n} \overline{a}_{ij}\overline{\mathbf{v}}_i。
\end{aligned}
$$

因此$[\mathbf{L}]_{\overline{\mathcal{B}}} = \overline{\mathbf{A}}$。 ■

3.8 對偶空間

在例3.41裡，我們曾證明了向量空間$(\mathbb{R}^2, \mathbb{R})$與$\mathcal{L}(\mathbb{R}^2, \mathbb{R})$有相同的結構。在這一節中，我們將進一步研究向量空間$(\mathcal{V}, \mathbb{F})$和$\mathcal{L}(\mathcal{V}, \mathbb{F})$之間的關係。在這些研究結果之上，一個有關矩陣的奇異特性將被導出。在繼續深入研究之前，我們先定義以下名詞。

定義 3.77 設$\mathcal{V}$是佈於$\mathbb{F}$上的有限維度向量空間。則我們稱$\mathcal{L}(\mathcal{V}, \mathbb{F})$是$\mathcal{V}$的對偶空間(dual space)，並記做$\mathcal{V}^*$。∎

在以下的討論裡，我們將視需要交互使用$\mathcal{L}(\mathcal{V}, \mathbb{F})$和$\mathcal{V}^*$，並且$\mathcal{L}(\mathcal{V}, \mathbb{F})$中的元素都以小寫粗體英文字母$\mathbf{f}, \mathbf{g}, \mathbf{h}, \cdots$表示。常稱$\mathcal{L}(\mathcal{V}, \mathbb{F})$中的元素為線性泛函(linear functional)。

設$\mathcal{V}$及$\mathcal{W}$為有限維度向量空間，令$\mathbf{L} \in \mathcal{L}(\mathcal{V}, \mathcal{W})$。則對所有$\mathbf{f} \in \mathcal{L}(\mathcal{W}, \mathbb{F})$，$\mathbf{f} \circ \mathbf{L} \in \mathcal{L}(\mathcal{V}, \mathbb{F})$。因此對於映射$\mathbf{L}$，我們可以定義一個映射$\mathbf{L}^* : \mathcal{W}^* \longrightarrow \mathcal{V}^*$為$\mathbf{L}^*(\mathbf{f}) = \mathbf{f} \circ \mathbf{L}$，其中$\mathbf{f} \in \mathcal{L}(\mathcal{W}, \mathbb{F})$。很明顯地，$\mathbf{L}^*$是線性映射(見習題3.61)。

定義 3.78 $\mathbf{L}$與$\mathbf{L}^*$的定義如上，$\mathbf{L}^*$稱為$\mathbf{L}$的轉置映射(transpose map) 或代數伴隨映射(algebraic adjoint map)。∎

以下是轉置映射的基本性質。

定理 3.79 設$\mathcal{V}$、$\mathcal{W}$以及$\mathcal{U}$是佈於$\mathbb{F}$的有限維度向量空間，則

1. $(\mathbf{I}_{\mathcal{V}})^* = \mathbf{I}_{\mathcal{V}^*}$。這也就是說$\mathcal{V}$上同值映射的轉置映射恰是$\mathcal{V}^*$上的同值映射。

2. 若$\mathbf{L}_1 \in \mathcal{L}(\mathcal{V}, \mathcal{W})$，$\mathbf{L}_2 \in \mathcal{L}(\mathcal{W}, \mathcal{U})$，則$(\mathbf{L}_2 \circ \mathbf{L}_1)^* = \mathbf{L}_1^* \circ \mathbf{L}_2^*$。∎

以上定理的證明留予讀者做為習題。$\mathbf{L}$和$\mathbf{L}^*$有以下的關聯:

定理 3.80 設$\mathcal{V}, \mathcal{W}$是佈於$\mathbb{F}$上的有限維度向量空間。令$\mathbf{L} \in \mathcal{L}(\mathcal{V}, \mathcal{W})$, 則

1. 若$\mathbf{L}$是蓋射, 則$\mathbf{L}^*$是單射。

2. 若$\mathbf{L}$是單射, 則$\mathbf{L}^*$是蓋射。

證明:

1. 令$\mathbf{f}, \mathbf{g} \in \mathcal{W}^* = \mathcal{L}(\mathcal{W}, \mathbb{F})$, 並假設$\mathbf{L}^*(\mathbf{f}) = \mathbf{L}^*(\mathbf{g})$。這表示$\mathbf{f} \circ \mathbf{L} = \mathbf{g} \circ \mathbf{L}$。因為$\mathbf{L}$是蓋射, $\mathbf{L}$有右逆映射$\mathbf{M}$。故$\mathbf{f} = \mathbf{f} \circ \mathbf{L} \circ \mathbf{M} = \mathbf{g} \circ \mathbf{L} \circ \mathbf{M} = \mathbf{g}$。因此$\mathbf{L}^*$是單射。

2. 設$\mathbf{L}$是單射, 我們要證明對所有$\mathbf{f} \in \mathcal{V}^*$都存在$\mathbf{g} \in \mathcal{W}^*$使得$\mathbf{f} = \mathbf{L}^*(\mathbf{g})$。令$\mathcal{B}$是$\mathcal{V}$的一組基底。因為$\mathbf{L}$是單射, 所以根據引理3.32, $\mathbf{L}(\mathcal{B})$是$\mathcal{W}$中的線性獨立子集。由第2章的討論, 我們知道必然存在$\mathcal{B}'$使得$\mathbf{L}(\mathcal{B}) \subset \mathcal{B}'$而且$\mathcal{B}'$是$\mathcal{W}$的一組基底。根據定理3.19, 存在唯一的線性映射$\mathbf{g}$使得

$$\mathbf{g}(\mathbf{w}) = \begin{cases} \mathbf{f}(\mathbf{v}), \ 若\mathbf{w} = \mathbf{L}(\mathbf{v}), \ 其中\mathbf{v} \in \mathcal{B}, \ \mathbf{w} \in \mathcal{B}'. \\ 0, \quad 若\mathbf{w} \in \mathcal{B}'但\mathbf{w} \notin \mathbf{L}(\mathcal{B})。 \end{cases}$$

則不難檢查$\mathbf{f} = \mathbf{g} \circ \mathbf{L}$, 這表示$\mathbf{f} = \mathbf{L}^*(\mathbf{g})$。∎

如同例3.41, 事實上$\mathcal{V}$和$\mathcal{V}^*$同構, 闡述如下。

定理 3.81 設$\mathcal{V}$是n維向量空間, 令$\mathcal{B} = \{\mathbf{v}_1, \cdots, \mathbf{v}_n\}$是$\mathcal{V}$的基底。定義$\mathbf{v}_1^*$, $\cdots, \mathbf{v}_n^*$是滿足$\mathbf{v}_j^*(\mathbf{v}_i) = \delta_{ij}$的線性映射, 其中$\delta_{ij}$稱為Kronecker符號定義為

$$\delta_{ij} \triangleq \begin{cases} 1, \quad 當i = j, \\ 0, \quad 當i \neq j。 \end{cases}$$

則$\{\mathbf{v}_1^*, \mathbf{v}_2^*, \cdots, \mathbf{v}_n^*\}$構成了$\mathcal{V}^*$的基底，故$\dim\mathcal{V}^* = \dim\mathcal{V}$，因此$\mathcal{V}^*$和$\mathcal{V}$同構。令線性映射$\mathbf{L}$定義爲

$$\mathbf{L}(\mathbf{v}_j) = \mathbf{v}_j^*,$$

則$\mathbf{L}$是從$\mathcal{V}$到$\mathcal{V}^*$的同構映射。

證明: 很明顯地，對任意的$\mathbf{f} \in \mathcal{V}^*$，恆有

$$\mathbf{f} = \sum_{j=1}^{n} \mathbf{f}(\mathbf{v}_j)\mathbf{v}_j^*。$$

因此$\{\mathbf{v}_1^*, \mathbf{v}_2^*, \cdots, \mathbf{v}_n^*\}$構成了$\mathcal{V}^*$的基底。若我們定義$\mathbf{M}$爲唯一的線性映射使得

$$\mathbf{M}(\mathbf{v}_j^*) = \mathbf{v}_j,$$

則$\mathbf{L}, \mathbf{M}$互爲逆映射。因此$\mathbf{L}$是蓋單映射。故得證。　∎

　　注意$\{\mathbf{v}_1^*, \cdots, \mathbf{v}_n^*\}$由$\{\mathbf{v}_1, \cdots, \mathbf{v}_n\}$唯一決定。我們稱$\{\mathbf{v}_1^*, \cdots, \mathbf{v}_n^*\}$是$\{\mathbf{v}_1, \cdots, \mathbf{v}_n\}$的對偶基底(dual basis)。有了這兩個特性，我們可以證明以下一個非常重要的定理。

定理 **3.82** 設$\mathcal{V}$和$\mathcal{W}$是佈於$\mathbb{F}$上的有限維度向量空間。令$\mathbf{L} \in \mathcal{L}(\mathcal{V}, \mathcal{W})$，則

$$\mathrm{rank}(\mathbf{L}) = \mathrm{rank}(\mathbf{L}^*)。$$

證明:

1. 若$\mathbf{L}$是蓋射，則$\mathcal{I}m(\mathbf{L}) = \mathcal{W}$。所以$\mathrm{rank}(\mathbf{L}) = \dim\mathcal{W}$。又根據定理3.80，$\mathbf{L}^*$是單射，所以$\mathrm{nullity}(\mathbf{L}^*) = 0$。因此$\mathrm{rank}(\mathbf{L}^*) = \dim\mathcal{W}^*$。但根據定理3.81，我們知道 $\dim\mathcal{W}^* = \dim\mathcal{W}$，所以
$\mathrm{rank}(\mathbf{L}) = \dim\mathcal{W} = \dim\mathcal{W}^* = \mathrm{rank}(\mathbf{L}^*)。$

2. 若$\mathbf{L}$是任意的線性映射。我們令$\mathcal{I}m(\mathbf{L}) \triangleq \mathcal{W}_1 \subset \mathcal{W}$。令$\mathbf{L}_1 : \mathcal{V} \longrightarrow \mathcal{W}_1$定義爲對所有 $\mathbf{v} \in \mathcal{V}$, $\mathbf{L_1}\mathbf{v} = \mathbf{L}\mathbf{v}$。則很明顯地 $\mathbf{L}_1$ 是蓋射且 $\mathrm{rank}(\mathbf{L}) = \mathrm{rank}(\mathbf{L_1})$。若令$\mathbf{i} : \mathcal{W}_1 \longrightarrow \mathcal{W}$定義爲對所有$\mathbf{w} \in \mathcal{W}_1$, $\mathbf{i}(\mathbf{w}) = \mathbf{w}$。則$\mathbf{i}$是單射並且$\mathbf{L} = \mathbf{i} \circ \mathbf{L}_1$。則根據定理3.79和3.80, $\mathbf{L}^* = \mathbf{L}_1^* \circ \mathbf{i}^*$, 並且$\mathbf{i}^*$是蓋射。所以$\mathcal{I}m(\mathbf{L}^*) = \mathcal{I}m(\mathbf{L}_1^*)$, 也因此$\mathrm{rank}(\mathbf{L}^*) = \mathrm{rank}(\mathbf{L}_1^*)$。因爲$\mathbf{L}_1$是蓋射, 所以根據第1部分的證明, $\mathrm{rank}(\mathbf{L}_1) = \mathrm{rank}(\mathbf{L}_1^*)$。這表示$\mathrm{rank}(\mathbf{L}) = \mathrm{rank}(\mathbf{L}^*)$。 ∎

底下的定理告訴我們, 藉由對偶基底, $\mathbf{L}$和$\mathbf{L}^*$的代表矩陣有一個非常簡單的關係。

定理 **3.83** 設$\mathcal{V}$和$\mathcal{W}$是有限維度向量空間, $\mathcal{B}_\mathcal{V} = \{\mathbf{v}_1, \cdots, \mathbf{v}_n\}$和$\mathcal{B}_\mathcal{W} = \{\mathbf{w}_1, \cdots, \mathbf{w}_m\}$分別是$\mathcal{V}$和$\mathcal{W}$的有序基底。令$\mathcal{B}_{\mathcal{V}^*} = \{\mathbf{v}_1^*, \cdots, \mathbf{v}_n^*\}$和 $\mathcal{B}_{\mathcal{W}^*} = \{\mathbf{w}_1^*, \cdots, \mathbf{w}_m^*\}$分別是$\mathcal{B}_\mathcal{V}$和$\mathcal{B}_\mathcal{W}$的對偶基底。若$\mathbf{L} \in \mathcal{L}(\mathcal{V}, \mathcal{W})$, 則

$$[\mathbf{L}]_{\mathcal{B}_\mathcal{V}}^{\mathcal{B}_\mathcal{W}} = ([\mathbf{L}^*]_{\mathcal{B}_{\mathcal{W}^*}}^{\mathcal{B}_{\mathcal{V}^*}})^T.$$

證明: 令$[\mathbf{L}]_{\mathcal{B}_\mathcal{V}}^{\mathcal{B}_\mathcal{W}} \triangleq \mathbf{A} \triangleq [a_{ij}]$, 則

$$\mathbf{L}^*(\mathbf{w}_j^*) = \mathbf{w}_j^* \circ \mathbf{L}$$

$$= \sum_{i=1}^{n} [\mathbf{w}_j^* \circ \mathbf{L}](\mathbf{v}_i)\mathbf{v}_i^*$$

$$= \sum_{i=1}^{n} \mathbf{w}_j^*(\mathbf{L}(\mathbf{v}_i))\mathbf{v}_i^*$$

$$= \sum_{i=1}^{n} \mathbf{w}_j^*(\sum_{k=1}^{m} a_{ki}\mathbf{w}_k)\mathbf{v}_i^*$$

$$= \sum_{i=1}^{n} a_{ji}\mathbf{v}_i^*.$$

因此，$[\mathbf{L}^*]_{\mathcal{B}_{\mathcal{W}^*}}^{\mathcal{B}_{\mathcal{V}^*}}$的第$j$行恰好是$[\mathbf{L}]_{\mathcal{B}_{\mathcal{V}}}^{\mathcal{B}_{\mathcal{W}}}$的第$j$列。這即爲我們要證明的。∎

這個定理有一個非常具體且重要的推論。

推論 **3.84** 一個矩陣的行獨立個數等於其列獨立個數。

證明: 因爲行獨立個數$=\text{rank}(\mathbf{A}) = \text{rank}(\mathbf{L_A})$，由定理3.82，我們知道rank $(\mathbf{L_A}) = \text{rank}(\mathbf{L_A^*})$。再由定理3.83，$\text{rank}(\mathbf{L_A^*}) = \text{rank}(\mathbf{A}^T)$，故得證。∎

3.9　再論商空間的維度

在這一節中，我們定義一個從$\mathcal{V}$到$\mathcal{V}/\mathcal{W}$的線性映射。藉此線性映射的特性，我們可以用不同的方法導出商空間的維度。

$\mathcal{V}$和$\mathcal{V}/\mathcal{W}$間有一個很自然存在的映射; 我們定義$\pi_{\mathcal{W}} : \mathcal{V} \longrightarrow \mathcal{V}/\mathcal{W}$爲

$$\pi_{\mathcal{W}}\mathbf{v} = [\mathbf{v}]。$$

稱$\pi_{\mathcal{W}}$爲從$\mathcal{V}$到$\mathcal{V}/\mathcal{W}$的自然投影(natural projection)。很明顯地$\pi_{\mathcal{W}}$是蓋射。這個映射在研究商空間$\mathcal{V}/\mathcal{W}$的結構上，扮演非常重要的角色，在下一節中我們將會大量使用從$\mathcal{V}$到$\mathcal{V}/\mathcal{W}$的自然投影，因此希望讀者在這簡短的一節中能夠熟悉這個映射。

定理 **3.85** 設$\mathcal{V}$是向量空間，$\mathcal{W}$是$\mathcal{V}$的子空間。$\pi_{\mathcal{W}}$定義如上。則$\pi_{\mathcal{W}}$是線性映射，且$\mathcal{K}er(\pi_{\mathcal{W}}) = \mathcal{W}$。

證明: 令$\mathbf{v}_1, \mathbf{v}_2 \in \mathcal{V}$, $a, b \in \mathbb{F}$, 則

$$
\begin{aligned}
\pi_{\mathcal{W}}(a\mathbf{v}_1 + b\mathbf{v}_2) &= [a\mathbf{v}_1 + b\mathbf{v}_2] \\
&= a[\mathbf{v}_1] + b[\mathbf{v}_2] \\
&= a\pi_{\mathcal{W}}\mathbf{v}_1 + b\pi_{\mathcal{W}}\mathbf{v}_2。
\end{aligned}
$$

因此π_W是線性映射。接下來，我們要證明$Ker(\pi_W) = W$。很明顯地$W \subset Ker(\pi_W)$。令$\mathbf{w} \in Ker(\pi_W)$，則$\pi_W(\mathbf{w}) = [\mathbf{0}]$。因此$[\mathbf{w}] = [\mathbf{0}]$。直接根據定義，$\mathbf{w} - \mathbf{0} = \mathbf{w} \in W$。故得證。 ■

推論 3.86 設V是有限維度向量空間，W是V的子空間。則

$$\dim(V/W) = \dim V - \dim W。$$

證明: 考慮從V到V/W的自然投影π_W。根據維度定理，我們知道

$$\dim V = \text{nillity}(\pi_W) + \text{rank}(\pi_W)$$

因為π_W是蓋射，所以$\text{rank}(\pi_W) = \dim(V/W)$。再由定理3.85，我們知道nillity$(\pi_W) = \dim W$，故得證。 ■

3.10　商空間的結構與同構定理

在第2章中，我們已經證明了V/W是一個向量空間，並且若V是有限維度向量空間，則V/W亦是有限維度。接下來，我們將討論V/W的子空間與V的子空間的關聯。在此要先釐清一個觀念，設V是有限維度向量空間，W是V的子空間，而U是V的子空間並且$W \subset U \subset V$，令$\mathbf{u} \in U \subset V$，並令

$$[\mathbf{u}]_V = \{\mathbf{u}' \in V \mid \mathbf{u}' - \mathbf{u} \in W\},$$
$$[\mathbf{u}]_U = \{\mathbf{u}'' \in U \mid \mathbf{u}'' - \mathbf{u} \in W\}。$$

由定義我們知道$[\mathbf{u}]_V$是V/W中的向量，而$[\mathbf{u}]_U$是U/W中的向量。這兩個向量

173

是否有關聯呢？很明顯地，$[\mathbf{u}]_{\mathcal{U}} \subset [\mathbf{u}]_{\mathcal{V}}$。但是若再仔細觀察，我們會發現：

$$
\begin{aligned}
[\mathbf{u}]_{\mathcal{V}} &= \{\mathbf{u}' \in \mathcal{V} \mid \mathbf{u}' - \mathbf{u} \in \mathcal{W}\} \\
&= \{\mathbf{u}' \in \mathcal{V} \mid \mathbf{u}' - \mathbf{u} = \mathbf{w}, \text{其中}\mathbf{w} \in \mathcal{W} \subset \mathcal{U}\} \\
&= \{\mathbf{u}' \in \mathcal{V} \mid \mathbf{u}' = \mathbf{u} + \mathbf{w}, \text{其中}\mathbf{w} \in \mathcal{W} \subset \mathcal{U}, \mathbf{u} \in \mathcal{U}\} \\
&= \{\mathbf{u}' \in \mathcal{U} \mid \mathbf{u}' - \mathbf{u} \in \mathcal{W}\}。
\end{aligned}
$$

因此我們知道$[\mathbf{u}]_{\mathcal{V}} = [\mathbf{u}]_{\mathcal{U}}$，這表示$\mathcal{U}/\mathcal{W}$的確是$\mathcal{V}/\mathcal{W}$的子集。又因為$\mathcal{U}/\mathcal{W}$是一個向量空間，所以$\mathcal{U}/\mathcal{W}$是$\mathcal{V}/\mathcal{W}$的子空間。所以在接下來的討論中，我們不必區別$[\mathbf{u}]_{\mathcal{V}}$與$[\mathbf{u}]_{\mathcal{U}}$。綜合上面的討論，我們可以得到下述定理：

定理 3.87 設$\mathcal{V}$是有限維度向量空間，$\mathcal{W}$是$\mathcal{V}$的子空間。若$\mathcal{U}$是$\mathcal{V}$的子空間並且$\mathcal{W} \subset \mathcal{U} \subset \mathcal{V}$，則$\mathcal{U}/\mathcal{W}$是$\mathcal{V}/\mathcal{W}$的子空間。∎

由這個定理自然引發一個問題，那就是對每個$\mathcal{V}/\mathcal{W}$的子空間$\mathcal{U}'$，是否都存在$\mathcal{V}$的子空間$\mathcal{U}$使得$\mathcal{U}' = \mathcal{U}/\mathcal{W}$？而$\mathcal{V}$和$\mathcal{U}$與$\mathcal{V}/\mathcal{W}$和$\mathcal{U}/\mathcal{W}$之間是否有關聯？要回答這個問題，我們需要了解更多商空間的結構。

引理 3.88 設$\mathcal{V}$及$\mathcal{U}$是向量空間，$\mathcal{W}$是$\mathcal{V}$的子空間。令$\mathbf{L} \in \mathcal{L}(\mathcal{V}, \mathcal{U})$滿足 $\mathcal{W} \subset \mathcal{K}er(\mathbf{L})$。則存在唯一的線性映射$\mathbf{L}' : \mathcal{V}/\mathcal{W} \longrightarrow \mathcal{U}$使得

$$
\mathbf{L}' \circ \pi_{\mathcal{W}} = \mathbf{L},
$$

其中$\pi_{\mathcal{W}}$是從$\mathcal{V}$到$\mathcal{V}/\mathcal{W}$的自然投影，且$\mathcal{K}er(\mathbf{L}') = \mathcal{K}er(\mathbf{L})/\mathcal{W}$，$\mathcal{I}m(\mathbf{L}') = \mathcal{I}m(\mathbf{L})$。

證明：定義$\mathbf{L}'[\mathbf{v}] \triangleq \mathbf{L}\mathbf{v}$。若$[\mathbf{u}] = [\mathbf{v}]$，則$\mathbf{u} - \mathbf{v} \in \mathcal{W}$。根據假設知$\mathbf{L}(\mathbf{u} - \mathbf{v}) = \mathbf{L}\mathbf{u} - \mathbf{L}\mathbf{v} = 0$，這表示$\mathbf{L}\mathbf{u} = \mathbf{L}\mathbf{v}$。因此$\mathbf{L}'$的定義是合理的。由定義，

$$
\begin{aligned}
\mathcal{I}m(\mathbf{L}') &= \{\mathbf{L}'[\mathbf{v}] \mid \mathbf{v} \in \mathcal{V}\} \\
&= \{\mathbf{L}\mathbf{v} \mid \mathbf{v} \in \mathcal{V}\} = \mathcal{I}m(\mathbf{L})
\end{aligned}
$$

並且

$$
\begin{aligned}
\mathcal{K}er(\mathbf{L}') &= \{[\mathbf{v}] \mid \mathbf{L}'[\mathbf{v}] = \mathbf{0}\} \\
&= \{[\mathbf{v}] \mid \mathbf{L}\mathbf{v} = \mathbf{0}\} \\
&= \{[\mathbf{v}] \mid \mathbf{v} \in \mathcal{K}er(\mathbf{L})\} \\
&= \mathcal{K}er(\mathbf{L})/\mathcal{W} \circ
\end{aligned}
$$

接下來我們證明$\mathbf{L}'$的唯一性。若存在$\mathbf{M}$使得$\mathbf{M} \circ \pi_{\mathcal{W}} = \mathbf{L}$，則對所有$\mathbf{v} \in \mathcal{V}$，$(\mathbf{M} \circ \pi_{\mathcal{W}})(\mathbf{v}) = \mathbf{L}\mathbf{v}$。這表示$\mathbf{M}(\pi_{\mathcal{W}}(\mathbf{v})) = \mathbf{M}([\mathbf{v}]) = \mathbf{L}\mathbf{v}$，因此$\mathbf{M} = \mathbf{L}'$。∎

定理 3.89 (第一同構定理)
設$\mathcal{V},\mathcal{U}$是向量空間，令$\mathbf{L} \in \mathcal{L}(\mathcal{V},\mathcal{U})$。若線性映射$\mathbf{L}' : \mathcal{V}/\mathcal{K}er(\mathbf{L}) \longrightarrow \mathcal{U}$定義為$\mathbf{L}'([\mathbf{v}]) = \mathbf{L}\mathbf{v}$，則$\mathbf{L}'$單射並且$\mathcal{V}/\mathcal{K}er(\mathbf{L}) \sim \mathcal{I}m(\mathbf{L})$。
證明: 令引理3.88中的$\mathcal{W} = \mathcal{K}er(\mathbf{L})$，則$\mathcal{K}er(\mathbf{L}') = \{[\mathbf{0}]\}$，這表示$\mathbf{L}'$是單射。所以$\mathcal{V}/\mathcal{K}er(\mathbf{L}) \sim \mathcal{I}m(\mathbf{L}')$，再次援用引理3.88，可得$\mathcal{V}/\mathcal{K}er(\mathbf{L}) \sim \mathcal{I}m(\mathbf{L}') = \mathcal{I}m(\mathbf{L})$。∎

推論 3.90 (第三同構定理)
設$\mathcal{V}$是向量空間，$\mathcal{W}$及$\mathcal{U}$均為$\mathcal{V}$之子空間且$\mathcal{W} \subset \mathcal{U} \subset \mathcal{V}$。則

$$
\frac{\mathcal{V}/\mathcal{W}}{\mathcal{U}/\mathcal{W}} \sim \frac{\mathcal{V}}{\mathcal{U}} \circ
$$

證明: 在這個證明中，因為我們需要考慮商空間$\mathcal{V}/\mathcal{W}$ 和$\mathcal{V}/\mathcal{U}$中的等價類，所以令$[\mathbf{v}]_{\mathcal{W}}$表示$\mathcal{V}/\mathcal{W}$中的向量，$[\mathbf{v}]_{\mathcal{U}}$表示$\mathcal{V}/\mathcal{U}$中的向量(請勿與本節一開始的說明所使用的符號混淆)。定義$\mathbf{L} : \mathcal{V}/\mathcal{W} \longrightarrow \mathcal{V}/\mathcal{U}$為$\mathbf{L}([\mathbf{v}]_{\mathcal{W}}) = [\mathbf{v}]_{\mathcal{U}}$。若$[\mathbf{v}]_{\mathcal{W}} = [\mathbf{t}]_{\mathcal{W}}$，則$\mathbf{v} - \mathbf{t} \in \mathcal{W} \subset \mathcal{U}$，所以$[\mathbf{v}]_{\mathcal{U}} = [\mathbf{t}]_{\mathcal{U}}$。這表示$\mathbf{L}$的定義是合理的。若$[\mathbf{u}]_{\mathcal{W}} \in \mathcal{U}/\mathcal{W}$，則$\mathbf{u} \in \mathcal{U}$，因此$[\mathbf{u}]_{\mathcal{U}} = \mathbf{0}$，這表示$\mathcal{U}/\mathcal{W} \subset \mathcal{K}er(\mathbf{L})$。若$[\mathbf{t}]_{\mathcal{W}} \in \mathcal{K}er(\mathbf{L})$，則$\mathbf{L}([\mathbf{t}]_{\mathcal{W}}) = [\mathbf{t}]_{\mathcal{U}} = [\mathbf{0}]_{\mathcal{U}}$。於是$\mathbf{t} \in \mathcal{U}$，所以$[\mathbf{t}]_{\mathcal{W}} \in \mathcal{U}/\mathcal{W}$。因此我們得到$\mathcal{K}er(\mathbf{L}) = \mathcal{U}/\mathcal{W}$。再由第一同構定理，我們知道$\frac{\mathcal{V}/\mathcal{W}}{\mathcal{U}/\mathcal{W}} \sim \frac{\mathcal{V}}{\mathcal{U}}$。∎

現在我們可以回答在這一節開始時所提的疑問。若$\mathcal{U}'$是$\mathcal{V}/\mathcal{W}$的子空間，則必然存在$\mathcal{V}$的子空間$\mathcal{U}$使得$\mathcal{U}' = \mathcal{U}/\mathcal{W}$，且若$\mathcal{V}$是有限維度向量空間，則有

$$\dim\mathcal{V} - \dim\mathcal{U} = \dim(\mathcal{V}/\mathcal{W}) - \dim(\mathcal{U}/\mathcal{W})。$$

定理 3.91 (對應定理)

設$\mathcal{V}$是有限維度向量空間，$\mathcal{W}$是$\mathcal{V}$的子空間。設$\mathrm{Sub}(\mathcal{V}, \mathcal{W})$是所有包含$\mathcal{W}$的$\mathcal{V}$的子空間，且設$\mathrm{Sub}(\mathcal{V}/\mathcal{W})$是所有$\mathcal{V}/\mathcal{W}$的子空間。令$\pi_{\mathcal{W}}$是$\mathcal{V}$到$\mathcal{V}/\mathcal{W}$的自然投影，則映射$\Phi : \mathrm{Sub}(\mathcal{V}, \mathcal{W}) \longrightarrow \mathrm{Sub}(\mathcal{V}/\mathcal{W})$，定義為

$$\Phi(\mathcal{U}) = \mathcal{U}/\mathcal{W},$$

是蓋單映射；並且若$\mathcal{W} \subset \mathcal{U} \subset \mathcal{T} \subset \mathcal{V}$，則$\mathcal{U}/\mathcal{W} \subset \mathcal{T}/\mathcal{W} \subset \mathcal{V}/\mathcal{W}$，而且

$$\dim\mathcal{V} - \dim\mathcal{T} = \dim\mathcal{V}/\mathcal{W} - \dim\mathcal{T}/\mathcal{W},$$

$$\dim\mathcal{T} - \dim\mathcal{U} = \dim\mathcal{T}/\mathcal{W} - \dim\mathcal{U}/\mathcal{W}。$$

證明: 在定理3.87中，我們已經證明了對所有包含$\mathcal{W}$的$\mathcal{V}$的子空間$\mathcal{U}$，$\mathcal{U}/\mathcal{W}$必然是$\mathcal{V}/\mathcal{W}$的子空間。因此Φ的定義是合理的。

其次我們要證明Φ是單射。設$\mathcal{U}$是包含$\mathcal{W}$的$\mathcal{V}$的子空間。首先我們要證明$\pi_{\mathcal{W}}^{-1}\pi_{\mathcal{W}}(\mathcal{U}) = \mathcal{U}$。很明顯地，$\mathcal{U} \subset \pi_{\mathcal{W}}^{-1}\pi_{\mathcal{W}}(\mathcal{U})$(見定理3.1)。令$\mathbf{u} \in \pi_{\mathcal{W}}^{-1}\pi_{\mathcal{W}}(\mathcal{U})$，則存在$\mathbf{u}' \in \mathcal{U}$使得$\pi_{\mathcal{W}}(\mathbf{u}) = \pi_{\mathcal{W}}(\mathbf{u}')$。這表示$\mathbf{u} - \mathbf{u}' \in \mathcal{W}$。因此存在$\mathbf{w} \in \mathcal{W} \subset \mathcal{U}$使得$\mathbf{u} = \mathbf{u}' + \mathbf{w}$，這表示$\mathbf{u} \in \mathcal{U}$。這證明了$\pi_{\mathcal{W}}^{-1}\pi_{\mathcal{W}}(\mathcal{U}) = \mathcal{U}$。

假設 $\Phi(\mathcal{U}) = \Phi(\mathcal{T})$，其中$\mathcal{U}$和$\mathcal{T}$是包含$\mathcal{W}$的子空間。則 $\mathcal{U}/\mathcal{W} = \mathcal{T}/\mathcal{W}$，因此$\pi_{\mathcal{W}}(\mathcal{U}) = \pi_{\mathcal{W}}(\mathcal{T})$。根據上面的論述，

$$\mathcal{U} = \pi_{\mathcal{W}}^{-1}\pi_{\mathcal{W}}(\mathcal{U}) = \pi_{\mathcal{W}}^{-1}\pi_{\mathcal{W}}(\mathcal{T}) = \mathcal{T},$$

故Φ是單射。

接下來我們證明Φ是蓋射。若$\mathcal{U}'$是$\mathcal{V}/\mathcal{W}$的子空間，則$\pi_{\mathcal{W}}^{-1}(\mathcal{U}')$也是$\mathcal{V}$的子空間，並且$\mathcal{W} = \pi_{\mathcal{W}}^{-1}([\mathbf{0}]) \subset \pi_{\mathcal{W}}^{-1}(\mathcal{U}')$，故$\pi_{\mathcal{W}}^{-1}(\mathcal{U}') \in \mathrm{Sub}(\mathcal{V}/\mathcal{W})$。又$\Phi(\pi_{\mathcal{W}}^{-1}(\mathcal{U}'))$$= \mathcal{U}'$，所以$\Phi$是蓋射。

由定理3.87知道，若$\mathcal{W} \subset \mathcal{U} \subset \mathcal{T}$，其中$\mathcal{U}$和$\mathcal{T}$是$\mathcal{V}$的子空間，則$\mathcal{U}/\mathcal{W} \subset \mathcal{T}/\mathcal{W}$。反過來，設$\mathcal{U}/\mathcal{W} \subset \mathcal{T}/\mathcal{W}$，則若$\mathbf{u} \in \mathcal{U}$，則$[\mathbf{u}] \in \mathcal{U}/\mathcal{W} \subset \mathcal{T}/\mathcal{W}$。根據定義，存在$\mathbf{t} \in \mathcal{T}$使得$\mathbf{u} - \mathbf{t} \in \mathcal{W}$。這表示存在$\mathbf{w} \in \mathcal{W} \subset \mathcal{T}$使得$\mathbf{u} - \mathbf{t} = \mathbf{w}$，故$\mathbf{u} = \mathbf{w} + \mathbf{t} \in \mathcal{T}$。所以$\mathcal{U} \subset \mathcal{T}$。

最後我們證明$\dim\mathcal{V} - \dim\mathcal{T} = \dim\mathcal{V}/\mathcal{W} - \dim\mathcal{T}/\mathcal{W}$。根據第三同構定理，

$$\frac{\mathcal{V}/\mathcal{W}}{\mathcal{T}/\mathcal{W}} \sim \frac{\mathcal{V}}{\mathcal{T}},$$

所以

$$\dim(\frac{\mathcal{V}/\mathcal{W}}{\mathcal{T}/\mathcal{W}}) = \dim(\frac{\mathcal{V}}{\mathcal{T}})。$$

故

$$\dim\mathcal{V} - \dim\mathcal{T} = \dim(\mathcal{V}/\mathcal{W}) - \dim(\mathcal{T}/\mathcal{W})。$$

同理

$$\dim\mathcal{T} - \dim\mathcal{U} = \dim(\mathcal{T}/\mathcal{W}) - \dim(\mathcal{U}/\mathcal{W})。$$

我們可以用圖3.12來表示上述的定理。

到此，透過自然投影$\pi_{\mathcal{W}}$和第三同構定理，$\mathcal{V}/\mathcal{W}$的子空間與$\mathcal{V}$的子空間的關聯已經非常清楚。在這一節結束之前，爲了理論的完備性，我們介紹第二同構定理做爲第一同構定理的推論。

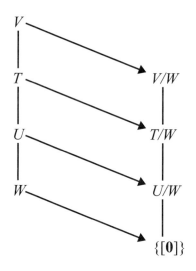

圖 3.12: 對應定理示意圖

推論 3.92 (第二同構定理)

令$\mathcal{V}$是向量空間，$\mathcal{U}, \mathcal{W}$是$\mathcal{V}$的子空間。則

$$\frac{\mathcal{U} + \mathcal{W}}{\mathcal{W}} \sim \frac{\mathcal{U}}{\mathcal{U} \cap \mathcal{W}}。$$

證明: 考慮映射$\mathbf{L}_1 : \mathcal{U} \longrightarrow \mathcal{U} + \mathcal{W}$, 與$\mathbf{L}_2 : \mathcal{U} + \mathcal{W} \longrightarrow (\mathcal{U} + \mathcal{W})/\mathcal{W}$, 其中對所有$\mathbf{u} \in \mathcal{U}$, $\mathbf{w} \in \mathcal{W}$, $\mathbf{L}_1$及$\mathbf{L}_2$分別定義爲 $\mathbf{L}_1\mathbf{u} = \mathbf{u}$, $\mathbf{L}_2(\mathbf{u} + \mathbf{w}) = [\mathbf{u} + \mathbf{w}]$。因爲$\mathbf{L}_1$, $\mathbf{L}_2$都是線性映射, 所以$\mathbf{L}_2 \circ \mathbf{L}_1$是線性映射。因爲對所有$[\mathbf{u} + \mathbf{w}] \in (\mathcal{U} + \mathcal{W})/\mathcal{W}$, 都可以寫成$[\mathbf{u} + \mathbf{w}] = \mathbf{u} + \mathbf{w} + \mathcal{W}$。但$\mathbf{w} \in \mathcal{W}$, 所以$[\mathbf{u} + \mathbf{w}] = \mathbf{u} + \mathcal{W} = [\mathbf{u}]$。這表示對所有$\mathbf{u} \in \mathcal{U}$, $\mathbf{w} \in \mathcal{W}$, $[\mathbf{u} + \mathbf{w}] = [\mathbf{u}] = \mathbf{L}_2 \circ \mathbf{L}_1(\mathbf{u})$, 因此$\mathbf{L}_2 \circ \mathbf{L}_1$是蓋射。不難驗證$\mathcal{K}er(\mathbf{L}_2 \circ \mathbf{L}_1) = \mathcal{U} \cap \mathcal{W}$。根據第一同構定理, $\mathcal{U}/\mathcal{U} \cap \mathcal{W} \sim \frac{\mathcal{U} + \mathcal{W}}{\mathcal{W}}$。 ∎

3.11 習題

3.2節習題

習題 **3.1** (∗∗) 試證明定理3.1。

習題 **3.2** (∗∗) 試證明命題3.6。

習題 **3.3** (∗∗) 試完成定理3.8第2及第3部份之證明。

習題 **3.4** (∗∗) 證明當$F : \mathcal{S} \longrightarrow \mathcal{S}'$為蓋單映射時，其左逆及右逆映射唯一存在，且均等於其逆映射F^{-1}。

習題 **3.5** (∗∗) 試證明下列敍述：

1. 若$F : \mathcal{S} \longrightarrow \mathcal{S}'$為可逆，其逆映射$F^{-1}$亦為可逆，且$(F^{-1})^{-1} = F$。

2. 若$F : \mathcal{S} \longrightarrow \mathcal{S}'$以及$G : \mathcal{S}' \longrightarrow \mathcal{S}''$為可逆，則其合成$G \circ F$亦為可逆，且$(G \circ F)^{-1} = F^{-1} \circ G^{-1}$。

習題 **3.6** (∗) 令$\mathcal{S} = \{a, b, c\}$，$\mathcal{S}' = \{1, 2\}$，試寫出從$\mathcal{S}$到$\mathcal{S}'$所有可能的映射。

習題 **3.7** (∗) 試找到集合$\mathcal{S}$，$\mathcal{T}$，及$\mathcal{U}$和映射$F : \mathcal{S} \longrightarrow \mathcal{T}$，$G : \mathcal{T} \longrightarrow \mathcal{U}$使得$G \circ F$是單射但$G$不是單射。

習題 **3.8** (∗) 試找到集合$\mathcal{S}$，$\mathcal{T}$，及$\mathcal{U}$和映射$F : \mathcal{S} \longrightarrow \mathcal{T}$，$G : \mathcal{T} \longrightarrow \mathcal{U}$使得$G \circ F$是蓋射但$F$不是蓋射。

習題 **3.9** (∗∗) 令$\mathcal{S}$，$\mathcal{T}$，和$\mathcal{U}$是非空集合。$F : \mathcal{S} \longrightarrow \mathcal{T}$及$G : \mathcal{T} \longrightarrow \mathcal{U}$是定義在$\mathcal{S}$及$\mathcal{T}$上的映射。試證明

   1. 若F和G皆是單射, 則$G \circ F$是單射。

   2. 若F和G皆是蓋射, 則$G \circ F$是蓋射。

習題 **3.10** (∗∗) 令$\mathcal{S}$, $\mathcal{T}$, 和$\mathcal{U}$是非空集合。$F : \mathcal{S} \longrightarrow \mathcal{T}$及$G : \mathcal{T} \longrightarrow \mathcal{U}$是定義在$\mathcal{S}$及$\mathcal{T}$上的映射。試證明

   1. 若$G \circ F$是單射, 則F是單射。

   2. 若$G \circ F$是蓋射, 則G是蓋射。

習題 **3.11** (∗) 令 $F : \mathbb{R} \longrightarrow \mathbb{R}$ 定義為 $F(x) = x^2$。試求集合 $F^{-1}([0,4])$。

習題 **3.12** (∗) 試判斷下列映射何者是單射, 蓋射, 和蓋單映射。

   1. $F : \mathbb{R}^+ \longrightarrow \mathbb{R}^+$, $F(x) = x^2$, 其中$\mathbb{R}^+$表示正實數。

   2. $F : \mathbb{R} \longrightarrow \mathbb{R}$, $F(x) = x^2$。

   3. $F : \mathbb{R} \longrightarrow \mathbb{R}$, $F(x) = x^3$。

3.3節習題

習題 **3.13** (∗) 證明$\mathbf{L} : \mathcal{V} \longrightarrow \mathcal{W}$為線性映射若且唯若對所有的$\mathbf{x}, \mathbf{y} \in \mathcal{V}$, 所有的$a, b \in \mathbb{F}$, 恆有$\mathbf{L}(a\mathbf{x} + b\mathbf{y}) = a\mathbf{Lx} + b\mathbf{Ly}$。

習題 **3.14** (∗∗) 證明$\mathbf{L} : \mathcal{V} \longrightarrow \mathcal{W}$為線性映射若且唯若對任意的$n \in \mathbb{N}$, 所有的$\mathbf{x_i} \in \mathcal{V}$, 以及所有的$a_i \in \mathbb{F}$, 恆有$\mathbf{L}(a_1\mathbf{x}_1 + a_2\mathbf{x}_2 + \cdots + a_n\mathbf{x}_n) = a_1\mathbf{Lx}_1 + a_2\mathbf{Lx}_2 + \cdots + a_n\mathbf{Lx}_n$。

習題 **3.15** ($**$) 若$\mathbf{L} : \mathcal{V} \longrightarrow \mathcal{W}$爲線性映射，證明$\mathbf{L}0_\mathcal{V} = 0_\mathcal{W}$，這裡的$0_\mathcal{V}$及$0_\mathcal{W}$分別代表$\mathcal{V}$與$\mathcal{W}$中之零向量。

習題 **3.16** ($*$) 試驗證例3.15中定義的$\mathbf{L}$是線性映射。

習題 **3.17** ($**$) 證明定理3.16。

習題 **3.18** ($**$) 證明定理3.18。

習題 **3.19** ($**$) 設$\dim\mathcal{V} = \mathrm{n} < \infty$，且$\dim\mathcal{W} = \mathrm{m} < \infty$。試證明$\dim\mathcal{L}(\mathcal{V}, \mathcal{W}) = n \times m$，並求出$\mathcal{L}(\mathcal{V}, \mathcal{W})$之一組基底。

習題 **3.20** ($*$) 定義映射$\mathbf{L} : \mathbb{R}^n \longrightarrow \mathbb{R}$爲

$$\mathbf{L}\mathbf{x} = \frac{1}{n} \sum_{i=1}^{n} x_i,$$

其中$\mathbf{x} = (x_1, \cdots, x_n) \in \mathbb{R}^n$。試證明$\mathbf{L}$爲線性映射。

習題 **3.21** ($*$) 令$\mathcal{V}$是佈於$\mathbb{R}$的向量空間，$\mathbf{v} \in \mathcal{V}$是任意固定向量。試問映射$\mathbf{L} : \mathbb{R} \longrightarrow \mathcal{V}$，定義爲$\mathbf{L}(a) = a\mathbf{v}$，是否是線性映射？試從定義驗證。

習題 **3.22** ($**$) 承上題，試證明任意$\mathbf{L} \in \mathcal{L}(\mathbb{R}, \mathcal{V})$皆存在唯一$\mathbf{v} \in \mathcal{V}$使得$\mathbf{L}(a) = a\mathbf{v}$，其中$a \in \mathbb{R}$。

習題 **3.23** ($**$) 令$\mathcal{V}$是佈於$\mathbb{R}$的向量空間，試證明任意$\mathbf{L} \in \mathcal{L}(\mathbb{R}^2, \mathcal{V})$，皆存在唯一$\mathbf{v}_1, \mathbf{v}_2 \in \mathcal{V}$使得$\mathbf{L}(\mathbf{a}) = a_1\mathbf{v}_1 + a_2\mathbf{v}_2$，其中$\mathbf{a} = (a_1, a_2)$。

習題 **3.24** ($*$) 設$\mathbf{T} : \mathbb{R}^2 \longrightarrow \mathbb{R}^2$是線性映射，並且$\mathbf{T}(1,1) = (2,1)$，$\mathbf{T}(1,3) = (3,4)$，試求$\mathbf{T}(2,3)$。

習題 **3.25** $(*)$ 試求矩陣$\mathbf{A}$使得$\mathbf{A}$的左乘映射$\mathbf{L_A} : \mathbb{R}^2 \longrightarrow \mathbb{R}^3$滿足 $\mathbf{L_A}(3,2) = (2,1,3)$，$\mathbf{L_A}(2,3) = (6,7,8)$。並求$\mathbf{L_A}(6,7)$。

習題 **3.26** $(*)$ 試求矩陣$\mathbf{A}$使得$\mathbf{A}$的左乘映射 $\mathbf{L_A} : \mathbb{Z}_2^2 \longrightarrow \mathbb{Z}_2^3$ 滿足 $\mathbf{L_A}(1,0) = (1,0,1)$，$\mathbf{L_A}(0,1) = (1,1,1)$。

習題 **3.27** $(**)$ 試寫出所有從$\mathbb{Z}_2^2$到$\mathbb{Z}_2$的線性映射。

3.4節習題

習題 **3.28** $(*)$ 證明定理3.24第2部分。

習題 **3.29** $(**)$ 設$\mathcal{V}, \mathcal{W}$為向量空間，$\mathbf{L} \in \mathcal{L}(\mathcal{V}, \mathcal{W})$。試證明若L為左可逆且$\mathbf{G}_L$為L一左逆映射，則$\mathbf{G}_L \in \mathcal{L}(\mathcal{I}m(\mathbf{L}), \mathcal{V})$。

習題 **3.30** $(**)$ 設$\mathcal{V}$和$\mathcal{W}$為向量空間，$\mathbf{L} \in \mathcal{L}(\mathcal{V}, \mathcal{W})$。試證明若L為右可逆且$\mathbf{G}_R$為L一右逆映射。

1. 試舉一反例說明$\mathbf{G}_R$不一定是線性。

2. 設$\mathcal{V}, \mathcal{W}$均為有限維度，並假設$\mathbf{L} \in \mathcal{L}(\mathcal{V}, \mathcal{W})$為蓋射。試證明L必有一線性右逆映射。

習題 **3.31** $(**)$ 證明引理3.33。

習題 **3.32** $(*)$ 試求下列線性映射的核空間與像空間，並計算它們的維度。

1. $\mathbf{L} : \mathbb{R}^3 \longrightarrow \mathbb{R}^2$，其定義為$\mathbf{L}(a_1, a_2, a_3) = (a_1, a_2)$。

2. $\mathbf{L} : \mathbb{R}^2 \longrightarrow \mathbb{R}^3$，其定義為$\mathbf{L}(a_1, a_2) = (a_1 + a_2, a_1 - a_2, 0)$。

3. $\mathbf{L} : \mathbb{R}^{n \times n} \longrightarrow \mathbb{R}$, 其定義爲$\mathbf{L}(\mathbf{A}) = \text{tr}(\mathbf{A})$。

習題 **3.33** $(*)$ 令$\mathcal{V}$和$\mathcal{W}$是有限維度向量空間, $\mathbf{L} \in \mathcal{L}(\mathcal{V}, \mathcal{W})$。試證明

1. 若$\mathbf{L}$是蓋射, 則$\dim \mathcal{W} \leq \dim \mathcal{V}$。

2. 若$\mathbf{L}$是單射, 則$\dim \mathcal{V} \leq \dim \mathcal{W}$。

(提示: 利用維度定理)

習題 **3.34** $(**)$ 令$\mathcal{V}$和$\mathcal{W}$是有限維度向量空間, 且$\mathbf{L} \in \mathcal{L}(\mathcal{V}, \mathcal{W})$。並令 $\mathbf{Lv} = \mathbf{w}$。試證明
$$\mathbf{L}^{-1}(\{\mathbf{w}\}) = \{\mathbf{v} + \mathbf{v}' \mid \mathbf{v}' \in \mathcal{K}er\mathbf{L}\}。$$

習題 **3.35** $(*)$ 令$\mathbf{D} : \mathbb{F}_n[t] \longrightarrow \mathbb{F}_{n-1}[t]$爲微分算子(定義同例3.13)。

1. 試求$\mathcal{K}er\mathbf{D}$。

2. 令$f \in \mathbb{F}_{n-1}[t]$, 試寫出$\mathbf{D}^{-1}(\{f\})$。

(提示: 利用第3.34題)

習題 **3.36** $(*)$ 試找出一個線性映射$\mathbf{L} : \mathbb{R}^2 \longrightarrow \mathbb{R}^2$使得其像空間等於核空間(也就是$\mathcal{I}m\mathbf{L} = \mathcal{K}er\mathbf{L}$)。

習題 **3.37** $(**)$ 試建構出兩相異的線性映射$\mathbf{L}, \mathbf{M}$使得$\mathcal{I}m\mathbf{L} = \mathcal{I}m\mathbf{M}$及$\mathcal{K}er\mathbf{L} = \mathcal{K}er\mathbf{M}$。

習題 **3.38** $(*)$ 令$\mathcal{V} = \mathbb{R}_3[t]$, 並考慮線性映射$\mathbf{L} : \mathcal{V} \longrightarrow \mathcal{V}$, $\mathbf{L}$的定義爲$\mathbf{L}(f) = \frac{d^2 f}{dt^2} - f$。試證明$\mathcal{K}er\mathbf{L} = \{0\}$。(提示: 直接證明$\mathbf{L}$是單射)

線性代數

習題 **3.39** (∗∗∗) 令a是任意實數。試建立適當的線性映射$\mathbf{L} : \mathbb{R}_3[t] \longrightarrow \mathbb{R}$以求出$\mathbb{R}_3[t]$的子空間

$$\mathcal{W} = \{f \mid f \in \mathbb{R}_3[t]並且f(a) = 0\}$$

的維度。

習題 **3.40** (∗) 試寫出所有$\mathcal{L}(\mathbb{Z}_2^2, \mathbb{Z}_2)$中的向量，並寫出它們的核空間與像空間。

3.5節習題

習題 **3.41** (∗) 令i定義如推論3.40，請問$i^{-1}(\{0\})$是哪一個向量空間？

習題 **3.42** (∗∗) 試證明例3.41中$\{\mathbf{L}_1, \mathbf{L}_2\}$是$\mathcal{L}(\mathbb{R}^2, \mathbb{R})$的一組基底。

習題 **3.43** (∗) 我們知道$\dim \mathbb{R}_2[t]$與$\dim(\mathrm{span}(\{e^{-2t}, e^t\}))$皆是2。試建構$\mathbb{R}_2[t]$與$\mathrm{span}(\{e^{-2t}, e^t\})$之間的同構映射。

習題 **3.44** (∗) 令$\mathcal{V} = \{\begin{bmatrix} a & a-b \\ 0 & c \end{bmatrix} \mid a, b, c \in \mathbb{R}\}$。試證明$\mathcal{V}$是一個向量空間，並建構$\mathcal{V}$與$\mathbb{R}^3$之間的同構映射。

習題 **3.45** (∗∗) 設$\mathcal{V}$和$\mathcal{W}$是有限維度向量空間，$\mathbf{L} \in \mathcal{L}(\mathcal{V}, \mathcal{W})$是同構映射。令$\mathcal{U}$是$\mathcal{V}$的子空間。

1. 試證明$\mathbf{L}(\mathcal{U})$是$\mathcal{W}$的子空間。

2. 試證明$\dim \mathcal{U} = \dim \mathbf{L}(\mathcal{U})$。

3.6節習題

習題 3.46 (∗) 試證明例3.46中的 $\phi_{\mathcal{B}}$ 滿足1, 2兩性質。

習題 3.47 (∗∗) 試證明定理3.50。

習題 3.48 (∗∗) 試驗證例3.56中定義的 $\mathbf{D}$ 是線性映射。

習題 3.49 令 $\mathbf{A}, \mathbf{C} \in \mathbb{F}^{m \times n}$, $\mathcal{B}_n$ 與 $\mathcal{B}_m$ 分別是 $\mathbb{F}^n$ 與 $\mathbb{F}^m$ 的標準有序基底。試證明下列敘述。

1. $[\mathbf{L_A}]_{\mathcal{B}_n}^{\mathcal{B}_m} = \mathbf{A}$。

2. $\mathbf{L_A} = \mathbf{L_C}$ 若且唯若 $\mathbf{A} = \mathbf{C}$。

3. $\mathbf{L_{A+C}} = \mathbf{L_A} + \mathbf{L_C}$ 且對所有的 $a \in \mathbb{F}$, $\mathbf{L_{aA}} = a\mathbf{L_A}$。

4. 若 $\mathbf{L} \in \mathcal{L}(\mathbb{F}^n, \mathbb{F}^m)$, 則存在唯一的矩陣 $\mathbf{D} \in \mathbb{F}^{m \times n}$ 使得 $\mathbf{L} = \mathbf{L_D}$。事實上, $\mathbf{D} = [\mathbf{L}]_{\mathcal{B}_n}^{\mathcal{B}_m}$。

5. 若 $\mathbf{E} \in \mathbb{F}^{n \times p}$, 則 $\mathbf{L_{AE}} = \mathbf{L_A} \circ \mathbf{L_E}$。

6. 若 $m = n$, 則 $\mathbf{L_{I_n}} = \mathbf{I}_{\mathbb{F}^n}$。

習題 3.50 試完成定理3.60的證明。

習題 3.51 試證明推論3.66。

習題 3.52 (∗∗) 令 $\mathcal{V} = \mathbb{F}_3[t]$。定義映射 $\mathbf{L} : \mathcal{V} \longrightarrow \mathcal{V}$ 為 $\mathbf{L}(f) = (t+1)f' + f$, 其中 $f \in \mathcal{V}$。

1. 試證明 $\mathbf{L}$ 是線性映射。

2. 參照$\mathcal{V}$的基底$\mathcal{B} = \{1, 2t, t^2\}$，試求$[\mathbf{L}]_{\mathcal{B}}$。

習題 **3.53** ($*$) 承上題，令$f(t) = 3t^2 + 5t + 2$。

1. 試直接從定義求$\mathbf{L}(f)$，

2. 試計算$[\mathbf{L}(f)]_{\mathcal{B}}$與$[\mathbf{L}]_{\mathcal{B}}[f]_{\mathcal{B}}$，並與第1部分的結果比較。

習題 **3.54** ($*$) 定義映射$\mathbf{L} : \mathbb{R}^{2 \times 2} \longrightarrow \mathbb{R}^{2 \times 2}$為$\mathbf{L}(\mathbf{A}) = \mathbf{A}^T$，其中$\mathbf{A} \in \mathbb{R}^{2 \times 2}$。

1. 試證明$\mathbf{L}$是線性映射。

2. 參照$\mathbb{R}^{2 \times 2}$的基底$\mathcal{B} = \left\{ \begin{bmatrix} 1 & 0 \\ 0 & 0 \end{bmatrix}, \begin{bmatrix} 0 & 1 \\ 0 & 0 \end{bmatrix}, \begin{bmatrix} 0 & 0 \\ 1 & 0 \end{bmatrix}, \begin{bmatrix} 0 & 0 \\ 0 & 1 \end{bmatrix} \right\}$，試求$[\mathbf{L}]_{\mathcal{B}}$。

習題 **3.55** ($**$) 定義映射$\mathbf{L} : \mathbb{R}^{2 \times 2} \longrightarrow \mathbb{R}^{2 \times 2}$為$\mathbf{L}(\mathbf{A}) = \begin{bmatrix} 1 & 2 \\ 2 & 1 \end{bmatrix} \mathbf{A} + 2\mathbf{A}^T$。

1. 試證明$\mathbf{L}$是線性映射。

2. 參照$\mathbb{R}^{2 \times 2}$的基底$\mathcal{B} = \left\{ \begin{bmatrix} 1 & 0 \\ 0 & 0 \end{bmatrix}, \begin{bmatrix} 0 & 1 \\ 0 & 0 \end{bmatrix}, \begin{bmatrix} 0 & 0 \\ 1 & 0 \end{bmatrix}, \begin{bmatrix} 0 & 0 \\ 0 & 1 \end{bmatrix} \right\}$，試求$[\mathbf{L}]_{\mathcal{B}}$。

習題 **3.56** ($*$) 試仿照例3.63的方法，求下列各矩陣的左逆矩陣。

1. $\begin{bmatrix} 1 & 0 \\ 0 & 2 \\ 0 & 1 \end{bmatrix}$。

2. $\begin{bmatrix} 1 \\ 2 \\ 0 \end{bmatrix}$。

3. $\begin{bmatrix} 1 & 0 & 0 \\ 0 & 1 & 0 \\ 0 & 0 & 0 \end{bmatrix}$。

習題 **3.57** (∗) 給定方陣 $\mathbf{A}$。若 $\mathbf{B}$ 是 $\mathbf{A}$ 的左逆矩陣, $\mathbf{C}$ 是 $\mathbf{A}$ 的右逆矩陣, 試證明 $\mathbf{B} = \mathbf{C}$, $\mathbf{A}$ 是可逆, 且其逆矩陣 $\mathbf{A}^{-1} = \mathbf{B} = \mathbf{C}$。

3.7節習題

習題 **3.58** (∗∗) 令 $\mathbf{L} : \mathbb{R}^2 \longrightarrow \mathbb{R}^2$ 定義為 $\mathbf{L}(a, b) = (a + 3b, 3a - b)$。令 $\mathcal{B}$ 是 $\mathbb{R}^2$ 的標準有序基底, 再令 $\overline{\mathcal{B}} = \{(2, 1), (1, 1)\}$。試用 $\begin{bmatrix} 2 & 1 \\ 1 & 1 \end{bmatrix}^{-1} = \begin{bmatrix} 1 & -1 \\ -1 & 2 \end{bmatrix}$ 以及定理3.71求出 $[\mathbf{L}]_{\overline{\mathcal{B}}}$。

習題 **3.59** 設 $\mathcal{V} = \mathbb{R}_2[t]$。考慮線性映射 $\mathbf{D}(f(\cdot)) \triangleq f'$, 試建構 $\mathcal{V}$ 的有序基底 $\overline{\mathcal{B}}$ 使得 $[\mathbf{D}]_{\overline{\mathcal{B}}} = \begin{bmatrix} 0 & 0 \\ 1 & 0 \end{bmatrix}$。

習題 **3.60** (∗∗) 證明 $n \times n$ 方陣相似的關係是 $\mathbb{F}^{n \times n}$ 上的一個等價關係。

3.8節習題

習題 **3.61** (∗) 證明轉置映射 $\mathbf{L}^*$ 是線性映射。

習題 **3.62** (∗∗) 試證明定理3.79。

習題 **3.63** (∗) 試判斷下列各個定義在 $\mathcal{V}$ 上的函數, 那些是線性泛函。

1. $\mathcal{V} = \mathbb{F}_5[t]$; $\mathbf{L}(f) = 3\frac{df}{dt}(0) + \frac{d^2f}{dt^2}(2)$, 其中 $f \in \mathcal{V}$,

2. $\mathcal{V} = \mathbb{R}^{2\times 2}$; $\mathbf{L}(\mathbf{A}) = \mathrm{tr}\mathbf{A}$, 其中$\mathbf{A} \in \mathcal{V}$,

3. $\mathcal{V} = \mathrm{span}(\{e^{2t}, e^{-t}\})$; $\mathbf{L}(f) = f(0) + f(1)$, 其中$f \in \mathcal{V}$,

4. $\mathcal{V} = \mathbb{R}^2$; $\mathbf{L}(\mathbf{v}) = v_1^2 + v_2^2$, 其中$\mathbf{v} = (v_1, v_2) \in \mathbb{R}^2$,

5. $\mathcal{V} = \mathbb{F}_2[t]$; $\mathbf{L}(f) = \int_0^1 f dt$, 其中$f \in \mathcal{V}$。

習題 3.64 (∗∗) 令$\mathcal{V} = \mathbb{R}^3$並令$\mathbf{f}, \mathbf{g}, \mathbf{h} \in \mathcal{V}^*$定義爲

$$\mathbf{f}(v_1, v_2, v_3) = v_1 + v_2,$$
$$\mathbf{g}(v_1, v_2, v_3) = v_1 + v_3,$$
$$\mathbf{h}(v_1, v_2, v_3) = v_2 + v_3。$$

試證明$\mathbf{f}, \mathbf{g}, \mathbf{h}$爲$\mathcal{V}^*$中的一組基底。

習題 3.65 (∗∗) 令$\mathcal{V} = \mathbb{F}_2[t]$, 對所有$f \in \mathcal{V}$, 定義$\mathbf{v}_1^*, \mathbf{v}_2^* \in \mathcal{V}^*$爲

$$\mathbf{v}_1^*(f) = \int_0^1 f(t)dt,$$
$$\mathbf{v}_2^*(f) = \int_0^2 f(t)dt,$$

試證$\{\mathbf{v}_1^*, \mathbf{v}_2^*\}$是$\mathcal{V}^*$的一組基底。

習題 3.66 (∗∗) 令$\mathbf{L} : \mathbb{R}^2 \longrightarrow \mathbb{R}^2$定義爲$\mathbf{L}(a_1, a_2) = (a_1 + a_2, a_1 - a_2)$。令$\mathbf{f} \in (\mathbb{R}^2)^*$定義爲$\mathbf{f}(a_1, a_2) = 2a_1 + 3a_2$, 試計算$\mathbf{L}^*(\mathbf{f})$。

習題 3.67 (∗∗) 令$\mathbf{L} : \mathbb{R}^2 \longrightarrow \mathbb{R}^2$定義爲$\mathbf{L}(a_1, a_2) = (2a_1 + a_2, a_1 + 2a_2)$。令$\mathbf{f}, \mathbf{g} \in (\mathbb{R}^2)^*$定義爲$\mathbf{f}(a_1, a_2) = a_1$, $\mathbf{g}(a_1, a_2) = a_2$。

1. 試證明$\mathcal{B} = \{\mathbf{f}, \mathbf{g}\}$是$(\mathbb{R}^2)^*$的一組基底。

2. 試計算$[\mathbf{L}^*]_{\mathcal{B}}$。

習題 **3.68** (∗∗∗) 令$\mathcal{V} = (\mathbb{Z}_2^2, \mathbb{Z}_2)$。試寫出所有$\mathcal{V}^*$中的元素。

習題 **3.69** (∗∗∗) 令$\mathcal{V}$是有限維度向量空間。對$\mathcal{V}$中任意的子集$\mathcal{S}$, 我們定義

$$\mathcal{S}^0 = \{\mathbf{f} \in \mathcal{V}^* \mid 對所有\mathbf{x} \in \mathcal{S}, \mathbf{f}(\mathbf{x}) = 0\}。$$

1. 試證明$\mathcal{S}^0$是$\mathcal{V}^*$中的子空間。

2. 若$\mathcal{W}$是$\mathcal{V}$的子空間且$\mathbf{x} \notin \mathcal{W}$, 則必存在$\mathbf{f} \in \mathcal{W}^0$, 使得$\mathbf{f}(\mathbf{x}) \neq 0$。

3. 若$\mathcal{W}_1$和$\mathcal{W}_2$是$\mathcal{V}$的子空間, 證明$\mathcal{W}_1 = \mathcal{W}_2$若且唯若$\mathcal{W}_1^0 = \mathcal{W}_2^0$。

3.9節習題

習題 **3.70** (∗∗) 令$\mathcal{V} = \mathbb{R}^2$, $\mathcal{W} = \text{span}(\{(1,0)\})$。試將下列$\mathcal{V}/\mathcal{W}$中向量的陪集表示改為$\text{span}\{(0,1)\}$中的向量; 例如$(2,3) + \mathcal{W} = (0,3) + \mathcal{W}$。

1. $\pi_{\mathcal{W}}((2,5))$。

2. $\pi_{\mathcal{W}}((1,3))$。

3. $\pi_{\mathcal{W}}((10,5))$。

習題 **3.71** (∗∗) 承上題, 試求$\mathcal{K}er\pi_{\mathcal{W}}$及$\mathcal{I}m\pi_{\mathcal{W}}$, 並求$\mathcal{V}/\mathcal{W}$的維度。

3.10節習題

習題 **3.72** (∗∗) 令$\mathcal{V} = \mathbb{R}^2$, $\mathcal{W} = \text{span}\{(1,0)\}$是$\mathcal{V}$的子空間。再令$\mathbf{L} : \mathcal{V} \longrightarrow \mathcal{V}$定義為$\mathbf{L}(a_1, a_2) = (0, a_2)$, 其中$(a_1, a_2) \in \mathcal{V}$。

1. 試寫出$\mathcal{K}er\mathbf{L}$。

2. 試建構$\mathcal{V}/\mathcal{K}er\mathbf{L}$與$\mathcal{I}m\mathbf{L}$之間的同構映射。

習題 **3.73** $(***)$ 令$\mathcal{V} = (\mathbb{Z}_2^4, \mathbb{Z}_2)$，$\mathcal{W} = \{(0,0,0,0),(1,0,0,0)\}$，$\mathcal{U} = \{(0,0,0,0),(1,0,0,0),(0,1,0,0),(1,1,0,0)\}$，$\mathcal{T} = \{(0,0,0,0),(1,0,0,0),$ $(0,1,0,0),(0,0,1,0),(1,1,0,0),(0,1,1,0),(1,0,1,0),(1,1,1,0)\}$，試計算 $\dim\mathcal{V}$, $\dim\mathcal{T}$, $\dim\mathcal{V}/\mathcal{W}$, $\dim\mathcal{T}/\mathcal{W}$，並驗證$\dim\mathcal{V} - \dim\mathcal{T} = \dim\mathcal{V}/\mathcal{W} - \dim\mathcal{T}/\mathcal{W}$。

習題 **3.74** $(***)$ 承上題，試建立$\frac{\mathcal{V}/\mathcal{W}}{\mathcal{T}/\mathcal{W}}$與$\mathcal{V}/\mathcal{T}$之間的同構映射。

習題 **3.75** $(*)$ 承上題，試建構$\frac{\mathcal{U}+\mathcal{W}}{\mathcal{W}}$與$\frac{\mathcal{U}}{\mathcal{U}\cap\mathcal{W}}$之間的同構映射。

習題 **3.76** $(**)$ 試利用第一同構定理推導出維度定理。

第 4 章
對角化問題

4.1 前言

在這一章裡，我們要研究一個非常重要的議題: 對角化問題。有兩種看似不同的對角化問題，一是線性算子對角化問題，另一是方陣對角化問題。在4.2節裡我們將證明這兩種不同型式的對角化問題本質上是等效的。4.3節介紹特徵值與特徵向量的觀念。4.4節提出許多對角化問題有解之充分且(或)必要條件，並證明對角化問題可歸結成解特徵值與特徵向量的問題。最後4.5節則討論對角化問題在解微分方程組上之應用。

4.2 兩等效問題

首先我們給出可對角化的嚴謹定義。除非另外特別指明，本章中所談論的向量空間指的都是有限維度。

定義 4.1 設$\mathcal{V}$是一個n維的向量空間，$\mathbf{L}$是定義在$\mathcal{V}$上的一個線性算子，也就是$\mathbf{L} \in \mathcal{L}(\mathcal{V})$。如果在$\mathcal{V}$上存在一組有序基底$\mathcal{B}$，使得參照於此基底的代表矩陣$[\mathbf{L}]_{\mathcal{B}}$是一個對角矩陣，則稱$\mathbf{L}$是可對角化(diagonalizable)。 ∎

定義 4.2 給定一個矩陣$\mathbf{A} \in \mathbb{F}^{n \times n}$。如果$\mathbf{A}$相似於某一個對角矩陣, 也就是說, 如果存在一個可逆的矩陣$\mathbf{Q} \in \mathbb{F}^{n \times n}$, 使得$\overline{\mathbf{A}} \triangleq \mathbf{Q}^{-1}\mathbf{A}\mathbf{Q}$是一個對角矩陣, 則稱$\mathbf{A}$是可對角化。 ∎

如前言所述, 這兩個對角化問題本質上是等效的。下面定理以精確的數學語言來描述此兩者的等效關係。

定理 4.3 設$\mathcal{V}$是一向量空間, $\mathbf{L} \in \mathcal{L}(\mathcal{V})$。則$\mathbf{L}$是可對角化的充分必要條件是: 參照$\mathcal{V}$上任意的有序基底$\mathcal{B}$之代表矩陣$[\mathbf{L}]_{\mathcal{B}}$都是可對角化的。

證明:『必要性』首先假設$\mathbf{L}$是可對角化的, 依定義$\mathcal{V}$上存在一組有序基底$\overline{\mathcal{B}}$使得$[\mathbf{L}]_{\overline{\mathcal{B}}}$是一個對角矩陣。因為對任意的有序基底$\mathcal{B}$, $[\mathbf{L}]_{\mathcal{B}}$與$[\mathbf{L}]_{\overline{\mathcal{B}}}$必然相似 (見第3章推論3.73), 故知$[\mathbf{L}]_{\mathcal{B}}$是可對角化的。

『充分性』反過來, 假設參照$\mathcal{V}$上任意有序基底$\mathcal{B}$之代表矩陣$[\mathbf{L}]_{\mathcal{B}}$都是可對角化的。根據定義, $[\mathbf{L}]_{\mathcal{B}}$相似於某一個對角矩陣$\mathbf{D}$, 因此必存在某有序基底$\overline{\mathcal{B}}$滿足$\mathbf{D} = [\mathbf{L}]_{\overline{\mathcal{B}}}$(見第3章定理3.76), 於是證得$\mathbf{L}$是可對角化的。 ∎

根據上述定理可知線性算子對角化問題等效於該線性算子任意一個代表矩陣的對角化問題。說的更明確一點, 給定有限維度向量空間$\mathcal{V}$上的一個線性算子$\mathbf{L}$, 對任意選定的一組有序基底$\mathcal{B}$, 令$\mathbf{A} \triangleq [\mathbf{L}]_{\mathcal{B}}$為參照此基底之代表矩陣。若$\mathbf{A}$是可對角化的, 則必存在一個可逆矩陣$\mathbf{Q}$使得$\overline{\mathbf{A}} \triangleq \mathbf{Q}^{-1}\mathbf{A}\mathbf{Q}$為一個對角矩陣。根據第3章定理3.76, 此時必存在一組有序基底$\overline{\mathcal{B}}$, 使得$\overline{\mathbf{A}}$正好等於線性算子$\mathbf{L}$參照此基底$\overline{\mathcal{B}}$之代表矩陣$[\mathbf{L}]_{\overline{\mathcal{B}}}$, 故知$\overline{\mathcal{B}}$即為所求, 而由第3章推論3.73知$\mathbf{Q}$正好等於從$\overline{\mathcal{B}}$到$\mathcal{B}$之轉移矩陣。

反之, 一個方陣$\mathbf{A}$的對角化問題等效於線性算子$\mathbf{L}_{\mathbf{A}}$之對角化問題, 如下面定理所示, 其證明不難, 留給讀者自行練習。

定理 4.4 給定$\mathbf{A} \in \mathbb{F}^{n \times n}$。則$\mathbf{A}$可對角化若且唯若$\mathbf{L}_{\mathbf{A}}$可對角化。 ∎

　　基於上述討論，底下幾節我們主要討論方陣的對角化問題，而將大多數相對應線性算子對角化的類似結論留作習題讓讀者自己思考驗證。

4.3　特徵值與特徵向量

本節將介紹線性算子與方陣的特徵值(characteristic value)與特徵向量(characteristic vector)的觀念。特徵值與特徵向量又常被稱為固有值(eigenvalue)與固有向量(eigenvector)。概括來說，線性算子或方陣的對角化問題其實最後都可簡化成解特徵值與特徵向量的問題。

定義 4.5 設 $\mathcal{V}$ 為一向量空間(可以是有限維度或是無限維度)，$\mathbf{L} \in \mathcal{L}(\mathcal{V})$。如果存在一個非零的向量 $\mathbf{v} \in \mathcal{V}$，一個純量 $\lambda \in \mathbb{F}$，滿足 $\mathbf{L}\mathbf{v} = \lambda\mathbf{v}$，則稱 λ 是 $\mathbf{L}$ 的一個特徵值，並稱 $\mathbf{v}$ 是對應於 λ 的一個(右)特徵向量，有時亦稱 $(\lambda, \mathbf{v})$ 為 $\mathbf{L}$ 之(右)特徵序對。$\mathbf{L}$ 之所有特徵值所成之集合以 $\sigma(\mathbf{L})$ 表之，稱之為 $\mathbf{L}$ 之頻譜(spectrum)。∎

定義 4.6 設 $\mathbf{A} \in \mathbb{F}^{n \times n}$。如果存在一非零向量 $\mathbf{v} \in \mathbb{F}^n$，一純量 $\lambda \in \mathbb{F}$，滿足 $\mathbf{A}\mathbf{v} = \lambda\mathbf{v}$，則稱 λ 是 $\mathbf{A}$ 的一特徵值，而稱 $\mathbf{v}$ 是對應於 λ 的一個(右)特徵向量，又稱 $(\lambda, \mathbf{v})$ 為 $\mathbf{A}$ 之一(右)特徵序對。$\mathbf{A}$ 之所有特徵值所成之集合以 $\sigma(\mathbf{A})$ 表之，稱之為 $\mathbf{A}$ 之頻譜。∎

　　同理可定義在特徵序對(見習題4.12)。很明顯地，若 $(\lambda, \mathbf{v})$ 為 $\mathbf{L}$(或 $\mathbf{A}$)之特徵序對，則對任意不為零的純量 k，$(\lambda, k\mathbf{v})$ 亦為 $\mathbf{L}$(或 $\mathbf{A}$)之特徵序對。

　　無窮維度向量空間上的線性算子可能有無窮多個特徵值，如下例所示。

例 4.7 設 $\mathbf{D}$ 為定義在 $C^{\infty}(\mathbf{R})$ 上之微分算子，這裡的 $C^{\infty}(\mathbf{R})$ 代表定義在 $\mathbf{R}$ 上所有平滑(smooth，也就是任何階數導數均存在且連續)的函數所成之集合。則

對所有的 $f \in C^\infty(\mathbf{R})$, $\mathbf{D}f \triangleq f'$, 這裡的 f' 代表 f 的微分。由微積分知, $\mathbf{D}$ 是一線性算子。假設 λ 是 $\mathbf{D}$ 的特徵值, 且 $g \in C^\infty(\mathbf{R})$ 是對應特徵值 λ 之一特徵向量, 則有 $\mathbf{D}g = g' = \lambda g$, 得 $g(t) = ce^{\lambda t}$, 此處 c 為不為零之常數。因此, 每個實數 λ 均為 $\mathbf{D}$ 之特徵值, 而 $ce^{\lambda t} \in C^\infty(\mathbf{R})$, $c \neq 0$, 為對應 λ 之一特徵向量。當 $\lambda = 0$, 對應之特徵向量為非零之常數函數。∎

　　線性算子(或方陣)也可能沒有任何特徵值。我們看一個簡單的例子。

例 4.8 令 $\mathbf{A} = \begin{bmatrix} 0 & -1 \\ 1 & 0 \end{bmatrix}$。證明 $\mathbf{L_A} : (\mathbb{R}^2, \mathbb{R}) \to (\mathbb{R}^2, \mathbb{R})$ 沒有特徵值(因此也沒有特徵向量)。

證明: 設 $\mathbf{v} = \begin{bmatrix} x \\ y \end{bmatrix} \in \mathbb{R}^2$ 及 $\lambda \in \mathbb{R}$ 滿足 $\mathbf{A}\mathbf{v} = \lambda \mathbf{v}$, 也就是

$$\begin{bmatrix} 0 & -1 \\ 1 & 0 \end{bmatrix} \begin{bmatrix} x \\ y \end{bmatrix} = \lambda \begin{bmatrix} x \\ y \end{bmatrix}。$$

乘開得 $-y = \lambda x$ 及 $x = \lambda y$。解得 $(\lambda^2 + 1)y = 0$, 於是 $x = y = 0$。因此滿足 $\mathbf{A}\mathbf{v} = \lambda\mathbf{v}$ 的向量 $\mathbf{v}$ 只有零向量 $\mathbf{v} = \mathbf{0}$。根據定義, 零向量不能是特徵向量, 故 $\mathbf{A}$ 沒有任何的特徵值與特徵向量。∎

定理 4.9 設 $\mathcal{V}$ 為向量空間(有限維度或無線維度), $\mathbf{L} \in \mathcal{L}(\mathcal{V})$。則 $\lambda \in \sigma(\mathbf{L})$ 若且唯若 $\lambda \mathbf{I}_\mathcal{V} - \mathbf{L}$ 是不可逆。

證明: 設 $\lambda \in \sigma(\mathbf{L})$。則存在非零向量 $\mathbf{v} \in \mathcal{V}$ 滿足 $\mathbf{L}\mathbf{v} = \lambda\mathbf{v}$, 也就是 $(\lambda\mathbf{I}_\mathcal{V} - \mathbf{L})\mathbf{v} = \mathbf{0}$。因此 $\mathbf{v} \in \ker(\lambda\mathbf{I}_\mathcal{V} - \mathbf{L})$。這證明了 $\lambda\mathbf{I}_\mathcal{V} - \mathbf{L}$ 是不可逆的。反之亦然。故得證。∎

推論 4.10 設 $\mathbf{A} \in \mathbb{F}^{n \times n}$, 則 $\lambda \in \sigma(\mathbf{A})$ 若且唯若 $\lambda\mathbf{I}_n - \mathbf{A}$ 是不可逆矩陣。∎

因爲不可逆矩陣的行列式爲零 (見第1章定理1.91)，我們得到下面重要的結論。

推論 4.11 設 $\mathbf{A} \in \mathbb{F}^{n \times n}$，則 $\lambda \in \sigma(\mathbf{A})$ 若且唯若 $\det(\lambda \mathbf{I}_n - \mathbf{A}) = 0$。 ∎

換言之，方陣$\mathbf{A}$的特徵值必發生在$\det(\lambda \mathbf{I}_n - \mathbf{A}) = 0$之處，反之亦然。我們給出下面的定義。

定義 4.12 設 $\mathbf{A} \in \mathbb{F}^{n \times n}$。稱$\mathcal{X}_{\mathbf{A}}(\lambda) \triangleq \det(\lambda \mathbf{I}_n - \mathbf{A})$爲$\mathbf{A}$之特徵多項式(characteristic polynomial)，並稱$\mathcal{X}_{\mathbf{A}}(\lambda) = 0$爲$\mathbf{A}$之特徵方程式(characteristic equation)。 ∎

綜合以上，我們得到下面重要的定理，它提供計算任意方陣特徵值最重要的依據。

定理 4.13 $\mathbf{A} \in \mathbb{F}^{n \times n}$，則$\lambda_0 \in \mathbb{F}$爲$\mathbf{A}$之一特徵值若且唯若$\lambda_0$是$\mathbf{A}$之特徵多項式之一根。 ∎

例 4.14 同例4.8，$\mathbf{A}$之特徵多項式爲

$$
\begin{aligned}
\chi_{\mathbf{A}}(\lambda) &= \det\left(\lambda \begin{bmatrix} 1 & 0 \\ 0 & 1 \end{bmatrix} - \begin{bmatrix} 0 & -1 \\ 1 & 0 \end{bmatrix} \right) \\
&= \det \begin{bmatrix} \lambda & 1 \\ -1 & \lambda \end{bmatrix} \\
&= \lambda^2 + 1,
\end{aligned}
$$

在$\mathbb{R}$中此多項式無任何根，故$\mathbf{A}$沒有任何的特徵值。但若將$\mathbf{A}$視爲$\mathbb{C}^{2 \times 2}$中的矩陣，且允許複數純量(即令$\mathbb{F} = \mathbb{C}$)，則$\mathbf{A}$恰有兩個特徵值: $\lambda_1 = i, \lambda_2 = -i$。這也可以由例4.8中$(\lambda^2 + 1)y = 0$解得兩組獨立解看出: $\lambda = \pm i, x = \pm i, y = 1$，而$\mathbf{v}_1 = \begin{bmatrix} i \\ 1 \end{bmatrix}$與$\mathbf{v}_2 = \begin{bmatrix} -i \\ 1 \end{bmatrix}$則分別是對應$\lambda_1$與$\lambda_2$的特徵向量。 ∎

線性代數

由代數學的基本定理知$\mathbb{C}$是一個代數封閉域(algebraically closed field)，因此任何佈於$\mathbb{C}$的n階多項式恰好有n個複數(或可能是實數)根(包括計算重根的個數)。

定義 4.15 我們稱一個多項式$f(t) \in \mathbb{F}_n[t]$(在$\mathbb{F}$中)可分解(split)意思是說$f(t)$可分解成一次因式的乘積，也就是說存在$c_0, c_1, \cdots, c_n \in \mathbb{F}$使得$f(t)$可以表為
$$f(t) = c_0(t - c_1)(t - c_2) \cdots (t - c_n)。$$

請注意上述的$c_0, c_1, \cdots, c_n$不一定要相異。譬如說，$t^2 = (t-1)(t+1)$在$\mathbb{R}$中可分解，但是$t^2 + 1$在$\mathbb{R}$中是不可分解的，然而$t^2 + 1$在$\mathbb{C}$中是可分解。根據代數學基本定理，所有$\mathbb{C}_n[t]$中的多項式都是可分解的。

簡單的觀察可以發現，任何$\mathbb{F}^{n \times n}$中之方陣其特徵多項式是一個領導係數等於1的n階多項式，因此任意$n \times n$矩陣最多有n個特徵值。如果將$\mathbb{F}$視為$\mathbb{C}$(即使$\mathbf{A}$的每一個元素均為實數)，則每個$\mathbb{C}^{n \times n}$中的矩陣恰好有n個特徵值(包括重根的個數)。

兩個相似的矩陣必有相同的特徵值，如下所示。

定理 4.16 兩個相似的矩陣具有相同特徵多項式，因此具有相同的特徵值。
證明: 設兩矩陣$\mathbf{A}$與$\overline{\mathbf{A}}$相似，則存在一可逆矩陣$\mathbf{Q}$滿足$\overline{\mathbf{A}} = \mathbf{Q}^{-1}\mathbf{A}\mathbf{Q}$。因此，
$$\begin{aligned}
\chi_{\overline{\mathbf{A}}}(\lambda) &= \det(\lambda\mathbf{I} - \overline{\mathbf{A}}) \\
&= \det(\lambda\mathbf{Q}^{-1}\mathbf{I}\mathbf{Q} - \mathbf{Q}^{-1}\mathbf{A}\mathbf{Q}) \\
&= \det(\mathbf{Q}^{-1}(\lambda\mathbf{I} - \mathbf{A})\mathbf{Q}) \\
&= \det(\mathbf{Q}^{-1})\det(\lambda\mathbf{I} - \mathbf{A})\det\mathbf{Q} \\
&= \det(\lambda\mathbf{I} - \mathbf{A}) \\
&= \chi_{\mathbf{A}}(\lambda)。
\end{aligned}$$

特徵多項式與特徵方程式的觀念很容易推廣到線性算子的情況。

定義 **4.17** 設$\mathcal{V}$是一n維向量空間，$\mathbf{L} \in \mathcal{L}(\mathcal{V})$。$\mathbf{L}$的特徵多項式定義如下：任選一組有序基底$\mathcal{B}$，稱$\det(\lambda\mathbf{I}_n - [\mathbf{L}]_\mathcal{B})$為$\mathbf{L}$之特徵多項式，常以$\chi_\mathbf{L}(\lambda)$或以$\det(\lambda\mathbf{I}_\mathcal{V} - \mathbf{L})$表之。$\mathbf{L}$之特徵方程式則定義為$\chi_\mathbf{L}(\lambda) = 0$ ∎

不難證明上述定義與有序基底$\mathcal{B}$的選擇無關(見習題4.8)。

例 **4.18** 設$\mathbf{L} : \mathbb{R}_3[t] \to \mathbb{R}_3[t]$為線性算子定義為

$$\mathbf{L}(f(t)) = 4f(t) - tf'(t) + tf''(t)。$$

選擇標準有序基底$\mathcal{B} = \{1, t, t^2\}$，計算$\mathbf{L}(1) = 4$，$\mathbf{L}(t) = 3t$，$\mathbf{L}(t^2) = 2t + 2t^2$，因此$[\mathbf{L}]_\mathcal{B} = \begin{bmatrix} 4 & 0 & 0 \\ 0 & 3 & 2 \\ 0 & 0 & 2 \end{bmatrix}$。故$\mathbf{L}$之特徵多項式為$\chi_\mathbf{L}(\lambda) = \det(\lambda\mathbf{I} - [\mathbf{L}]_\mathcal{B}) = (\lambda - 2)(\lambda - 3)(\lambda - 4)$，得特徵值$\lambda_1 = 2$，$\lambda_2 = 3$，$\lambda_3 = 4$。其次，求出$[\mathbf{L}]_\mathcal{B}$對應$\lambda_1$，$\lambda_2$，$\lambda_3$之特徵向量分別為$\begin{bmatrix} 0 \\ -2 \\ 1 \end{bmatrix}$，$\begin{bmatrix} 0 \\ 1 \\ 0 \end{bmatrix}$，以及$\begin{bmatrix} 1 \\ 0 \\ 0 \end{bmatrix}$。由習題4.10知$\mathbf{L}$對應特徵值$\lambda_1$，$\lambda_2$，$\lambda_3$之特徵向量分別為$-2t + t^2$，$t$，以及1。∎

4.4 可對角化的條件

本節中將介紹幾個重要的可對角化的充分且(或)必要條件。首先我們看一個簡單的結果。

引理 **4.19** 可對角化之線性算子或方陣其特徵多項式必可分解。

證明：設$\mathbf{L}$是向量空間$\mathcal{V}$上可對角化之一線性算子，則存在一組有序基底$\mathcal{B}$使得$[\mathbf{L}]_{\mathcal{B}}$是一對角矩陣。將$[\mathbf{L}]_{\mathcal{B}}$寫成

$$[\mathbf{L}]_{\mathcal{B}} = \begin{bmatrix} \lambda_1 & 0 & \cdots & 0 \\ 0 & \lambda_2 & \cdots & 0 \\ \vdots & \vdots & \ddots & \vdots \\ 0 & 0 & \cdots & \lambda_n \end{bmatrix},$$

則$\chi_{\mathbf{L}}(\lambda) = \det(\lambda \mathbf{I} - [\mathbf{L}]_{\mathcal{B}}) = (\lambda - \lambda_1)(\lambda - \lambda_2) \cdots (\lambda - \lambda_n)$。故$\chi_{\mathbf{L}}(\lambda)$可分解。同理可證方陣的情況。 ∎

由此引理知, 定義在n維向量空間上之可對角化線性算子或是$n \times n$可對角化方陣恰有n個特徵值。

定理 4.20 設$\mathbf{A} \in \mathbb{F}^{n \times n}$有$n$個特徵值(不一定要相異), 則$\mathbf{A}$可對角化若且唯若$\mathbf{A}$具有$n$個相對應之線性獨立的特徵向量$\mathbf{v}_1, \mathbf{v}_2, \cdots, \mathbf{v}_n$。當$\mathbf{A}$是可對角化時, 若$\mathbf{v}_i$相對應特徵值$\lambda_i, i = 1, 2, \cdots, n$, 令有序基底$\overline{\mathcal{B}} = \{\mathbf{v}_1, \mathbf{v}_2, \cdots, \mathbf{v}_n\}$, 且令$n \times n$可逆矩陣$\mathbf{Q} = [\mathbf{v}_1, \mathbf{v}_2, \cdots, \mathbf{v}_n]$, 則

$$\overline{\mathbf{A}} \triangleq [\mathbf{L}_{\mathbf{A}}]_{\overline{\mathcal{B}}} = \mathbf{Q}^{-1} \mathbf{A} \mathbf{Q} = \begin{bmatrix} \lambda_1 & 0 & \cdots & 0 \\ 0 & \lambda_2 & \cdots & 0 \\ \vdots & \vdots & \ddots & \vdots \\ 0 & 0 & \cdots & \lambda_n \end{bmatrix}$$

為一對角矩陣, 其對角線上元素恰好等於特徵值$\lambda_1, \lambda_2, \cdots, \lambda_n$。
證明:『必要性』假設$\mathbf{A}$可對角化, 則存在一可逆矩陣$\mathbf{Q}$使得$\overline{\mathbf{A}} = \mathbf{Q}^{-1} \mathbf{A} \mathbf{Q}$為一對角矩陣。令$\mathbf{Q} = [\mathbf{v}_1 \ \mathbf{v}_2 \ \cdots \ \mathbf{v}_n]$, 且令

$$\overline{\mathbf{A}} = \begin{bmatrix} \lambda_1 & 0 & \cdots & 0 \\ 0 & \lambda_2 & \cdots & 0 \\ \vdots & \vdots & \ddots & \vdots \\ 0 & 0 & \cdots & \lambda_n \end{bmatrix}$$

可得$\mathbf{Q}\overline{\mathbf{A}} = \mathbf{AQ}$, 也就是

$$
\begin{bmatrix} \mathbf{v}_1 & \mathbf{v}_2 & \cdots & \mathbf{v}_n \end{bmatrix}
\begin{bmatrix}
\lambda_1 & 0 & \cdots & 0 \\
0 & \lambda_2 & \cdots & 0 \\
\vdots & \vdots & \ddots & \vdots \\
0 & 0 & \cdots & \lambda_n
\end{bmatrix}
$$
$$
= \mathbf{A} \begin{bmatrix} \mathbf{v}_1 & \mathbf{v}_2 & \cdots & \mathbf{v}_n \end{bmatrix}。
$$

乘開比較等式兩邊得$\mathbf{Av}_i = \lambda_i \mathbf{v}_i, i = 1, 2, \cdots, n$。因此$(\lambda_i, \mathbf{v}_i)$是$\mathbf{A}$之一特徵序對。又因$\mathbf{Q}$是可逆, 故$\{\mathbf{v}_1, \mathbf{v}_2, \cdots, \mathbf{v}_n\}$是線性獨立子集, 並構成一組基底。若令有序基底$\mathcal{B}$及$\overline{\mathcal{B}}$分別爲$\mathbb{F}^n$中標準有序基底以及$\{\mathbf{v}_1, \mathbf{v}_2, \cdots, \mathbf{v}_n\}$, 則由第3章定理3.74知

$$
[\mathbf{L_A}]_{\overline{\mathcal{B}}} = \mathbf{Q}^{-1}[\mathbf{L_A}]_{\mathcal{B}}\mathbf{Q} = \mathbf{Q}^{-1}\mathbf{AQ} = \overline{\mathbf{A}} =
\begin{bmatrix}
\lambda_1 & 0 & \cdots & 0 \\
0 & \lambda_2 & \cdots & 0 \\
\vdots & \vdots & \ddots & \vdots \\
0 & 0 & \cdots & \lambda_n
\end{bmatrix}。
$$

『充分性』設$\mathbf{A}$具有n個線性獨立的特徵向量$\mathbf{v}_1, \mathbf{v}_2, \cdots, \mathbf{v}_n$, 分別相對應特徵值$\lambda_1, \lambda_2, \cdots, \lambda_n$, 則$\overline{\mathcal{B}} \triangleq \{\mathbf{v}_1, \mathbf{v}_2, \cdots, \mathbf{v}_n\}$構成$\mathbb{F}^n$上一組有序基底。令$\mathcal{B}$爲$\mathbb{F}^n$上之標準有序基底, 則可逆矩陣$\mathbf{Q} \triangleq [\mathbf{v}_1\,\mathbf{v}_2\cdots\mathbf{v}_n]$爲$\overline{\mathcal{B}}$到$\mathcal{B}$之轉移矩陣。因此, $\mathbf{L_A v}_i = \mathbf{Av}_i = \lambda_i\mathbf{v}_i$, 這對所有的$i = 1, 2, \cdots, n$均成立, 於是得

$$
[\mathbf{L_A}]_{\overline{\mathcal{B}}} = \mathbf{Q}^{-1}\mathbf{AQ} =
\begin{bmatrix}
\lambda_1 & 0 & \cdots & 0 \\
0 & \lambda_2 & \cdots & 0 \\
\vdots & \vdots & \ddots & \vdots \\
0 & 0 & \cdots & \lambda_n
\end{bmatrix}。
$$

因此證明了$\mathbf{A}$可對角化。 ■

類似的推論在有限維度向量空間上之線性算子亦成立, 其證明留給讀者自己思考。

推論 **4.21** 設$\mathcal{V}$爲n維向量空間, $\mathbf{L} \in \mathcal{L}(\mathrm{V})$。設$\lambda_1, \lambda_2, \cdots, \lambda_n \in \sigma(\mathbf{L})$。則$\mathbf{L}$可對角化若且唯若存在對應$\lambda_1, \lambda_2, \cdots, \lambda_n$之線性獨立的特徵向量$\mathbf{v}_1, \mathbf{v}_2, \cdots, \mathbf{v}_n$。當$\mathbf{L}$可對角化時, 令有序基底$\mathcal{B} \triangleq \{\mathbf{v}_1, \mathbf{v}_2, \cdots, \mathbf{v}_n\}$, 則

$$[\mathbf{L}]_{\mathcal{B}} = \begin{bmatrix} \lambda_1 & 0 & \cdots & 0 \\ 0 & \lambda_2 & \cdots & 0 \\ \vdots & \vdots & \ddots & \vdots \\ 0 & 0 & \cdots & \lambda_n \end{bmatrix}$$

爲一對角矩陣。 ■

例 **4.22** 承4.14, $\mathbf{A}$ 有兩個線性獨立之特徵向量 $\mathbf{v}_1 = \begin{bmatrix} i \\ 1 \end{bmatrix}$, $\mathbf{v}_2 = \begin{bmatrix} -i \\ 1 \end{bmatrix}$。令$\mathbf{Q} = \begin{bmatrix} i & -i \\ 1 & 1 \end{bmatrix}$, 得$\mathbf{Q}^{-1} = \frac{1}{2i} \begin{bmatrix} 1 & i \\ -1 & i \end{bmatrix}$, 可將$\mathbf{A}$對角化成$\overline{\mathbf{A}} = \mathbf{Q}^{-1}\mathbf{A}\mathbf{Q} = \begin{bmatrix} i & 0 \\ 0 & -i \end{bmatrix} = \begin{bmatrix} \lambda_1 & 0 \\ 0 & \lambda_2 \end{bmatrix}$。 ■

　　一個n維向量空間上之線性算子或$n \times n$之方陣何時會有獨立之特徵向量呢? 下一個引理提出一個簡單的判斷方法。

引理 **4.23** 設$(\lambda_1, \mathbf{v}_1), (\lambda_2, \mathbf{v}_2), \cdots, (\lambda_k, \mathbf{v}_k)$爲一有限維度向量空間$\mathcal{V}$ 上之線性算子$\mathbf{L}$(或是方陣$\mathbf{A}$)之特徵序對。當$\lambda_1, \lambda_2, \cdots, \lambda_k$兩兩相異時, $\{\mathbf{v}_1, \mathbf{v}_2, \cdots, \mathbf{v}_k\}$必爲線性獨立子集。

證明: 利用數學歸納法。當$k = 1$時, $\mathbf{L}\mathbf{v}_1 = \lambda_1\mathbf{v}_1$, $\mathbf{v}_1 \neq \mathbf{0}$, 因此$\{\mathbf{v}_1\}$爲線性獨立子集。設引理的敍述在$k - 1$時成立。令

$$a_1\mathbf{v}_1 + a_2\mathbf{v}_2 + \cdots + a_k\mathbf{v}_k = \mathbf{0}。 \tag{4.1}$$

因此,

$$(\mathbf{L} - \lambda_k \mathbf{I})(a_1 \mathbf{v}_1 + a_2 \mathbf{v}_2 + \cdots + a_k \mathbf{v}_k)$$
$$= a_1(\lambda_1 - \lambda_k)\mathbf{v}_1 + a_2(\lambda_2 - \lambda_k)\mathbf{v}_2 + \cdots$$
$$+ a_{k-1}(\lambda_{k-1} - \lambda_k)\mathbf{v}_{k-1}$$
$$= \mathbf{0}_\circ$$

由數學歸納法假設知$\{\mathbf{v}_1, \mathbf{v}_2, \cdots, \mathbf{v}_{k-1}\}$為線性獨立子集, 於是得

$$a_1(\lambda_1 - \lambda_k) = a_2(\lambda_2 - \lambda_k) = \cdots = a_{k-1}(\lambda_{k-1} - \lambda_k) = 0_\circ$$

因為對所有的$i \neq k$恆有$\lambda_i \neq \lambda_k$, 可得

$$a_1 = a_2 = \cdots = a_{k-1} = 0_\circ$$

因此(4.1)式變成$a_k \mathbf{v}_k = \mathbf{0}$。又因為$\mathbf{v}_k \neq \mathbf{0}$, 於是$a_k = 0$, 這就證明了$\{\mathbf{v}_1, \mathbf{v}_2, \cdots, \mathbf{v}_k\}$為線性獨立子集。根據數學歸納法知得證。 ■

　　依此引理, 我們得到下面重要的結論。

定理 4.24 設一個n維向量空間$\mathcal{V}$上之線性算子$\mathbf{L}$(或是一個$n \times n$方陣$\mathbf{A}$)恰有n個完全相異的特徵值, 則$\mathbf{L}$(或$\mathbf{A}$)可對角化。 ■

例 4.25 同例4.22, $\mathbf{A}$有兩個相異之特徵值$\lambda_1 = i, \lambda_2 = -i$, 故$\mathbf{A}$可對角化。 ■

例 4.26 $\mathbf{A} = \begin{bmatrix} 1 & 1 \\ 1 & 1 \end{bmatrix}$之特徵多項式為$\chi_{\mathbf{A}}(\lambda) = \lambda(\lambda - 2)$, 因此有兩個相異的特徵值$\lambda_1 = 0, \lambda_2 = 2$。故$\mathbf{A}$可對角化。 ■

線性代數

要注意的是定理4.24只是充分但非必要條件。因此當線性映射$\mathbf{L}$(或方陣$\mathbf{A}$)有相同的特徵值時, 可能可以對角化, 也可能無法對角化。

例 4.27 $\mathbf{I} = \begin{bmatrix} 1 & 0 \\ 0 & 1 \end{bmatrix}$ 有兩個相同的特徵值$\lambda_1 = \lambda_2 = 1$。令$\mathbf{Q} = \mathbf{I}$ 得$\overline{\mathbf{A}} = \mathbf{Q}^{-1}\mathbf{A}\mathbf{Q} = \mathbf{I} = \begin{bmatrix} \lambda_1 & 0 \\ 0 & \lambda_2 \end{bmatrix} = \begin{bmatrix} 1 & 0 \\ 0 & 1 \end{bmatrix}$, 依定義$\mathbf{I}$是可以對角化的。 ∎

例 4.28 $\mathbf{A} = \begin{bmatrix} 1 & 1 \\ 0 & 1 \end{bmatrix}$有兩個相同之特徵值$\lambda_1 = \lambda_2 = 1$。設$\mathbf{v} = \begin{bmatrix} v_1 \\ v_2 \end{bmatrix}$為相對應之一特徵向量, 於是有

$$\begin{bmatrix} 1 & 1 \\ 0 & 1 \end{bmatrix} \begin{bmatrix} v_1 \\ v_2 \end{bmatrix} = 1 \begin{bmatrix} v_1 \\ v_2 \end{bmatrix}。$$

解上述方程式得$v_2 = 0$。因此$\mathbf{v}$之一般型式為$\mathbf{v} = \begin{bmatrix} k \\ 0 \end{bmatrix}$, 只要$k \neq 0$。此例中無法找到兩個線性獨立的特徵向量。根據定理4.20知$\mathbf{A}$不可對角化。 ∎

由上例知當一個線性算子$\mathbf{L}$或一個方陣$\mathbf{A}$有k個重複的特徵值λ時, $\mathbf{L}$或$\mathbf{A}$可對角化的充分且必要條件顯然是必須存在特徵序對$(\lambda, \mathbf{v}_1)$, $(\lambda, \mathbf{v}_2)$, $\cdots$, $(\lambda, \mathbf{v}_k)$使得$\{\mathbf{v}_1, \mathbf{v}_2, \cdots, \mathbf{v}_k\}$是線性獨立子集。這給了以下定義之主要動機。

定義 4.29 設λ為線性算子 $\mathbf{L} \in \mathcal{L}(\mathcal{V})$ (或方陣$\mathbf{A}$) 之一個特徵值。對應λ 之所有特徵向量所生成之子空間以$\mathcal{E}_\lambda$表之, 稱為對應λ之特徵空間 (eigenspace)。 ∎

如例4.28中$\mathcal{E}_1 = \mathrm{span}\left\{\begin{bmatrix} 1 \\ 0 \end{bmatrix}\right\}$。依定義知, 對$\mathbf{L}$或$\mathbf{A}$, $\mathcal{E}_\lambda = \{\mathbf{v} \in \mathcal{V}|\mathbf{L}\mathbf{v} = \lambda\mathbf{v}\} = \mathcal{K}er(\lambda\mathbf{I}_\mathcal{V} - \mathbf{L})$或是$\mathcal{E}_\lambda = \{\mathbf{v} \in \mathbb{F}^n|\mathbf{A}\mathbf{v} = \lambda\mathbf{v}\} = \mathcal{K}er(\lambda\mathbf{I}_n - \mathbf{A})$, 且有以下結論。

定理 4.30 設$L \in \mathcal{L}(\mathcal{V})$，$\lambda \in \sigma(L)$。則$v$是對應$\lambda$之一特徵向量若且唯若$v \neq 0$且$v \in \mathcal{E}_\lambda$。同樣的敍述對方陣$A$亦成立。 ∎

例 4.31 設$\mathcal{V}$是有限維度向量空間，$L \in \mathcal{L}(\mathcal{V})$且$L$可逆。由習題4.15知$(\lambda, v)$是$L$的特徵序對若且唯若$(\lambda^{-1}, v)$是$L^{-1}$的特徵序對。因此，$L$對應$\lambda$的特徵空間等於$L^{-1}$對應$\lambda^{-1}$的特徵空間。

定義 4.32 設L爲n維向量空間$\mathcal{V}$上之一線性算子(或$A \in \mathbb{F}^{n \times n}$)，且$\lambda_0 \in \sigma(L)$ (或是$\lambda_0 \in \sigma(A)$)。

1. $\mathcal{E}_{\lambda_0}$之維度稱之爲λ_0之幾何重數(geometric multiplicity)。

2. 在特徵多項式$\chi_L(\lambda)$(或是$\chi_A(\lambda)$)之因式分解中含$(\lambda - \lambda_0)$之最高次數稱之爲λ_0之代數重數(algebraic multiplicity)。 ∎

換言之，λ_0之幾何重數代表對應λ_0之線性獨立特徵向量的最大個數，而λ_0之代數重數代表L(或A)之特徵方程式具特徵值λ_0之最大重根個數。

例 4.33 例4.28中之A之特徵值$\lambda = 1$，其幾何重數等於$\dim\mathcal{E}_1 = 1$，代數重數等於2(因爲$\chi_A(\lambda) = (\lambda - 1)^2$)。 ∎

例 4.34 $\begin{bmatrix} 0 & 0 & -4 \\ 0 & 0 & 0 \\ 0 & 0 & 1 \end{bmatrix}$ 之特徵多項式爲 $\chi_A(\lambda) = \lambda^2(\lambda - 1)$，因此有兩個相異特徵值分別爲$\lambda_1 = 0$與$\lambda_2 = 1$，其代數重數分別爲2與1。不難求出對應$\lambda_1 = 0$有兩個線性獨立特徵向量，譬如爲 $\begin{bmatrix} 1 \\ 0 \\ 0 \end{bmatrix}$ 與 $\begin{bmatrix} 0 \\ 1 \\ 0 \end{bmatrix}$，以及對

應$\lambda_2 = 1$之一特徵向量譬如爲 $\begin{bmatrix} 4 \\ 0 \\ -1 \end{bmatrix}$。故 $\mathcal{E}_{\lambda_1} = \text{span} \left\{ \begin{bmatrix} 1 \\ 0 \\ 0 \end{bmatrix}, \begin{bmatrix} 0 \\ 1 \\ 0 \end{bmatrix} \right\}$,

$\mathcal{E}_{\lambda_2} = \text{span} \left\{ \begin{bmatrix} 4 \\ 0 \\ -1 \end{bmatrix} \right\}$。因此$\lambda_1 = 0$與$\lambda_2 = 1$之幾何重數分別爲2與1。∎

例 **4.35** 同上例的方法可求出方陣 $\begin{bmatrix} 0 & 3 & -4 \\ 0 & 0 & 0 \\ 0 & 0 & 1 \end{bmatrix}$ 之特徵多項式爲$\lambda^2(\lambda - 1)$,

因此有兩個相異特徵值分別爲$\lambda_1 = 0$與$\lambda_2 = 1$,其代數重數分別爲2與1。此

例中對應$\lambda_1 = 0$只能找到一個線性獨立之特徵向量,譬如爲 $\begin{bmatrix} 1 \\ 0 \\ 0 \end{bmatrix}$。同理可

求出對應$\lambda_2 = 1$之一特徵向量譬如爲 $\begin{bmatrix} 4 \\ 0 \\ -1 \end{bmatrix}$。因此$\mathcal{E}_{\lambda_1} = \text{span} \left\{ \begin{bmatrix} 1 \\ 0 \\ 0 \end{bmatrix} \right\}$,

$\mathcal{E}_{\lambda_2} = \text{span} \left\{ \begin{bmatrix} 4 \\ 0 \\ -1 \end{bmatrix} \right\}$。故$\lambda_1 = 0$與$\lambda_2 = 1$之幾何重數均爲1。∎

由上面幾個例子可以觀察到一個特徵值之代數重數與幾何重數之間有下列重要關係:

定理 **4.36** 設$\mathbf{L}$爲n維向量空間$\mathcal{V}$上之線性算子(或是$\mathbf{A} \in \mathbb{F}^{n \times n}$)。以$a$及$g$分別代表$\mathbf{L}$(或$\mathbf{A}$)之任一特徵值$\lambda_0$之代數重數與幾何重數,則恆有$1 \leq g \leq a$。

證明: 依定義,$g \geq 1$(知道爲什麼嗎?)。令$\{\mathbf{v}_1, \mathbf{v}_2, \cdots, \mathbf{v}_g\}$爲$\mathcal{E}_{\lambda_0}$之一組有序基底,則可在$\mathcal{V}$中找到另外的$n - g$的向量$\mathbf{v}_{g+1}, \cdots, \mathbf{v}_n$擴充成$\mathcal{V}$上之一組有序基底$\mathcal{B} = \{\mathbf{v}_1, \mathbf{v}_2, \cdots, \mathbf{v}_n\}$。由於對所有的$i = 1, 2, \cdots, g$,有$\mathbf{L}\mathbf{v}_i = \lambda_0 \mathbf{v}_i$,因此$[\mathbf{L}]_{\mathcal{B}}$有如下之型式

$$[\mathbf{L}]_{\mathcal{B}} = \begin{bmatrix} \lambda_0 \mathbf{I}_g & \mathbf{B} \\ \mathbf{0} & \mathbf{C} \end{bmatrix},$$

這裡的$\mathbf{B}$與$\mathbf{C}$分別為$g \times (n-g)$以及$(n-g) \times (n-g)$之矩陣。由此可知

$$
\begin{aligned}
\chi_{\mathbf{L}}(\lambda) &= \det(\lambda \mathbf{I}_n - [\mathbf{L}]_{\mathcal{B}}) \\
&= \det \begin{bmatrix} (\lambda - \lambda_0)\mathbf{I}_g & -\mathbf{B} \\ \mathbf{0} & \lambda \mathbf{I}_{n-g} - \mathbf{C} \end{bmatrix} \\
&= (\lambda - \lambda_0)^g \chi_{\mathbf{C}}(\lambda),
\end{aligned}
$$

因此得$g \leq a$。 ∎

下面定理揭示線性算子或方陣可對角化與否完全決定在特徵值之幾何重數與代數重數是否相等。

定理 4.37 考慮一個n維向量空間$\mathcal{V}$上之線性算子$\mathbf{L}$(或是方陣$\mathbf{A} \in \mathbb{F}^{n \times n}$)。設其特徵多項式$\chi_{\mathbf{L}}(\lambda)$(或是$\chi_{\mathbf{A}}(\lambda)$)可分解，且設其相異特徵值共有$\lambda_1, \lambda_2, \cdots, \lambda_k$。令$g(\lambda_i)$與$a(\lambda_i)$分別表$\lambda_i$之幾何重數與代數重數。則$\mathbf{L}$(或$\mathbf{A}$)可對角化若且唯若對所有的$i = 1, 2, \cdots, k$有$g(\lambda_i) = a(\lambda_i)$。

證明:『必要性』假設$\mathbf{L}$可對角化，則存在一組有序基底$\mathcal{B}$使得

$$
[\mathbf{L}]_{\mathcal{B}} = \operatorname{diag}[\underbrace{\lambda_1 \cdots \lambda_1}_{n_1 \text{個}} \underbrace{\lambda_2 \cdots \lambda_2}_{n_2 \text{個}} \cdots \underbrace{\lambda_k \cdots \lambda_k}_{n_k \text{個}}],
$$

這裡的$n_i \triangleq a(\lambda_i)$, $i = 1, 2, \cdots, k$。因此

$$
\chi_{\mathbf{L}}(\lambda) = (\lambda - \lambda_1)^{n_1}(\lambda - \lambda_2)^{n_2} \cdots (\lambda - \lambda_k)^{n_k}。
$$

令$\mathcal{B} = \{\mathbf{v}_{11}, \cdots, \mathbf{v}_{1n_1}, \mathbf{v}_{21}, \cdots, \mathbf{v}_{2n_2}, \cdots, \mathbf{v}_{k1}, \cdots, \mathbf{v}_{kn_k}\}$，則對所有的$1 \leq i \leq k, 1 \leq j \leq n_i$，有如下關係:

$$
\mathbf{L}\mathbf{v}_{ij} = \lambda_i \mathbf{v}_{ij},
$$

因此$\mathcal{B}_i \triangleq \{\mathbf{v}_{i1}, \mathbf{v}_{i2}, \cdots, \mathbf{v}_{in_i}\}$是$\mathcal{E}_{\lambda_i}$之一線性獨立子集。結合定理4.36可推得$g(\lambda_i) = \dim\mathcal{E}_{\lambda_i} = n_i = a(\lambda_i)$。

『充分性』設$g(\lambda_i) = a(\lambda_i)$。對任意的$i$, 選擇$\mathcal{E}_{\lambda_i}$之一組有序基底$\mathcal{B}_i$, 則$\mathcal{B}_i$恰含$g(\lambda_i) = a(\lambda_i)$個相對應$\lambda_i$之線性獨立之特徵向量。令$\mathcal{B} = \mathcal{B}_1 \cup \mathcal{B}_2 \cup \cdots \cup \mathcal{B}_k$, 因爲對任意的$i \neq j$, 恆有$\mathcal{B}_i \cap \mathcal{B}_j = \emptyset$(見習題4.21), 援用習題4.24, $\mathcal{B}$恰含$a(\lambda_1) + \cdots + a(\lambda_k) = n$個線性獨立$\mathbf{L}$之特徵向量。由推論4.21知$\mathbf{L}$可對角化且$[\mathbf{L}]_{\mathcal{B}}$爲對角矩陣。 ∎

由以上證明, 我們可以得到下面重要的結論。

推論 4.38 沿用定理4.37之符號, 設$\mathbf{L}$可對角化, 且設$\mathcal{B}_i$是$\mathcal{E}_{\lambda_i}$之有序基底, $i = 1, 2, \cdots, k$。則$\mathcal{B} = \mathcal{B}_1 \cup \cdots \cup \mathcal{B}_k$是由$\mathbf{L}$之線性獨立特徵向量所成之一組有序基底。因此, $[\mathbf{L}]_{\mathcal{B}}$是對角矩陣。 ∎

結合引理4.19與定理4.37, 可歸納如下。

推論 4.39 符號同上, $\mathbf{L}$(或$\mathbf{A}$)可對角化之充分且必要條件爲

1. $\chi_{\mathbf{L}}(\lambda)$(或$\chi_{\mathbf{A}}(\lambda)$)可分解,

2. 對所有的$i = 1, 2, \cdots, k$, $g(\lambda_i) = a(\lambda_i)$。 ∎

當λ_i是單根時, $a(\lambda_i) = 1$, 因此$g(\lambda_i) = a(\lambda_i)$必然成立。在此情況下, 推論4.39中條件2僅需驗證重根的特徵值即可。

例 4.40 例4.28中特徵值$\lambda = 1$之幾何重數不等於代數重數, 故$\mathbf{A}$不可對角化。 ∎

206

例 **4.41** 例4.34中重根的特徵值$\lambda_1 = 0$之幾何重數與代數重數相等，故$\mathbf{A}$可對角化。令 $\mathbf{Q} = \begin{bmatrix} 1 & 0 & 4 \\ 0 & 1 & 0 \\ 0 & 0 & -1 \end{bmatrix}$，得 $\overline{\mathbf{A}} = \mathbf{Q}^{-1}\mathbf{A}\mathbf{Q} = \begin{bmatrix} 0 & 0 & 0 \\ 0 & 0 & 0 \\ 0 & 0 & 1 \end{bmatrix}$。 ∎

例 **4.42** 例4.35中重根的特徵值$\lambda_1 = 0$之幾何重數與代數重數不相等，故$\mathbf{A}$不可對角化。 ∎

　　既然線性算子$\mathbf{L}$或方陣$\mathbf{A}$之對角化問題可由特徵值之幾何重數的大小決定，我們自然會問：可否直接由特徵空間的幾何性質判斷$\mathbf{L}$或$\mathbf{A}$是否可對角化呢？在結束本節之前，我們來看看下面的定理，它提供對角化問題另一種幾何思考。

定理 **4.43**　　*1.* 設$\mathbf{L}$為n維向量空間$\mathcal{V}$上之一線性算子，且$\chi_{\mathbf{L}}(\lambda)$可分解，設其相異之特徵值共為 $\lambda_1, \lambda_2, \cdots, \lambda_k$。則$\mathbf{L}$可對角化若且唯若 $\mathcal{V} = \mathcal{E}_{\lambda_1} \oplus \mathcal{E}_{\lambda_2} \oplus \cdots \oplus \mathcal{E}_{\lambda_k}$。

2. 設$\mathbf{A} \in \mathbb{F}^{\mathbf{n} \times \mathbf{n}}$且$\chi_{\mathbf{A}}(\lambda)$可分解，設其相異之特徵值為$\lambda_1, \lambda_2, \cdots, \lambda_k$。則$\mathbf{A}$可對角化若且唯若$\mathbb{F}^n = \mathcal{E}_{\lambda_1} \oplus \mathcal{E}_{\lambda_2} \oplus \cdots \oplus \mathcal{E}_{\lambda_k}$。

證明：

1. 『必要性』設$\mathbf{L}$可對角化。令$\mathcal{B}_i$為$\mathcal{E}_{\lambda_i}$之一有序基底，由推論4.38知$\mathcal{B} = \mathcal{B}_1 \cup \cdots \cup \mathcal{B}_k$是$\mathcal{V}$之一有序基底，因此$\mathcal{V} = \mathcal{E}_{\lambda_1} \oplus \mathcal{E}_{\lambda_2} \oplus \cdots \oplus \mathcal{E}_{\lambda_k}$(見第2章定理2.122)。

『充分性』反之，設$\mathcal{V} = \mathcal{E}_{\lambda_1} \oplus \mathcal{E}_{\lambda_2} \oplus \cdots \oplus \mathcal{E}_{\lambda_k}$，且設$\mathcal{B}_i$為$\mathcal{E}_{\lambda_i}$之一有序基底，則$\mathcal{B} \triangleq \mathcal{B}_1 \cup \cdots \cup \mathcal{B}_k$為$\mathcal{V}$之一基底(見第2章定理2.122)。因為$\mathcal{B}$是由$\mathbf{L}$之線性獨立特徵向量所組成，故知$\mathbf{L}$可對角化。

2. 此部分為第1部分$\mathbf{L} = \mathbf{L_A}$之特例。 ∎

例 **4.44** 例4.34中$\mathbb{R}^3 = \mathcal{E}_{\lambda_1} \oplus \mathcal{E}_{\lambda_2}$，故知$\mathbf{A}$可對角化。　■

例 **4.45** 例4.35中$\mathbb{R}^3 \neq \mathcal{E}_{\lambda_1} \oplus \mathcal{E}_{\lambda_2}$，故知$\mathbf{A}$不可對角化。　■

4.5　簡單應用

由於對角矩陣的結構簡單，對角化在數學或工程上都有許多重要的應用。底下試舉一例說明。假設有一微分方程組：

$$\begin{cases} \dot{x}_1(t) = a_{11}x_1(t) + a_{12}x_2(t) + \cdots + a_{1n}x_n(t) \\ \qquad\qquad\vdots \\ \dot{x}_n(t) = a_{n1}x_1(t) + a_{n2}x_2(t) + \cdots + a_{nn}x_n(t), \end{cases}$$

其中初始條件 $x_1(0), \cdots, x_n(0)$ 給定。以上微分方程組又可寫成 $\dot{\mathbf{x}}(t) = \mathbf{A}\mathbf{x}(t)$，其中

$$\mathbf{x}(t) \triangleq \begin{bmatrix} x_1(t) \\ \vdots \\ x_n(t) \end{bmatrix}, \, \mathbf{A} \triangleq \begin{bmatrix} a_{11} & \cdots & a_{1n} \\ \vdots & \ddots & \vdots \\ a_{n1} & \cdots & a_{nn} \end{bmatrix}。$$

這樣的微分方程組是很難直接求解，但如果$\mathbf{A}$是可對角化的，則可將原問題轉換成另一結構較簡單易解的微分方程組，如下所示。設$\mathbf{Q}$是一可逆矩陣使得

$$\overline{\mathbf{A}} \triangleq \mathbf{Q}^{-1}\mathbf{A}\mathbf{Q} \triangleq \begin{bmatrix} \lambda_1 & 0 & \cdots & 0 \\ 0 & \ddots & \ddots & \vdots \\ \vdots & \ddots & \ddots & 0 \\ 0 & \cdots & 0 & \lambda_n \end{bmatrix}$$

是一對角矩陣。令變數變換

$$\overline{\mathbf{x}}(t) = \mathbf{Q}^{-1}\mathbf{x}(t) \triangleq \begin{bmatrix} \overline{x}_1(t) \\ \vdots \\ \overline{x}_n(t) \end{bmatrix},$$

得$\overline{\mathbf{x}}(0) = \mathbf{Q}^{-1}\mathbf{x}(0)$, $\mathbf{x}(t) = \mathbf{Q}\overline{\mathbf{x}}(t)$, 且

$$\dot{\overline{\mathbf{x}}}(t) = \mathbf{Q}^{-1}\dot{\mathbf{x}}(t) = \mathbf{Q}^{-1}\mathbf{A}\mathbf{x}(t) = \mathbf{Q}^{-1}\mathbf{A}\mathbf{Q}\overline{\mathbf{x}}(t) = \overline{\mathbf{A}}\overline{\mathbf{x}}(t),$$

亦即

$$\begin{bmatrix} \dot{\overline{x}}_1(t) \\ \dot{\overline{x}}_2(t) \\ \vdots \\ \dot{\overline{x}}_n(t) \end{bmatrix} = \begin{bmatrix} \lambda_1 & 0 & \cdots & 0 \\ 0 & \lambda_2 & \cdots & \vdots \\ \vdots & \vdots & \ddots & 0 \\ 0 & 0 & \cdots & \lambda_n \end{bmatrix} \begin{bmatrix} \overline{x}_1(t) \\ \overline{x}_2(t) \\ \vdots \\ \overline{x}_n(t) \end{bmatrix}。$$

於是得$\dot{\overline{x}}_i(t) = \lambda_i \overline{x}_i(t)$, $i = 1, 2, \cdots, n$。因此可解出$\overline{x}_i(t) = \overline{x}_i(0)e^{\lambda_i t}$, $i = 1, 2, \cdots, n$。代入$\mathbf{x}(t) = \mathbf{Q}\overline{\mathbf{x}}(t)$即可得$\mathbf{x}(t)$。

4.6　習題

4.2節習題

習題 **4.1** (∗∗) 證明定理4.4。

4.3節習題

習題 **4.2** (∗) 證明$(\lambda, \mathbf{v})$是$\mathbf{A}$之一特徵序對若且唯若$(\lambda, \mathbf{v})$是$\mathbf{L_A}$之一特徵序對。

習題 **4.3** (∗) 計算$\mathbf{A} = \begin{bmatrix} 1 & 0 & 0 \\ 0 & 2 & 0 \\ 0 & 0 & 3 \end{bmatrix}$之特徵值與特徵向量。

習題 **4.4** (∗) 計算$\mathbf{A} = \begin{bmatrix} 1 & 3 \\ 4 & 2 \end{bmatrix}$之特徵值與特徵向量。

線性代數

習題 **4.5** (∗) 證明對角矩陣的特徵值正好等於對角線上之元素。

習題 **4.6** (∗∗) 證明上三角及下三角矩陣的特徵值等於對角線上的元素。

習題 **4.7** (∗∗) 假設$\mathbf{A}$相似於$\overline{\mathbf{A}}$, 即$\overline{\mathbf{A}} = \mathbf{Q}^{-1}\mathbf{A}\mathbf{Q}$, 其中$\mathbf{Q}$是一可逆矩陣。證明$(\lambda, \mathbf{v})$是$\overline{\mathbf{A}}$之一特徵序對若且唯若$(\lambda, \mathbf{Q}\mathbf{v})$是$\mathbf{A}$之一特徵序對。

習題 **4.8** (∗∗) 設$\mathcal{V}$是一n維向量空間, $\mathbf{L} \in \mathcal{L}(\mathcal{V})$。試證明$\mathbf{L}$之特徵多項式及特徵方程式與有序基底的選擇無關, 換言之, 若$\mathcal{B}$與$\overline{\mathcal{B}}$是$\mathcal{V}$上任意兩組有序基底, 則$\det(\lambda\mathbf{I}_n - [\mathbf{L}]_{\mathcal{B}}) = \det(\lambda\mathbf{I}_n - [\mathbf{L}]_{\overline{\mathcal{B}}})$。

習題 **4.9** (∗∗) 設$\mathcal{V}$是一n維向量空間, $\mathbf{L} \in \mathcal{L}(\mathcal{V})$。證明$\lambda_0 \in \sigma(\mathbf{L})$若且唯若$\lambda_0$是$\mathbf{L}$特徵多項式之根, 亦即$\det(\lambda_0\mathbf{I}_{\mathcal{V}} - \mathbf{L}) = 0$, 因此$\mathbf{L}$最多有$n$個特徵值。

習題 **4.10** (∗∗) 設$\mathcal{V}$是一n維向量空間, $\mathbf{L} \in \mathcal{L}(\mathcal{V})$。設$\mathcal{B}$為$\mathcal{V}$上任意一組有序基底。證明$(\lambda, \mathbf{v})$為線性算子$\mathbf{L}$之一特徵序對若且唯若$(\lambda, [\mathbf{v}]_{\mathcal{B}})$為代表矩陣$[\mathbf{L}]_{\mathcal{B}}$之一特徵序對。

習題 **4.11** (∗∗) 求

$$\mathbf{A} = \begin{bmatrix} 0 & 1 & 0 & \cdots & 0 & 0 \\ 0 & 0 & 1 & \cdots & 0 & 0 \\ \vdots & \vdots & \vdots & \cdots & \vdots & \vdots \\ 0 & 0 & 0 & \cdots & 0 & 1 \\ -a_n & -a_{n-1} & -a_{n-2} & \cdots & -a_2 & -a_1 \end{bmatrix}$$

之特徵多項式。

習題 **4.12** (∗∗∗) 證明一個方陣$\mathbf{A}$與它的轉置$\mathbf{A}^T$有相同的特徵多項式, 因此有相同的特徵值。一非零向量$\mathbf{v}$滿足$\mathbf{v}^T\mathbf{A} = \lambda\mathbf{v}^T$稱之為$\mathbf{A}$之左特徵向量, $(\lambda, \mathbf{v})$稱為$\mathbf{A}$之一左特徵序對。證明$(\lambda, \mathbf{v})$是$\mathbf{A}$的右特徵序對若且唯若$(\lambda, \mathbf{v}^T)$是$\mathbf{A}^T$的左特徵序對。

習題 **4.13** $(**)$ 設 $\mathbf{A} = \mathrm{diag}[\mathbf{A}_1\,\mathbf{A}_2\,\cdots\,\mathbf{A}_k]$。證明若所有的 $i = 1, 2, \cdots, k$，$\mathbf{A}_i$ 均可對角化，則 $\mathbf{A}$ 可對角化。

習題 **4.14** $(**)$ 設 $\mathbf{A} = \begin{bmatrix} 1 & 1 \\ 0 & 4 \end{bmatrix}$。求 $\mathbf{A}^n$, $n \in \mathbb{N}$。

習題 **4.15** $(**)$ 設 $\mathcal{V}$ 為有限維度向量空間，$\mathbf{L} \in \mathcal{L}(\mathcal{V})$（或是 $\mathbf{A} \in \mathbb{F}^{n \times n}$）。

   1. 證明 $\mathbf{L}$（或 $\mathbf{A}$）可逆若且唯若 $0 \notin \sigma(\mathbf{L})$（或 $\sigma(\mathbf{A})$）。

   2. 若 $\mathbf{L}$（或 $\mathbf{A}$）可逆，證明 $(\lambda, \mathbf{v})$ 是 $\mathbf{L}$（或 $\mathbf{A}$）之特徵序對若且唯若 $(\lambda^{-1}, \mathbf{v})$ 是 $\mathbf{L}^{-1}$（或 $\mathbf{A}^{-1}$）之特徵序對。

習題 **4.16** $(***)$ 令 $\mathcal{V}$ 為向量空間，$\mathbf{L} \in \mathcal{L}(\mathcal{V})$。設 $(\lambda, \mathbf{v})$ 是 $\mathbf{L}$ 之特徵序對。證明對任意的 $m \in \mathbb{N}$，$(\lambda^m, \mathbf{v})$ 是 $\mathbf{L}^m$ 之特徵序對。

習題 **4.17** $(**)$ 令 $\mathbf{D} : \mathbb{F}_n[t] \to \mathbb{F}_n[t]$ 代表微分算子，求其特徵多項式、特徵值、及對應之特徵向量。

習題 **4.18** $(**)$ 見例 4.18，若選擇另一組有序基底 $\overline{\mathcal{B}} = \{1, 2t + 1, t^2 - 1\}$，計算 $\mathbf{L}$ 之特徵多項式、所有特徵值、以及各相對應之特徵向量。將你的答案與例 4.18 做個比較。

4.4節習題

習題 **4.19** $(**)$ 證明推論 4.21。

習題 **4.20** $(**)$ 下列矩陣何者可對角化?若可對角化，試求一可逆矩陣將其對角化。

$1.$ $\begin{bmatrix} 1 & 0 & -1 \\ 0 & 1 & 0 \\ 0 & 0 & 2 \end{bmatrix}$。

$2.$ $\begin{bmatrix} 1 & 1 & 2 \\ 0 & 1 & 3 \\ 0 & 0 & 2 \end{bmatrix}$。

$3.$ $\begin{bmatrix} 0 & 1 \\ 0 & 1 \end{bmatrix}$。

$4.$ $\begin{bmatrix} 0 & 1 & 0 \\ 0 & 0 & 0 \\ 0 & 0 & 0 \end{bmatrix}$。

習題 4.21 (∗∗) 設$L \in \mathcal{L}(\mathcal{V})$, $\lambda, \mu \in \sigma(L)$, $\lambda \neq \mu$。則$\mathcal{E}_\lambda \cap \mathcal{E}_\mu = \{0\}$。換言之，一個非零的向量不可能同時爲對應不同特徵值之特徵向量。

習題 4.22 (∗∗) 證明定理4.36之$g \geq 1$。

習題 4.23 (∗∗) 沿用定理4.37之符號，並設$\mathbf{v}_i \in \mathcal{E}_{\lambda_i}$, $i = 1, 2, \cdots, k$。若$\mathbf{v}_1 + \mathbf{v}_2 + \cdots + \mathbf{v}_k = 0$, 則$\mathbf{v}_i = 0$, $i = 1, 2, \cdots, k$。

習題 4.24 (∗∗) 再沿用定理4.37之符號。設對所有的$i = 1, 2, \cdots, k$, $\mathcal{S}_i = \{\mathbf{v}_{i1}, \cdots, \mathbf{v}_{in_i}\}$是$\mathcal{E}_{\lambda_i}$中之線性獨立子集。則$\mathcal{S} = \mathcal{S}_1 \cup \mathcal{S}_2 \cup \cdots \cup \mathcal{S}_k$爲$\mathcal{V}$中之線性獨立子集。(提示: 利用上題)

習題 4.25 (∗) 用定理4.43判斷 $\mathbf{A} = \begin{bmatrix} 1 & 1 \\ 0 & 1 \end{bmatrix}$ 是否可對角化。

習題 4.26 (∗) 令$\mathbf{D} : \mathbb{F}_n[t] \to \mathbb{F}_n[t]$代表微分算子，其中$n \geq 2$, 用定理4.43判斷$\mathbf{D}$是否可對角化。

4.5節習題

習題 4.27 (∗∗) 已知$x_1(0) = 1$, $x_2(0) = 2$, $x_3(0) = -1$, 求下列微分方程組之解:

$$\begin{cases} \dot{x}_1(t) &= 2x_3(t) \\ \dot{x}_2(t) &= x_2(t) \\ \dot{x}_3(t) &= -x_1(t) + 3x_3(t)\text{。} \end{cases}$$

習題 4.28 (∗∗) 已知$x_1(0) = 2$, $x_2(0) = 1$, $x_3(0) = 3$, 求下列微分方程組之解:

$$\begin{cases} \dot{x}_1(t) &= 2x_1(t) - 2x_2(t) + 3x_3(t) \\ \dot{x}_2(t) &= x_1(t) + x_2(t) + x_3(t) \\ \dot{x}_3(t) &= x_1(t) + 3x_2(t) - x_3(t)\text{。} \end{cases}$$

習題 4.29 (∗∗) 利用對角化方法解下列3×3聯立方程組

$$\begin{cases} 7x_1 - 5x_2 + 2x_3 &= 31 \\ 6x_1 - 4x_2 + 2x_3 &= 38 \\ 4x_1 - 4x_2 + 3x_3 &= 23\text{。} \end{cases}$$

線性代數

第 5 章

Jordan 標準式

5.1 前言

由前一章的討論，我們知道在有限維度向量空間上並非所有的線性算子都可以對角化。因此在這一章裡，我們繼續深入探討此問題。5.2節首先介紹不變子空間的概念及相關性質。5.3節主題是Cayley-Hamilton定理，並介紹零化多項式。5.4及5.5節是本書最具特色的兩節，先討論冪零算子與冪零矩陣，我們將採用商空間的幾何觀點探索有限維度向量空間上所有特徵多項式可分解之冪零算子之根本結構，並將向量空間分解為一群冪零算子循環子空間之直和。藉由將有限維度向量空間上特徵多項式可分解之線性算子轉換成冪零算子，我們將證明必存在一組有序基底使得參照此有序基底之代表矩陣為一個幾近對角矩陣的Jordan標準式，且除了對角方塊排列次序外，此Jordan標準式是唯一被決定的，此即著名的Jordan定理，也是本章最重要的定理。線性代數發展至此，可謂精采絕倫，令人嘆為觀止。在最後5.6節將討論最低階的零化多項式存在與唯一性，及其與Jordan標準式之關聯。

5.2 不變子空間

本節主要介紹不變子空間的概念及相關性質。首先我們定義何謂不變子空間。

定義 5.1 *1.* 設$\mathcal{V}$爲向量空間，$\mathcal{W}$爲$\mathcal{V}$之子空間。設$\mathbf{L} \in \mathcal{L}(\mathcal{V})$。若$\mathbf{L}(\mathcal{W}) \subset \mathcal{W}$，則稱$\mathcal{W}$是$\mathcal{V}$的一個$\mathbf{L}$-不變子空間。

　2. 設$\mathbf{A} \in \mathbb{F}^{n \times n}$，$\mathcal{W}$爲$\mathbb{F}^n$之子空間。若$\mathbf{L_A}(\mathcal{W}) \subset \mathcal{W}$，則稱$\mathcal{W}$是$\mathbb{F}^n$的一個$\mathbf{A}$-不變子空間。　∎

　由上定義立即可知子空間$\mathcal{W} \subset \mathbb{F}^n$是$\mathbf{A}$-不變子空間若且唯若$\mathcal{W}$是$\mathbf{L_A}$-不變子空間。

例 5.2 令$\mathbf{A} = \begin{bmatrix} 0 & 1 & 1 \\ 0 & 0 & 0 \\ 1 & 1 & 0 \end{bmatrix}$，$\mathcal{W}_1 = \{(x_1, 0, x_3) | x_1, x_3 \in \mathbb{R}\}$，$\mathcal{W}_2 = \{(0, 0, x_3) | x_3 \in \mathbb{R}\}$。設$\mathbf{v} \in \mathcal{W}_1$，則$\mathbf{Av} \in \mathcal{W}_1$，因此$\mathcal{W}_1$爲$\mathbf{A}$-不變子空間。若$\mathbf{w} \in \mathcal{W}_2$，並不保證$\mathbf{Aw} \in \mathcal{W}_2$，因此$\mathcal{W}_2$不是$\mathbf{A}$-不變子空間。　∎

例 5.3 設$\mathcal{V}$是向量空間，$\mathbf{L} \in \mathcal{L}(\mathcal{V})$。不難看出 $\mathcal{Im}\mathbf{L}$ 及 $\mathcal{Ker}\mathbf{L}$ 均爲 $\mathbf{L}$-不變子空間。設 $\lambda \in \sigma(\mathbf{L})$，則$\mathcal{E}_\lambda$亦爲$\mathbf{L}$-不變子空間。$\{\mathbf{0}\}$與$\mathcal{V}$也是$\mathbf{L}$-不變子空間。　∎

定義 5.4 設$\mathcal{V}$是一向量空間，$\mathbf{L} \in \mathcal{L}(\mathcal{V})$。設$\mathcal{W}$是$\mathcal{V}$的一個$\mathbf{L}$-不變子空間。定義一個映射

$$\mathbf{L}|_{\mathcal{W}} : \mathcal{W} \to \mathcal{W}$$

如下: 對所有的$\mathbf{v} \in \mathcal{W}$，

$$\mathbf{L}|_{\mathcal{W}}\mathbf{v} = \mathbf{Lv},$$

稱$\mathbf{L}|_{\mathcal{W}}$爲$\mathbf{L}$在$\mathcal{W}$上之限制(restriction)。　∎

換言之，$\mathbf{L}|_\mathcal{W}$就是將映射$\mathbf{L}$之原定義域$\mathcal{V}$縮小限制成$\mathbf{L}$-不變子空間$\mathcal{W}$。很明顯地，下面的定理成立。

定理 5.5 設$\mathcal{V}$是一向量空間，$\mathbf{L} \in \mathcal{L}(\mathcal{V})$。設$\mathcal{W}$是$\mathcal{V}$的一個$\mathbf{L}$-不變子空間。則下列性質成立。

1. $\mathbf{L}|_\mathcal{W}$亦爲線性映射，亦即$\mathbf{L}|_\mathcal{W} \in \mathcal{L}(\mathcal{W})$。

2. 設$\dim\mathcal{V} = n < \infty$，$\dim\mathcal{W} = k(\leq n)$。則必可分別在$\mathcal{V}$及$\mathcal{W}$中找到有序基底$\mathcal{B}_\mathcal{V}$及$\mathcal{B}_\mathcal{W}$使得 $[\mathbf{L}]_{\mathcal{B}_\mathcal{V}} = \begin{bmatrix} \mathbf{B}_1 & \mathbf{B}_2 \\ \mathbf{0}_{(n-k)\times k} & \mathbf{B}_3 \end{bmatrix}$，其中$\mathbf{B}_1 = [\mathbf{L}|_\mathcal{W}]_{\mathcal{B}_\mathcal{W}}$，$\mathbf{B}_2 \in \mathbb{F}^{k\times(n-k)}$，$\mathbf{B}_3 \in \mathbb{F}^{(n-k)\times(n-k)}$。

證明:

1. 令$\mathbf{v}, \mathbf{u} \in \mathcal{W}$。則對任意的$a, b \in \mathbb{F}$，$a\mathbf{v} + b\mathbf{u} \in \mathcal{W}$，且有

$$\begin{aligned} \mathbf{L}|_\mathcal{W}(a\mathbf{v} + b\mathbf{u}) &= \mathbf{L}(a\mathbf{v} + b\mathbf{u}) \\ &= a\mathbf{L}\mathbf{v} + b\mathbf{L}\mathbf{u} \\ &= a\mathbf{L}|_\mathcal{W}\mathbf{v} + b\mathbf{L}|_\mathcal{W}\mathbf{u}, \end{aligned}$$

因此，$\mathbf{L}|_\mathcal{W} \in \mathcal{L}(\mathcal{W})$。

2. $\mathcal{W}$中任取一組有序基底$\mathcal{B}_\mathcal{W} = \{\mathbf{v}_1, \cdots, \mathbf{v}_k\}$並擴展成$\mathcal{V}$之有序基底 $\mathcal{B}_\mathcal{V} = \{\mathbf{v}_1, \cdots, \mathbf{v}_k, \mathbf{v}_{k+1}, \cdots, \mathbf{v}_n\}$。因爲$\mathcal{W}$是$\mathbf{L}$-不變子空間，對 $j = 1, 2, \cdots, k$，可令$\mathbf{L}\mathbf{v}_j = \sum_{i=1}^{k} b_{ij}\mathbf{v}_i$。另外，對$j = k+1, \cdots, n$，則令$\mathbf{L}\mathbf{v}_j = \sum_{i=1}^{n} b_{ij}\mathbf{v}_i$。

於是有$[\mathbf{L}|_{\mathcal{W}}]_{\mathcal{B}_{\mathcal{W}}} = \mathbf{B}_1$以及$[\mathbf{L}]_{\mathcal{B}_{\mathcal{V}}} = \begin{bmatrix} \mathbf{B}_1 & \mathbf{B}_2 \\ \mathbf{0} & \mathbf{B}_3 \end{bmatrix}$，其中

$$\mathbf{B}_1 = \begin{bmatrix} b_{11} & b_{12} & \cdots & b_{1k} \\ b_{21} & b_{22} & \cdots & b_{2k} \\ \vdots & \vdots & \ddots & \vdots \\ b_{k1} & b_{k2} & \cdots & b_{kk} \end{bmatrix},$$

$$\mathbf{B}_2 = \begin{bmatrix} b_{1,k+1} & b_{1,k+2} & \cdots & b_{1n} \\ b_{2,k+1} & b_{2,k+2} & \cdots & b_{2n} \\ \vdots & \vdots & \ddots & \vdots \\ b_{k,k+1} & b_{k,k+2} & \cdots & b_{k,n} \end{bmatrix},$$

以及

$$\mathbf{B}_3 = \begin{bmatrix} b_{k+1,k+1} & b_{k+1,k+2} & \cdots & b_{k+1,n} \\ b_{k+2,k+1} & b_{k+2,k+2} & \cdots & b_{k+2,n} \\ \vdots & \vdots & \ddots & \vdots \\ b_{n,k+1} & b_{n,k+2} & \cdots & b_{n,n} \end{bmatrix},$$

故得證。∎

推論 5.6 $\chi_{\mathbf{L}|_{\mathcal{W}}}(\lambda)$為$\chi_{\mathbf{L}}(\lambda)$之因式。

證明: 由上面證明知

$$\begin{aligned} \chi_{\mathbf{L}}(\lambda) &= \det(\lambda \mathbf{I}_{\mathcal{V}} - [\mathbf{L}]_{\mathcal{B}_{\mathcal{V}}}) \\ &= \det \begin{bmatrix} \lambda \mathbf{I}_k - \mathbf{B}_1 & -\mathbf{B}_2 \\ \mathbf{0} & \lambda \mathbf{I}_{n-k} - \mathbf{B}_3 \end{bmatrix} \\ &= \det(\lambda \mathbf{I}_k - \mathbf{B}_1)\det(\lambda \mathbf{I}_{n-k} - \mathbf{B}_3) \\ &= \chi_{\mathbf{L}|_{\mathcal{W}}}(\lambda)\det(\lambda \mathbf{I}_{n-k} - \mathbf{B}_3), \end{aligned}$$

故得證。∎

例 **5.7** 在例5.2中，選取$\mathcal{W}_1$之有序基底$\mathcal{B}_{\mathcal{W}_1} = \{\mathbf{e}_1, \mathbf{e}_3\}$，再擴充成$\mathbb{R}^3$中有序基底$\mathcal{B}_{\mathcal{V}} = \{\mathbf{e}_1, \mathbf{e}_3, \mathbf{e}_2\}$。因為$\mathbf{L}_{\mathbf{A}}|_{\mathcal{W}_1}\mathbf{e}_1 = \mathbf{e}_3$及$\mathbf{L}_{\mathbf{A}}|_{\mathcal{W}_1}\mathbf{e}_3 = \mathbf{e}_1$，因此$[\mathbf{L}_{\mathbf{A}}|_{\mathcal{W}_1}]_{\mathcal{B}_{\mathcal{W}_1}}$

$= \begin{bmatrix} 0 & 1 \\ 1 & 0 \end{bmatrix}$。同理，$\mathbf{L}_{\mathbf{A}}\mathbf{e}_2 = \mathbf{e}_1 + \mathbf{e}_3$，因此$[\mathbf{L}_{\mathbf{A}}]_{\mathcal{B}_{\mathcal{V}}} = \begin{bmatrix} 0 & 1 & 1 \\ 1 & 0 & 1 \\ 0 & 0 & 0 \end{bmatrix}$。不難算

出$\chi_{\mathbf{L}_{\mathbf{A}}|_{\mathcal{W}_1}}(\lambda) = (\lambda+1)(\lambda-1)$，$\chi_{\mathbf{L}_{\mathbf{A}}}(\lambda) = \lambda(\lambda+1)(\lambda-1)$，因此$\chi_{\mathbf{L}_{\mathbf{A}}|_{\mathcal{W}_1}}(\lambda)$整除$\chi_{\mathbf{L}_{\mathbf{A}}}(\lambda)$。∎

不變子空間本質上是一種幾何的描繪，下面定理則將這種幾何的概念以代數方程式呈現。此定理的證明是個很好的練習，留給讀者自己思考。

定理 **5.8** 設$\mathbf{A} \in \mathbb{F}^{n \times n}$，$\mathbf{V} \in \mathbb{F}^{n \times r}$，$n \geq r$。假設$\mathbf{V}$有全行秩，且$\chi_{\mathbf{A}}(\lambda)$可分解。則下列性質成立。

1. $\mathcal{I}m\mathbf{V}$為$\mathbb{F}^n$中一個$\mathbf{A}$-不變子空間若且唯若存在唯一的方陣$\mathbf{S} \in \mathbb{F}^{r \times r}$ 滿足方程式$\mathbf{A}\mathbf{V} = \mathbf{V}\mathbf{S}$。更進一步地，此唯一的方陣$\mathbf{S}$可表為$\mathbf{S} = (\mathbf{V}^T\mathbf{V})^{-1}\mathbf{V}^T\mathbf{A}\mathbf{V}$。

2. 若$\mathcal{I}m\mathbf{V}$是$\mathbb{F}^n$的一個$\mathbf{A}$-不變子空間，設$\mathbf{V} = [\mathbf{v}_1\ \mathbf{v}_2\ \cdots\ \mathbf{v}_r]$，選取$\mathcal{I}m\mathbf{V}$之有序基底$\mathcal{B} = \{\mathbf{v}_1, \mathbf{v}_2, \cdots, \mathbf{v}_r\}$。則$[\mathbf{L}_{\mathbf{A}}|_{\mathcal{I}m\mathbf{V}}]_{\mathcal{B}} = \mathbf{S}$，且$\sigma(\mathbf{S}) \subset \sigma(\mathbf{A})$。∎

例 **5.9** 參考例5.2，選擇$\mathcal{W}_1$之有序基底$\mathcal{B}_{\mathcal{W}_1} = \{\mathbf{e}_1, \mathbf{e}_3\}$。令矩陣$\mathbf{V} = [\mathbf{e}_1\ \mathbf{e}_3] = \begin{bmatrix} 1 & 0 \\ 0 & 0 \\ 0 & 1 \end{bmatrix}$。解

$$\begin{bmatrix} 0 & 1 & 1 \\ 0 & 0 & 0 \\ 1 & 1 & 0 \end{bmatrix} \begin{bmatrix} 1 & 0 \\ 0 & 0 \\ 0 & 1 \end{bmatrix} = \begin{bmatrix} 1 & 0 \\ 0 & 0 \\ 0 & 1 \end{bmatrix} \mathbf{S}$$

得$\mathbf{S} = \begin{bmatrix} 0 & 1 \\ 1 & 0 \end{bmatrix}$。$\mathbf{S}$亦可由$\mathbf{S} = (\mathbf{V}^T\mathbf{V})^{-1}\mathbf{V}^T\mathbf{A}\mathbf{V}$得之。因此，$\mathcal{W}_1$是$\mathbf{A}$-不變子空間，且$[\mathbf{L_A}|_{\mathcal{W}_1}]_{\mathcal{B}_{\mathcal{W}_1}} = \mathbf{S}$，參見例5.7。又$\chi_\mathbf{S}(\lambda) = (\lambda-1)(\lambda+1)$，$\chi_\mathbf{A}(\lambda) = \lambda(\lambda-1)(\lambda+1)$，這表示$\sigma(\mathbf{S}) \subset \sigma(\mathbf{A})$。 ■

定理 5.10   *1.* 設$\mathcal{V}$爲向量空間，$\mathbf{L} \in \mathcal{L}(\mathcal{V})$。設$\mathbf{v}$爲$\mathcal{V}$中任意給定之一非零向量。則在$\mathcal{V}$中包含$\mathbf{v}$之最小$\mathbf{L}$-不變子空間等於 $\mathcal{C}_\mathbf{L}(\mathbf{v}) \triangleq \mathrm{span}(\{\mathbf{v}, \mathbf{Lv}, \mathbf{L}^2\mathbf{v}, \cdots\})$。稱$\mathcal{C}_\mathbf{L}(\mathbf{v})$爲$\mathcal{V}$中由$\mathbf{v}$所生成之$\mathbf{L}$-循環(cyclic) 子空間。

  2. 設$\mathbf{A} \in \mathbb{F}^{n \times n}$，$\mathbf{v} \in \mathbb{F}^n$，$\mathbf{v} \neq \mathbf{0}$。則$\mathbb{F}^n$中由$\mathbf{v}$所生成之$\mathbf{A}$-循環子空間$\mathcal{C}_\mathbf{L}(\mathbf{v})$亦同。

證明:

  1. 顯然$\mathbf{v} \in \mathcal{C}_\mathbf{L}(\mathbf{v})$。令$\mathbf{u} \in \mathcal{C}_\mathbf{L}(\mathbf{v})$，則$\mathbf{u}$可表成$\mathbf{u} = a_0\mathbf{v} + a_1\mathbf{Lv} + \cdots + a_k\mathbf{L}^k\mathbf{v}$，其中純量$a_i$有可能等於0。因$\mathbf{Lu} = a_0\mathbf{Lv} + a_1\mathbf{L}^2\mathbf{v} + \cdots + a_k\mathbf{L}^{k+1}\mathbf{v} \in \mathcal{C}_\mathbf{L}(\mathbf{v})$，故$\mathcal{C}_\mathbf{L}(\mathbf{v})$是$\mathbf{L}$-不變子空間。設$\mathcal{W}$是$\mathcal{V}$的任意一個$\mathbf{L}$-不變子空間，且$\mathbf{v} \in \mathcal{W}$。則$\mathbf{L}^0\mathbf{v} = \mathbf{v} \in \mathcal{W}$。設$\mathbf{L}^{k-1}\mathbf{v} \in \mathcal{W}$對某正整數$k$成立。則$\mathbf{L}^k\mathbf{v} = \mathbf{L}(\mathbf{L}^{k-1}\mathbf{v}) \in \mathcal{W}$(因爲$\mathcal{W}$是$\mathbf{L}$-不變子空間)。依數學歸納法，對所有的$k = 0, 1, 2, \cdots$，恆有$\mathbf{L}^k\mathbf{v} \in \mathcal{W}$，因此$\mathcal{C}_\mathbf{L}(\mathbf{v}) \subset \mathcal{W}$，故得證。

  2. 第一部份的證明令$\mathbf{L} = \mathbf{L_A}$即可得證。 ■

例 **5.11** 再次考慮例5.2之$\mathbf{A}$，並令$\mathbf{v} = \begin{bmatrix} 1 \\ 0 \\ -1 \end{bmatrix}$，可得$\mathbf{Av} = \begin{bmatrix} -1 \\ 0 \\ 1 \end{bmatrix} = -\mathbf{v}$，$\mathbf{A}^2\mathbf{v} = \begin{bmatrix} 1 \\ 0 \\ -1 \end{bmatrix} = \mathbf{v}$，$\cdots$，是故$\mathcal{C}_\mathbf{L}(\mathbf{v}) = \mathrm{span}(\{\mathbf{v}\})$，$\dim\mathcal{C}_\mathbf{L}(\mathbf{v}) = 1$。

若令$\mathbf{u} = \begin{bmatrix} 1 \\ 1 \\ -1 \end{bmatrix}$, 則$\mathbf{Au} = \begin{bmatrix} 0 \\ 0 \\ 2 \end{bmatrix}$, $\mathbf{A}^2\mathbf{u} = \begin{bmatrix} 2 \\ 0 \\ 0 \end{bmatrix}$, $\mathbf{A}^3\mathbf{u} = \begin{bmatrix} 0 \\ 0 \\ 2 \end{bmatrix} = \mathbf{Au}$,

$\cdots$, 故$\mathcal{C}_\mathbf{A}(\mathbf{u}) = \text{span}(\{\mathbf{A}^2\mathbf{u}, \mathbf{Au}, \mathbf{u}\})$, 其維度等於3。 ∎

仔細觀察上例, 不難理解下面定理。

推論 5.12 符號同定理5.10。設$\mathcal{V}$是有限維度。則

1. $\dim\mathcal{C}_\mathbf{L}(\mathbf{v})$亦爲有限維度, 且$\dim\mathcal{C}_\mathbf{L}(\mathbf{v}) \leq \dim\mathcal{V}$。

2. 令$k = \dim\mathcal{C}_\mathbf{L}(\mathbf{v})$。則$\mathcal{B} = \{\mathbf{L}^{k-1}\mathbf{v}, \cdots, \mathbf{Lv}, \mathbf{v}\}$是$\mathcal{C}_\mathbf{L}(\mathbf{v})$之一組有序基底。若令$\mathbf{L}^k\mathbf{v} = b_{k-1}\mathbf{L}^{k-1}\mathbf{v} + b_{k-2}\mathbf{L}^{k-2}\mathbf{v} + \cdots + b_1\mathbf{Lv} + b_0\mathbf{v}$, 則

$$[\mathbf{L}|_{\mathcal{C}_\mathbf{L}(\mathbf{v})}]_\mathcal{B} = \begin{bmatrix} b_{k-1} & 1 & 0 & \cdots & 0 \\ b_{k-2} & 0 & 1 & \cdots & 0 \\ \vdots & \vdots & \vdots & \ddots & \vdots \\ b_1 & 0 & 0 & \cdots & 1 \\ b_0 & 0 & 0 & \cdots & 0 \end{bmatrix}。 \tag{5.1}$$

稱$\{\mathbf{L}^{k-1}\mathbf{v}, \cdots, \mathbf{Lv}, \mathbf{v}\}$爲$\mathcal{C}_\mathbf{L}(\mathbf{v})$之(有序)循環基底(cyclic basis)。

證明:

1. 見第2章定理2.105。

2. 令m表使$\mathcal{S} = \{\mathbf{L}^{m-1}\mathbf{v}, \cdots, \mathbf{Lv}, \mathbf{v}\}$爲線性獨立子集之最大整數(因爲$k < \infty$, m必然存在)。令$\mathcal{W} = \text{span}(\mathcal{S})$, 則$\mathcal{S}$爲$\mathcal{W}$之一有序基底。依$m$之定義, $\{\mathbf{L}^m\mathbf{v}\} \cup \mathcal{S}$爲一線性相依子集, 由第2章引理2.58知$\mathbf{L}^m\mathbf{v} \in \mathcal{W}$。對任意的$\mathbf{w} \in \mathcal{W}$, 存在$a_0, a_1, \cdots, a_{m-1} \in \mathbb{F}$使得$\mathbf{w} = a_0\mathbf{v} + a_1\mathbf{Lv} + \cdots + a_{m-1}\mathbf{L}^{m-1}\mathbf{v}$。由此得$\mathbf{Lw} = a_0\mathbf{Lv} + a_1\mathbf{L}^2\mathbf{v} + \cdots + a_{m-2}\mathbf{L}^{m-1}\mathbf{v} + a_{m-1}\mathbf{L}^m\mathbf{v} \in \mathcal{W}$, 又$\mathbf{v} \in \mathcal{W}$, 這就證明了$\mathcal{W}$是$\mathcal{V}$中包含$\mathbf{v}$的一個$\mathbf{L}$-不變

子空間。但已知$\mathcal{C}_{\mathbf{L}}(\mathbf{v})$是$\mathcal{V}$中包含$\mathbf{v}$的最小$\mathbf{L}$-不變子空間，因此$\mathcal{C}_{\mathbf{L}}(\mathbf{v}) \subset \mathcal{W}$。另一方面，依$\mathcal{W}$之定義很顯然有$\mathcal{W} \subset \mathcal{C}_{\mathbf{L}}(\mathbf{v})$。於是得$\mathcal{W} = \mathcal{C}_{\mathbf{L}}(\mathbf{v})$，也就是說$\mathcal{S}$也是$\mathcal{C}_{\mathbf{L}}(\mathbf{v})$之一有序基底，因此$k = m$，及$\mathcal{S} = \mathcal{B}$。又由$\mathbf{L}(\mathbf{L}^{k-1}\mathbf{v}) = \mathbf{L}^k\mathbf{v} = b_{k-1}\mathbf{L}^{k-1}\mathbf{v} + \cdots + b_1\mathbf{L}\mathbf{v} + b_0\mathbf{v}$，以及$\mathbf{L}(\mathbf{L}^j\mathbf{v}) = \mathbf{L}^{j+1}\mathbf{v}$，$j = 0, 1, 2, \cdots, k - 2$，立即得(5.1)式。∎

下面定理告訴我們，當有限維度向量空間上之線性算子可分解成其上兩個不變子空間之直和時，其特徵多項式亦可分解成該線性算子在此兩不變子空間上之限制之特徵多項式的乘積。

定理 5.13 設$\mathcal{V}$是有限維度向量空間，$\mathbf{L} \in \mathcal{L}(\mathcal{V})$。設$\mathcal{W}_1$及$\mathcal{W}_2$是$\mathcal{V}$之$\mathbf{L}$-不變子空間，且$\mathcal{V} = \mathcal{W}_1 \oplus \mathcal{W}_2$。則$\chi_{\mathbf{L}}(\lambda) = \chi_{\mathbf{L}|_{\mathcal{W}_1}}(\lambda)\chi_{\mathbf{L}|_{\mathcal{W}_2}}(\lambda)$。

證明：令$\mathcal{B}_1, \mathcal{B}_2$分別為$\mathcal{W}_1, \mathcal{W}_2$之有序基底，則$\mathcal{B} = \mathcal{B}_1 \cup \mathcal{B}_2$是$\mathcal{V}$之一組有序基底。仿照定理5.5之證明，我們可以證明

$$[\mathbf{L}]_{\mathcal{B}} = \begin{bmatrix} \mathbf{A}_1 & \mathbf{0} \\ \mathbf{0} & \mathbf{A}_2 \end{bmatrix},$$

其中$\mathbf{A}_1 = [\mathbf{L}|_{\mathcal{W}_1}]_{\mathcal{B}_1}$，$\mathbf{A}_2 = [\mathbf{L}|_{\mathcal{W}_2}]_{\mathcal{B}_2}$。因此

$$\begin{aligned} \chi_{\mathbf{L}}(\lambda) &= \det(\lambda\mathbf{I} - [\mathbf{L}]_{\mathcal{B}}) \\ &= \det\begin{bmatrix} \lambda\mathbf{I} - \mathbf{A}_1 & \mathbf{0} \\ \mathbf{0} & \lambda\mathbf{I} - \mathbf{A}_2 \end{bmatrix} \\ &= \det(\lambda\mathbf{I} - \mathbf{A}_1)\det(\lambda\mathbf{I} - \mathbf{A}_2) \\ &= \chi_{\mathbf{L}|_{\mathcal{W}_1}}(\lambda)\chi_{\mathbf{L}|_{\mathcal{W}_2}}(\lambda)。 \end{aligned}$$

∎

利用數學歸納法很容易推廣上述定理。

推論 **5.14** 設$\mathcal{V}$是有限維度向量空間，$\mathbf{L} \in \mathcal{L}(\mathcal{V})$。設$\mathcal{W}_1, \mathcal{W}_2, \cdots, \mathcal{W}_k$ 是$\mathcal{V}$中之$\mathbf{L}$-不變子空間，且 $\mathcal{V} = \mathcal{W}_1 \oplus \mathcal{W}_2 \oplus \cdots \oplus \mathcal{W}_k$。設 $\mathcal{B}_1, \cdots, \mathcal{B}_k$ 分別為$\mathcal{W}_1, \cdots, \mathcal{W}_k$之有序基底。令$\mathcal{B} = \mathcal{B}_1 \cup \cdots \cup \mathcal{B}_k$，則$[\mathbf{L}]_\mathcal{B} = \mathrm{diag}[[\mathbf{L}|_{\mathcal{W}_1}]_{\mathcal{B}_1} \cdots [\mathbf{L}|_{\mathcal{W}_k}]_{\mathcal{B}_k}]$，且$\chi_\mathbf{L}(\lambda) = \prod_{i=1}^{k} \chi_{\mathbf{L}|_{\mathcal{W}_i}}(\lambda)$。 ■

例 **5.15** 設$\mathbf{A} = \begin{bmatrix} 1 & 1 & 0 \\ 0 & 1 & 0 \\ 0 & 0 & -1 \end{bmatrix}$。很容易驗證 $\mathcal{W}_1 = \{(x_1, x_2, 0) \mid x_1, x_2 \in \mathbb{R}\}$與$\mathcal{W}_2 = \{(0, 0, x_3) \mid x_3 \in \mathbb{R}\}$都是$\mathbf{A}$-不變子空間，且$\chi_{\mathbf{L_A}}(\lambda) = (\lambda - 1)^2(\lambda + 1)$，$\chi_{\mathbf{L_A}|_{\mathcal{W}_1}}(\lambda) = (\lambda - 1)^2$，$\chi_{\mathbf{L_A}|_{\mathcal{W}_2}}(\lambda) = (\lambda + 1)$，因此$\chi_{\mathbf{L_A}}(\lambda) = \chi_{\mathbf{L_A}|_{\mathcal{W}_1}}(\lambda)\chi_{\mathbf{L_A}|_{\mathcal{W}_2}}(\lambda)$。 ■

底下我們再介紹一個非常重要的定理，在後面章節討論Jordan標準式時，它扮演了一個關鍵性的角色。

定理 **5.16** 設$\mathcal{V}$是有限維度向量空間，$\mathbf{L} \in \mathcal{L}(\mathcal{V})$。則存在非負整數$k$使得

1. 當$j \geq k$時，恆有$\mathcal{I}m\mathbf{L}^j = \mathcal{I}m\mathbf{L}^k, \mathcal{K}er\mathbf{L}^j = \mathcal{K}er\mathbf{L}^k$。

2. $\mathcal{K}er\mathbf{L}^k$與$\mathcal{I}m\mathbf{L}^k$為$\mathbf{L}$-不變子空間。

3. $\mathcal{V} = \mathcal{I}m\mathbf{L}^k \oplus \mathcal{K}er\mathbf{L}^k$。

證明：

1. 不難證明對所有的$j = 0, 1, 2, \cdots$，恆有$\mathcal{K}er\mathbf{L}^j \subset \mathcal{K}er\mathbf{L}^{j+1}$及$\mathcal{I}m\mathbf{L}^{j+1} \subset \mathcal{I}m\mathbf{L}^j$。理由如下：對任意的$\mathbf{v} \in \mathcal{K}er\mathbf{L}^j$，$\mathbf{L}^{j+1}\mathbf{v} = \mathbf{L}(\mathbf{L}^j\mathbf{v}) = \mathbf{L}\mathbf{0} = \mathbf{0}$，因此$\mathbf{v} \in \mathcal{K}er\mathbf{L}^{j+1}$，故$\mathcal{K}er\mathbf{L}^j \subset \mathcal{K}er\mathbf{L}^{j+1}$。同理，對任意的$\mathbf{u} \in$

$\mathcal{I}m\mathbf{L}^{j+1}$, 存在$\mathbf{w} \in \mathcal{V}$滿足$\mathbf{u} = \mathbf{L}^{j+1}\mathbf{w} = \mathbf{L}^{j}(\mathbf{Lw})$, 因此$\mathbf{u} \in \mathcal{I}m\mathbf{L}^{j}$, 故$\mathcal{I}m\mathbf{L}^{j+1} \subset \mathcal{I}m\mathbf{L}^{j}$。於是, 我們有

$$\{\mathbf{0}\} = \mathcal{K}er\mathbf{L}^{0} \subset \mathcal{K}er\mathbf{L}^{1} \subset \cdots \subset \mathcal{K}er\mathbf{L}^{j} \subset \cdots \subset \mathcal{V},$$

$$\{\mathbf{0}\} \subset \cdots \subset \mathcal{I}m\mathbf{L}^{j} \subset \cdots \subset \mathcal{I}m\mathbf{L}^{1} \subset \mathcal{I}m\mathbf{L}^{0} = \mathcal{V}。$$

令$n = \dim\mathcal{V}$, 則有

$$
\begin{aligned}
0 &= \dim\mathcal{K}er\mathbf{L}^{0} \le \dim\mathcal{K}er\mathbf{L}^{1} \le \cdots \\
&\le \dim\mathcal{K}er\mathbf{L}^{j} \le \cdots \le n, \qquad (5.2)\\
0 &\le \cdots \le \dim\mathcal{I}m\mathbf{L}^{j} \le \cdots \\
&\le \dim\mathcal{I}m\mathbf{L}^{1} \le \dim\mathcal{I}m\mathbf{L}^{0} = n。 \qquad (5.3)
\end{aligned}
$$

因為$n < \infty$, (5.2)式中之$\dim\mathcal{K}er\mathbf{L}^{j}$不可能隨$j$之增大而無限增加, 同理, (5.3)式中之$\dim\mathcal{I}m\mathbf{L}^{j}$不可能隨$j$之增大而無限減少, 故必存在正整數$k_1, k_2$使得$\mathcal{I}m\mathbf{L}^{k_1} = \mathcal{I}m\mathbf{L}^{k_1+1}$及$\mathcal{K}er\mathbf{L}^{k_2} = \mathcal{K}er\mathbf{L}^{k_2+1}$。事實上, 對所有的$r = 1, 2, 3, \cdots$, 恆有$\mathcal{I}m\mathbf{L}^{k_1} = \mathcal{I}m\mathbf{L}^{k_1+r}$及 $\mathcal{K}er\mathbf{L}^{k_2} = \mathcal{K}er\mathbf{L}^{k_2+r}$。利用數學歸納法證明如下: 依$k_1$及$k_2$之定義, 當$r = 1$時上述兩式成立。設$\mathcal{I}m\mathbf{L}^{k_1} = \mathcal{I}m\mathbf{L}^{k_1+m}$成立。令$\mathbf{x} \in \mathcal{I}m\mathbf{L}^{k_1}(= \mathcal{I}m\mathbf{L}^{k_1+1})$, 則存在$\mathbf{y}$滿足$\mathbf{x} = \mathbf{L}^{k_1+1}\mathbf{y} = \mathbf{L}(\mathbf{L}^{k_1}\mathbf{y})$。因$\mathbf{L}^{k_1}\mathbf{y} \in \mathcal{I}m\mathbf{L}^{k_1} = \mathcal{I}m\mathbf{L}^{k_1+m}$, 故存在$\mathbf{z}$滿足$\mathbf{L}^{k_1}\mathbf{y} = \mathbf{L}^{k_1+m}\mathbf{z}$, 因此, $\mathbf{x} = \mathbf{L}(\mathbf{L}^{k_1+m}\mathbf{z}) = \mathbf{L}^{k_1+m+1}\mathbf{z}$。於是$\mathbf{x} \in \mathcal{I}m\mathbf{L}^{k_1+m+1}$, 故得$\mathcal{I}m\mathbf{L}^{k_1} \subset \mathcal{I}m\mathbf{L}^{k_1+m+1}$。但$\mathcal{I}m\ \mathbf{L}^{k_1+m+1} \subset \mathcal{I}m\mathbf{L}^{k_1}$, 故證得$\mathcal{I}m\mathbf{L}^{k_1} = \mathcal{I}m\mathbf{L}^{k_1+m+1}$。由數學歸納法知對所有的$r = 1, 2, \cdots$, 必有$\mathcal{I}m\mathbf{L}^{k_1} = \mathcal{I}m\mathbf{L}^{k_1+r}$。同理, 設$\mathcal{K}er\mathbf{L}^{k_2} = \mathcal{K}er\mathbf{L}^{k_2+m}$。令$\mathbf{v} \in \mathcal{K}er\mathbf{L}^{k_2+m+1}$, 則$\mathbf{L}^{k_2+m}(\mathbf{Lv}) = \mathbf{L}^{k_2+m+1}\mathbf{v} = \mathbf{0}$, 因此, $\mathbf{Lv} \in \mathcal{K}er\mathbf{L}^{k_2+m} = \mathcal{K}er\mathbf{L}^{k_2}$。於是$\mathbf{L}^{k_2+1}\mathbf{v} = \mathbf{L}^{k_2}(\mathbf{Lv}) = \mathbf{0}$, 也就是$\mathbf{v} \in \mathcal{K}er\mathbf{L}^{k_2+1} = \mathcal{K}er\mathbf{L}^{k_2}$, 故得$\mathcal{K}er\mathbf{L}^{k_2+m+1} \subset \mathcal{K}er\mathbf{L}^{k_2}$。但$\mathcal{K}er\mathbf{L}^{k_2} \subset$

$\mathcal{K}er\mathbf{L}^{k_2+m+1}$, 故證得$\mathcal{K}er\mathbf{L}^{k_2} = \mathcal{K}er\mathbf{L}^{k_2+m+1}$。由數學歸納法之對所有的$r = 1, 2, \cdots$, 必有$\mathcal{K}er\mathbf{L}^{k_2} = \mathcal{K}er\mathbf{L}^{k_2+r}$。取$k = \max\{k_1, k_2\}$, 則對所有的$j \geq k$, 恆有$\mathcal{I}m\mathbf{L}^j = \mathcal{I}m\mathbf{L}^k$及 $\mathcal{K}er\mathbf{L}^j = \mathcal{K}er\mathbf{L}^k$, 故得證。

2. 令$\mathbf{v} \in \mathcal{K}er\mathbf{L}^k (= \mathcal{K}er\mathbf{L}^{k+1})$。則$\mathbf{L}^{k+1}\mathbf{v} = \mathbf{L}^k(\mathbf{Lv}) = \mathbf{0}$。因此$\mathbf{Lv} \in \mathcal{K}er\mathbf{L}^k$。這證明了$\mathcal{K}er\mathbf{L}^k$是$\mathbf{L}$-不變子空間。同理可證$\mathcal{I}m\mathbf{L}^k$ 是$\mathbf{L}$-不變子空間(見習題5.3)。

3. 令$\mathbf{v} \in \mathcal{I}m\mathbf{L}^k \cap \mathcal{K}er\mathbf{L}^k$, 則存在$\mathbf{u} \in \mathcal{V}$滿足$\mathbf{v} = \mathbf{L}^k\mathbf{u}$。於是, $\mathbf{0} = \mathbf{L}^k\mathbf{v} = \mathbf{L}^{2k}\mathbf{u}$, 因此$\mathbf{u} \in \mathcal{K}er\mathbf{L}^{2k}$。但$\mathcal{K}er\mathbf{L}^{2k} = \mathcal{K}er\mathbf{L}^k$, 故$\mathbf{u} \in \mathcal{K}er\mathbf{L}^k$。結果, $\mathbf{v} = \mathbf{L}^k\mathbf{u} = \mathbf{0}$, 這就證明了$\mathcal{I}m\mathbf{L}^k \cap \mathcal{K}er\mathbf{L}^k = \{\mathbf{0}\}$。
考慮線性算子$\mathbf{L}^k : \mathcal{V} \to \mathcal{V}$。由第3章定理3.34(維度定理)知

$$\dim\mathcal{V} = \dim\mathcal{I}m\mathbf{L}^k + \dim\mathcal{K}er\mathbf{L}^k。$$

又由第2章引理2.116(布林公式)知

$$\begin{aligned} &\dim(\mathcal{I}m\mathbf{L}^k + \mathcal{K}er\mathbf{L}^k) \\ =\ &\dim\mathcal{I}m\mathbf{L}^k + \dim\mathcal{K}er\mathbf{L}^k - \dim(\mathcal{I}m\mathbf{L}^k \cap \mathcal{K}er\mathbf{L}^k) \\ =\ &\dim\mathcal{I}m\mathbf{L}^k + \dim\mathcal{K}er\mathbf{L}^k, \end{aligned}$$

因此,

$$\dim(\mathcal{I}m\mathbf{L}^k + \mathcal{K}er\mathbf{L}^k) = \dim\mathcal{V}。$$

但因$\mathcal{I}m\mathbf{L}^k + \mathcal{K}er\mathbf{L}^k$是$\mathcal{V}$之子空間, 由第2章定理2.105知$\mathcal{V} = \mathcal{I}m\mathbf{L}^k + \mathcal{K}er\mathbf{L}^k$。因已證 $\mathcal{I}m\mathbf{L}^k \cap \mathcal{K}er\mathbf{L}^k = \{\mathbf{0}\}$, 援用第2章定理2.110得 $\mathcal{V} = \mathcal{I}m\mathbf{L}^k \oplus \mathcal{K}er\mathbf{L}^k$, 故得證。 ■

5.3 Cayley-Hamilton 定理

本節主題是Cayley-Hamilton定理。首先, 我們介紹零化多項式的觀念。

定義 5.17 令$f(t) \triangleq a_k t^k + a_{k-1} t^{k-1} + \cdots + a_1 t + a_0 \in \mathbb{F}[t]$。

1. 設$\mathcal{V}$爲向量空間, $\mathbf{L} \in \mathcal{L}(\mathcal{V})$, 定義

$$f(\mathbf{L}) \triangleq a_k \mathbf{L}^k + a_{k-1} \mathbf{L}^{k-1} + \cdots + a_1 \mathbf{L} + a_0 \mathbf{I}_{\mathcal{V}}。$$

2. 設$\mathbf{A} \in \mathbb{F}^{n \times n}$, 定義

$$f(\mathbf{A}) = a_k \mathbf{A}^k + a_{k-1} \mathbf{A}^{k-1} + \cdots + a_1 \mathbf{A} + a_0 \mathbf{I}_n。$$

■

很明顯地, 若$\mathbf{L} \in \mathcal{L}(\mathcal{V})$, 則$f(\mathbf{L}) \in \mathcal{L}(\mathcal{V})$。

引理 5.18 設$\mathcal{V}$爲一n維向量空間, $\mathbf{L} \in \mathcal{L}(\mathcal{V})$, 則存在一非零之多項式 $f(t)$滿足$f(\mathbf{L}) = \mathbf{0}_{\mathcal{V}}$。

證明: 因$\dim \mathcal{L}(\mathcal{V}) = n^2$, 只要$N \geq n^2$, $\{\mathbf{L}^N, \mathbf{L}^{N-1}, \cdots, \mathbf{L}, \mathbf{I}_{\mathcal{V}}\}$必爲$\mathcal{L}(\mathcal{V})$中線性相依子集。因此, 存在非全零之純量$a_0, a_1, \cdots, a_N \in \mathbb{F}$滿足

$$a_N \mathbf{L}^N + \cdots + a_1 \mathbf{L} + a_0 \mathbf{I}_{\mathcal{V}} = \mathbf{0}_{\mathcal{V}}。$$

令$f(t) = a_N t^N + \cdots + a_1 t + a_0$即爲所求。 ■

推論 5.19 設$\mathbf{A} \in \mathbb{F}^{n \times n}$, 則存在一非零多項式$f(t)$滿足$f(\mathbf{A}) = \mathbf{0}_{n \times n}$。 ■

定義 5.20 滿足$f(\mathbf{L}) = \mathbf{0}_{\mathcal{V}}$或$f(\mathbf{A}) = \mathbf{0}_{n \times n}$之多項式$f(t)$稱爲線性算子$\mathbf{L}$或方陣$\mathbf{A}$之一個零化多項式(annihilating polynomial)。 ■

下面Cayley-Hamilton定理是本節最主要的定理。它告訴我們一個非常重要的事實，那就是有限維度向量空間上之線性映射或方陣之特徵多項式是其自身一個零化多項式。

定理 5.21 (Cayley-Hamilton定理)

1. 設$\mathcal{V}$為n維向量空間，$\mathbf{L} \in \mathcal{L}(\mathcal{V})$，則$\chi_{\mathbf{L}}(\lambda)$是$\mathbf{L}$的一個零化多項式。

2. 設$\mathbf{A} \in \mathbb{F}^{n \times n}$，則$\chi_{\mathbf{A}}(\lambda)$是$\mathbf{A}$的一個零化多項式。

證明：

1. 當$n = 0, \mathcal{V} = \{\mathbf{0}\}$，此結果是顯而易見的。若$n \geq 1$時，$\mathcal{V}$至少含一個非零之向量$\mathbf{v}$。令$\widetilde{\mathbf{L}} = \mathbf{L}|_{\mathcal{C}_{\mathbf{L}}}(\mathbf{v})$，且$k = \dim\mathcal{C}_{\mathbf{L}}(\mathbf{v})$，依推論5.12，$k \leq n$，且若令$\mathbf{L}^k\mathbf{v} = b_{k-1}\mathbf{L}^{k-1}\mathbf{v} + \cdots + b_0\mathbf{v}$，則$[\widetilde{\mathbf{L}}]_{\mathcal{B}}$如(5.1)式所示。不難驗證(見習題5.4)

$$\chi_{\widetilde{\mathbf{L}}}(\lambda) = \lambda^k - b_{k-1}\lambda^{k-1} - \cdots - b_1\lambda - b_0, \tag{5.4}$$

於是可得

$$\chi_{\widetilde{\mathbf{L}}}(\mathbf{L})\mathbf{v} = \mathbf{L}^k\mathbf{v} - b_{k-1}\mathbf{L}^{k-1}\mathbf{v} - \cdots - b_1\mathbf{L}\mathbf{v} - b_0\mathbf{v} = \mathbf{0}。$$

因為$\mathbf{v}$是任意給定的非零向量，又$\chi_{\widetilde{\mathbf{L}}}(\mathbf{L})\mathbf{0} = \mathbf{0}$，則有$\chi_{\widetilde{\mathbf{L}}}(\mathbf{L})\mathbf{v} = \mathbf{0}$，這對所有的$\mathbf{v} \in \mathcal{V}$均成立。因為$\chi_{\widetilde{\mathbf{L}}}(\lambda)$為$\chi_{\mathbf{L}}(\lambda)$之因式(見推論5.6)，存在另一多項式$g(\lambda)$滿足$\chi_{\mathbf{L}}(\lambda) = g(\lambda)\chi_{\widetilde{\mathbf{L}}}(\lambda)$。由習題5.7知對所有的$\mathbf{v} \in \mathcal{V}$恆有$\chi_{\mathbf{L}}(\mathbf{L})\mathbf{v} = \mathbf{g}(\mathbf{L})\chi_{\widetilde{\mathbf{L}}}(\mathbf{L})\mathbf{v} = \mathbf{0}$，故$\chi_{\mathbf{L}}(\mathbf{L}) = \mathbf{0}_{\mathcal{V}}$。

2. 同理可證。　　　　　　　　　　　　　　　　　　　　　　■

例 **5.22** 令 $\mathbf{A} = \begin{bmatrix} 0 & 0 & 2 \\ 0 & 1 & 0 \\ -1 & 0 & 3 \end{bmatrix}$，其特徵多項式為 $\chi_{\mathbf{A}}(\lambda) = \lambda^3 - 4\lambda^2 + 5\lambda - 2$。

請讀者自行驗證

$$\chi_{\mathbf{A}}(\mathbf{A}) = \mathbf{A}^3 - 4\mathbf{A}^2 + 5\mathbf{A} - 2\mathbf{I} = \begin{bmatrix} 0 & 0 & 0 \\ 0 & 0 & 0 \\ 0 & 0 & 0 \end{bmatrix}。$$

∎

從Cayley-Hamilton定理之證明知可能存在比特徵多項式階數還要低的零化多項式。

例 **5.23** 在第4章例4.34及4.35中的兩個矩陣分別為 $\mathbf{A}_1 = \begin{bmatrix} 0 & 0 & -4 \\ 0 & 0 & 0 \\ 0 & 0 & 1 \end{bmatrix}$ 與

$\mathbf{A}_2 = \begin{bmatrix} 0 & 3 & -4 \\ 0 & 0 & 0 \\ 0 & 0 & 1 \end{bmatrix}$，兩者具有相同的特徵多項式 $\chi_{\mathbf{A}_1}(\lambda) = \chi_{\mathbf{A}_2}(\lambda) = \lambda^3 - \lambda^2$，因此 $\mathbf{A}_1^3 - \mathbf{A}_1^2 = \mathbf{0}$ 且 $\mathbf{A}_2^3 - \mathbf{A}_2^2 = \mathbf{0}$。很容易可以驗證 $\mathbf{A}_1$ 存在更低階的零化多項式，因為 $\mathbf{A}_1^2 - \mathbf{A}_1 = \mathbf{0}$。至於 $\mathbf{A}_2$，我們可以證明不可能再找到比 $\chi_{\mathbf{A}_2}(\lambda)$ 更低階的零化多項式了(見例5.48)。

∎

有關如何求得最低階的零化多項式問題在5.6節裡我們會有更多的討論。本節最後，我們應用Cayley-Hamilton定理證明一個很重要的結果。

定理 **5.24** 設 $\mathcal{V}$ 為有限維度向量空間，$\mathbf{L} \in \mathcal{L}(\mathcal{V})$，且設 $\chi_{\mathbf{L}}(\lambda)$ 可分解。則對 $\mathcal{V}$ 中任意非零之 $\mathbf{L}$-不變子空間 $\mathcal{W}$ 必包含 $\mathbf{L}$ 之一特徵向量。

證明: 令 $\widetilde{\mathbf{L}} = \mathbf{L}|_{\mathcal{W}}$。根據Cayley-Hamilton定理，$\chi_{\widetilde{\mathbf{L}}}(\widetilde{\mathbf{L}}) = \mathbf{0}_{\mathcal{W}}$。令

$$\begin{aligned} \chi_{\widetilde{\mathbf{L}}}(\lambda) &= a_m \lambda^m + \cdots + a_1 \lambda + a_0, \quad a_m \neq 0 \\ &= a_m (\lambda - \lambda_1) \cdots (\lambda - \lambda_m), \end{aligned}$$

其中$\lambda_1, \cdots, \lambda_m \in \sigma(\widetilde{\mathbf{L}})$不一定相異。由習題5.7知

$$\chi_{\widetilde{\mathbf{L}}}(\widetilde{\mathbf{L}}) = a_m(\widetilde{\mathbf{L}} - \lambda_1 \mathbf{I}_\mathcal{W}) \cdots (\widetilde{\mathbf{L}} - \lambda_m \mathbf{I}_\mathcal{W}) = \mathbf{0}_\mathcal{W}。$$

因為$\mathcal{W} \neq \{\mathbf{0}\}$，因此必存在某$1 \leq j \leq m$使得$\widetilde{\mathbf{L}} - \lambda_j \mathbf{I}_\mathcal{W}$為不可逆，換言之，$\widetilde{\mathbf{L}} - \lambda_j \mathbf{I}_\mathcal{W}$不是單射。故存在非零向量$\mathbf{v} \in \mathcal{W}$滿足$(\widetilde{\mathbf{L}} - \lambda_j \mathbf{I}_\mathcal{W})\mathbf{v} = \mathbf{0}$。此證明了$(\lambda_j, \mathbf{v})$是$\widetilde{\mathbf{L}}$之一特徵序對。又因$\mathcal{W}$是$\mathbf{L}$-不變子空間，依推論5.6，$\chi_{\widetilde{\mathbf{L}}}(\lambda)$為$\chi_\mathbf{L}(\lambda)$之因式，故$\sigma(\widetilde{\mathbf{L}}) \subset \sigma(\mathbf{L})$，亦即$\lambda_j \in \sigma(\mathbf{L})$且$(\lambda_j, \mathbf{v})$亦為$\mathbf{L}$之一特徵序對，故得證。∎

5.4 冪零算子與冪零矩陣

本節中我們將討論一種特殊的線性算子與方陣，分別稱為冪零算子與冪零矩陣。

定義 5.25　　*1.* 設$\mathcal{V}$為向量空間且$\mathbf{L} \in \mathcal{L}(\mathcal{V})$。若存在$p \in \mathbb{N}$使得$\mathbf{L}^p = \mathbf{0}_\mathcal{V}$，亦即對所有的$\mathbf{v} \in \mathcal{V}$, $\mathbf{L}^p \mathbf{v} = \mathbf{0}$均成立，則稱$\mathbf{L}$為一冪零(nilpotent)算子。滿足$\mathbf{L}^p = \mathbf{0}_\mathcal{V}$之最小正整數$p_0$稱為$\mathbf{L}$之(冪零)指標(index)。

　2. 設$\mathbf{N} \in \mathbb{F}^{n \times n}$。若存在$p \in \mathbb{N}$使得$\mathbf{N}^p = \mathbf{0}_{n \times n}$，則稱$\mathbf{N}$為一冪零矩陣。滿足$\mathbf{N}^p = \mathbf{0}_{n \times n}$之最小正整數$p_0$稱為$\mathbf{N}$之(冪零)指標。∎

　很明顯地，$\mathbf{N}$是冪零矩陣若且唯若$\mathbf{L}_\mathbf{N}$是冪零算子。

例 5.26 零算子 $\mathbf{0}_\mathcal{V}$ 與零矩陣 $\mathbf{0}_{n \times n}$ 分別是冪零算子與冪零矩陣，其指標均為1。∎

例 **5.27** $k \times k$階方陣$\mathbf{J}_k(0) \triangleq \begin{bmatrix} 0 & 1 & 0 & \cdots & 0 \\ 0 & 0 & 1 & \cdots & 0 \\ \vdots & \vdots & \vdots & \ddots & \vdots \\ 0 & 0 & 0 & \cdots & 1 \\ 0 & 0 & 0 & \cdots & 0 \end{bmatrix}$ 是一個指標爲k之冪零矩

陣。同理

$$\mathbf{J}(0) \triangleq \mathrm{diag}[\mathbf{J}_{k_1}(0)\,\mathbf{J}_{k_2}(0)\,\cdots\,\mathbf{J}_{k_n}(0)]$$

也是冪零矩陣，其指標等於 $\max\{k_1, k_2, \cdots, k_n\}$。譬如，$\mathbf{J}(0) =$

$\begin{bmatrix} 0 & 1 & 0 & 0 & 0 \\ 0 & 0 & 0 & 0 & 0 \\ \hline 0 & 0 & 0 & 1 & 0 \\ 0 & 0 & 0 & 0 & 1 \\ 0 & 0 & 0 & 0 & 0 \end{bmatrix}$ 是一個指標爲3之冪零矩陣。　　　■

引理 **5.28** 設$\mathcal{V}$是向量空間，$\mathbf{L} \in \mathcal{L}(\mathcal{V})$是指標爲$p$之冪零算子。設$\mathbf{v} \in \mathcal{V}, \mathbf{v} \neq \mathbf{0}$。則存在唯一的正整數$k$，$k \leq p$使得$\mathbf{L}^k\mathbf{v} = \mathbf{0}$且$\mathbf{L}^{k-1}\mathbf{v} \neq \mathbf{0}$，而且$\mathcal{S} = \{\mathbf{L}^{k-1}\mathbf{v}, \mathbf{L}^{k-2}\mathbf{v}, \cdots, \mathbf{L}^2\mathbf{v}, \mathbf{L}\mathbf{v}, \mathbf{v}\}$是線性獨立子集。

證明: k之存在性與唯一性是很明顯地。我們只需要證明$\mathcal{S}$是線性獨立子集。令

$$a_k\mathbf{L}^{k-1}\mathbf{v} + a_{k-1}\mathbf{L}^{k-2}\mathbf{v} + \cdots + a_2\mathbf{L}\mathbf{v} + a_1\mathbf{v} = \mathbf{0}。 \tag{5.5}$$

$\mathbf{L}^{k-1}$作用在(5.5)式可得

$$\mathbf{L}^{k-1}(a_k\mathbf{L}^{k-1}\mathbf{v} + \cdots + a_1\mathbf{v}) = a_1\mathbf{L}^{k-1}\mathbf{v} = \mathbf{0}。$$

因爲$\mathbf{L}^{k-1}\mathbf{v} \neq \mathbf{0}$，於是$a_1 = 0$, (5.5)式變成

$$a_k\mathbf{L}^{k-1}\mathbf{v} + a_{k-1}\mathbf{L}^{k-2}\mathbf{v} + \cdots + a_2\mathbf{L}\mathbf{v} = \mathbf{0}。$$

同理，$\mathbf{L}^{k-2}$作用在上式得$a_2\mathbf{L}^{k-1}\mathbf{v} = \mathbf{0}$，因此得$a_2 = 0$。以此類推可得$a_3 = a_4 = \cdots = a_k = 0$, 故得證。　　　■

推論 **5.29** 設$\mathcal{V}$爲有限維度的向量空間，$\mathbf{L} \in \mathcal{L}(\mathcal{V})$是指標爲$p$之冪零算子。設$\mathbf{v} \in \mathcal{V}, \mathbf{v} \neq \mathbf{0}$。則存在唯一的正整數$k$，$k \leq p$使得$\mathbf{L}^k\mathbf{v} = \mathbf{0}$且$\mathbf{L}^{k-1}\mathbf{v} \neq \mathbf{0}$，而且$\mathcal{J} \triangleq \{\mathbf{L}^{k-1}\mathbf{v}, \cdots, \mathbf{Lv}, \mathbf{v}\}$是$\mathcal{C}_{\mathbf{L}}(\mathbf{v})$之一組有序基底。因此，$\dim \mathcal{C}_{\mathbf{L}}(\mathbf{v}) = k$，且$[\mathbf{L}|_{\mathcal{C}_{\mathbf{L}}(\mathbf{v})}]_{\mathcal{J}} = \mathbf{J}_k(0)$。我們稱$\mathcal{J}$是一個長度爲$k$之循環(有序)基底(cyclic ordered basis)。

證明: 結合上個引理與推論5.12即得證。　　　　　　　　　　■

　　底下假設$\mathcal{V}$是n維向量空間，$\mathbf{L} \in \mathcal{L}(\mathcal{V})$是指標爲$p$之冪零算子。且設$\chi_{\mathbf{L}}(\lambda)$可分解。對$i = 0, 1, 2, \cdots, p$，令$\mathcal{K}_i = \mathcal{K}er\mathbf{L}^i$。

引理 **5.30**　　*1.* $\{\mathbf{0}\} = \mathcal{K}_0 \subset \mathcal{K}_1 \subset \cdots \subset \mathcal{K}_p = \mathcal{V}$。

　2. 對$i = 1, 2, \cdots, p$，恆有$\mathbf{L}(\mathcal{K}_i) \subset \mathcal{K}_{i-1}$。

　3. 對所有的$i = 0, 1, 2, \cdots, p$，$\mathcal{K}_i$是$\mathbf{L}$-不變子空間。

證明:

　1. 顯而易見。

　2. 令$\mathbf{v} \in \mathcal{K}_i$，則$\mathbf{L}^{i-1}(\mathbf{Lv}) = \mathbf{L}^i\mathbf{v} = \mathbf{0}$，因此$\mathbf{Lv} \in \mathcal{K}_{i-1}$。

　3. 由$\mathbf{L}(\mathcal{K}_i) \subset \mathcal{K}_{i-1} \subset \mathcal{K}_i$可得證。　　　　　　■

　　爲避免符號過於繁瑣，我們將商空間$\mathcal{K}_i/\mathcal{K}_{i-1}$上之陪集記作$[\mathbf{u}]_i$ ($i = 1, 2, \cdots, p$)，亦即$[\mathbf{u}]_i \triangleq \mathbf{u} + \mathcal{K}_{i-1}$。

引理 **5.31** 對$i = 2, 3, \cdots, p$，若$\{[\mathbf{u}_1]_i, \cdots, [\mathbf{u}_r]_i\}$是商空間$\mathcal{K}_i/\mathcal{K}_{i-1}$ 上之一線性獨立子集，則$\{[\mathbf{Lu}_1]_{i-1}, \cdots, [\mathbf{Lu}_r]_{i-1}\}$是商空間$\mathcal{K}_{i-1}/\mathcal{K}_{i-2}$ 上之一線性獨立子集。

證明: 令 $a_1[\mathbf{L}\mathbf{u}_1]_{i-1}+\cdots+a_r[\mathbf{L}\mathbf{u}_r]_{i-1} = [\mathbf{0}]_{i-1}$, 則 $[a_1\mathbf{L}\mathbf{u}_1+\cdots+a_r\mathbf{L}\mathbf{u}_r]_{i-1} = [\mathbf{L}(a_1\mathbf{u}_1 + \cdots + a_r\mathbf{u}_r)]_{i-1} = [\mathbf{0}]_{i-1}$。於是, $\mathbf{L}(a_1\mathbf{u}_1 + \cdots + a_r\mathbf{u}_r) \in \mathcal{K}_{i-2}$。因此,

$$\mathbf{L}^{i-1}(a_1\mathbf{u}_1 + \cdots + a_r\mathbf{u}_r) = \mathbf{L}^{i-2}\mathbf{L}(a_1\mathbf{u}_1 + \cdots + a_r\mathbf{u}_r) = \mathbf{0},$$

也就是說 $a_1\mathbf{u}_1 + \cdots + a_r\mathbf{u}_r \in \mathcal{K}_{i-1} \subset \mathcal{K}_i$。依假設 $\{[\mathbf{u}_1]_i, \cdots, [\mathbf{u}_r]_i\}$ 是 $\mathcal{K}_i/\mathcal{K}_{i-1}$ 中之線性獨立子集, 由第2章引理2.138知 $\{\mathbf{u}_1, \cdots, \mathbf{u}_r\}$ 是 $\mathcal{K}_i$ 中之線性獨立子集, 因此 $a_1 = a_2 = \cdots = a_r = 0$, 故得證。∎

　　根據第2章定理2.141知, 商空間 $\mathcal{K}_p/\mathcal{K}_{p-1}$ 的維度 $r_1 \triangleq \dim\mathcal{K}_p/\mathcal{K}_{p-1} = \dim\mathcal{K}_p - \dim\mathcal{K}_{p-1}$, 今任選 $\mathcal{K}_p/\mathcal{K}_{p-1}$ 上之一組基底 $\{[\mathbf{v}_{11}]_p, \cdots, [\mathbf{v}_{1r_1}]_p\}$。由引理5.31知, $\{[\mathbf{L}\mathbf{v}_{11}]_{p-1}, \cdots, [\mathbf{L}\mathbf{v}_{1r_1}]_{p-1}\}$ 是商空間 $\mathcal{K}_{p-1}/\mathcal{K}_{p-2}$ 上之一線性獨立子集。因 $\dim\mathcal{K}_{p-1}/\mathcal{K}_{p-2} = \dim\mathcal{K}_{p-1} - \dim\mathcal{K}_{p-2}$, 若 $r_2 \triangleq \dim\mathcal{K}_{p-1} - \dim\mathcal{K}_{p-2} - r_1 = 0$, 則上述線性獨立子集已然是 $\mathcal{K}_{p-1}/\mathcal{K}_{p-2}$ 上之一有序基底, 否則再加入 r_2 個向量擴充此子集成 $\mathcal{K}_{p-1}/\mathcal{K}_{p-2}$ 之有序基底 $\{[\mathbf{L}\mathbf{v}_{11}]_{p-1}, \cdots, [\mathbf{L}\mathbf{v}_{1r_1}]_{p-1}, [\mathbf{v}_{21}]_{p-1}, \cdots, [\mathbf{v}_{2r_2}]_{p-1}\}$。再次援用引理5.31, $\{[\mathbf{L}^2\mathbf{v}_{11}]_{p-2}, \cdots, [\mathbf{L}^2\mathbf{v}_{1r_1}]_{p-2}, [\mathbf{L}\mathbf{v}_{21}]_{p-2}, \cdots, [\mathbf{L}\mathbf{v}_{2r_2}]_{p-2}\}$ 是商空間 $\mathcal{K}_{p-2}/\mathcal{K}_{p-3}$ 之線性獨立子集。又 $\dim\mathcal{K}_{p-2}/\mathcal{K}_{p-3} = \dim\mathcal{K}_{p-2} - \dim\mathcal{K}_{p-3}$, 若 $r_3 \triangleq \dim\mathcal{K}_{p-2} - \dim\mathcal{K}_{p-3} - r_1 - r_2 = 0$, 則上述線性獨立子集為 $\mathcal{K}_{p-2}/\mathcal{K}_{p-3}$ 上之一有序基底, 否則再加入 r_3 個向量擴充此子集成為 $\mathcal{K}_{p-2}/\mathcal{K}_{p-3}$ 上之一有序基底 $\{[\mathbf{L}^2\mathbf{v}_{11}]_{p-2}, \cdots, [\mathbf{L}^2\mathbf{v}_{1r_1}]_{p-2}, [\mathbf{L}\mathbf{v}_{21}]_{p-2}, \cdots, [\mathbf{L}\mathbf{v}_{2r_2}]_{p-2}, [\mathbf{v}_{31}]_{p-2}, \cdots, [\mathbf{v}_{3r_3}]_{p-2}\}$。依此類推, 直到我們得到一組商空間 $\mathcal{K}_1 = \mathcal{K}_1/\mathcal{K}_0$ 上之有序基底 $\{[\mathbf{L}^{p-1}\mathbf{v}_{11}]_1, \cdots, [\mathbf{L}^{p-1}\mathbf{v}_{1r_1}]_1, [\mathbf{L}^{p-2}\mathbf{v}_{21}]_1, \cdots, [\mathbf{L}^{p-2}\mathbf{v}_{2r_2}]_1, \cdots, [\mathbf{v}_{p1}]_1, [\mathbf{v}_{p2}]_1, \cdots, [\mathbf{v}_{pr_p}]_1\}$, 其中

$$\begin{aligned} r_p &= \dim\mathcal{K}_1 - \dim\mathcal{K}_0 - r_1 - r_2 - \cdots - r_{p-1} \\ &= \dim\mathcal{K}_1 - r_1 - r_2 - \cdots - r_{p-1} \end{aligned} \tag{5.6}$$

(注意$\dim \mathcal{K}_0 = 0$)。以上過程可用表5.1說明。

引理 5.32　　*1.* 表中第$\mathcal{K}_1$列之向量所成之集合為$\mathcal{K}_1$之一組基底。

2. 表中第$\mathcal{K}_i, \mathcal{K}_{i-1}, \cdots, \mathcal{K}_1$列$(i = 2, 3, \cdots, p)$所有向量所成之集合為$\mathcal{K}_i$之一組基底。

3. 表中所有列之向量所成之集合為$\mathcal{V}$之一組基底。若令$\mathcal{J}_{ij} \triangleq \{\mathbf{L}^{p-i}\mathbf{v}_{ij}, \mathbf{L}^{p-i-1}\mathbf{v}_{ij}, \cdots, \mathbf{v}_{ij}\}$，則

$$\begin{aligned}
\mathcal{J} &= \mathcal{J}_{11} \cup \mathcal{J}_{12} \cup \cdots \cup \mathcal{J}_{1r} \cup \mathcal{J}_{21} \cup \cdots \cup \mathcal{J}_{2r} \\
&\quad \cup \cdots \cup \mathcal{J}_{p1} \cup \cdots \cup \mathcal{J}_{pr_p} \\
&= \cup_{i=1}^{p} \cup_{j=1}^{r_p} \mathcal{J}_{ij}
\end{aligned}$$

為$\mathcal{V}$之一組有序基底。$\mathcal{J}_{ij}$稱為是對應$\mathbf{v}_{ij}$，長度為$p - i + 1$之Jordan鏈 (Jordan chain)。

4. 令$\mathcal{C}_{\mathbf{L}}(\mathbf{v}_{ij}) = \mathrm{span}(\mathcal{J}_{ij})$為包含$\mathbf{v}_{ij}$之$\mathbf{L}$-循環子空間，則

$$\mathcal{V} = \oplus_{i,j} \mathcal{C}_{\mathbf{L}}(\mathbf{v}_{ij}),$$

換言之，$\mathcal{V}$可分解為一群$\mathbf{L}$-循環子空間之直和。

5.

$$[\mathbf{L}]_{\mathcal{J}} = \mathrm{diag}[\underbrace{\mathbf{J}_p(0) \cdots \mathbf{J}_p(0)}_{r_1 \text{個}} \underbrace{\mathbf{J}_{p-1}(0) \cdots \mathbf{J}_{p-1}(0)}_{r_2 \text{個}}$$
$$\cdots \underbrace{\mathbf{J}_1(0) \cdots \mathbf{J}_1(0)}_{r_p \text{個}}]。 \tag{5.7}$$

除了對角線上對角方塊之排列順序外，此矩陣是唯一被決定的。

表 5.1: 冪零算子 Jordan 分解

K_p	$\mathbf{v}_{11}$	$\cdots$	$\mathbf{v}_{1r_1}$										
K_{p-1}	$\mathbf{L}\mathbf{v}_{11}$	$\cdots$	$\mathbf{L}\mathbf{v}_{1r_1}$	$\mathbf{v}_{21}$	$\cdots$	$\mathbf{v}_{2r_2}$							
K_{p-2}	$\mathbf{L}^2\mathbf{v}_{11}$	$\cdots$	$\mathbf{L}^2\mathbf{v}_{1r_1}$	$\mathbf{L}\mathbf{v}_{21}$	$\cdots$	$\mathbf{L}\mathbf{v}_{2r_2}$							
$\cdots$	$\vdots$		$\vdots$	$\vdots$		$\vdots$							
K_1	$\mathbf{L}^{p-1}\mathbf{v}_{11}$	$\cdots$	$\mathbf{L}^{p-1}\mathbf{v}_{1r_1}$	$\mathbf{L}^{p-2}\mathbf{v}_{21}$	$\cdots$	$\mathbf{L}^{p-2}\mathbf{v}_{2r_2}$	$\mathbf{v}_{31}$	$\cdots$	$\mathbf{v}_{3r_3}$	$\cdots$	$\mathbf{v}_{p1}$	$\cdots$	$\mathbf{v}_{pr_p}$
	$\mathcal{J}_{11}$	$\cdots$	$\mathcal{J}_{1r_1}$	$\mathcal{J}_{21}$	$\cdots$	$\mathcal{J}_{2r_2}$				$\cdots$	$\mathcal{J}_{p1}$	$\cdots$	$\mathcal{J}_{pr_p}$

234

6. 特徵值0之幾何重數等於$r_1 + r_2 + \cdots + r_p$。

7. 特徵值0之代數重數$= \operatorname{card}(\mathcal{J}) = \dim \mathcal{K}_p = \dim \mathcal{V} = n$。

證明:

1. 由定義即得。

2. 因為第 $\mathcal{K}_1$ 列之向量所成之集合為 $\mathcal{K}_1$ 之一組基底,且第 $\mathcal{K}_2$ 列之陪集 $\{[\mathbf{L}^{p-2}\mathbf{v}_{11}]_2, \cdots, [\mathbf{L}^{p-2}\mathbf{v}_{1r_1}]_2, \cdots, [\mathbf{v}_{p-1,1}]_2, \cdots, [\mathbf{v}_{p-1,r_{p-1}}]_2\}$ 為商空間$\mathcal{K}_2/\mathcal{K}_1$之一組基底,根據第2章定理2.140知第$\mathcal{K}_2$與第$\mathcal{K}_1$列所有向量所成之集合為$\mathcal{K}_2$之一組基底。同理可證第$\mathcal{K}_i, \mathcal{K}_{i-1}, \cdots, \mathcal{K}_1$ 列所有向量依序所成之集合為$\mathcal{K}_i$之一組有序基底。

3. 第2部份令$i = p$即可得證。

4. 見第2章定理2.122。

5. 此乃推論5.29與推論5.14之結果。很明顯(5.7)式矩陣由$r_1, r_2, \cdots, r_p$唯一決定。

6. 見(5.6)式。

7. 因為$\mathcal{J}$為$\mathcal{V}$之一組有序基底,且$\chi_{\mathbf{L}}(\lambda)$可分離,因此0之代數重數$= n = \operatorname{card}(\mathcal{J})$(參考習題5.12)。 ∎

　　我們注意到(5.7)式中最大Jordan方塊之階數正好等於$\mathbf{L}$之冪零指標p。(5.7)式是一種特殊的Jordan標準式。更一般的Jordan標準式將在下一節介紹。底下以一簡單實例說明。

例 **5.33** 設 $\mathbf{A} = \begin{bmatrix} 0 & 0 & 1 & 1 & 0 \\ 0 & 0 & 0 & 0 & 0 \\ 0 & 0 & 0 & 0 & 0 \\ 0 & 0 & 1 & 0 & 0 \\ 0 & 1 & 0 & 1 & 0 \end{bmatrix}$, 則 $\mathbf{A}^2 = \begin{bmatrix} 0 & 0 & 1 & 0 & 0 \\ 0 & 0 & 0 & 0 & 0 \\ 0 & 0 & 0 & 0 & 0 \\ 0 & 0 & 0 & 0 & 0 \\ 0 & 0 & 1 & 0 & 0 \end{bmatrix}$, $\mathbf{A}^3 =$

$\begin{bmatrix} 0 & 0 & 0 & 0 & 0 \\ 0 & 0 & 0 & 0 & 0 \\ 0 & 0 & 0 & 0 & 0 \\ 0 & 0 & 0 & 0 & 0 \\ 0 & 0 & 0 & 0 & 0 \end{bmatrix}$, 因此$\mathbf{A}$是冪零矩陣, 指標爲3。計算

$$\mathcal{K}_3 = \mathcal{K}er\mathbf{A}^3 = \mathbb{R}^5,$$
$$\mathcal{K}_2 = \mathcal{K}er\mathbf{A}^2 = \mathrm{span}(\{\mathbf{e}_1, \mathbf{e}_2, \mathbf{e}_4, \mathbf{e}_5\}),$$
$$\mathcal{K}_1 = \mathcal{K}er\mathbf{A} = \mathrm{span}(\{\mathbf{e}_1, \mathbf{e}_5\}),$$

得

$$r_1 = \dim\mathcal{K}_3 - \dim\mathcal{K}_2 = 5 - 4 = 1,$$
$$r_2 = \dim\mathcal{K}_2 - \dim\mathcal{K}_1 - r_1 = 4 - 2 - 1 = 1,$$
$$r_3 = \dim\mathcal{K}_1 - r_1 - r_2 = 2 - 1 - 1 = 0。$$

故0之幾何重數爲$r_1 + r_2 + r_3 = \dim\mathcal{K}_1 = 2$, 代數重數爲$\dim\mathcal{K}_3 = \dim\mathbb{R}^5 = 5$。必須求出5個向量, 表列如下:

$\mathcal{K}_3$	$\mathbf{v}_{11}$	
$\mathcal{K}_2$	$\mathbf{A}\mathbf{v}_{11}$	$\mathbf{v}_{21}$
$\mathcal{K}_1$	$\mathbf{A}^2\mathbf{v}_{11}$	$\mathbf{A}\mathbf{v}_{21}$
	$\mathcal{J}_{11}$	$\mathcal{J}_{21}$

其中$\{[\mathbf{v}_{11}]_3\}$是$\mathcal{K}_3/\mathcal{K}_2$之一組基底。已知$\{\mathbf{e}_1, \mathbf{e}_2, \mathbf{e}_4, \mathbf{e}_5\}$爲$\mathcal{K}_2$之基底, $\{\mathbf{e}_1, \mathbf{e}_2, \mathbf{e}_3, \mathbf{e}_4, \mathbf{e}_5\}$爲$\mathcal{K}_3$之基底, 第2章定理2.140提示我們可以選擇$\mathbf{v}_{11} = \mathbf{e}_3$。據此

$$\mathbf{A}\mathbf{v}_{11} = \begin{bmatrix} 1 \\ 0 \\ 0 \\ 1 \\ 0 \end{bmatrix}, \ \mathbf{A}^2\mathbf{v}_{11} = \begin{bmatrix} 1 \\ 0 \\ 0 \\ 0 \\ 1 \end{bmatrix}$$。由上面討論知 $\{[\mathbf{A}\mathbf{v}_{11}]_2\}$ 是 $\mathcal{K}_2/\mathcal{K}_1$ 之線

性獨立子集, 已知 $\{\mathbf{e}_1, \mathbf{e}_5\}$ 是 $\mathcal{K}_1$ 的一組有序基底, 再次援用第2章定理2.140知 $\mathbf{v}_{21}$ 的選擇必須使 $\mathbf{v}_{21} \notin \mathcal{K}_1$, 且 $\{\mathbf{A}\mathbf{v}_{11}, \mathbf{v}_{21}, \mathbf{e}_1, \mathbf{e}_5\}$ 是 $\mathcal{K}_2$ 的一組有序基底。很明顯地, 可選擇 $\mathbf{v}_{21} = \mathbf{e}_2$ 滿足上列條件, 此時 $\mathbf{A}\mathbf{v}_{21} = \mathbf{e}_5$。因此, Jordan鏈

$$\mathcal{J}_{11} = \{\mathbf{A}^2\mathbf{v}_{11}, \mathbf{A}\mathbf{v}_{11}, \mathbf{v}_{11}\} = \{ \begin{bmatrix} 1 \\ 0 \\ 0 \\ 0 \\ 1 \end{bmatrix}, \begin{bmatrix} 1 \\ 0 \\ 0 \\ 1 \\ 0 \end{bmatrix}, \begin{bmatrix} 0 \\ 0 \\ 1 \\ 0 \\ 0 \end{bmatrix} \}, \ \mathcal{J}_{21} = \{\mathbf{A}\mathbf{v}_{21}, \mathbf{v}_{21}\}$$

$$= \{ \begin{bmatrix} 0 \\ 0 \\ 0 \\ 0 \\ 1 \end{bmatrix}, \begin{bmatrix} 0 \\ 1 \\ 0 \\ 0 \\ 0 \end{bmatrix} \},$$ 而

$$\mathcal{J} = \mathcal{J}_{11} \cup \mathcal{J}_{21} = \{ \begin{bmatrix} 1 \\ 0 \\ 0 \\ 0 \\ 1 \end{bmatrix}, \begin{bmatrix} 1 \\ 0 \\ 0 \\ 1 \\ 0 \end{bmatrix}, \begin{bmatrix} 0 \\ 0 \\ 1 \\ 0 \\ 0 \end{bmatrix}, \begin{bmatrix} 0 \\ 0 \\ 0 \\ 0 \\ 1 \end{bmatrix}, \begin{bmatrix} 0 \\ 1 \\ 0 \\ 0 \\ 0 \end{bmatrix} \}$$

是 $\mathbb{R}^5$ 之一組有序基底, 且

$$\mathbb{R}^5 = \mathrm{span}(\{\mathbf{A}^2\mathbf{v}_{11}, \mathbf{A}\mathbf{v}_{11}, \mathbf{v}_{11}\}) \oplus \mathrm{span}(\{\mathbf{A}\mathbf{v}_{11}, \mathbf{v}_{21}\})。$$

若令

$$\mathbf{Q} = \begin{bmatrix} 1 & 1 & 0 & 0 & 0 \\ 0 & 0 & 0 & 0 & 1 \\ 0 & 0 & 1 & 0 & 0 \\ 0 & 1 & 0 & 0 & 0 \\ 1 & 0 & 0 & 1 & 0 \end{bmatrix},$$

則有

$$[\mathbf{L_A}]_{\mathcal{J}} = \mathbf{Q}^{-1}\mathbf{A}\mathbf{Q} = \left[\begin{array}{ccc|cc} 0 & 1 & 0 & 0 & 0 \\ 0 & 0 & 1 & 0 & 0 \\ 0 & 0 & 0 & 0 & 0 \\ \hline 0 & 0 & 0 & 0 & 1 \\ 0 & 0 & 0 & 0 & 0 \end{array}\right] = \left[\begin{array}{cc} \mathbf{J}_3(0) & \mathbf{0} \\ \mathbf{0} & \mathbf{J}_2(0) \end{array}\right] 。$$

■

5.5　Jordan 定理

型如

$$\mathbf{J}_k(\lambda) = \left[\begin{array}{cccccc} \lambda & 1 & 0 & \cdots & 0 & 0 \\ 0 & \lambda & 1 & \cdots & 0 & 0 \\ \vdots & \vdots & \vdots & \ddots & \vdots & \vdots \\ 0 & 0 & 0 & \cdots & \lambda & 1 \\ 0 & 0 & 0 & \cdots & 0 & \lambda \end{array}\right]_{k \times k}$$

$k \times k$上三角矩陣稱爲是一個Jordan方塊(Jordan block)。當$k = 1$時, $\mathbf{J}_1(\lambda) = [\lambda]_{1\times 1}$。由一些Jordan方塊組成對角線區塊(其餘位置爲0)之$n \times n$矩陣

$$\mathbf{J} = \left[\begin{array}{cccc} \mathbf{J}_{n_1}(\lambda_1) & & & \mathbf{0} \\ & \mathbf{J}_{n_2}(\lambda_2) & & \\ & & \ddots & \\ \mathbf{0} & & & \mathbf{J}_{n_k}(\lambda_k) \end{array}\right]_{n \times n} \tag{5.8}$$

稱爲是一個Jordan矩陣或Jordan標準式(Jordan canonical form), 這裡的λ_1, $\cdots$, λ_k不一定相異, 而$n_1 + n_2 + \cdots + n_k = n$。

例 **5.34** 例5.27中之$\mathbf{J}_k(0)$是一個$k \times k$的Jordan方塊(對應$\lambda = 0$), 而 $\mathbf{J}(0)$是一個Jordan標準式(對應$\lambda_1 = \cdots = \lambda_k = 0$)。 ■

例 **5.35** (5.7)式中之矩陣亦爲Jordan標準式。 ■

定理 **5.36** 設$\mathcal{V}$是有限維度的向量空間，$\mathbf{L} \in \mathcal{L}(\mathcal{V})$。設$\lambda \in \sigma(\mathbf{L})$。則

1. $\mathcal{K}er(\mathbf{L} - \lambda\mathbf{I}_{\mathcal{V}}) \subset \mathcal{K}er(\mathbf{L} - \lambda\mathbf{I}_{\mathcal{V}})^2 \subset \cdots \subset \mathcal{K}er(\mathbf{L} - \lambda\mathbf{I}_{\mathcal{V}})^p \subset \cdots \subset \mathcal{V}$。

2. 存在最小正整數p_0使得對所有的$r = 1, 2, \cdots$，恆有

$$\mathcal{K}er(\mathbf{L} - \lambda\mathbf{I}_{\mathcal{V}})^{p_0+r} = \mathcal{K}er(\mathbf{L} - \lambda\mathbf{I}_{\mathcal{V}})^{p_0}。$$

p_0稱爲是特徵值λ之指標(index)。$\mathcal{H}_\lambda \triangleq \mathcal{K}er(\mathbf{L} - \lambda\mathbf{I}_{\mathcal{V}})^{p_0}$則稱爲是對應$\lambda$之Jordan特徵空間(Jordan eigenspace)或是廣義特徵空間(generalized eigenspace)。

3. $\mathcal{H}_\lambda$是$\mathcal{V}$中包含$\mathcal{E}_\lambda$之一$\mathbf{L}$-不變子空間。

證明: 援用定理5.16及習題5.17立即可得證。 ■

事實上，$\mathcal{H}_\lambda$也是$(\mathbf{L} - \lambda\mathbf{I}_{\mathcal{V}})$-不變子空間(見定理5.16)。因此，我們可以定義$\mathbf{L} - \lambda\mathbf{I}_{\mathcal{V}}$在$\mathcal{H}_\lambda$上之限制。

定理 **5.37** 設$\mathcal{V}$是有限維度的向量空間，$\mathbf{L} \in \mathcal{L}(\mathcal{V})$，$\lambda \in \sigma(\mathbf{L})$。令$\mathbf{L}_\lambda \triangleq (\mathbf{L} - \lambda\mathbf{I}_{\mathcal{V}})|_{\mathcal{H}_\lambda}$。則

1. $\mathbf{L}_\lambda$是冪零算子，其冪零指標正好等於λ之指標。

2. λ是$\mathbf{L}|_{\mathcal{H}_\lambda}$唯一的特徵值。

3. 若$\chi_\mathbf{L}$可分解，則$\chi_{\mathbf{L}|_{\mathcal{H}_\lambda}}(t) = (t - \lambda)^d$，這裡的$d \triangleq \dim\mathcal{H}_\lambda$。

證明:

1. 設λ的指標為p_0。根據指標之定義，p_0是滿足$Ker(\mathbf{L} - \lambda\mathbf{I}_\mathcal{V})^{p_0-1} \subsetneqq Ker$
$(\mathbf{L}-\lambda\mathbf{I}_\mathcal{V})^{p_0} = Ker(\mathbf{L}-\lambda\mathbf{I})^{p_0+r}$, $r = 1, 2, \cdots$, 之最小正整數。因此, 對所有的$\mathbf{v} \in \mathcal{H}_\lambda$恆有$(\mathbf{L} - \lambda\mathbf{I}_\mathcal{V})^{p_0}\mathbf{v} = \mathbf{0}$, 且至少存在一個向量$\mathbf{u} \in \mathcal{H}_\lambda$使得$(\mathbf{L} - \lambda\mathbf{I}_\mathcal{V})^{p_0-1}\mathbf{u} \neq \mathbf{0}$, 故得證。

2. 設$\mu \in \sigma(\mathbf{L}|_{\mathcal{H}_\lambda})$, 則存在非零向量$\mathbf{v} \in \mathcal{H}_\lambda$滿足$(\mathbf{L} - \mu\mathbf{I}_\mathcal{V})\mathbf{v} = \mathbf{0}$, 因此

$$(\mathbf{L} - \lambda\mathbf{I}_\mathcal{V} - (\mu - \lambda)\mathbf{I}_\mathcal{V})\mathbf{v} = \mathbf{0},$$

亦即

$$(\mathbf{L}_\lambda - (\mu - \lambda)\mathbf{I}_\mathcal{V})\mathbf{v} = \mathbf{0}。$$

這表示$\mu - \lambda \in \sigma(\mathbf{L}_\lambda)$。但$\mathbf{L}_\lambda$是冪零算子, 0是其唯一可能的特徵值(見習題5.12), 故得$\mu = \lambda$。

3. 因$\mathcal{H}_\lambda$是$\mathcal{V}$之$\mathbf{L}$-不變子空間, 由推論5.6知$\chi_{\mathbf{L}|_{\mathcal{H}_\lambda}}(t)$是$\chi_\mathbf{L}(t)$之因式。已知$\chi_\mathbf{L}(t)$可分解, 故$\chi_{\mathbf{L}|_{\mathcal{H}_\lambda}}(t)$亦可分解。又$\lambda$是$\chi_{\mathbf{L}|_{\mathcal{H}_\lambda}}(t)$唯一的根, 因此$\chi_{\mathbf{L}|_{\mathcal{H}_\lambda}}(t) = (t - \lambda)^d$。∎

下面是本章最重要的定理。

定理 **5.38** (Jordan定理)

設$\mathcal{V}$是n維向量空間, $\mathbf{L} \in \mathcal{L}(\mathcal{V})$。設$\chi_\mathbf{L}(\lambda)$可分離, $\lambda_1, \cdots, \lambda_k$是$\mathbf{L}$相異之特徵值, 其代數重數分別為$a_1, \cdots, a_k$, 且其指標分別為$p_1, \cdots, p_k$。則

1. $\mathcal{V} = \mathcal{H}_{\lambda_1} \oplus \mathcal{H}_{\lambda_2} \oplus \cdots \oplus \mathcal{H}_{\lambda_k}$。

2. $\dim\mathcal{H}_{\lambda_i} = a_i$。

3. 存在$\mathcal{V}$之有序基底$\mathcal{J} = \mathcal{J}_1 \cup \mathcal{J}_2 \cup \cdots \cup \mathcal{J}_k$，其中$\mathcal{J}_i$是$\mathcal{H}_{\lambda_i}$上不相交之Jordan鏈所組成之有序基底，使得$[\mathbf{L}]_{\mathcal{J}}$是一個Jordan標準式。除了$\lambda_1, \cdots, \lambda_k$之排列次序外，此Jordan標準式是唯一被決定的。

證明: 將定理5.16之結果應用於線性算子$\mathbf{L} - \lambda_1 \mathbf{I}_{\mathcal{V}} : \mathcal{V} \longrightarrow \mathcal{V}$上知必存在正整數$k_1$使得

$$\mathcal{V} = \mathcal{K}er(\mathbf{L} - \lambda_1 \mathbf{I}_{\mathcal{V}})^{k_1} \oplus \mathcal{I}m(\mathbf{L} - \lambda_1 \mathbf{I}_{\mathcal{V}})^{k_1}。 \tag{5.9}$$

根據p_1之定義，必有$p_1 \leq k_1$，由此可得

$$\mathcal{H}_{\lambda_1} = \mathcal{K}er(\mathbf{L} - \lambda_1 \mathbf{I}_{\mathcal{V}})^{p_1} = \mathcal{K}er(\mathbf{L} - \lambda_1 \mathbf{I}_{\mathcal{V}})^{k_1}。$$

於是(5.9)式變成

$$\mathcal{V} = \mathcal{H}_{\lambda_1} \oplus \mathcal{V}_1,$$

這裡的$\mathcal{V}_1$定義為$\mathcal{V}_1 \triangleq \mathcal{I}m(\mathbf{L} - \lambda_1 \mathbf{I}_{\mathcal{V}})^{k_1}$。

其次，因為$\mathcal{V}_1$是$\mathbf{L}$-不變子空間(為什麼?)，可令$\mathbf{L}_1 \triangleq \mathbf{L}|_{\mathcal{V}_1} : \mathcal{V}_1 \longrightarrow \mathcal{V}_1$。設$\mathbf{v} \in \mathcal{V}_1$滿足$\mathbf{Lv} = \lambda_1 \mathbf{v}$，則有

$$\mathbf{v} \in \mathcal{K}er(\mathbf{L} - \lambda_1 \mathbf{I}_{\mathcal{V}}) \subset \mathcal{K}er(\mathbf{L} - \lambda_1 \mathbf{I}_{\mathcal{V}})^{k_1} = \mathcal{H}_{\lambda_1}。$$

因此$\mathbf{v} \in \mathcal{H}_{\lambda_1} \cap \mathcal{V}_1 = \{\mathbf{0}\}$，於是$\mathbf{v} = \mathbf{0}$，故知$\lambda_1 \notin \sigma(\mathbf{L}_1)$。由定理5.36知$\mathcal{H}_{\lambda_1}$以及$\mathcal{V}_1$均為$\mathbf{L}$-不變子空間。由定理5.13知$\chi_{\mathbf{L}}(\lambda) = \chi_{\mathbf{L}|_{\mathcal{H}_{\lambda_1}}}(\lambda)\chi_{\mathbf{L}|_{\mathcal{V}_1}}(\lambda)$。但又由定理5.37知$\chi_{\mathbf{L}|_{\mathcal{H}_{\lambda_1}}}(\lambda) = (\lambda - \lambda_1)^{d_1}$，其中$d_1 \triangleq \dim\mathcal{H}_{\lambda_1}$。又因為$\lambda_1 \notin \sigma(\mathbf{L}_1)$，$\chi_{\mathbf{L}|_{\mathcal{V}_1}}(\lambda) = \chi_{\mathbf{L}_1}(\lambda)$不含$(\lambda - \lambda_1)$之因式，是故$d_1 = a_1$。

重複上述步驟於$\mathbf{L}_1 - \lambda_2 \mathbf{I}_{\mathcal{V}_1} : \mathcal{V}_1 \longrightarrow \mathcal{V}_1$上可以證明存在正整數$k_2$使得$\mathcal{V}_1 = \mathcal{H}_{\lambda_2} \oplus \mathcal{V}_2$這裡的$\mathcal{V}_2 = \mathcal{I}m(\mathbf{L}_1 - \lambda_2 \mathbf{I}_{\mathcal{V}_1})^{k_2}$，且若令$\mathbf{L}_2 = \mathbf{L}_1|_{\mathcal{V}_2}$，則有$\lambda_2 \notin \sigma(\mathbf{L}_2)$，且$\chi_{\mathbf{L}|_{\mathcal{H}_{\lambda_2}}}(\lambda) = (\lambda - \lambda_2)^{d_2}$，其中$d_2 = \dim\mathcal{H}_{\lambda_2} = a_2$。以此類推最終可以證明

$$\mathcal{V} = \mathcal{H}_{\lambda_1} \oplus \mathcal{H}_{\lambda_2} \oplus \cdots \oplus \mathcal{H}_{\lambda_k},$$

$d_i = a_i$ 且 $\chi_{\mathbf{L}|_{\mathcal{H}_{\lambda_i}}}(\lambda) = (\lambda - \lambda_i)^{a_i}$。

令 $\widetilde{\mathbf{L}}_{\lambda_i} \triangleq (\mathbf{L} - \lambda_i \mathbf{I}_{\mathcal{V}})|_{\mathcal{H}_{\lambda_i}}$，則 $\widetilde{\mathbf{L}}_{\lambda_i}$ 是冪零算子，其冪零指標等於 λ_i 之指標 p_i。選擇 $\mathcal{H}_{\lambda_i}$ 之一組有序基底 $\mathcal{J}_i$ 由一群Jordan鏈組成如引理5.32所示，則 $[\widetilde{\mathbf{L}}_{\lambda_i}]_{\mathcal{J}_i}$ 型如(5.7)式。因此

$$
\begin{aligned}
[\mathbf{L}|_{\mathcal{H}_{\lambda_i}}]_{\mathcal{J}_i} &= [\lambda_i \mathbf{I}_{\mathcal{V}}|_{\mathcal{H}_{\lambda_i}} + \widetilde{\mathbf{L}}_{\lambda_i}]_{\mathcal{J}_i} \\
&= \lambda_i [\mathbf{I}_{\mathcal{V}}|_{\mathcal{H}_{\lambda_i}}]_{\mathcal{J}_i} + [\widetilde{\mathbf{L}}_{\lambda_i}]_{\mathcal{J}_i} \\
&= \lambda_i \mathbf{I} + [\widetilde{\mathbf{L}}_{\lambda_i}]_{\mathcal{J}_i} \\
&= \left[\begin{array}{ccccc|ccccc|c}
\lambda_i & 1 & & & & & & & & & \\
& \lambda_i & 1 & & & & & & & & \\
& & \lambda_i & & & & & & & & \\
& & & \ddots & 1 & & & & & & \\
& & & & \lambda_i & & & & & & \\
\hline
& & & & & \lambda_i & 1 & & & & \\
& & & & & & \lambda_i & & & & \\
& & & & & & & \ddots & & & \\
& & & & & & & & \lambda_i & 1 & \\
& & & & & & & & & \lambda_i & \\
\hline
& & & & & & & & & & \ddots
\end{array}\right]
\end{aligned}
$$
。

由第2章定理2.122知 $\mathcal{J} = \mathcal{J}_1 \cup \mathcal{J}_2 \cup \cdots \cup \mathcal{J}_k$ 是 $\mathcal{V}$ 的有序基底，且 $[\mathbf{L}]_{\mathcal{J}}$ 為型如(5.8)之Jordan標準式，此Jordan標準式之唯一性直接由引理5.32可得。∎

推論 5.39 任何 $n \times n$ 矩陣，若其特徵多項式可分解，則必相似於某Jordan標準式，而且此Jordan標準式除了對角方塊排列次序外，是唯一被決定的。∎

例 5.40 設 $\mathbf{A} = \begin{bmatrix} 2 & 0 & 0 & 1 & 0 & 0 \\ 0 & 1 & 0 & 0 & 0 & 0 \\ 0 & 0 & 2 & 0 & 0 & 1 \\ 0 & 0 & 0 & 2 & 0 & 0 \\ 0 & 0 & 1 & 0 & 2 & 0 \\ 0 & 0 & 0 & 0 & 0 & 2 \end{bmatrix}$，其特徵多項式為

$$
\begin{aligned}
&\chi_{\mathbf{A}}(\lambda) \\
&= \det \left[\begin{array}{cc|ccc|c} \lambda - 2 & 0 & 0 & -1 & 0 & 0 \\ 0 & \lambda - 1 & 0 & 0 & 0 & 0 \\ \hline 0 & 0 & \lambda - 2 & 0 & 0 & -1 \\ 0 & 0 & 0 & \lambda - 2 & 0 & 0 \\ 0 & 0 & -1 & 0 & \lambda - 2 & 0 \\ \hline 0 & 0 & 0 & 0 & 0 & \lambda - 2 \end{array} \right] \\
&= \det \begin{bmatrix} \lambda - 2 & 0 \\ 0 & \lambda - 1 \end{bmatrix} \det \begin{bmatrix} \lambda - 2 & 0 & 0 \\ 0 & \lambda - 2 & 0 \\ -1 & 0 & \lambda - 2 \end{bmatrix} \det [\lambda - 2] \\
&= (\lambda - 2)^5 (\lambda - 1)。
\end{aligned}
$$

所以 $\mathbf{A}$ 有兩個相異特徵值 $\lambda_1 = 2, \lambda_2 = 1$，其代數重數分別為5與1。簡單計算得

$$
\mathbf{A} - 2\mathbf{I} = \begin{bmatrix} 0 & 0 & 0 & 1 & 0 & 0 \\ 0 & -1 & 0 & 0 & 0 & 0 \\ 0 & 0 & 0 & 0 & 0 & 1 \\ 0 & 0 & 0 & 0 & 0 & 0 \\ 0 & 0 & 1 & 0 & 0 & 0 \\ 0 & 0 & 0 & 0 & 0 & 0 \end{bmatrix},
$$

$$
\mathcal{K}er(\mathbf{A} - 2\mathbf{I}) = \mathrm{span}(\{\mathbf{e}_1, \mathbf{e}_5\}),
$$

243

$$(\mathbf{A} - 2\mathbf{I})^2 \;=\; \begin{bmatrix} 0 & 0 & 0 & 0 & 0 & 0 \\ 0 & 1 & 0 & 0 & 0 & 0 \\ 0 & 0 & 0 & 0 & 0 & 0 \\ 0 & 0 & 0 & 0 & 0 & 0 \\ 0 & 0 & 0 & 0 & 0 & 1 \\ 0 & 0 & 0 & 0 & 0 & 0 \end{bmatrix},$$

$$\mathcal{K}er(\mathbf{A} - 2\mathbf{I})^2 \;=\; \mathrm{span}(\{\mathbf{e}_1, \mathbf{e}_3, \mathbf{e}_4, \mathbf{e}_5\}),$$

$$(\mathbf{A} - 2\mathbf{I})^3 \;=\; \begin{bmatrix} 0 & 0 & 0 & 0 & 0 & 0 \\ 0 & -1 & 0 & 0 & 0 & 0 \\ 0 & 0 & 0 & 0 & 0 & 0 \\ 0 & 0 & 0 & 0 & 0 & 0 \\ 0 & 0 & 0 & 0 & 0 & 0 \\ 0 & 0 & 0 & 0 & 0 & 0 \end{bmatrix},$$

$$\mathcal{K}er(\mathbf{A} - 2\mathbf{I})^3 \;=\; \mathrm{span}(\{\mathbf{e}_1, \mathbf{e}_3, \mathbf{e}_4, \mathbf{e}_5, \mathbf{e}_6\}),$$

以及

$$(\mathbf{A} - 2\mathbf{I})^4 \;=\; \begin{bmatrix} 0 & 0 & 0 & 0 & 0 & 0 \\ 0 & 1 & 0 & 0 & 0 & 0 \\ 0 & 0 & 0 & 0 & 0 & 0 \\ 0 & 0 & 0 & 0 & 0 & 0 \\ 0 & 0 & 0 & 0 & 0 & 0 \\ 0 & 0 & 0 & 0 & 0 & 0 \end{bmatrix},$$

$$\mathcal{K}er(\mathbf{A} - 2\mathbf{I})^4 \;=\; \mathcal{K}er(\mathbf{A} - 2\mathbf{I})^3,$$

因此$\lambda_1 = 2$之指標$p_1 = 3$, $\mathcal{H}_{\lambda_1} = \mathcal{K}er(\mathbf{A} - 2\mathbf{I})^3$。根據定理5.37, $(\mathbf{A} - 2\mathbf{I})|_{\mathcal{H}_{\lambda_1}}$是冪零矩陣, 其指標等於3。利用引理5.32的方法可求出

$$
\begin{aligned}
r_1 &= \dim\mathcal{K}er(\mathbf{A}-2\mathbf{I})^3 - \dim\mathcal{K}er(\mathbf{A}-2\mathbf{I})^2 \\
&= 5 - 4 = 1, \\
r_2 &= \dim\mathcal{K}er(\mathbf{A}-2\mathbf{I})^2 - \dim\mathcal{K}er(\mathbf{A}-2\mathbf{I}) - r_1 \\
&= 4 - 2 - 1 = 1, \\
r_3 &= \dim\mathcal{K}er(\mathbf{A}-2\mathbf{I})^1 - r_1 - r_2 \\
&= 2 - 1 - 1 = 0,
\end{aligned}
$$

以及5個向量如下:

$\mathcal{K}er(\mathbf{A}-2\mathbf{I})^3$	$\mathbf{v}_{11}$	
$\mathcal{K}er(\mathbf{A}-2\mathbf{I})^2$	$(\mathbf{A}-2\mathbf{I})\mathbf{v}_{11}$	$\mathbf{v}_{21}$
$\mathcal{K}er(\mathbf{A}-2\mathbf{I})$	$(\mathbf{A}-2\mathbf{I})^2\mathbf{v}_{11}$	$(\mathbf{A}-2\mathbf{I})\mathbf{v}_{21}$
	$\mathcal{J}_{11}$	$\mathcal{J}_{21}$

其中$\{\mathbf{v}_{11}+\mathcal{K}er(\mathbf{A}-2\mathbf{I})^2\}$是$\mathcal{K}er(\mathbf{A}-2\mathbf{I})^3/\mathcal{K}er(\mathbf{A}-2\mathbf{I})^2$之一組基底。已知$\{\mathbf{e}_1,\mathbf{e}_3,\mathbf{e}_4,\mathbf{e}_5\}$是$\mathcal{K}er(\mathbf{A}-2\mathbf{I})^2$之基底, $\{\mathbf{e}_1,\mathbf{e}_3,\mathbf{e}_4,\mathbf{e}_5,\mathbf{e}_6\}$是$\mathcal{K}er(\mathbf{A}-2\mathbf{I})^3$之基底, 故可選擇$\mathbf{v}_{11}=\mathbf{e}_6$。因此可算出$(\mathbf{A}-2\mathbf{I})\mathbf{v}_{11}=\mathbf{e}_3$, $(\mathbf{A}-2\mathbf{I})^2\mathbf{v}_{11}=\mathbf{e}_5$。因爲$\{(\mathbf{A}-2\mathbf{I})\mathbf{v}_{11}+\mathcal{K}er(\mathbf{A}-2\mathbf{I})\}=\{\mathbf{e}_3+\mathcal{K}er(\mathbf{A}-2\mathbf{I})\}$是$\mathcal{K}er(\mathbf{A}-2\mathbf{I})^2/\mathcal{K}er(\mathbf{A}-2\mathbf{I})$之線性獨立子集, 又已知$\{\mathbf{e}_1,\mathbf{e}_5\}$是$\mathcal{K}er(\mathbf{A}-2\mathbf{I})$之基底, $\mathbf{v}_{21}$的選擇必須使$\mathbf{v}_{21}\notin\mathcal{K}er(\mathbf{A}-2\mathbf{I})$, 且$\{(\mathbf{A}-2\mathbf{I})\mathbf{v}_{11},\mathbf{v}_{21},\mathbf{e}_1,\mathbf{e}_5\}=\{\mathbf{e}_3,\mathbf{v}_{21},\mathbf{e}_1,\mathbf{e}_5\}$是$\mathcal{K}er(\mathbf{A}-2\mathbf{I})^2$之基底。明顯的一種選擇是$\mathbf{v}_{21}=\mathbf{e}_4$, 於是得$(\mathbf{A}-2\mathbf{I})\mathbf{v}_{21}=\mathbf{e}_1$。因此得兩個Jordan鏈爲$\mathcal{J}_{11}=\{\mathbf{e}_5,\mathbf{e}_3,\mathbf{e}_6\}$以及$\mathcal{J}_{21}=\{\mathbf{e}_1,\mathbf{e}_4\}$。另外, 很容易可算出對應$\lambda_2=1$之一特徵向量$\mathbf{u}=\mathbf{e}_2$。則$\mathcal{J}=\{\mathbf{e}_5,\mathbf{e}_3,\mathbf{e}_6,\mathbf{e}_1,\mathbf{e}_4,\mathbf{e}_2\}$是$\mathbb{R}^6$的一組有序基底。令$\mathbf{Q}=[\mathbf{e}_5,\mathbf{e}_3,\mathbf{e}_6,\mathbf{e}_1,\mathbf{e}_4,\mathbf{e}_2]$, 則

$$[\mathbf{L_A}]_{\mathcal{J}} = \mathbf{Q}^{-1}\mathbf{AQ} = \begin{bmatrix} 2 & 1 & 0 & 0 & 0 & 0 \\ 0 & 2 & 1 & 0 & 0 & 0 \\ 0 & 0 & 2 & 0 & 0 & 0 \\ \hline 0 & 0 & 0 & 2 & 1 & 0 \\ 0 & 0 & 0 & 0 & 2 & 0 \\ \hline 0 & 0 & 0 & 0 & 0 & 1 \end{bmatrix}$$

是Jordan標準式。 ∎

5.6 最小多項式

在第5.3節裡我們學到了有限維度向量空間上的線性算子$\mathbf{L}$(或方陣$\mathbf{A}$)之特徵多項式是其自身一個零化多項式。從例5.23也知可能存在$\mathbf{L}$(或$\mathbf{A}$)更低階的零化多項式。本節主旨在討論最低階的零化多項式存在與唯一性, 及其與$\mathbf{L}$(或$\mathbf{A}$)之Jordan標準式之關聯。

底下均假設$\mathcal{V}$是n維向量空間, $\mathbf{L} \in \mathcal{L}(\mathcal{V})$, 或設$\mathbf{A} \in \mathbb{F}^{n \times n}$。我們亦假設$\chi_{\mathbf{L}}(\lambda)$或$\chi_{\mathbf{A}}(\lambda)$可分解。

定義 5.41 線性算子$\mathbf{L}$(或方陣$\mathbf{A}$)階數最低且領導係數等於1之零化多項式稱為$\mathbf{L}$(或$\mathbf{A}$)之最小多項式(minimal polynomial)。 ∎

多項式f之階數以$\deg(f)$表之。設h是$\mathbf{L}$(或$\mathbf{A}$)之最小多項式, 則依據Cayley-Hamilton定理知必有$\deg(h) \le n$。

定理 5.42 $\mathbf{L}$(或$\mathbf{A}$)之任一最小多項式必整除$\mathbf{L}$(或$\mathbf{A}$)之任意零化多項式。

證明: 設$f(t)$是$\mathbf{L}$之任意零化多項式, $h(t)$是任一最小多項式。因$\deg(h) \le \deg(f)$, 經由長除法可得

$$f(t) = h(t)q(t) + r(t),$$

其中餘式$r(t)$滿足$r(t) \equiv 0$或是$r(t)$為非零多項式且$\deg(r) < \deg(h)$。若$h(t)$無法整除$f(t)$，也就是$r(t)$為非零多項式，則

$$f(\mathbf{L}) = h(\mathbf{L})q(\mathbf{L}) + r(\mathbf{L}) = r(\mathbf{L}) = \mathbf{0}_\mathcal{V},$$

換言之，$r(t)$亦為$\mathbf{L}$之零化多項式，此與$h(t)$是$\mathbf{L}$的最小多項式相抵觸，故得證。∎

推論 5.43 $\mathbf{L}$(或$\mathbf{A}$)之最小多項式唯一存在，記成$m_\mathbf{L}$(或$m_\mathbf{A}$)。

證明: 設$m_\mathbf{L}$與$p_\mathbf{L}$均為$\mathbf{L}$之最小多項式。依上面定理知$m_\mathbf{L}$必整除$p_\mathbf{L}$且$p_\mathbf{L}$必整除$m_\mathbf{L}$，故存在兩個多項式q_1, q_2滿足$m_\mathbf{L}(t) = p_\mathbf{L}(t)q_1(t)$以及$p_\mathbf{L}(t) = m_\mathbf{L}(t)q_2(t)$。於是，$m_\mathbf{L}(t) = m_\mathbf{L}(t)q_1(t)q_2(t)$。因此$q_1(t)q_2(t)$必等於常數1。是故$q_1(t) = c, q_2(t) = \frac{1}{c}$，這裡$c \neq 0$是常數。又$m_\mathbf{L}$與$p_\mathbf{L}$領導係數等於1，故得$c = 1$。故得證。∎

定理5.42之反命題亦成立，如下面定理所示。

定理 5.44 能被最小多項式整除之多項式必為零化多項式。

證明: 設多項式$f(t)$被$m_\mathbf{L}$整除。則存在多項式$q(t)$滿足$f(t) = m_\mathbf{L}(t)q(t)$。因此$f(\mathbf{L}) = m_\mathbf{L}(\mathbf{L})q(\mathbf{L}) = \mathbf{0}_\mathcal{V}$。故得證。∎

引理 5.45 設$f(t)$是一多項式。

1. 若$(\lambda, \mathbf{v})$是$\mathbf{L}$之特徵序對，則$(f(\lambda), \mathbf{v})$是$f(\mathbf{L})$之特徵序對。

2. 若$f(t)$是$\mathbf{L}$之零化多項式，$\lambda \in \sigma(\mathbf{L})$，則$f(\lambda) = 0$。

證明:

1. 設 $f(t) = a_k t^k + \cdots + a_1 t + a_0$。根據假設，$\mathbf{L}\mathbf{v} = \lambda\mathbf{v}, \mathbf{v} \neq \mathbf{0}$。因此

$$
\begin{aligned}
f(\mathbf{L})\mathbf{v} &= a_k \mathbf{L}^k \mathbf{v} + \cdots + a_1 \mathbf{L}\mathbf{v} + a_0 \mathbf{I}_\mathcal{V}\mathbf{v} \\
&= a_k \lambda^k \mathbf{v} + \cdots + a_1 \lambda\mathbf{v} + a_0 \mathbf{v} \\
&= (a_k \lambda^k + \cdots + a_1 \lambda + a_0)\mathbf{v} \\
&= f(\lambda)\mathbf{v}。
\end{aligned}
$$

2. 由上式得 $f(\mathbf{L})\mathbf{v} = f(\lambda)\mathbf{v} = \mathbf{0}$(因為 $f(\mathbf{L}) = \mathbf{0}_\mathcal{V}$)，因 $\mathbf{v} \neq 0$，故 $f(\lambda) = 0$。∎

由上面引理知若 $\lambda_0 \in \sigma(\mathbf{L})$(或 $(\sigma(\mathbf{A}))$，則 $\mathbf{L}$(或 $\mathbf{A}$)之任何零化多項式必含 $\lambda - \lambda_0$ 之因式，反之亦然。

引理 5.46 $\lambda_0 \in \sigma(\mathbf{L})$(或 $\sigma(\mathbf{A})$)若且唯若 $(\lambda - \lambda_0)$ 整除 $m_\mathbf{L}(\lambda)$(或 $m_\mathbf{A}(\lambda)$)。

證明：『必要性』設 $\lambda_0 \in \sigma(\mathbf{L})$。因 $m_\mathbf{L}(\lambda)$ 為 $\mathbf{L}$ 之零化多項式，由引理5.45知 $m_\mathbf{L}(\lambda_0) = 0$，故 $\lambda - \lambda_0$ 整除 $m_\mathbf{L}(\lambda)$。

『充分性』若 $\lambda - \lambda_0$ 整除 $m_\mathbf{L}(\lambda)$，則存在多項式 $q(t)$ 滿足 $m_\mathbf{L}(t) = (t - \lambda_0)q(t)$。若 $\lambda_0 \notin \sigma(\mathbf{L})$，則 $\mathbf{L} - \lambda_0\mathbf{I}_\mathcal{V}$ 是可逆算子，且 $m_\mathbf{L}(\mathbf{L}) = (\mathbf{L} - \lambda_0\mathbf{I}_\mathcal{V})q(\mathbf{L}) = \mathbf{0}_\mathcal{V}$。於是 $q(\mathbf{L}) = 0$，此與 $m_\mathbf{L}(\lambda)$ 是最小多項式相違背，故得證。∎

由引理5.46立即可得下面結論。

推論 5.47 若 $\lambda_1, \cdots, \lambda_k$ 為 $\mathbf{L}$(或 $\mathbf{A}$)之所有相異特徵值，設其代數重數分別為 $a_1, \cdots, a_k$。則 $m_\mathbf{L}$(或 $m_\mathbf{A}$)必有下列型式：

$$
m_\mathbf{L}(\lambda) = (\lambda - \lambda_1)^{l_1} \cdots (\lambda - \lambda_k)^{l_k},
$$

其中 l_i 是正整數，滿足 $1 \leq l_i \leq a_i$。∎

例 **5.48** 同例5.23, 兩矩陣

$$\mathbf{A}_1 = \begin{bmatrix} 0 & 0 & -4 \\ 0 & 0 & 0 \\ 0 & 0 & 1 \end{bmatrix}, \mathbf{A}_2 = \begin{bmatrix} 0 & 3 & -4 \\ 0 & 0 & 0 \\ 0 & 0 & 1 \end{bmatrix}$$

之特徵多項式相同: $\chi_{\mathbf{A}_1}(\lambda) = \chi_{\mathbf{A}_2}(\lambda) = \lambda^2(\lambda-1)$。因此

$$m_{\mathbf{A}_1}(\lambda) = \lambda(\lambda-1) \text{ 或 } \lambda^2(\lambda-1),$$

同理

$$m_{\mathbf{A}_2}(\lambda) = \lambda(\lambda-1) \text{ 或 } \lambda^2(\lambda-1)。$$

代入驗算得$\mathbf{A}_1(\mathbf{A}_1 - \mathbf{I}) = \mathbf{0}$。但$\mathbf{A}_2(\mathbf{A}_2 - \mathbf{I}) \neq \mathbf{0}$, 故知$m_{\mathbf{A}_1}(\lambda) = \lambda(\lambda-1), m_{\mathbf{A}_2}(\lambda) = \lambda^2(\lambda-1)$。 ∎

事實上, 推論5.47中之$l_i, i = 1, 2, \cdots, k$, 可以更精確地描述出來。

定理 **5.49** 設$\lambda_1, \cdots, \lambda_k$為$\mathbf{L}$(或$\mathbf{A}$)之所有相異特徵值。設$p_i$是$\mathbf{L}$(或$\mathbf{A}$)之Jordan標準式對應$\lambda_i$之最大Jordan方塊之階數, 亦即, p_i是λ_i之指標。則 $m_{\mathbf{L}}(\lambda)$ (或$m_{\mathbf{A}}(\lambda)$)等於

$$m_{\mathbf{L}}(\lambda) = (\lambda - \lambda_1)^{p_1}(\lambda - \lambda_2)^{p_2} \cdots (\lambda - \lambda_k)^{p_k}。$$

證明: 此證明並不難, 留給讀者自己思考。 ∎

例 **5.50** 同例5.48, $\mathbf{A}_1$及$\mathbf{A}_2$之Jordan標準式分別為

$$\mathbf{J}_1 = \left[\begin{array}{c|c|c} 0 & 0 & 0 \\ \hline 0 & 0 & 0 \\ \hline 0 & 0 & 1 \end{array}\right], \mathbf{J}_2 = \left[\begin{array}{cc|c} 0 & 1 & 0 \\ 0 & 0 & 0 \\ \hline 0 & 0 & 1 \end{array}\right],$$

其對應特徵值0之最大Jordan方塊之階數分別為1與2, 因此, $m_{\mathbf{A}_1}(\lambda) = \lambda(\lambda-1)$, 而$m_{\mathbf{A}_2}(\lambda) = \lambda^2(\lambda-1)$。 ∎

底下推論是很明顯的。

推論 5.51 設 $\lambda_1, \cdots, \lambda_k$ 為 **L**(或 **A**)之所有相異特徵值。若 **L**(或 **A**)可對角化，則 $m_{\mathbf{L}}(\lambda)$(或 $m_{\mathbf{A}}(\lambda)$)等於

$$m_{\mathbf{L}}(\lambda) = (\lambda - \lambda_1)(\lambda - \lambda_2) \cdots (\lambda - \lambda_k)。$$

∎

例 5.52 如上例中之 $\mathbf{A}_1$ 可對角化，故 $m_{\mathbf{A}_1}(\lambda) = \lambda(\lambda - 1)$。 ∎

5.7　習題

5.2節習題

習題 5.1 (**) 設 $\mathcal{V}$ 是向量空間，$\mathbf{L} \in \mathcal{L}(\mathcal{V})$，且設 $(\lambda_1, \mathbf{v}_1), \cdots, (\lambda_k, \mathbf{v}_k)$ 為 **L** 之特徵序對($\lambda_1, \lambda_2, \cdots, \lambda_k$ 並不一定要相異)。試證明 $\mathrm{span}(\{\mathbf{v}_1, \mathbf{v}_2, \cdots, \mathbf{v}_k\})$ 是 **L**-不變子空間。

習題 5.2 (**) 證明定理5.8。

習題 5.3 (**) k 如定理5.16所定義，試證明 $\mathcal{I}m\mathbf{L}^k$ 是 **L**-不變子空間。

習題 5.4 (**) 證明(5.1)式矩陣之特徵多項式等於 $\lambda^k - b_{k-1}\lambda^{k-1} - \cdots - b_1\lambda - b_0$。

習題 5.5 (*) 設 $\mathbf{A} = \begin{bmatrix} 2 & 0 & 0 & 1 & 0 & 0 \\ 0 & 1 & 0 & 0 & 0 & 0 \\ 0 & 0 & 2 & 0 & 0 & 1 \\ 0 & 0 & 0 & 2 & 0 & 0 \\ 0 & 0 & 1 & 0 & 2 & 0 \\ 0 & 0 & 0 & 0 & 0 & 2 \end{bmatrix}$，求最小非負整數 k 滿足定理5.16之條件。

習題 **5.6** (∗∗∗) 設 $\mathcal{V}$ 是向量空間, $\mathbf{L} \in \mathcal{L}(\mathcal{V})$。

1. 令 $\mathcal{W}$ 是一個 **L**-不變子空間。若 $\mathbf{v}_1, \cdots, \mathbf{v}_k$ 是 **L** 對應相異特徵值之特徵向量, 並且 $\mathbf{v}_1 + \mathbf{v}_2 + \cdots + \mathbf{v}_k \in \mathcal{W}$, 證明對所有的 i, $\mathbf{v}_i \in \mathcal{W}$。

2. 設 **L** 可對角化。證明對 $\mathcal{V}$ 中任意非零之 **L**-不變子空間 $\mathcal{W}$, $\mathbf{L}|_{\mathcal{W}}$ 必定可對角化。

5.3節習題

習題 **5.7** (∗∗) 令 $f, g \in \mathbb{F}[t]$, $\mathbf{L} \in \mathcal{L}(\mathcal{V})$, $\mathbf{A} \in \mathbb{F}^{n \times n}$, $a \in \mathbb{F}$, 證明

1. $(f + g)(\mathbf{L}) = f(\mathbf{L}) + g(\mathbf{L})$,
   $(f + g)(\mathbf{A}) = f(\mathbf{A}) + g(\mathbf{A})$。

2. $(fg)(\mathbf{L}) = f(\mathbf{L}) \circ g(\mathbf{L})$,
   $(fg)(\mathbf{A}) = f(\mathbf{A}) \circ g(\mathbf{A})$。

3. $f(\mathbf{L}) \circ g(\mathbf{L}) = g(\mathbf{L}) \circ f(\mathbf{L})$,
   $f(\mathbf{A}) \circ g(\mathbf{A}) = g(\mathbf{A}) \circ f(\mathbf{A})$。

4. $(af)(\mathbf{L}) = af(\mathbf{L})$,
   $(af)(\mathbf{A}) = af(\mathbf{A})$。

習題 **5.8** (∗) 第4章例4.18中之線性算子 $\mathbf{L} : \mathbb{R}_3[t] \longrightarrow \mathbb{R}_3[t]$, 其定義為

$$\mathbf{L}(f(t)) = 4f(t) - tf'(t) + tf''(t),$$

試驗證 $\chi_{\mathbf{L}}(\mathbf{L}) = \mathbf{0}$。

線性代數

習題 **5.9** (**) 設$\mathbf{A}$是$n \times n$方陣。設$\chi_{\mathbf{A}}(\lambda) = \lambda^n + a_1\lambda^{n-1} + \cdots + a_{n-1}\lambda + a_n$。

1. 設$k \in \mathbb{N}$, $k \geq n$。證明$\mathbf{A}^k$可表成$\mathbf{I}$, $\mathbf{A}$, $\mathbf{A}^2$, $\cdots$, $\mathbf{A}^{n-1}$之線性組合。

2. 證明$\mathbf{A}$可逆若且唯若$a_n \neq 0$。

3. 證明當$\mathbf{A}$可逆時,$\mathbf{A}^{-1}$可表成$\mathbf{I}$, $\mathbf{A}$, $\mathbf{A}^2$, $\cdots$, $\mathbf{A}^{n-1}$之線性組合。

4. 設$\mathbf{A}$可逆, $k \in \mathbb{N}$, 且定義$\mathbf{A}^{-k} \triangleq (\mathbf{A}^{-1})^k$。證明$\mathbf{A}^{-k}$可表成$\mathbf{I}$, $\mathbf{A}$, $\mathbf{A}^2$, $\cdots$, $\mathbf{A}^{n-1}$之線性組合。

習題 **5.10** (*) 利用上題求$\mathbf{A} = \begin{bmatrix} 1 & -1 & 0 & 1 \\ 2 & 2 & -1 & 3 \\ -1 & 5 & 2 & 1 \\ 3 & -1 & 1 & -1 \end{bmatrix}$之反矩陣。

5.4節習題

習題 **5.11** (**) 設$\mathbf{A}, \mathbf{B} \in \mathbb{F}^{n \times n}$均為冪零矩陣且$\mathbf{AB} = \mathbf{BA}$。證明 $\mathbf{AB}$與$\mathbf{A} + \mathbf{B}$亦為冪零矩陣。

習題 **5.12** (**)

1. 證明若λ是定義在有限維度向量空間之冪零算子(或冪零矩陣)的特徵值, 則 λ必為零。

2. 若定義在有限維度向量空間之線性算子(或方陣)只有零特徵值, 請問其是否為冪零算子(或冪零矩陣)? 試證明或舉反例說明。

習題 **5.13** (**) 若$\mathbf{A} \in \mathbb{C}^{n \times n}$為冪零矩陣, 試證明$\mathbf{I} - \mathbf{A}$為可逆矩陣, 並求其反矩陣以及$\sigma(\mathbf{I} - \mathbf{A})$。

習題 **5.14** $(**)$ 證明引理5.28中k的存在性與唯一性。

習題 **5.15** $(**)$ 令$\mathbf{D} : \mathbb{F}_n[t] \longrightarrow \mathbb{F}_n[t]$代表微分算子，證明$\mathbf{D}$是指標爲$n$之冪零算子。

習題 **5.16** $(*)$ 令$\mathbf{D} : \mathbb{F}_4[t] \longrightarrow \mathbb{F}_4[t]$代表微分算子，選取有序基底$\mathcal{B} = \{1, 2t, t^2 - 1, \frac{1}{3}t^3 + t\}$。

 1. 求代表矩陣$[\mathbf{D}]_{\mathcal{B}}$。

 2. 求一可逆矩陣$\mathbf{Q}$使得$\mathbf{Q}^{-1}[\mathbf{D}]_{\mathcal{B}}\mathbf{Q}$變成(5.7)之Jordan標準式。

 3. 將$\mathbb{F}_4[t]$分解成一群$\mathbf{D}$-循環子空間之直和。

5.5節習題

習題 **5.17** $(**)$ 設$\mathcal{V}$是向量空間，$\mathbf{L} \in \mathcal{L}(\mathcal{V})$。證明對任意的$i, j = 0, 1, 2, \cdots$，以及任意的$\lambda, \mu \in \mathbb{F}$，恆有$(\mathbf{L} - \lambda\mathbf{I}_{\mathcal{V}})^i(\mathbf{L} - \mu\mathbf{I}_{\mathcal{V}})^j = (\mathbf{L} - \mu\mathbf{I}_{\mathcal{V}})^j(\mathbf{L} - \lambda\mathbf{I}_{\mathcal{V}})^i$。

習題 **5.18** $(**)$ 設$\mathcal{V}$是向量空間，$\mathbf{L} \in \mathcal{L}(\mathcal{V})$且$\lambda \in \sigma(\mathbf{L})$。試證明對任意的$\mu \neq \lambda, (\mathbf{L} - \mu\mathbf{I}_{\mathcal{V}})|_{\mathcal{H}_\lambda}$是單射。

習題 **5.19** $(*)$ 求可逆矩陣$\mathbf{Q}$將下列各矩陣化成Jordan標準式:

 1. $\begin{bmatrix} -2 & \frac{1}{2} & 0 \\ 0 & -2 & -3 \\ 0 & 0 & -2 \end{bmatrix}$。

 2. $\begin{bmatrix} 0 & 0 & 2 \\ 0 & 1 & 0 \\ -1 & 0 & 3 \end{bmatrix}$。

3. $\begin{bmatrix} 2 & 0 & 0 & 0 \\ -1 & 2 & 0 & 2 \\ 0 & 0 & 2 & 1 \\ 0 & 0 & 0 & 2 \end{bmatrix}$。

4. $\begin{bmatrix} -1 & 0 & 0 & 1 & 0 & 0 \\ 1 & -1 & 0 & 0 & 1 & 0 \\ 0 & 0 & -1 & 0 & 0 & 1 \\ 0 & 0 & 0 & -1 & 0 & 0 \\ 0 & 0 & 0 & 0 & -1 & 1 \\ 0 & 0 & 0 & 0 & 0 & -1 \end{bmatrix}$。

習題 5.20 (∗∗) 設 **A**, **B** 為同階之方陣。證明 **A** 與 **B** 相似若且唯若 **A** 與 **B** 有相同的 Jordan 標準式 (除了可能有對角方塊的排列次序不同外)。

習題 5.21 (∗) 利用上題判斷下列各組矩陣是否相似。

1. $\begin{bmatrix} 1 & 1 \\ 0 & 1 \end{bmatrix}$, $\begin{bmatrix} 1 & 0 \\ 0 & 1 \end{bmatrix}$。

2. $\begin{bmatrix} 0 & -1 & -1 \\ 2 & 3 & 1 \\ 1 & 1 & 2 \end{bmatrix}$, $\begin{bmatrix} 4 & \frac{1}{2} & 2 \\ 16 & 4 & 12 \\ -6 & -1 & -3 \end{bmatrix}$。

習題 5.22 考慮微分方程

$$\begin{bmatrix} \dot{x}_1(t) \\ \dot{x}_2(t) \\ \vdots \\ \dot{x}_{k-1}(t) \\ \dot{x}_k(t) \end{bmatrix} = \begin{bmatrix} \lambda & 1 & 0 & \cdots & 0 & 0 \\ 0 & \lambda & 1 & \cdots & 0 & 0 \\ \vdots & \vdots & \vdots & \ddots & \vdots & \vdots \\ 0 & 0 & 0 & \cdots & \lambda & 1 \\ 0 & 0 & 0 & \cdots & 0 & \lambda \end{bmatrix} \begin{bmatrix} x_1(t) \\ x_2(t) \\ \vdots \\ x_{k-1}(t) \\ x_k(t) \end{bmatrix},$$

其中初始條件$x_1(0), x_2(0), \cdots, x_k(0)$給定。證明其解為

$$
\begin{bmatrix} x_1(t) \\ x_2(t) \\ x_3(t) \\ \vdots \\ x_{k-1}(t) \\ x_k(t) \end{bmatrix}
$$

$$
= e^{\lambda t} \begin{bmatrix} 1 & t & \frac{t^2}{2!} & \cdots & \frac{t^{n-2}}{(n-2)!} & \frac{t^{n-1}}{(n-1)!} \\ 0 & 1 & t & \cdots & \frac{t^{n-3}}{(n-3)!} & \frac{t^{n-2}}{(n-2)!} \\ 0 & 0 & 1 & \cdots & \frac{t^{n-4}}{(n-4)!} & \frac{t^{n-3}}{(n-3)!} \\ \vdots & \vdots & \vdots & \ddots & \vdots & \vdots \\ 0 & 0 & 0 & \cdots & 1 & t \\ 0 & 0 & 0 & \cdots & 0 & 1 \end{bmatrix} \begin{bmatrix} x_1(0) \\ x_2(0) \\ x_3(0) \\ \vdots \\ x_{k-1}(0) \\ x_k(0) \end{bmatrix} 。
$$

習題 5.23 (∗) 利用上題, 解下列微分方程:

1.

$$
\begin{cases} \dot{x}_1(t) &= -2x_1(t) + x_2(t) \\ \dot{x}_2(t) &= -2x_2(t) + x_3(t) \\ \dot{x}_3(t) &= -2x_3(t) \\ \dot{x}_4(t) &= -3x_4(t) + x_5(t) \\ \dot{x}_5(t) &= -3x_5(t), \end{cases}
$$

假設$x_1(0) = 2$, $x_2(0) = 1$, $x_3(0) = -3$, $x_4(0) = 1$, $x_5(0) = -1$。

2.

$$
\begin{cases} \dot{x}_1(t) &= -2x_1(t) + \frac{1}{2}x_2(t) \\ \dot{x}_2(t) &= -2x_2(t) - 3x_3(t) \\ \dot{x}_3(t) &= -2x_3(t), \end{cases}
$$

假設$x_1(0) = 1$, $x_2(0) = -1$, $x_3(0) = 2$。

線性代數

5.6節習題

習題 **5.24** (∗∗) 令$\mathbf{D} : \mathbb{F}[t] \longrightarrow \mathbb{F}[t]$是微分算子。請討論下面問題。

1. 能否算出$\mathbf{D}$之一個零化多項式?

2. $m_{\mathbf{D}}(t)$是否存在?

習題 **5.25** (∗∗) 設$\mathcal{V}$是有限維度向量空間,$\mathbf{L} \in \mathcal{L}(\mathcal{V})$。設$\mathcal{W}$是$\mathcal{V}$之$\mathbf{L}$-不變子空間。證明$m_{\mathbf{L}|_{\mathcal{W}}}(\lambda)$整除$m_{\mathbf{L}}(\lambda)$。

習題 **5.26** (∗∗) 證明定理5.49。

習題 **5.27** (∗) 求5.5節習題5.19各矩陣之最小多項式。

習題 **5.28** (∗) 求(5.1)式矩陣之最小多項式。

習題 **5.29** (∗∗) 設$\mathcal{V}$是有限維度向量空間,$\mathbf{L} \in \mathcal{L}(\mathcal{V})$。若$\mathcal{V}$是其自身一個$\mathbf{L}$-循環子空間,證明$\chi_{\mathbf{L}}(\lambda) = m_{\mathbf{L}}(\lambda)$。(提示: 利用上題與5.2節習題5.4)

第 6 章

內積空間

6.1　前言

到目前為止, 我們已經看到抽象的向量空間可以具有維度這種幾何概念。在這一章中, 我們將在抽象的向量空間中引入長度以及角度等概念。為了引入這些概念, 我們勢必要賦予抽象的向量空間新的結構, 也因此我們必須要求向量空間佈於的體是$\mathbb{R}$或$\mathbb{C}$。在6.2節中, 我們在向量空間中加入新的結構: 內積函數, 並以此衍生長度與角度等幾何概念。6.3與6.4節討論向量對子空間的投影, 這是讀者所熟知三維空間中向量對平面投影的推廣。6.5節討論內積函數與線性泛涵間的關聯, 6.6節之後, 我們將研究內積空間之間的映射, 並介紹一類特性豐富的算子: 正規算子。最後在6.9節中我們介紹正算子與奇異值分解。

6.2　內積空間的定義與基本性質

定義 6.1 設$(\mathcal{V}, \mathbb{F})$是向量空間。一個$\mathcal{V}$上的內積是一個函數$\langle \cdot, \cdot \rangle : \mathcal{V} \times \mathcal{V} \longrightarrow \mathbb{F}$, 記做$\langle \mathbf{x}, \mathbf{x} \rangle$, 並對所有$\mathbf{x}, \mathbf{y}, \mathbf{z} \in \mathcal{V}$滿足

   1. $\langle \mathbf{x} + \mathbf{y}, \mathbf{z} \rangle = \langle \mathbf{x}, \mathbf{z} \rangle + \langle \mathbf{y}, \mathbf{z} \rangle$,

   2. $\langle c\mathbf{x}, \mathbf{y} \rangle = c \langle \mathbf{x}, \mathbf{y} \rangle$,

3. $\langle \mathbf{x}, \mathbf{y} \rangle = \overline{\langle \mathbf{y}, \mathbf{x} \rangle}$,

4. 若$\mathbf{x} \neq \mathbf{0}$, 則$\langle \mathbf{x}, \mathbf{x} \rangle > 0$。　　　　　　　　　　■

一個具有特定內積函數的向量空間就稱爲內積空間。若$\mathbb{F} = \mathbb{C}$, 則$\mathcal{V}$稱爲複內積空間; 若$\mathbb{F} = \mathbb{R}$, 則$\mathcal{V}$稱爲實內積空間。

值得注意的是從條件1,2來看內積函數對第一個變數是線性的, 也就是 $\langle a_1\mathbf{x}_1 + \cdots + a_n\mathbf{x}_n, \mathbf{y} \rangle = a_1\langle \mathbf{x}_1, \mathbf{y} \rangle + \cdots + a_n\langle \mathbf{x}_n, \mathbf{y} \rangle$。

在舉例之前, 我們額外做一個定義。

定義 **6.2** 矩陣$\mathbf{A} = [a_{ij}] \in \mathbb{F}^{m \times n}$ 的共軛轉置矩陣定義爲$\mathbf{A}^* = [\overline{a_{ij}}]^T$ 這裡$\overline{a_{ij}}$代表a_{ij}的共軛複數。若$\mathbb{F} = \mathbb{R}$, 則$\mathbf{A}^* = \mathbf{A}^T$即爲矩陣$\mathbf{A}$的轉置矩陣。　■

例 **6.3** 考慮$\mathcal{V} = (\mathbb{F}^n, \mathbb{F})$。令 $\mathbf{x} = \begin{bmatrix} x_1 \\ x_2 \\ \vdots \\ x_n \end{bmatrix}$, $\mathbf{y} = \begin{bmatrix} y_1 \\ y_2 \\ \vdots \\ y_n \end{bmatrix}$, 我們定義$\langle \mathbf{x}, \mathbf{y} \rangle = \mathbf{y}^*\mathbf{x} = x_1\overline{y_1} + \cdots + x_n\overline{y_n}$。在$\mathbb{F}^n$中, 上述定義的內積稱爲$\mathbb{F}^n$中的標準內積。值得注意的是, 若$\mathbb{F} = \mathbb{R}$則$\langle \mathbf{x}, \mathbf{y} \rangle = x_1y_1 + \cdots + x_ny_n$。在以後的討論中, 除非特別指定, 當我們考慮內積空間$\mathbb{F}^n$, 其內積函數都是指標準內積。　　　　　■

例 **6.4** 令$\mathbf{A}$和$\mathbf{B} \in \mathbb{F}^{n \times n}$。我們定義$\langle \mathbf{A}, \mathbf{B} \rangle = \text{tr}(\mathbf{B}^*\mathbf{A})$。在$\mathbb{F}^{n \times n}$中, 上述定義的內積稱爲$\mathbb{F}^{n \times n}$中的標準內積。在以後的討論中, 除非特別指定, 當我們考慮內積空間$\mathbb{F}^{n \times n}$, 其內積函數都是指標準內積。　　　　　■

例 **6.5** 考慮$\mathcal{V} = (C[0,1], \mathbb{R})$。若對任意$f, g \in \mathcal{V}$, 我們定義$\langle f, g \rangle = \int_0^1 f(t)g(t)dt$。不難驗證上述定義的函數滿足內積所需的四個條件。　　　■

底下是內積函數的一些基本性質。

定理 6.6 設 $\mathcal{V}$ 是內積空間。則對所有 $\mathbf{x}, \mathbf{y}, \mathbf{z} \in \mathcal{V}$ 和 $c \in \mathbb{F}$,

1. $\langle \mathbf{x}, \mathbf{y} + \mathbf{z} \rangle = \langle \mathbf{x}, \mathbf{y} \rangle + \langle \mathbf{x}, \mathbf{z} \rangle$。

2. $\langle \mathbf{x}, c\mathbf{y} \rangle = \bar{c} \langle \mathbf{x}, \mathbf{y} \rangle$。

3. $\langle \mathbf{x}, \mathbf{x} \rangle = 0$ 若且唯若 $\mathbf{x} = \mathbf{0}$。

4. $\langle \mathbf{x}, \mathbf{0} \rangle = \langle \mathbf{0}, \mathbf{y} \rangle = 0$。

5. 若對所有 $\mathbf{x} \in \mathcal{V}$, 若有 $\langle \mathbf{x}, \mathbf{y} \rangle = \langle \mathbf{x}, \mathbf{z} \rangle$, 則 $\mathbf{y} = \mathbf{z}$。

證明:

1. $\langle \mathbf{x}, \mathbf{y} + \mathbf{z} \rangle$
$= \overline{\langle \mathbf{y} + \mathbf{z}, \mathbf{x} \rangle}$ *(由內積的條件3)*
$= \overline{\langle \mathbf{y}, \mathbf{x} \rangle + \langle \mathbf{z}, \mathbf{x} \rangle}$ *(由條件1)*
$= \overline{\langle \mathbf{y}, \mathbf{x} \rangle} + \overline{\langle \mathbf{z}, \mathbf{x} \rangle}$
$= \langle \mathbf{x}, \mathbf{y} \rangle + \langle \mathbf{x}, \mathbf{z} \rangle$ *(由條件3)*。

2. 2,3,4,5部分留予讀者作爲習題(見習題6.1)。 ■

由內積的第四個條件, 我們可以對內積空間的向量定義長度。

定義 6.7 設 $\mathcal{V}$ 是內積空間。則對所有 $\mathbf{x} \in \mathcal{V}$, 我們定義 $\mathbf{x}$ 的長度或範數(norm) 爲 $\sqrt{\langle \mathbf{x}, \mathbf{x} \rangle}$, 並記做 $\|\mathbf{x}\| = \sqrt{\langle \mathbf{x}, \mathbf{x} \rangle}$。範數爲1的向量我們稱爲單位向量。 ■

例 **6.8** 考慮 $\mathcal{V} = (\mathbb{F}^n, \mathbb{F})$。令 $\mathbf{x} = \begin{bmatrix} x_1 \\ x_2 \\ \vdots \\ x_n \end{bmatrix}$，則 $\mathbf{x}$ 的範數

$$
\begin{aligned}
\|\mathbf{x}\| &= \sqrt{\langle \mathbf{x}, \mathbf{x} \rangle} \\
&= \sqrt{x_1 \overline{x}_1 + \cdots + x_n \overline{x}_n} \\
&= \sqrt{|x_1|^2 + \cdots + |x_n|^2}。
\end{aligned}
$$

例 **6.9** 考慮 $\mathcal{V} = (\mathbb{C}^2, \mathbb{C})$。令 $\mathbf{x} = \begin{bmatrix} 1 \\ 2i \end{bmatrix}$，則 $\|\mathbf{x}\| = \sqrt{|1|^2 + |2i|^2} = \sqrt{1+4} = \sqrt{5}$。

因為範數是平面向量長度的推廣，它應具有平面向量長度的特性。下面的定理即是在說明這件事。

定理 **6.10** 設 $\mathcal{V}$ 是內積空間。則對所有 $\mathbf{x}, \mathbf{y} \in \mathcal{V}$ 和 $c \in \mathbb{F}$，

1. $\|\mathbf{x}\| \geq 0$。

2. $\|\mathbf{x}\| = 0$ 若且唯若 $\mathbf{x} = \mathbf{0}$。

3. $\|c\mathbf{x}\| = |c| \|\mathbf{x}\|$。

4. (Cauchy-Schwarz 不等式) $|\langle \mathbf{x}, \mathbf{y} \rangle| \leq \|\mathbf{x}\| \|\mathbf{y}\|$。

5. (三角不等式) $\|\mathbf{x} + \mathbf{y}\| \leq \|\mathbf{x}\| + \|\mathbf{y}\|$。

證明:

1. $\|\mathbf{x}\| = \sqrt{\langle \mathbf{x}, \mathbf{x}\rangle} \geq 0$。

2. $\|\mathbf{x}\| = 0$若且唯若$\langle \mathbf{x}, \mathbf{x}\rangle = 0$。也因此$\|\mathbf{x}\| = 0$等效於$\mathbf{x} = 0$。

3. 這個證明留予讀者作爲習題(見習題6.2)。

4. 若$\mathbf{y} = \mathbf{0}$，則Cauchy-Schwarz不等式的左右兩邊皆爲0，故成立。若$\mathbf{y} \neq \mathbf{0}$，則對所有$c$，

$$
\begin{aligned}
0 &\leq \|\mathbf{x} - c\mathbf{y}\|^2 \\
&= \langle \mathbf{x} - c\mathbf{y}, \mathbf{x} - c\mathbf{y}\rangle \\
&= \langle \mathbf{x}, \mathbf{x}\rangle - c\langle \mathbf{y}, \mathbf{x}\rangle - \bar{c}\langle \mathbf{x}, \mathbf{y}\rangle + c\bar{c}\langle \mathbf{y}, \mathbf{y}\rangle \\
&= \|\mathbf{x}\|^2 - c\overline{\langle \mathbf{x}, \mathbf{y}\rangle} - \bar{c}\langle \mathbf{x}, \mathbf{y}\rangle + |c|^2\|\mathbf{y}\|^2。
\end{aligned}
$$

若令$c = \frac{\langle \mathbf{x}, \mathbf{y}\rangle}{\langle \mathbf{y}, \mathbf{y}\rangle} = \frac{\langle \mathbf{x}, \mathbf{y}\rangle}{\|\mathbf{y}\|^2}$，則上式可寫成

$$
\begin{aligned}
0 &\leq \|\mathbf{x}\|^2 - \frac{\langle \mathbf{x}, \mathbf{y}\rangle}{\|\mathbf{y}\|^2}\overline{\langle \mathbf{x}, \mathbf{y}\rangle} - \frac{\overline{\langle \mathbf{x}, \mathbf{y}\rangle}}{\|\mathbf{y}\|^2}\langle \mathbf{x}, \mathbf{y}\rangle + \frac{|\langle \mathbf{x}, \mathbf{y}\rangle|^2}{\|\mathbf{y}\|^4}\|\mathbf{y}\|^2 \\
&= \|\mathbf{x}\|^2 - \frac{|\langle \mathbf{x}, \mathbf{y}\rangle|^2}{\|\mathbf{y}\|^2}。
\end{aligned}
$$

因此$|\langle \mathbf{x}, \mathbf{y}\rangle|^2 \leq \|\mathbf{x}\|^2\|\mathbf{y}\|^2$，這表示$|\langle \mathbf{x}, \mathbf{y}\rangle| \leq \|\mathbf{x}\|\|\mathbf{y}\|$。

5.

$$
\begin{aligned}
\|\mathbf{x}+\mathbf{y}\|^2 &= \langle \mathbf{x}+\mathbf{y}, \mathbf{x}+\mathbf{y} \rangle \\
&= \|\mathbf{x}\|^2 + \langle \mathbf{y}, \mathbf{x} \rangle + \langle \mathbf{x}, \mathbf{y} \rangle + \|\mathbf{y}\|^2 \\
&= \|\mathbf{x}\|^2 + \overline{\langle \mathbf{x}, \mathbf{y} \rangle} + \langle \mathbf{x}, \mathbf{y} \rangle + \|\mathbf{y}\|^2 \\
&= \|\mathbf{x}\|^2 + 2\mathcal{R}e\langle \mathbf{x}, \mathbf{y} \rangle + \|\mathbf{y}\|^2 \\
&\leq \|\mathbf{x}\|^2 + 2|\langle \mathbf{x}, \mathbf{y} \rangle| + \|\mathbf{y}\|^2 \\
&\leq \|\mathbf{x}\|^2 + 2\|\mathbf{x}\|\|\mathbf{y}\| + \|\mathbf{y}\|^2 \\
&= (\|\mathbf{x}\| + \|\mathbf{y}\|)^2 \text{。}
\end{aligned}
$$

這表示$\|\mathbf{x}+\mathbf{y}\| \leq \|\mathbf{x}\| + \|\mathbf{y}\|$。 ∎

例 **6.11** 考慮$(\mathbb{F}^n, \mathbb{F})$, 令 $\mathbf{x} = \begin{bmatrix} x_1 \\ x_2 \\ \vdots \\ x_n \end{bmatrix}$, $\mathbf{y} = \begin{bmatrix} y_1 \\ y_2 \\ \vdots \\ y_n \end{bmatrix}$。
則 $|\langle \mathbf{x}, \mathbf{y} \rangle| \leq \|\mathbf{x}\|\|\mathbf{y}\|$表示

$$
\begin{aligned}
&|x_1\overline{y}_1 + \cdots + x_n\overline{y}_n| \\
\leq\ &\sqrt{|x_1|^2 + \cdots + |x_n|^2}\sqrt{|y_1|^2 + \cdots + |y_n|^2},
\end{aligned}
$$

等效於

$$
\begin{aligned}
&(x_1\overline{y}_1 + \cdots + x_n\overline{y}_n)^2 \\
\leq\ &(|x_1|^2 + \cdots + |x_n|^2)(|y_1|^2 + \cdots + |y_n|^2)\text{。}
\end{aligned}
$$

∎

有了內積函數與範數, 我們可以在內積空間中定義兩向量之間所成的夾角。

262

定義 **6.12** 令$\mathcal{V}$是有限維度內積空間，$\mathbf{v}$和$\mathbf{w} \in \mathcal{V}$爲非零向量。則$\mathbf{v}$和$\mathbf{w}$之間的夾角$\theta$定義爲在$[0, 2\pi)$之間滿足 $\cos\theta = \frac{\langle \mathbf{v}, \mathbf{w} \rangle}{\|\mathbf{v}\|\|\mathbf{w}\|}$的唯一實數。 ■

由Cauchy-Schwarz不等式我們知道，$-1 \leq \frac{\langle \mathbf{v}, \mathbf{w} \rangle}{\|\mathbf{v}\|\|\mathbf{y}\|} \leq 1$, 所以定義6.12是合理的。由這個定義我們知道兩非零向量夾角爲$\pi/2$若且唯若$\langle \mathbf{v}, \mathbf{w} \rangle = 0$。這引導出下列定義：

定義 **6.13** 設$\mathcal{V}$是內積空間。

1. 若$\mathbf{x}, \mathbf{y} \in \mathcal{V}$且$\langle \mathbf{x}, \mathbf{y} \rangle = 0$, 則我們說$\mathbf{x}, \mathbf{y}$正交，並記做$\mathbf{x} \perp \mathbf{y}$。

2. 若$\mathcal{S} \subset \mathcal{V}$, 且對所有$\mathbf{x}, \mathbf{y} \in \mathcal{S}$, $\mathbf{x} \neq \mathbf{y}$, 都有$\langle \mathbf{x}, \mathbf{y} \rangle = 0$, 則我們稱$\mathcal{S}$爲正交子集。

3. 若$\mathcal{S}$爲正交子集，並且$\mathcal{S}$中所有的元素都是單位向量，則我們稱$\mathcal{S}$爲正則子集。 ■

例 **6.14** 考慮內積空間$(\mathbb{R}^4, \mathbb{R})$。令$\mathbf{x} = \begin{bmatrix} 3 \\ -2 \\ 1 \\ 3 \end{bmatrix}$, $\mathbf{y} = \begin{bmatrix} -1 \\ 3 \\ -3 \\ 4 \end{bmatrix}$, 因爲$\langle \mathbf{x}, \mathbf{y} \rangle = 0$, 所以$\mathbf{x}$和$\mathbf{y}$正交。 ■

例 **6.15** 考慮內積空間$(\mathbb{R}^3, \mathbb{R})$。則$\left\{ \begin{bmatrix} 1 \\ 1 \\ 0 \end{bmatrix}, \begin{bmatrix} 1 \\ -1 \\ 1 \end{bmatrix}, \begin{bmatrix} -1 \\ 1 \\ 2 \end{bmatrix} \right\}$是正交子集，而$\left\{ \begin{bmatrix} \frac{1}{\sqrt{2}} \\ \frac{1}{\sqrt{2}} \\ 0 \end{bmatrix}, \begin{bmatrix} \frac{1}{\sqrt{3}} \\ \frac{-1}{\sqrt{3}} \\ \frac{1}{\sqrt{3}} \end{bmatrix}, \begin{bmatrix} \frac{-1}{\sqrt{6}} \\ \frac{1}{\sqrt{6}} \\ \frac{2}{\sqrt{6}} \end{bmatrix} \right\}$是正則子集。 ■

例 **6.16** 考慮內積空間$(\mathbb{R}^{2\times2}, \mathbb{R})$。則 $\left\{\begin{bmatrix} 1 & 0 \\ 0 & 0 \end{bmatrix}, \begin{bmatrix} 0 & 1 \\ 0 & 0 \end{bmatrix}, \begin{bmatrix} 0 & 0 \\ 1 & 0 \end{bmatrix}, \right.$ $\left. \begin{bmatrix} 0 & 0 \\ 0 & 1 \end{bmatrix}\right\}$ 是$(\mathbb{R}^{2\times2}, \mathbb{R})$的正則子集。 ■

例 **6.17** 考慮向量空間 $\mathcal{V} = (C[-\pi, \pi], \mathbb{R})$。對$f, g \in \mathcal{V}$, 定義內積 $\langle f, g \rangle = \int_{-\pi}^{\pi} f(t)g(t)dt$。則 $\{1, \cos t, \sin t, \cos 2t, \sin 2t, \cdots\}$是正交子集。 ■

由以上的例子, 我們注意到正交子集似乎也是線性獨立子集。底下的定理證實這個猜測。

定理 **6.18** 設$\mathcal{V}$是向量空間。若$\mathcal{B}$是$\mathcal{V}$的正交子集且$0 \notin \mathcal{B}$, 則$\mathcal{B}$亦是$\mathcal{V}$的線性獨立子集。

證明: 對任意的$\mathbf{v}_1, \cdots, \mathbf{v}_n \in \mathcal{B}$, 令$a_1\mathbf{v}_1 + \cdots + a_n\mathbf{v}_n = 0$, 其中 $a_i \in \mathbb{F}$。則對所有$k = 1, 2, \cdots, n$,

$$\begin{aligned} 0 &= \langle a_1\mathbf{v}_1 + \cdots + a_n\mathbf{v}_n, \mathbf{v}_k \rangle \\ &= \sum_{i=1}^{n} a_i \langle \mathbf{v}_i, \mathbf{v}_k \rangle \\ &= a_k \langle \mathbf{v}_k, \mathbf{v}_k \rangle。 \end{aligned}$$

因為$\langle \mathbf{v}_k, \mathbf{v}_k \rangle \neq 0$, 所以$a_k = 0$。這表示$\mathcal{B}$是線性獨立子集。 ■

接下來讓我們看正交子集的另一個特性, 這特性為畢氏定理(Pythagorean theorem)的推廣。

定理 **6.19** 設$\mathcal{V}$是向量空間。若$\mathcal{B} = \{\mathbf{v}_1, \cdots, \mathbf{v}_n\}$是$\mathcal{V}$的正交子集, 則

$$\|\sum_{i=1}^{n} \mathbf{v}_i\|^2 = \sum_{i=1}^{n} \|\mathbf{v}_i\|^2。$$

證明:

$$
\begin{aligned}
\| \sum_{i=1}^{n} \mathbf{v}_i \|^2 &= \langle \sum_{i=1}^{n} \mathbf{v}_i, \sum_{i=1}^{n} \mathbf{v}_i \rangle \\
&= \sum_{1 \le j,k \le n} \langle \mathbf{v}_j, \mathbf{v}_k \rangle \\
&= \sum_{j=1}^{n} \langle \mathbf{v}_j, \mathbf{v}_j \rangle \\
&= \sum_{j=1}^{n} \| \mathbf{v}_j \|^2 \text{。}
\end{aligned}
$$

接下來我們討論有限維度內積空間內積函數與矩陣的關聯。

定義 6.20 令$\mathbf{A} = \mathbf{A}^* \in \mathbb{F}^{n \times n}$, 若對所有$\mathbf{x} \in \mathbb{F}^n$, $\mathbf{x} \neq \mathbf{0}$, $\mathbf{x}^* \mathbf{A} \mathbf{x} > 0$則我們稱$\mathbf{A}$為正定矩陣, 記做$\mathbf{A} > 0$。

滿足$\mathbf{A} = \mathbf{A}^*$的方陣稱為Hermitian矩陣, 其二次型$\mathbf{x}^* \mathbf{A} \mathbf{x}$必為實數。這樣的矩陣我們在之後的章節還會討論到。

定理 6.21 令$\mathcal{V}$是有限維度向量空間, $\mathcal{B} = \{\mathbf{v}_1, \cdots, \mathbf{v}_n\}$是$\mathcal{V}$的有序基底。則對所有定義在$\mathcal{V}$上的內積函數都存在正定矩陣$\mathbf{A} \in \mathbb{F}^{n \times n}$滿足

$$
\langle \mathbf{v}, \mathbf{w} \rangle = ([\mathbf{w}]_{\mathcal{B}})^* \mathbf{A} [\mathbf{v}]_{\mathcal{B}}, \tag{6.1}
$$

其中$\mathbf{v}, \mathbf{w} \in \mathcal{V}$。反之, 若$\mathbf{A} \in \mathbb{F}^{n \times n}$是正定矩陣, 則(6.1)定義了一個$\mathcal{V}$上的內積函數。

證明: 令$\mathbf{A} = [a_{ij}]$定義為$a_{ij} \triangleq \langle \mathbf{v}_j, \mathbf{v}_i \rangle$, $1 \le i, j \le n$。若 $\mathbf{v} = b_1 \mathbf{v}_1 + \cdots +$

$b_n\mathbf{v}_n$, $\mathbf{w} = c_1\mathbf{v}_1 + \cdots + c_n\mathbf{v}_n$, 則

$$\begin{aligned}
\langle \mathbf{v}, \mathbf{w} \rangle &= \langle b_1\mathbf{v}_1 + \cdots + b_n\mathbf{v}_n, c_1\mathbf{v}_1 + \cdots + c_n\mathbf{v}_n \rangle \\
&= \sum_{i=1}^{n}\sum_{j=1}^{n} \bar{c}_j b_i \langle \mathbf{v}_i, \mathbf{v}_j \rangle \\
&= ([\mathbf{w}]_{\mathcal{B}})^* \mathbf{A}[\mathbf{v}]_{\mathcal{B}}.
\end{aligned}$$

因此對所有$\mathbf{v} \neq \mathbf{0}$, $\langle \mathbf{v}, \mathbf{v} \rangle = ([\mathbf{v}]_{\mathcal{B}})^* \mathbf{A}[\mathbf{v}]_{\mathcal{B}} > 0$, 由定義知$\mathbf{A}$是正定矩陣。反之, 若令$\mathbf{A} > 0$, 不難驗證(6.1)定義的函數滿足內積函數所需的四個條件, 這留予讀者作爲習題(見習題6.3)。 ∎

6.3　正交基底與正交投影

相信讀者在中學時都計算過$\mathbb{R}^3$中任一向量$\mathbf{v}$在單位向量$\mathbf{u}$方向上的投影向量, 或是$\mathbf{v}$在任一平面上的投影向量。在這一節中我們將推廣這些概念到任意的內積空間。要推廣這些概念我們需要正則基底的定義與概念。

定義 **6.22** 設$\mathcal{V}$是內積空間。若$\mathcal{B}$是$\mathcal{V}$中的一組正則子集同時又是$\mathcal{V}$的一組基底, 則稱$\mathcal{B}$爲$\mathcal{V}$的一組正則基底。 ∎

　　在有限維度內積空間時, 我們利用基底去定義正則基底, 也因此在有限維度內積空間時, 正則基底亦是一個擴展子集。但在無限維度內積空間時, 數學家不這樣子定義正則基底, 在無限維度內積空間時正則基底不會是擴展子集, 所以也不會是基底。若讀者翻閱有關無限維度內積空間的相關書籍時, 請注意不要與這裡的定義混淆。詳細的情形可參閱Kreyszig(1989)。

例 **6.23** 考慮內積空間$(\mathbb{R}^3, \mathbb{R})$。$\left\{ \begin{bmatrix} \frac{1}{\sqrt{2}} \\ \frac{1}{\sqrt{2}} \\ 0 \end{bmatrix}, \begin{bmatrix} \frac{1}{\sqrt{3}} \\ \frac{-1}{\sqrt{3}} \\ \frac{1}{\sqrt{3}} \end{bmatrix}, \begin{bmatrix} \frac{-1}{\sqrt{6}} \\ \frac{1}{\sqrt{6}} \\ \frac{2}{\sqrt{6}} \end{bmatrix} \right\}$是正則基底。 ∎

底下定理提出一個判斷$(\mathbb{C}^n, \mathbb{C})$上正則基底的方法。

定理 6.24 $\{\mathbf{u}_1, \cdots \mathbf{u}_n\}$是$(\mathbb{C}^n, \mathbb{C})$上之一組正則基底若且唯若$\mathbf{U} \triangleq [\mathbf{u}_1 \cdots \mathbf{u}_n]$可逆且$\mathbf{U}^{-1} = \mathbf{U}^*$。滿足上述性質的矩陣$\mathbf{U}$稱做是一個么正矩陣(unitary matrix)。

證明: 留予讀者做為習題。∎

在實矩陣情況下, 當$\mathbf{Q} \in (\mathbb{R}^n, \mathbb{R})$, 且滿足$\mathbf{Q}^{-1} = \mathbf{Q}^T$, 則稱$\mathbf{Q}$為一個正交矩陣(orthogonal matrix)。

例 6.25 考慮內積空間$(\mathbb{R}^{2\times 2}, \mathbb{R})$。則$\left\{ \begin{bmatrix} 1 & 0 \\ 0 & 0 \end{bmatrix}, \begin{bmatrix} 0 & 1 \\ 0 & 0 \end{bmatrix}, \begin{bmatrix} 0 & 0 \\ 1 & 0 \end{bmatrix}, \begin{bmatrix} 0 & 0 \\ 0 & 1 \end{bmatrix} \right\}$是$(\mathbb{R}^{2\times 2}, \mathbb{R})$的正則基底。∎

正則基底在計算上有非常好的特性。

定理 6.26 設$\mathcal{V}$是有限維度內積空間, $\mathcal{B} = \{\mathbf{u}_1, \mathbf{u}_2, \cdots, \mathbf{u}_n\}$是$\mathcal{V}$的一組正則基底。則對所有$\mathbf{v} \in \mathcal{V}$, 以下等式成立:

1. $\mathbf{v} = \sum_{i=1}^{n} \langle \mathbf{v}, \mathbf{u}_i \rangle \mathbf{u}_i$。

2. $\|\mathbf{v}\|^2 = \sum_{i=1}^{n} |\langle \mathbf{v}, \mathbf{u}_i \rangle|^2$。

證明:

1. 令$\mathbf{v} = a_1 \mathbf{u}_1 + \cdots + a_n \mathbf{u}_n$, 則 $\langle \mathbf{v}, \mathbf{u}_i \rangle = \langle \sum_{j=1}^{n} a_j \mathbf{u}_j, \mathbf{u}_i \rangle = a_i$。

2. 根據第1部分，$\mathbf{v} = \sum_{i=1}^{n} \langle \mathbf{v}, \mathbf{u}_i \rangle \mathbf{u}_i$。因此$\|\mathbf{v}\| = \|\sum_{i=1}^{n} \langle \mathbf{v}, \mathbf{u}_i \rangle \mathbf{u}_i\|$。又因為$\{\langle \mathbf{v}, \mathbf{u}_1 \rangle \mathbf{u}_1, \cdots, \langle \mathbf{v}, \mathbf{u}_n \rangle \mathbf{u}_n\}$是$\mathcal{V}$的正交子集，所以根據定理 6.19，

$$\|\mathbf{v}\|^2 = \sum_{i=1}^{n} \|\langle \mathbf{v}, \mathbf{u}_i \rangle \mathbf{u}_i\|^2$$
$$= \sum_{i=1}^{n} |\langle \mathbf{v}, \mathbf{u}_i \rangle|^2。$$

■

例 6.27 $(\mathbb{F}^n, \mathbb{F})$中，$\{\mathbf{e}_1, \cdots \mathbf{e}_n\}$ 是正則基底。對任意向量 $\mathbf{v} = (v_1, \cdots, v_n)$ $= \sum_{i=1}^{n} \langle \mathbf{v}, \mathbf{e}_i \rangle \mathbf{e}_i = \sum_{i=1}^{n} v_i \mathbf{e}_i$, 且$\|\mathbf{v}\|^2 = \sum_{i=1}^{n} |\langle \mathbf{v}, \mathbf{e}_i \rangle|^2 = \sum_{i=1}^{n} |v_i|^2$。 ■

利用正則基底，我們可以定義$\mathcal{V}$中任意的向量$\mathbf{v}$在$\mathcal{V}$的子空間$\mathcal{W}$上的正交投影。

定義 6.28 設$\mathcal{V}$是內積空間。令$\mathbf{v}, \mathbf{u} \in \mathcal{V}$, 並且$\mathbf{u}$是單位向量。則我們定義

$$\mathbf{P}_{\mathbf{u}}(\mathbf{v}) = \langle \mathbf{v}, \mathbf{u} \rangle \mathbf{u},$$

$\mathbf{P}_{\mathbf{u}}(\mathbf{v})$稱為$\mathbf{v}$在向量$\mathbf{u}$上的正交投影。更進一步，若$\mathcal{W}$是$\mathcal{V}$的有限維度子空間，並且$\{\mathbf{u}_1, \cdots, \mathbf{u}_m\}$是$\mathcal{W}$的正則基底，則我們定義

$$\mathbf{P}_{\mathcal{W}}(\mathbf{v}) = \sum_{i=1}^{m} \langle \mathbf{v}, \mathbf{u}_i \rangle \mathbf{u}_i,$$

$\mathbf{P}_{\mathcal{W}}(\mathbf{v})$稱為$\mathbf{v}$在子空間$\mathcal{W}$上的正交投影。 ■

很明顯地，$\mathbf{P}_{\mathcal{W}}(\mathbf{v}) \in \mathcal{W}$。

例 **6.29** 令$\mathcal{V} = \mathbb{R}^3$, $\mathbf{v} = (2,1,3)$, $\mathbf{u}_1 = (\frac{1}{\sqrt{2}}, 0, \frac{1}{\sqrt{2}})$以及$\mathbf{u}_2 = (0,1,0)$。則$\mathbf{v}$在$\mathcal{W} = \mathrm{span}(\{\mathbf{u}_1, \mathbf{u}_2\})$上的正交投影為

$$
\begin{aligned}
\mathbf{P}_{\mathcal{W}}(\mathbf{v}) &= \sum_{i=1}^{2} \langle \mathbf{v}, \mathbf{u}_i \rangle \mathbf{u}_i \\
&= \langle (2,1,3), (\frac{1}{\sqrt{2}}, 0, \frac{1}{\sqrt{2}}) \rangle (\frac{1}{\sqrt{2}}, 0, \frac{1}{\sqrt{2}}) \\
&\quad + \langle (2,1,3), (0,1,0) \rangle (0,1,0) \\
&= (2.5, 1, 2.5)。
\end{aligned}
$$

圖6.1可以幫助我們理解這個例子。 ■

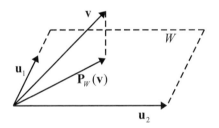

圖 6.1: $\mathbf{v}$在$\mathcal{W}$上的正交投影

由例6.29, 我們很清楚地看到定義6.28是$\mathbb{R}^3$中向量投影在任意平面的推廣。

有了這個定義, 則定理6.26的第1部分可解釋為有限維度內積空間的任意元素$\mathbf{v}$皆可寫成$\mathbf{v}$在正則基底各向量所展成子空間上的正交投影和。這個定義衍生出兩個問題: 第一, 是否所有的內積空間都具有正則基底? 第二, $\mathbf{v}$在$\mathcal{W}$上的正交投影$\mathbf{P}_{\mathcal{W}}(\mathbf{v})$是否與正則基底的選取有關? 接下來我們的目標是要證明對任意有限維度內積空間皆存在正則基底, 因此$\mathbf{P}_{\mathcal{W}}(\mathbf{v})$總是可以定義。在下一節介紹完正交補集 (orthogonal complement) 的概念之後, 我們更將證明$\mathbf{P}_{\mathcal{W}}(\mathbf{v})$的取值與基底的選取無關, 因此只和$\mathcal{W}$本身相關。

引理 **6.30** 設$\mathcal{V}$是有限維度內積空間, $\mathcal{W}$是$\mathcal{V}$的子空間。若$\mathcal{B_W} = \{\mathbf{u}_1, \mathbf{u}_2, \cdots, \mathbf{u}_m\}$是$\mathcal{W}$的正則基底, 則對所有$\mathbf{v} \in \mathcal{V}$,

$$(\mathbf{v} - \mathbf{P}_\mathcal{W}(\mathbf{v})) \perp \mathbf{u}_k, \quad k = 1, 2, \cdots, m。$$

這也表示$\mathbf{v} - \mathbf{P}_\mathcal{W}(\mathbf{v})$正交於子空間$\mathcal{W}$中所有的向量。

證明: 由直接的計算,

$$
\begin{aligned}
\langle \mathbf{v} - \mathbf{P}_\mathcal{W}(\mathbf{v}), \mathbf{u}_k \rangle &= \langle \mathbf{v}, \mathbf{u}_k \rangle - \langle \mathbf{P}_\mathcal{W}(\mathbf{v}), \mathbf{u}_k \rangle \\
&= \langle \mathbf{v}, \mathbf{u}_k \rangle - \langle \sum_{i=1}^{m} \langle \mathbf{v}, \mathbf{u}_i \rangle \mathbf{u}_i, \mathbf{u}_k \rangle \\
&= \langle \mathbf{v}, \mathbf{u}_k \rangle - \sum_{i=1}^{m} \langle \mathbf{v}, \mathbf{u}_i \rangle \langle \mathbf{u}_i, \mathbf{u}_k \rangle \\
&= \langle \mathbf{v}, \mathbf{u}_k \rangle - \langle \mathbf{v}, \mathbf{u}_k \rangle \langle \mathbf{u}_k, \mathbf{u}_k \rangle \\
&= 0。 \qquad \blacksquare
\end{aligned}
$$

有了這個引理, 我們可以證明所有的有限維度內積空間都可以有一組正則基底。

定理 **6.31** (Gram-Schmidt正交化程序)

所有有限維度內積空間都有一組正則基底。

證明: 我們藉由對任意有限維度內積空間建構一組正則基底來證明這個定理。若$\mathcal{V}$ 是零空間, 則空集合是一組正則基底。若$\mathcal{V}$不為零空間, 則令$\{\mathbf{v}_1, \cdots, \mathbf{v}_n\}$是$\mathcal{V}$ 的一組基底。我們定義子空間$\mathcal{W}_j$為$\mathcal{W}_j = \mathrm{span}\{\mathbf{v}_1, \mathbf{v}_2, \cdots, \mathbf{v}_j\}$, $j = 1, 2 \cdots, n$。則很明顯地

$$\mathcal{W}_1 \subset \mathcal{W}_2 \subset \cdots \subset \mathcal{W}_n = \mathcal{V}。$$

令$\mathbf{u}_1 = \frac{\mathbf{v}_1}{\|\mathbf{v}_1\|}$，則$\mathbf{u}_1$是一個單位向量。因此，$\{\mathbf{u}_1\}$是$\mathcal{W}_1$的正則基底。所以我們可以定義$\mathcal{W}_1$上的正交投影$\mathbf{P}_{\mathcal{W}_1}$。定義

$$\mathbf{u}_2 = \frac{\mathbf{v}_2 - \mathbf{P}_{\mathcal{W}_1}(\mathbf{v}_2)}{\|\mathbf{v}_2 - \mathbf{P}_{\mathcal{W}_1}(\mathbf{v}_2)\|},$$

則根據引理6.30，$\mathbf{u}_2 \perp \mathbf{u}_1$。因爲$\{\mathbf{u}_1, \mathbf{u}_2\} \subset \mathcal{W}_2$中，所以$\{\mathbf{u}_1, \mathbf{u}_2\}$是$\mathcal{W}_2$的正則基底。所以我們可以定義$\mathcal{W}_2$上的正交投影$\mathbf{P}_{\mathcal{W}_2}$。持續這個程序，我們得到

$$\mathbf{u}_k = \frac{\mathbf{v}_k - \mathbf{P}_{\mathcal{W}_{k-1}}(\mathbf{v}_k)}{\|\mathbf{v}_k - \mathbf{P}_{\mathcal{W}_{k-1}}(\mathbf{v}_k)\|}, k = 2, \cdots, n。$$

因此我們得到$\mathcal{W}_n = \mathcal{V}$的正則基底$\{\mathbf{u}_1, \cdots, \mathbf{u}_n\}$。 ∎

這個定理其實也提供了一個尋求有限維度內積空間正則基底的方法。底下讓我們看一些例子。

例 **6.32** 令$\mathcal{V} = (\mathbb{R}^3, \mathbb{R})$，$\mathcal{B} = \left\{ \begin{bmatrix} 1 \\ 1 \\ 0 \end{bmatrix}, \begin{bmatrix} 2 \\ 0 \\ 1 \end{bmatrix}, \begin{bmatrix} 2 \\ 2 \\ 1 \end{bmatrix} \right\}$是$\mathcal{V}$的基底。令

$$\mathbf{u}_1 = \begin{bmatrix} 1 \\ 1 \\ 0 \end{bmatrix} / \left\| \begin{bmatrix} 1 \\ 1 \\ 0 \end{bmatrix} \right\| = \begin{bmatrix} \frac{1}{\sqrt{2}} \\ \frac{1}{\sqrt{2}} \\ 0 \end{bmatrix},$$

$$\mathcal{W}_1 = \text{span}(\{\mathbf{u}_1\})。$$

再令

$$\mathbf{u}_2 = \left(\begin{bmatrix} 2 \\ 0 \\ 1 \end{bmatrix} - \mathbf{P}_{\mathcal{W}_1}(\begin{bmatrix} 2 \\ 0 \\ 1 \end{bmatrix}) \right) / \left\| \begin{bmatrix} 2 \\ 0 \\ 1 \end{bmatrix} - \mathbf{P}_{\mathcal{W}_1}(\begin{bmatrix} 2 \\ 0 \\ 1 \end{bmatrix}) \right\|$$

$$= \begin{bmatrix} \frac{1}{\sqrt{3}} \\ \frac{-1}{\sqrt{3}} \\ \frac{1}{\sqrt{3}} \end{bmatrix},$$

$$\mathcal{W}_2 = \text{span}(\{\mathbf{u}_1, \mathbf{u}_2\})。$$

最後, 令

$$\mathbf{u}_3 = \left(\begin{bmatrix} 2 \\ 2 \\ 1 \end{bmatrix} - \mathbf{P}_{\mathcal{W}_2}(\begin{bmatrix} 2 \\ 2 \\ 1 \end{bmatrix}) \right) / \left\| \begin{bmatrix} 2 \\ 2 \\ 1 \end{bmatrix} - \mathbf{P}_{\mathcal{W}_2}(\begin{bmatrix} 2 \\ 2 \\ 1 \end{bmatrix}) \right\|$$

$$= \begin{bmatrix} \frac{-1}{\sqrt{6}} \\ \frac{1}{\sqrt{6}} \\ \frac{2}{\sqrt{6}} \end{bmatrix}。$$

不難檢查$\{\mathbf{u}_1, \mathbf{u}_2, \mathbf{u}_3\}$是$\mathcal{V}$的正則基底。 ∎

例 6.33 考慮向量空間$\mathcal{V} = (C[-1, 1], \mathbb{R})$的子空間$\text{span}(\{1, t, t^2\})$及 $\mathcal{V}$的內積函數$\langle f, g \rangle = \int_{-1}^{1} f(t)g(t)dt$。 令

$$u_1 = 1/\|1\| = 1/\sqrt{\int_{-1}^{1} dt} = \frac{1}{\sqrt{2}} = \frac{\sqrt{2}}{2},$$

$$\mathcal{W}_1 = \text{span}(\{u_1\})。$$

再令

$$u_2 = (t - \mathbf{P}_{\mathcal{W}_1}(t))/\|t - \mathbf{P}_{\mathcal{W}_1}(t)\| = \frac{\sqrt{6}}{2}t,$$

$$\mathcal{W}_2 = \text{span}(\{u_1, u_2\})。$$

最後, 令

$$u_3 = (t^2 - \mathbf{P}_{\mathcal{W}_2}(t^2))/\|t^2 - \mathbf{P}_{\mathcal{W}_2}(t^2)\| = \frac{\sqrt{10}}{4}(3t^2 - 1)。$$

不難驗證,$\{u_1, u_2, u_3\}$是$\text{span}(\{1, t, t^2\})$的正則基底。$u_1, u_2$及$u_3$被稱爲Legendre多項式。 ∎

6.4　正交補集

在上一節中, 我們已經證明了任意有限維度內積空間$\mathcal{V}$都有一組正則基底, 因此對任意$\mathcal{V}$的子空間$\mathcal{W}$, 都可以定義正交投影$\mathbf{P}_{\mathcal{W}}$。在這一節中, 我們將介紹$\mathcal{V}$的子空間$\mathcal{W}$的正交補集, 並利用正交補集的結構證明$\mathbf{P}_{\mathcal{W}}$的定義是與基底的選擇無關, 而只與$\mathcal{W}$本身有關。

定義 6.34 令$\mathcal{V}$是有限維度內積空間, $\mathcal{W}$是$\mathcal{V}$的子空間。我們定義

$$\mathcal{W}^{\perp} = \{\mathbf{v} \in \mathcal{V} | 對所有 \mathbf{w} \in \mathcal{W}, \langle \mathbf{v}, \mathbf{w} \rangle = 0\}。$$

$\mathcal{W}^{\perp}$稱為$\mathcal{W}$的正交補集(orthogonal complement)。　　　∎

　　$\mathcal{W}^{\perp}$有以下特性。

定理 6.35 令$\mathcal{V}$是有限維度內積空間, $\mathcal{W}$是$\mathcal{V}$的子空間。則

　1. $\mathcal{W}^{\perp}$是$\mathcal{V}$的子空間,

　2. $\mathcal{W} \cap \mathcal{W}^{\perp} = \{\mathbf{0}\}$,

　3. $\mathcal{V} = \mathcal{W} \oplus \mathcal{W}^{\perp}$。

證明:

　1. 因為對所有$\mathbf{w} \in \mathcal{W}$, $\langle \mathbf{0}, \mathbf{w} \rangle = 0$, 所以$\mathbf{0} \in \mathcal{W}^{\perp}$。令$\mathbf{w}_1, \mathbf{w}_2 \in \mathcal{W}^{\perp}$, 則對所有$\mathbf{w} \in \mathcal{W}$, $\langle \mathbf{w}_1, \mathbf{w} \rangle = 0$, $\langle \mathbf{w}_2, \mathbf{w} \rangle = 0$。由內積的特性我們知道, 對所有的$a, b \in \mathbb{F}$恆有 $\langle a\mathbf{w}_1 + b\mathbf{w}_2, \mathbf{w} \rangle = 0$。因此$\mathcal{W}^{\perp}$是$\mathcal{V}$的子空間。

　2. 令$\mathbf{w} \in \mathcal{W} \cap \mathcal{W}^{\perp}$, 則$\langle \mathbf{w}, \mathbf{w} \rangle = 0$, 因此$\mathbf{w} = \mathbf{0}$。

3. 對任意的 $\mathbf{v} \in \mathcal{V}$, 令 $\mathbf{w} = \mathbf{P}_{\mathcal{W}}(\mathbf{v})$, $\mathbf{w}^{\perp} = \mathbf{v} - \mathbf{w}$。則 $\mathbf{w} \in \mathcal{W}$, $\mathbf{w}^{\perp} \in \mathcal{W}^{\perp}$, 並且 $\mathbf{v} = \mathbf{w} + \mathbf{w}^{\perp}$, 所以 $\mathcal{V} = \mathcal{W} + \mathcal{W}^{\perp}$。再由第2部分的結果得 $\mathcal{V} = \mathcal{W} \oplus \mathcal{W}^{\perp}$。∎

推論 6.36 $\mathbf{P}_{\mathcal{W}}$ 的取值無關於 $\mathcal{W}$ 正則基底的選擇。

證明: 由定理6.35的第3部分的證明, 我們知道 $\mathbf{P}_{\mathcal{W}}(\mathbf{v})$ 的值是唯一的, 所以必然無關基底的選擇。∎

推論 6.37 設 $\mathcal{V}$ 是有限維度內積空間, $\mathcal{W}$ 是 $\mathcal{V}$ 的子空間。設 $\mathbf{v} \in \mathcal{V}$ 是任意給定的向量, 則 $\mathbf{P}_{\mathcal{W}}(\mathbf{v})$ 使泛函 $\mathbf{f}(\mathbf{u}) = \|\mathbf{u} - \mathbf{v}\|$ 的值最小, 其中 $\mathbf{u} \in \mathcal{W}$。

證明: 令 $\mathbf{w} = \mathbf{P}_{\mathcal{W}}(\mathbf{v})$, $\mathbf{w}^{\perp} = \mathbf{v} - \mathbf{w}$, 則 $\mathbf{w} \in \mathcal{W}$, $\mathbf{w}^{\perp} \in \mathcal{W}^{\perp}$, 並且 $\mathbf{v} = \mathbf{w} + \mathbf{w}^{\perp}$。則對所有 $\mathbf{u} \in \mathcal{W}$,

$$
\begin{aligned}
\|\mathbf{u} - \mathbf{v}\|^2 &= \|(\mathbf{u} - \mathbf{w}) - \mathbf{w}^{\perp}\|^2 \\
&= \|\mathbf{u} - \mathbf{w}\|^2 + \|\mathbf{w}^{\perp}\|^2。
\end{aligned}
$$

所以當 $\mathbf{u} = \mathbf{w} = \mathbf{P}_{\mathcal{W}}(\mathbf{v})$ 時 $\mathbf{f}(\mathbf{u})$ 有最小值。∎

定義 6.38 令 $\mathcal{V}$ 是內積空間並令 $\mathcal{W}_1, \cdots, \mathcal{W}_n$ 是 $\mathcal{V}$ 的子空間。若

1. $\mathcal{V} = \mathcal{W}_1 \oplus \cdots \oplus \mathcal{W}_n$,

2. 對所有 $i \neq j$, $\mathcal{W}_i \perp \mathcal{W}_j$,

則稱 $\mathcal{V}$ 是 $\mathcal{W}_1, \cdots, \mathcal{W}_n$ 的正交直和, 並記做

$$
\mathcal{V} = \mathcal{W}_1 \overset{\perp}{\oplus} \cdots \overset{\perp}{\oplus} \mathcal{W}_n。
$$

由這個定義，定理6.35其實是告訴我們對有限維度內積空間的任何子空間 $\mathcal{W}$，恆有 $\mathcal{V} = \mathcal{W} \overset{\perp}{\oplus} \mathcal{W}^\perp$。

底下是關於正交直和的基本性質。

定理 6.39 令 $\mathcal{V}$ 是內積空間。則下列敘述是等效的。

1. $\mathcal{V} = \mathcal{U} \overset{\perp}{\oplus} \mathcal{W}$。

2. $\mathcal{V} = \mathcal{U} \oplus \mathcal{W}$ 並且 $\mathcal{W} = \mathcal{U}^\perp$。

3. $\mathcal{V} = \mathcal{U} \oplus \mathcal{W}$ 並且 $\mathcal{W} \subset \mathcal{U}^\perp$。

證明：$[1 \Rightarrow 2]$ 設1成立，則 $\mathcal{V} = \mathcal{U} \oplus \mathcal{W}$ 並且 $\mathcal{U} \perp \mathcal{W}$。這表示 $\mathcal{W} \subset \mathcal{U}^\perp$。設 $\tilde{\mathbf{u}} \in \mathcal{U}^\perp$，則因為 $\mathcal{V} = \mathcal{U} \oplus \mathcal{W}$，所以 $\tilde{\mathbf{u}} = \mathbf{u} + \mathbf{w}$，其中 $\mathbf{u} \in \mathcal{U}$, $\mathbf{w} \in \mathcal{W}$。這表示

$$
\begin{aligned}
0 &= \langle \tilde{\mathbf{u}}, \mathbf{u} \rangle \\
&= \langle \mathbf{u} + \mathbf{w}, \mathbf{u} \rangle \\
&= \langle \mathbf{u}, \mathbf{u} \rangle + \langle \mathbf{w}, \mathbf{u} \rangle \\
&= \langle \mathbf{u}, \mathbf{u} \rangle。
\end{aligned}
$$

所以 $\mathbf{u} = \mathbf{0}$，也就是 $\tilde{\mathbf{u}} \in \mathcal{W}$，因此 $\mathcal{U}^\perp \subset \mathcal{W}$。

$[2 \Rightarrow 3]$ 這部分非常明顯。

$[3 \Rightarrow 1]$ 設3成立，則 $\mathcal{W} \perp \mathcal{U}$，因此1成立。∎

定理 6.40 設 $\mathcal{V}$ 是內積空間。

1. 若 $\dim \mathcal{V} < \infty$ 並且 $\mathcal{W}$ 是 $\mathcal{V}$ 的子空間，則 $\dim(\mathcal{W}^\perp) = \dim \mathcal{V} - \dim \mathcal{W}$。

2. 若 $\mathcal{W}$ 是 $\mathcal{V}$ 的有限維度子空間，則 $(\mathcal{W}^\perp)^\perp = \mathcal{W}$。

3. 若$\mathcal{S}$是$\mathcal{V}$的一個子集，並且 $\dim(\mathrm{span}(\mathcal{S})) < \infty$，則 $(\mathcal{S}^{\perp})^{\perp} = \mathrm{span}(\mathcal{S})$。

證明：

1. 由定理6.35知$\mathcal{V} = \mathcal{W} \oplus \mathcal{W}^{\perp}$，所以$\dim\mathcal{V} = \dim\mathcal{W} + \dim\mathcal{W}^{\perp}$。這表示$\dim(\mathcal{W}^{\perp}) = \dim\mathcal{V} - \dim\mathcal{W}$。

2. 很明顯地$\mathcal{W} \subset (\mathcal{W}^{\perp})^{\perp}$，所以我們只需證明$(\mathcal{W}^{\perp})^{\perp} \subset \mathcal{W}$。令$\mathbf{v} \in (\mathcal{W}^{\perp})^{\perp}$，則根據定理6.35，我們知道 $\mathbf{v} = \mathbf{w} + \mathbf{w}'$，其中$\mathbf{w} \in \mathcal{W}$，$\mathbf{w}' \in \mathcal{W}^{\perp}$。因為$\mathbf{v} \in (\mathcal{W}^{\perp})^{\perp}$，所以$0 = \langle \mathbf{v}, \mathbf{w}^{\perp} \rangle = \langle \mathbf{w}', \mathbf{w}' \rangle$。這表示$\mathbf{w}' = \mathbf{0}$，所以$\mathbf{v} \in \mathcal{W}$。

3. 這部分的證明非常類似於第2部分，因此留予讀者做為習題。∎

6.5　Riesz表現定理

在這一節中，我們將證明有限維度內積空間$\mathcal{V}$上的所有線性泛函都可以用$\mathcal{V}$的內積函數與$\mathcal{V}$中一個特定向量來表示。更精確地說，若令$\mathbf{x} \in \mathcal{V}$，則函數$\mathbf{g_x} : \mathcal{V} \longrightarrow \mathbb{F}$定義為$\mathbf{g_x}(\mathbf{v}) = \langle \mathbf{v}, \mathbf{x} \rangle$是一個線性泛函。下面的定理證明了所有的線性泛函都可以表示成$\mathbf{g_x}$的形式。

定理 6.41 (Riesz表現定理)
設$\mathcal{V}$是有限維度內積空間，並令$\mathbf{f} \in \mathcal{V}^*$是$\mathcal{V}$上的線性泛函。則存在唯一的$\mathbf{x} \in \mathcal{V}$使得對所有$\mathbf{v} \in \mathcal{V}$，

$$\mathbf{f}(\mathbf{v}) = \langle \mathbf{v}, \mathbf{x} \rangle,$$

我們稱$\mathbf{x}$為$\mathbf{f}$的Riesz向量。

證明：令$\dim\mathcal{V} = n$。若對所有$\mathbf{v}$，$\mathbf{f}(\mathbf{v}) = \mathbf{0}$，則我們可以選擇$\mathbf{x} = \mathbf{0}$。所以接下來我們假設$\mathbf{f} \neq \mathbf{0}$，這表示$\mathcal{I}m\mathbf{f} = \mathbb{F}$。因此$\mathrm{rank}(\mathbf{f}) = 1$，由維度定理我們知

道nullity$(\mathbf{f}) = n-1$。這表示$\dim(\mathcal{K}er\mathbf{f})^{\perp} = 1$, 因此$(\mathcal{K}er\mathbf{f})^{\perp} = \mathrm{span}(\{\mathbf{w}\})$, 其中$\mathbf{w} \in (\mathcal{K}er\mathbf{f})^{\perp}$是非零向量。所以

$$\mathcal{V} = (\mathcal{K}er\mathbf{f}) \overset{\perp}{\oplus} \mathrm{span}(\{\mathbf{w}\})。$$

因此$\mathcal{V}$中所有的元素$\mathbf{v}$都可以寫成

$$\mathbf{v} = a\mathbf{w} + \mathbf{y},$$

其中$a \in \mathbb{F}$, $\mathbf{y} \in \mathcal{K}er\mathbf{f}$。只要選擇$\mathbf{x} = \dfrac{\overline{\mathbf{f}(\mathbf{w})}}{\|\mathbf{w}\|^2}\mathbf{w}$, 則

$$
\begin{aligned}
\langle \mathbf{v}, \mathbf{x} \rangle &= \langle a\mathbf{w} + \mathbf{y}, \frac{\overline{\mathbf{f}(\mathbf{w})}}{\|\mathbf{w}\|^2}\mathbf{w} \rangle \\
&= \langle a\mathbf{w}, \frac{\overline{\mathbf{f}(\mathbf{w})}}{\|\mathbf{w}\|^2}\mathbf{w} \rangle \\
&= a\mathbf{f}(\mathbf{w})\frac{1}{\|\mathbf{w}\|^2}\langle \mathbf{w}, \mathbf{w} \rangle \\
&= a\mathbf{f}(\mathbf{w}) \\
&= \mathbf{f}(a\mathbf{w}) \\
&= \mathbf{f}(a\mathbf{w} + \mathbf{y}) \\
&= \mathbf{f}(\mathbf{v})。
\end{aligned}
$$

若對所有的$\mathbf{v}$, $\mathbf{x}' \in \mathcal{V}$滿足

$$\mathbf{f}(\mathbf{v}) = \langle \mathbf{v}, \mathbf{x}' \rangle,$$

則$\langle \mathbf{v}, \mathbf{x}' \rangle = \langle \mathbf{v}, \mathbf{x} \rangle$。這表示對所有的$\mathbf{v} \in \mathcal{V}$, $\langle \mathbf{v}, \mathbf{x} - \mathbf{x}' \rangle = 0$。因此$\mathbf{x} - \mathbf{x}' = \mathbf{0}$。這表示$\mathbf{f}$的Riesz向量是唯一的。∎

6.6 Hilbert 伴隨映射

在接下來的章節中，我們將介紹一類稱爲正規算子(normal operator)的特殊線性算子。爲了定義這類算子，我們在這一節介紹線性映射的Hilbert伴隨映射。除非特別提起，不然我們假設所有的向量空間都是有限維度。

定理 **6.42** 設$\mathcal{V}$和$\mathcal{W}$是有限維度內積空間。令$\mathbf{L} \in \mathcal{L}(\mathcal{V}, \mathcal{W})$，則唯一存在一個線性映射$\mathbf{L}^{\dagger} : \mathcal{W} \longrightarrow \mathcal{V}$使得對所有$\mathbf{v} \in \mathcal{V}$, $\mathbf{w} \in \mathcal{W}$, 恆有

$$\langle \mathbf{Lv}, \mathbf{w} \rangle = \langle \mathbf{v}, \mathbf{L}^{\dagger}\mathbf{w} \rangle。$$

我們稱$\mathbf{L}^{\dagger}$爲$\mathbf{L}$的Hilbert伴隨映射。

證明: 對任意的$\mathbf{w} \in \mathcal{W}$, 我們令映射$\mathbf{f_w} : \mathcal{V} \longrightarrow \mathbb{F}$定義爲

$$\mathbf{f_w}(\mathbf{v}) = \langle \mathbf{Lv}, \mathbf{w} \rangle。$$

不難驗證$\mathbf{f_w}$是$\mathcal{V}$上的線性泛函，因此根據Riesz表現定理，存在唯一的向量$\mathbf{x} \in \mathcal{V}$使得對所有$\mathbf{v} \in \mathcal{V}$,

$$\mathbf{f_w}(\mathbf{v}) = \langle \mathbf{v}, \mathbf{x} \rangle。$$

因此若我們定義映射$\mathbf{L}^{\dagger} : \mathcal{W} \longrightarrow \mathcal{V}$爲$\mathbf{L}^{\dagger}\mathbf{w} = \mathbf{x}$, 則對所有$\mathbf{v} \in \mathcal{V}$

$$\langle \mathbf{Lv}, \mathbf{w} \rangle = \langle \mathbf{v}, \mathbf{L}^{\dagger}\mathbf{w} \rangle,$$

這證明了$\mathbf{L}^{\dagger}$的存在性。唯一性的證明也很容易，留給讀者自己練習。因爲對所有的$\mathbf{v} \in \mathcal{V}$,

$$\begin{aligned}
\langle \mathbf{v}, \mathbf{L}^{\dagger}(a\mathbf{w} + b\mathbf{u}) \rangle &= \langle \mathbf{Lv}, a\mathbf{w} + b\mathbf{u} \rangle \\
&= \overline{a}\langle \mathbf{Lv}, \mathbf{w} \rangle + \overline{b}\langle \mathbf{Lv}, \mathbf{u} \rangle \\
&= \overline{a}\langle \mathbf{v}, \mathbf{L}^{\dagger}\mathbf{w} \rangle + \overline{b}\langle \mathbf{v}, \mathbf{L}^{\dagger}\mathbf{u} \rangle \\
&= \langle \mathbf{v}, a\mathbf{L}^{\dagger}\mathbf{w} \rangle + \langle \mathbf{v}, b\mathbf{L}^{\dagger}\mathbf{u} \rangle \\
&= \langle \mathbf{v}, a\mathbf{L}^{\dagger}\mathbf{w} + b\mathbf{L}^{\dagger}\mathbf{u} \rangle,
\end{aligned}$$

所以$\mathbf{L}^\dagger a\mathbf{w} + b\mathbf{u} = a\mathbf{L}^\dagger\mathbf{w} + b\mathbf{L}^\dagger\mathbf{u}$, 這表示$\mathbf{L}^\dagger$是線性映射, 所以$\mathbf{L}^\dagger \in \mathcal{L}(\mathcal{W}, \mathcal{V})$。∎

例 6.43 令$\mathcal{V} = (\mathbb{C}^n, \mathbb{C})$, 並考慮$\mathbb{C}^n$的標準內積。令$\mathbf{A} \in \mathbb{C}^{n \times n}$, 因為

$$
\begin{aligned}
\langle \mathbf{L_A}\mathbf{v}, \mathbf{w} \rangle &= \mathbf{w}^*\mathbf{A}\mathbf{v} \\
&= (\mathbf{A}^*\mathbf{w})^*\mathbf{v} \\
&= \langle \mathbf{v}, \mathbf{L_{A^*}}\mathbf{w} \rangle
\end{aligned}
$$

所以$\mathbf{L_A^\dagger} = \mathbf{L_{A^*}}$。∎

例 6.44 令$\mathbf{L} : \mathbb{R}^{2 \times 2} \longrightarrow \mathbb{R}^{3 \times 3}$定義為$\mathbf{L}\mathbf{A} = \begin{bmatrix} \mathbf{A} & \mathbf{0} \\ \mathbf{0} & \mathbf{0} \end{bmatrix}_{3 \times 3}$, 其中$\mathbf{A} \in \mathbb{R}^{2 \times 2}$。若我們定義$\mathbf{M} : \mathbb{R}^{3 \times 3} \longrightarrow \mathbb{R}^{2 \times 2}$ 為$\mathbf{M}\mathbf{B} = \mathbf{B}_{11}$, 其中$\mathbf{B} = \begin{bmatrix} \mathbf{B}_{11} & \mathbf{B}_{12} \\ \mathbf{B}_{21} & \mathbf{B}_{22} \end{bmatrix}$而$\mathbf{B}_{11} \in \mathbb{R}^{2 \times 2}$。很明顯地, $\mathbf{L}^\dagger = \mathbf{M}$。∎

底下是有關Hilbert伴隨映射的一些基本特性。

定理 6.45 設$\mathcal{V}$和$\mathcal{W}$是有限維度內積空間。則對所有$\mathbf{L}, \mathbf{M} \in \mathcal{L}(\mathcal{V}, \mathcal{W})$和 $a \in \mathbb{F}$, 下列性質成立。

1. $(\mathbf{L} + \mathbf{M})^\dagger = \mathbf{L}^\dagger + \mathbf{M}^\dagger$。

2. $(a\mathbf{L})^\dagger = \overline{a}\mathbf{L}^\dagger$。

3. $(\mathbf{L}^\dagger)^\dagger = \mathbf{L}$。

4. 若$\mathcal{V} = \mathcal{W}$, 則$(\mathbf{L}\mathbf{M})^\dagger = \mathbf{M}^\dagger\mathbf{L}^\dagger$。

5. 若$\mathbf{L}$是可逆映射, 則$(\mathbf{L}^{-1})^\dagger = (\mathbf{L}^\dagger)^{-1}$。

279

證明:

1. 對所有$\mathbf{v} \in \mathcal{V}$,

$$
\begin{aligned}
\langle \mathbf{v}, (\mathbf{L}+\mathbf{M})^{\dagger}\mathbf{w} \rangle &= \langle (\mathbf{L}+\mathbf{M})\mathbf{v}, \mathbf{w} \rangle \\
&= \langle \mathbf{Lv}+\mathbf{Mv}, \mathbf{w} \rangle \\
&= \langle \mathbf{Lv}, \mathbf{w} \rangle + \langle \mathbf{Mv}, \mathbf{w} \rangle \\
&= \langle \mathbf{v}, \mathbf{L}^{\dagger}\mathbf{w} \rangle + \langle \mathbf{v}, \mathbf{M}^{\dagger}\mathbf{w} \rangle \\
&= \langle \mathbf{v}, (\mathbf{L}^{\dagger}+\mathbf{M}^{\dagger})\mathbf{w} \rangle,
\end{aligned}
$$

所以$(\mathbf{L}+\mathbf{M})^{\dagger} = \mathbf{L}^{\dagger}+\mathbf{M}^{\dagger}$。

2. 其餘的證明只要仿照第1部分的手法即可輕易證出，因此留予讀者做爲習題(見習題6.28)。 ∎

推論 6.46 設$\mathbf{A}, \mathbf{B} \in \mathbb{C}^{m \times n}$, $a \in \mathbb{C}$。

1. $(\mathbf{A}+\mathbf{B})^{*} = \mathbf{A}^{*}+\mathbf{B}^{*}$。

2. $(a\mathbf{A})^{*} = \bar{a}\mathbf{A}^{*}$。

3. $(\mathbf{A}^{*})^{*} = \mathbf{A}$。

4. 若$m=n$, 則$(\mathbf{AB})^{*} = \mathbf{B}^{*}\mathbf{A}^{*}$。 ∎

　很直覺地，$\mathbf{L}$與$\mathbf{L}^{\dagger}$的核空間與像空間應有很緊密的關聯，底下的定理將描述這個關係。

定理 6.47 設$\mathcal{V}$和$\mathcal{W}$是有限維度內積空間。令$\mathbf{L} \in \mathcal{L}(\mathcal{V}, \mathcal{W})$。

1. $\mathcal{K}er(\mathbf{L}^{\dagger}) = \mathcal{I}m(\mathbf{L})^{\perp}$。

2. $\mathcal{I}m(\mathbf{L}^\dagger) = \mathcal{K}er(\mathbf{L})^\perp$。

3. $\mathcal{K}er(\mathbf{L}^\dagger\mathbf{L}) = \mathcal{K}er(\mathbf{L})$。

4. $\mathcal{K}er(\mathbf{L}\mathbf{L}^\dagger) = \mathcal{K}er(\mathbf{L}^\dagger)$。

5. $\mathcal{I}m(\mathbf{L}^\dagger\mathbf{L}) = \mathcal{I}m(\mathbf{L}^\dagger)$。

6. $\mathcal{I}m(\mathbf{L}\mathbf{L}^\dagger) = \mathcal{I}m(\mathbf{L})$。

證明:

1. 令$\mathbf{w} \in \mathcal{K}er(\mathbf{L}^\dagger)$, 則$\mathbf{L}^\dagger\mathbf{w} = \mathbf{0}$。這表示對所有$\mathbf{v} \in \mathcal{V}$, $\langle\mathbf{L}^\dagger\mathbf{w}, \mathbf{v}\rangle = \mathbf{0}$。因此$\langle\mathbf{w}, \mathbf{L}\mathbf{v}\rangle = \mathbf{0}$, 所以$\mathbf{w} \in \mathcal{I}m(\mathbf{L})^\perp$。反之亦然。

2. 我們用$\mathbf{L}^\dagger$取代第1部分中的$\mathbf{L}$得到

$$\mathcal{K}er((\mathbf{L}^\dagger)^\dagger) = \mathcal{I}m(\mathbf{L}^\dagger)^\perp,$$

再由定理6.45, 我們知道 $(\mathbf{L}^\dagger)^\dagger = \mathbf{L}$, 所以$\mathcal{K}er(\mathbf{L}) = \mathcal{I}m(\mathbf{L}^\dagger)^\perp$。再取正交補集, 則我們得到

$$\mathcal{K}er(\mathbf{L})^\perp = \mathcal{I}m(\mathbf{L}^\dagger)。$$

3. 若$\mathbf{v} \in \mathcal{K}er\mathbf{L}$, 則$\mathbf{L}\mathbf{v} = \mathbf{0}$。因此$\mathbf{L}^\dagger\mathbf{L}\mathbf{v} = \mathbf{0}$, 所以$\mathbf{v} \in \mathcal{K}er(\mathbf{L}^\dagger\mathbf{L})$。這表示$\mathcal{K}er\mathbf{L} \subset \mathcal{K}er(\mathbf{L}^\dagger\mathbf{L})$。若$\mathbf{v} \in \mathcal{K}er\mathbf{L}^\dagger\mathbf{L}$, 則$\mathbf{L}^\dagger\mathbf{L}\mathbf{v} = \mathbf{0}$, 因此$\langle\mathbf{L}^\dagger\mathbf{L}\mathbf{v}, \mathbf{v}\rangle = \mathbf{0}$。再由$\mathbf{L}^\dagger$的定義, $\langle\mathbf{L}\mathbf{v}, \mathbf{L}\mathbf{v}\rangle = \mathbf{0}$, 這表示$\mathbf{L}\mathbf{v} = \mathbf{0}$, 因此$\mathbf{v} \in \mathcal{K}er\mathbf{L}$, 故$\mathcal{K}er\mathbf{L}^\dagger\mathbf{L} \subset \mathcal{K}er\mathbf{L}$。

4. 用$\mathbf{L}^\dagger$取代第3部分中的$\mathbf{L}$即得。

5. 若$\mathbf{v} \in \mathcal{I}m(\mathbf{L}^\dagger\mathbf{L})$，則存在$\mathbf{v}' \in \mathcal{V}$使得 $\mathbf{v} = \mathbf{L}^\dagger\mathbf{L}\mathbf{v}' = \mathbf{L}^\dagger(\mathbf{L}\mathbf{v}')$。因此$\mathbf{v} \in \mathcal{I}m\mathbf{L}^\dagger$。反之，若$\mathbf{u} \in \mathcal{I}m(\mathbf{L}^\dagger)$，則根據2，$\mathbf{u} \in \mathcal{K}er(\mathbf{L})^\perp$。由3，我們知道$\mathbf{u} \in \mathcal{K}er(\mathbf{L}^\dagger\mathbf{L})^\perp$。再由2，$\mathbf{u} \in \mathcal{I}m((\mathbf{L}^\dagger\mathbf{L})^\dagger) = \mathcal{I}m(\mathbf{L}^\dagger\mathbf{L})$。

6. 這部份的證明留予讀者做為習題(見習題6.29)。 ∎

推論 6.48 設$\mathcal{V}$和$\mathcal{W}$是有限維度內積空間。令$\mathbf{L} \in \mathcal{L}(\mathcal{V}, \mathcal{W})$，則

$$\mathcal{V} = \mathcal{K}er(\mathbf{L}) \overset{\perp}{\oplus} \mathcal{I}m(\mathbf{L}^\dagger),$$

$$\mathcal{W} = \mathcal{K}er(\mathbf{L}^\dagger) \overset{\perp}{\oplus} \mathcal{I}m(\mathbf{L})。$$

證明: 由定理6.35與定理6.47立即可得。 ∎

這個推論告訴我們，一旦在有限維度內積空間$\mathcal{V}$和$\mathcal{W}$間給定線性映射$\mathbf{L}$，則$\mathcal{V}$可完全分解為$\mathcal{K}er(\mathbf{L})$與$\mathcal{I}m(\mathbf{L}^\dagger)$的正交直和，而$\mathcal{W}$可完全分解為$\mathcal{K}er(\mathbf{L}^\dagger)$與$\mathcal{I}m(\mathbf{L})$的正交直和。因此我們稱$\mathcal{K}er(\mathbf{L})$、$\mathcal{I}m(\mathbf{L})$、$\mathcal{K}er(\mathbf{L}^\dagger)$以及 $\mathcal{I}m(\mathbf{L}^\dagger)$為$\mathbf{L}$的四個基本子空間(four fundamental subspaces)。圖6.2 為$\mathbf{L}$的四個基本子空間的示意圖。

推論 6.49 設$\mathbf{A} \in \mathbb{C}^{m \times n}$。

1. $\mathcal{K}er(\mathbf{A}^*) = \mathcal{I}m(\mathbf{A})^\perp$。

2. $\mathcal{I}m(\mathbf{A}^*) = \mathcal{K}er(\mathbf{A})^\perp$。

3. $\mathcal{K}er(\mathbf{A}^*\mathbf{A}) = \mathcal{K}er(\mathbf{A})$。

4. $\mathcal{K}er(\mathbf{A}\mathbf{A}^*) = \mathcal{K}er(\mathbf{A}^*)$。

5. $\mathcal{I}m(\mathbf{A}^*\mathbf{A}) = \mathcal{I}m(\mathbf{A}^*)$。

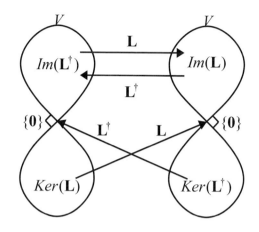

圖 6.2: 線性映射的四個基本子空間

6. $\mathcal{I}m(\mathbf{AA}^*) = \mathcal{I}m(\mathbf{A})$。

7. $\mathcal{V} = \mathcal{K}er(\mathbf{A}) \overset{\perp}{\oplus} \mathcal{I}m(\mathbf{A}^*)$。

8. $\mathcal{W} = \mathcal{K}er(\mathbf{A}^*) \overset{\perp}{\oplus} \mathcal{I}m(\mathbf{A})$。 ■

$\mathbf{L}$與$\mathbf{L}^\dagger$還有另一個緊密的關聯。

推論 **6.50** 令$\mathbf{L} \in \mathcal{L}(\mathcal{V}, \mathcal{W})$, 其中$\mathcal{V}, \mathcal{W}$是有限維度內積空間, 則

1. $\mathbf{L}$是單射若且唯若$\mathbf{L}^\dagger$是蓋射。

2. $\mathbf{L}$是蓋射若且唯若$\mathbf{L}^\dagger$是單射。

證明: 留予讀者做爲習題。 ■

在第3章時, 我們已討論過線性映射的代數伴隨映射, 讀者也許會好奇, 代數伴隨映射與Hilbert伴隨映射之間是否有關聯。答案是肯定的, 接下來我們

線性代數

就是要討論這兩者之間的關聯。我們利用Riesz表現定理定義映射$\psi : \mathcal{V}^* \longrightarrow \mathcal{V}$。其定義為$\psi(\mathbf{f}) = \mathbf{x}$，其中$\mathbf{f} \in \mathcal{V}^*$，$\mathbf{x}$是$\mathbf{f}$的Riesz向量。值得注意的是對所有的$\mathbf{v} \in \mathcal{V}$，$\mathbf{f}, \mathbf{g} \in \mathcal{V}^*$，$a, b \in \mathbb{F}$，

$$
\begin{aligned}
\langle \mathbf{v}, \psi(a\mathbf{f} + b\mathbf{g}) \rangle &= (a\mathbf{f} + b\mathbf{g})(\mathbf{v}) \\
&= a\mathbf{f}(\mathbf{v}) + b\mathbf{g}(\mathbf{v}) \\
&= \langle \mathbf{v}, \overline{a}\psi(\mathbf{f}) \rangle + \langle \mathbf{v}, \overline{b}\psi(\mathbf{g}) \rangle \\
&= \langle \mathbf{v}, \overline{a}\psi(\mathbf{f}) + \overline{b}\psi(\mathbf{g}) \rangle,
\end{aligned}
$$

所以

$$
\psi(a\mathbf{f} + b\mathbf{g}) = \overline{a}\psi(\mathbf{f}) + \overline{b}\psi(\mathbf{g})。
$$

這表示ψ不是線性映射，而這樣的映射我們稱之為共軛線性映射(conjugate linear map)。由Riesz表現定理，我們知道ψ必是蓋單映射。

定理 6.51 設$\mathcal{V}$和$\mathcal{W}$是有限維度內積空間。$\mathbf{L} \in \mathcal{L}(\mathcal{V}, \mathcal{W})$，$\psi_1 : \mathcal{V}^* \longrightarrow \mathcal{V}$，$\psi_2 : \mathcal{W}^* \longrightarrow \mathcal{W}$定義為從將$\mathcal{V}$和$\mathcal{W}$上的線性泛函映射到其Riesz向量的共軛線性映射。則

$$
\mathbf{L}^* = \psi_1^{-1}\mathbf{L}^{\dagger}\psi_2。
$$

證明: 對任意的$\mathbf{v} \in \mathcal{V}$，任意的$\mathbf{f} \in \mathcal{W}^*$，直接計算得(見圖6.3)

$$
\begin{aligned}
(\psi_1^{-1}\mathbf{L}^{\dagger}\psi_2(\mathbf{f}))(\mathbf{v}) &= (\psi_1^{-1}(\mathbf{L}^{\dagger}\psi_2(\mathbf{f})))(\mathbf{v}) \\
&= \langle \mathbf{v}, \mathbf{L}^{\dagger}\psi_2(\mathbf{f}) \rangle \\
&= \langle \mathbf{L}\mathbf{v}, \psi_2(\mathbf{f}) \rangle \\
&= \mathbf{f}(\mathbf{L}\mathbf{v}) \\
&= \mathbf{L}^*(\mathbf{f})(\mathbf{v}),
\end{aligned}
$$

故得證。 ∎

284

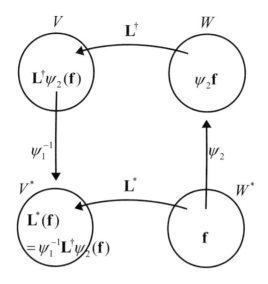

圖 6.3: 代數伴隨映射與Hilbert伴隨映射關係圖

若我們選擇正則基底, 則原映射與其Hilbert伴隨映射的代表矩陣有以下簡單關係。

定理 **6.52** 令$\mathbf{L} \in \mathcal{L}(\mathcal{V}, \mathcal{W})$, 其中$\mathcal{V}$和$\mathcal{W}$是有限維度內積空間。若$\mathcal{B}_\mathcal{V} = \{\mathbf{v}_1, \cdots, \mathbf{v}_n\}$和$\mathcal{B}_\mathcal{W} = \{\mathbf{w}_1, \cdots, \mathbf{w}_m\}$分別是$\mathcal{V}$和$\mathcal{W}$的正則基底, 則

$$[\mathbf{L}^\dagger]_{\mathcal{B}_\mathcal{W}}^{\mathcal{B}_\mathcal{V}} = ([\mathbf{L}]_{\mathcal{B}_\mathcal{V}}^{\mathcal{B}_\mathcal{W}})^*。$$

證明: 令$[\mathbf{L}^\dagger]_{\mathcal{B}_\mathcal{W}}^{\mathcal{B}_\mathcal{V}} = [l_{ij}]_{n \times m}$, $[\mathbf{L}]_{\mathcal{B}_\mathcal{V}}^{\mathcal{B}_\mathcal{W}} = [p_{ij}]_{n \times m}$。 則 $\mathbf{L}^\dagger \mathbf{w}_j = \sum_{k=1}^{n} l_{kj} \mathbf{v}_k$。 因此

$$
\begin{aligned}
l_{ij} &= \langle \mathbf{L}^\dagger \mathbf{w}_j, \mathbf{v}_i \rangle \\
&= \langle \mathbf{w}_j, \mathbf{L}\mathbf{v}_i \rangle \\
&= \overline{\langle \mathbf{L}\mathbf{v}_i, \mathbf{w}_j \rangle} \\
&= \overline{p_{ji}},
\end{aligned}
$$

所以$[\mathbf{L}^\dagger]_{\mathcal{B}_W}^{\mathcal{B}_V} = ([\mathbf{L}]_{\mathcal{B}_V}^{\mathcal{B}_W})^*$。 ∎

6.7 正規算子與結構定理

在這一節中，我們將介紹一類性質豐富的線性算子：正規算子。

定義 6.53 設$\mathcal{V}$是有限維度內積空間。令$\mathbf{L} \in \mathcal{L}(\mathcal{V})$。若

$$\mathbf{L}\mathbf{L}^\dagger = \mathbf{L}^\dagger\mathbf{L},$$

則我們稱$\mathbf{L}$是正規算子。 ∎

例 6.54 令$\mathcal{V} = \mathbb{C}$。我們考慮$\mathcal{V}$上的標準內積。設$\mathbf{A} \in \mathbb{C}^{n \times n}$，已知$\mathbf{L}_\mathbf{A}^\dagger = \mathbf{L}_{\mathbf{A}^*}$(見例6.43)，因此若$\mathbf{A}\mathbf{A}^* = \mathbf{A}^*\mathbf{A}$，則

$$
\begin{aligned}
\mathbf{L}_\mathbf{A}^\dagger \mathbf{L}_\mathbf{A} &= \mathbf{L}_{\mathbf{A}^*}\mathbf{L}_\mathbf{A} \\
&= \mathbf{L}_{\mathbf{A}^*\mathbf{A}} \\
&= \mathbf{L}_{\mathbf{A}\mathbf{A}^*} \\
&= \mathbf{L}_\mathbf{A}\mathbf{L}_{\mathbf{A}^*} \\
&= \mathbf{L}_\mathbf{A}\mathbf{L}_\mathbf{A}^\dagger 。
\end{aligned}
$$

所以若$\mathbf{A}\mathbf{A}^* = \mathbf{A}^*\mathbf{A}$，則$\mathbf{L}_\mathbf{A}$是一個正規算子。反之亦然。因此，若方陣$\mathbf{A}$滿足$\mathbf{A}\mathbf{A}^* = \mathbf{A}^*\mathbf{A}$，稱$\mathbf{A}$是一個正規矩陣(normal matrix)。 ∎

正規算子有以下特性。

定理 6.55 設$\mathcal{V}$是有限維度內積空間。令$\mathbf{L} \in \mathcal{L}(\mathcal{V})$是正規算子。則

    1. $\mathcal{K}er(\mathbf{L}) = \mathcal{K}er(\mathbf{L}^\dagger)$。

2. 對所有的$k \geq 1$, $\mathcal{K}er(\mathbf{L}^{\dagger}\mathbf{L})^k = \mathcal{K}er(\mathbf{L}^{\dagger}\mathbf{L})$。

3. 對所有的$k \geq 1$, $\mathcal{K}er(\mathbf{L}^k) = \mathcal{K}er(\mathbf{L})$。

4. $(\lambda, \mathbf{v})$為$\mathbf{L}$之特徵序對若且唯若$(\overline{\lambda}, \mathbf{v})$為$\mathbf{L}^{\dagger}$之特徵序對。

5. 若λ和μ是$\mathbf{L}$相異的特徵值, 則$\mathcal{E}_{\lambda} \perp \mathcal{E}_{\mu}$。

證明:

1. 令$\mathbf{v} \in \mathcal{K}er(\mathbf{L})$, 則$\mathbf{Lv} = \mathbf{0}$。這表示$\mathbf{L}^{\dagger}\mathbf{Lv} = \mathbf{0}$。因為$\mathbf{L}$是正規算子, 所以$\mathbf{LL}^{\dagger}\mathbf{v} = \mathbf{0}$, 也就是說$\mathbf{v} \in \mathcal{K}er(\mathbf{LL}^{\dagger})$。因此由定理6.47知, $\mathbf{v} \in \mathcal{K}er(\mathbf{L}^{\dagger})$。因此得$\mathcal{K}er(\mathbf{L}) \subset \mathcal{K}er(\mathbf{L}^{\dagger})$。將$\mathbf{L}$以$\mathbf{L}^{\dagger}$替代可得 $\mathcal{K}er(\mathbf{L}^{\dagger}) \subset \mathcal{K}er(\mathbf{L})$。

2. 對所有的$\mathbf{v}, \mathbf{w} \in \mathcal{V}$,

$$
\begin{aligned}
\langle \mathbf{L}^{\dagger}\mathbf{Lv}, \mathbf{w} \rangle &= \langle \mathbf{Lv}, \mathbf{Lw} \rangle \\
&= \langle \mathbf{v}, \mathbf{L}^{\dagger}\mathbf{Lw} \rangle \\
&= \langle (\mathbf{L}^{\dagger}\mathbf{L})^{\dagger}\mathbf{v}, \mathbf{w} \rangle,
\end{aligned}
$$

所以$\mathbf{L}^{\dagger}\mathbf{L} = (\mathbf{L}^{\dagger}\mathbf{L})^{\dagger}$。有了這個性質, 我們就可以利用數學歸納法證明對所有的$k \geq 1$, $\mathcal{K}er(\mathbf{L}^{\dagger}\mathbf{L})^k = \mathcal{K}er(\mathbf{L}^{\dagger}\mathbf{L})$。非常明顯地$k = 1$時, 這個等式成立。設$k = n - 1$時成立, 也就是$\mathcal{K}er(\mathbf{L}^{\dagger}\mathbf{L})^{n-1} = \mathcal{K}er(\mathbf{L}^{\dagger}\mathbf{L})$。令$\mathbf{v} \in \mathcal{K}er(\mathbf{L}^{\dagger}\mathbf{L})^n$, 則$(\mathbf{L}^{\dagger}\mathbf{L})^n\mathbf{v} = \mathbf{0}$。所以

$$
\begin{aligned}
0 &= \langle (\mathbf{L}^{\dagger}\mathbf{L})^n\mathbf{v}, (\mathbf{L}^{\dagger}\mathbf{L})^{n-2}\mathbf{v} \rangle \\
&= \langle (\mathbf{L}^{\dagger}\mathbf{L})^{n-1}\mathbf{v}, (\mathbf{L}^{\dagger}\mathbf{L})^{\dagger}(\mathbf{L}^{\dagger}\mathbf{L})^{n-2}\mathbf{v} \rangle \\
&= \langle (\mathbf{L}^{\dagger}\mathbf{L})^{n-1}\mathbf{v}, (\mathbf{L}^{\dagger}\mathbf{L})^{n-1}\mathbf{v} \rangle
\end{aligned}
$$

因此 $(\mathbf{L}^\dagger\mathbf{L})^{n-1}\mathbf{v} = \mathbf{0}$, 這表示 $\mathbf{v} \in \mathcal{K}er(\mathbf{L}^\dagger\mathbf{L})^{n-1}$。所以 $\mathcal{K}er(\mathbf{L}^\dagger\mathbf{L})^n \subset \mathcal{K}er(\mathbf{L}^\dagger\mathbf{L})^{n-1} = \mathcal{K}er(\mathbf{L}^\dagger\mathbf{L})$。很明顯地 $\mathcal{K}er(\mathbf{L}^\dagger\mathbf{L}) \subset \mathcal{K}er(\mathbf{L}^\dagger\mathbf{L})^n$。所以 $\mathcal{K}er(\mathbf{L}^\dagger\mathbf{L})^n = \mathcal{K}er(\mathbf{L}^\dagger\mathbf{L})$。根據數學歸納法, 對所有 $k \geq 1$,

$$\mathcal{K}er(\mathbf{L}^\dagger\mathbf{L})^k = \mathcal{K}er(\mathbf{L}^\dagger\mathbf{L})。$$

3. 很明顯地對所有的 $k \geq 1$, $\mathcal{K}er(\mathbf{L}) \subset \mathcal{K}er(\mathbf{L}^k)$。令 $\mathbf{v} \in \mathcal{K}er(\mathbf{L}^k)$, 則 $\mathbf{L}^k\mathbf{v} = \mathbf{0}$。這表示 $(\mathbf{L}^\dagger)^k\mathbf{L}^k\mathbf{v} = \mathbf{0}$。因為 L 是正規算子, 所以 $(\mathbf{L}^\dagger\mathbf{L})^k\mathbf{v} = \mathbf{0}$。由2的結果, 我們知道 $(\mathbf{L}^\dagger\mathbf{L})\mathbf{v} = \mathbf{0}$。所以

$$0 = \langle(\mathbf{L}^\dagger\mathbf{L})\mathbf{v}, \mathbf{v}\rangle = \langle\mathbf{L}\mathbf{v}, \mathbf{L}\mathbf{v}\rangle,$$

這表示 $\mathbf{v} \in \mathcal{K}er(\mathbf{L})$, 所以 $\mathcal{K}er(\mathbf{L}^k) \subset \mathcal{K}er(\mathbf{L})$。

4. 首先, 我們證明對所有 $\lambda \in \mathbb{F}$, $\mathbf{L} - \lambda\mathbf{I}_V$ 也是正規算子。由定理6.45, 我們知道 $(\mathbf{L} - \lambda\mathbf{I}_V)^\dagger = \mathbf{L}^\dagger - \overline{\lambda}\mathbf{I}_V$, 所以

$$
\begin{aligned}
(\mathbf{L} - \lambda\mathbf{I}_V)(\mathbf{L} - \lambda\mathbf{I}_V)^\dagger &= (\mathbf{L} - \lambda\mathbf{I}_V)(\mathbf{L}^\dagger - \overline{\lambda}\mathbf{I}_V) \\
&= \mathbf{L}\mathbf{L}^\dagger - \overline{\lambda}\mathbf{L} - \lambda\mathbf{L}^\dagger + \lambda\overline{\lambda}\mathbf{I}_V \\
&= \mathbf{L}^\dagger\mathbf{L} - \overline{\lambda}\mathbf{L} - \lambda\mathbf{L}^\dagger + \overline{\lambda}\lambda\mathbf{I}_V \\
&= (\mathbf{L}^\dagger - \overline{\lambda}\mathbf{I}_V)(\mathbf{L} - \lambda\mathbf{I}_V)。
\end{aligned}
$$

這表示對所有 $\lambda \in \mathbb{F}$, $\mathbf{L} - \lambda\mathbf{I}_V$ 也是正規算子。設 $(\lambda, \mathbf{v})$ 為 L 之特徵序對, 則 $(\mathbf{L} - \lambda\mathbf{I}_V)\mathbf{v} = \mathbf{0}$。由第1部分的結果, 我們得到 $(\mathbf{L} - \lambda\mathbf{I}_V)^\dagger\mathbf{v} = \mathbf{0}$。再由定理6.45, 我們得到

$$(\mathbf{L}^\dagger - \overline{\lambda}\mathbf{I}_V)\mathbf{v} = \mathbf{0},$$

這表示 $\mathbf{L}^\dagger\mathbf{v} = \overline{\lambda}\mathbf{v}$, 亦即 $(\overline{\lambda}, \mathbf{v})$ 為 $\mathbf{L}^\dagger$ 之特徵序對。反之亦然。

5. 若$\mathbf{v} \in \mathcal{E}_\lambda$, $\mathbf{u} \in \mathcal{E}_\mu$, 則

$$
\begin{aligned}
\lambda \langle \mathbf{v}, \mathbf{u} \rangle &= \langle \lambda \mathbf{v}, \mathbf{u} \rangle \\
&= \langle \mathbf{L} \mathbf{v}, \mathbf{u} \rangle \\
&= \langle \mathbf{v}, \mathbf{L}^\dagger \mathbf{u} \rangle \\
&= \langle \mathbf{v}, \overline{\mu} \mathbf{u} \rangle \\
&= \mu \langle \mathbf{v}, \mathbf{u} \rangle 。
\end{aligned}
$$

因為$\lambda \neq \mu$, 所以$\langle \mathbf{v}, \mathbf{u} \rangle = \mathbf{0}$。 ■

推論 6.56 設$\mathbf{A} \in \mathbb{C}^{n \times n}$是正規矩陣。則

1. $\mathcal{K}er(\mathbf{A}) = \mathcal{K}er(\mathbf{A}^*)$。

2. 對所有的$k \geq 1$, $\mathcal{K}er(\mathbf{A}^*\mathbf{A})^k = \mathcal{K}er(\mathbf{A}^*\mathbf{A})$。

3. 對所有的$k \geq 1$, $\mathcal{K}er(\mathbf{A}^k) = \mathcal{K}er(\mathbf{A})$。

4. $(\lambda, \mathbf{v})$為$\mathbf{A}$之特徵序對若且唯若$(\overline{\lambda}, \mathbf{v})$為$\mathbf{A}^*$之特徵序對。

5. 若λ和μ是$\mathbf{A}$相異的特徵值, 則$\mathcal{E}_\lambda \perp \mathcal{E}_\mu$。 ■

例 6.57 令$\mathbf{A} = \begin{bmatrix} 1 & -1 \\ 1 & 1 \end{bmatrix} \in \mathbb{C}^{2 \times 2}$。因為$\mathbf{A}^*\mathbf{A} = \mathbf{A}\mathbf{A}^* = \begin{bmatrix} 2 & 0 \\ 0 & 2 \end{bmatrix}$, 所以$\mathbf{A}$是一個正規矩陣。不難計算, $\mathbf{A}$的特徵值為$1 \pm i$。對應$1 + i$的特徵空間為$\mathcal{E}_{1+i} = \text{span}(\left\{ \begin{bmatrix} i \\ 1 \end{bmatrix} \right\})$, 對應$1 - i$的特徵空間為 $\mathcal{E}_{1-i} = \text{span}(\left\{ \begin{bmatrix} 1 \\ i \end{bmatrix} \right\})$, 很明顯地, $\mathcal{E}_{1+i} \perp \mathcal{E}_{1-i}$。 ■

接下來我們要證明正規算子一個非常重要的特性, 那就是定義在有限維度複內積空間上的線性算子$\mathbf{L}$可么正對角化若且唯若$\mathbf{L}$是正規算子。我們用以下幾個引理來證明這個性質。

引理 **6.58** 令$\mathcal{V}$是有限維度複內積空間，$L \in \mathcal{L}(\mathcal{V})$。若$\mathcal{V}$中存在一組正則基底是由L之特徵向量所組成，則L可對角化。此時我們稱L為可么正對角化(unitarily diagonalizable)。

證明: 正則基底必線性獨立。 ∎

引理 **6.59** 令$\mathcal{V}$是有限維度複內積空間，L是定義在$\mathcal{V}$上的正規算子。若$(\lambda, \mathbf{v})$是L的一個特徵序對，則$\{\mathbf{v}\}^{\perp}$是一個L−不變子空間。同時，$\{\mathbf{v}\}^{\perp}$也是一個$L^{\dagger}$-不變子空間，所以L在$\{\mathbf{v}\}^{\perp}$的限制$L|_{\{\mathbf{v}\}^{\perp}}$是一個正規算子。

證明: 令$\mathbf{u} \in \{\mathbf{v}\}^{\perp}$，所以$\langle \mathbf{u}, \mathbf{v} \rangle = 0$。因此

$$
\begin{aligned}
\langle L\mathbf{u}, \mathbf{v} \rangle &= \langle \mathbf{u}, L^{\dagger}\mathbf{v} \rangle \\
&= \langle \mathbf{u}, \overline{\lambda}\mathbf{v} \rangle \\
&= \lambda \langle \mathbf{u}, \mathbf{v} \rangle \\
&= 0。
\end{aligned}
$$

所以$\{\mathbf{v}\}^{\perp}$是一個L−不變子空間。同理

$$
\begin{aligned}
\langle L^{\dagger}\mathbf{u}, \mathbf{v} \rangle &= \langle \mathbf{u}, L\mathbf{v} \rangle \\
&= \langle \mathbf{u}, \lambda\mathbf{v} \rangle \\
&= \overline{\lambda} \langle \mathbf{u}, \mathbf{v} \rangle \\
&= 0,
\end{aligned}
$$

所以$\{\mathbf{v}\}^{\perp}$亦為L-不變子空間。因此對所有的$\mathbf{u}, \mathbf{w} \in \{\mathbf{v}\}^{\perp}$，

$$
\begin{aligned}
\langle L|_{\{\mathbf{v}\}^{\perp}}\mathbf{w}, \mathbf{u} \rangle &= \langle L\mathbf{w}, \mathbf{u} \rangle \\
&= \langle \mathbf{w}, L^{\dagger}\mathbf{u} \rangle \\
&= \langle \mathbf{w}, L^{\dagger}|_{\{\mathbf{v}\}^{\perp}}\mathbf{u} \rangle
\end{aligned}
$$

這表示$L|^{\dagger}_{\{\mathbf{v}\}^{\perp}} = L^{\dagger}|_{\{\mathbf{v}\}^{\perp}}$。所以對所有的$\mathbf{w} \in \{\mathbf{v}\}^{\perp}$，

$$
\begin{aligned}
L|_{\{\mathbf{v}\}^{\perp}}L|^{\dagger}_{\{\mathbf{v}\}^{\perp}}\mathbf{w} &= L|_{\{\mathbf{v}\}^{\perp}}L^{\dagger}|_{\{\mathbf{v}\}^{\perp}}\mathbf{w} \\
&= LL^{\dagger}\mathbf{w} \\
&= L^{\dagger}L\mathbf{w} \\
&= L^{\dagger}|_{\{\mathbf{v}\}^{\perp}}L|_{\{\mathbf{v}\}^{\perp}}\mathbf{w} \\
&= L|^{\dagger}_{\{\mathbf{v}\}^{\perp}}L|_{\{\mathbf{v}\}^{\perp}}\mathbf{w},
\end{aligned}
$$

因此$L|_{\{\mathbf{v}\}^{\perp}}$也是一個正規算子。 ■

有了這兩個引理，我們就可以證明以下有關正規算子的可么正對角化特性。

定理 **6.60** 設$\mathcal{V}$是有限維度複內積空間，$L \in \mathcal{L}(\mathcal{V})$是正規算子，則$L$必可么正對角化。

證明: 令$\dim\mathcal{V} = n$。因爲我們假設$\mathcal{V}$是佈於$\mathbb{C}$的向量空間，所以必然可以找到n個L的特徵值(但它們未必相異)。令λ_1是L的特徵值，而$\mathbf{v}_1$是其對應之單位特徵向量。則$\mathcal{W} = \mathrm{span}(\{\mathbf{v}_1\})$是$\mathcal{V}$的1維子空間並且$\mathcal{W}^{\perp}$是$\mathcal{V}$的$n - 1$維子空間。由引理6.59，我們知道$\mathcal{W}^{\perp}$是$L$的不變子空間，因此線性映射$L|_{\mathcal{W}^{\perp}}$存在。再由引理6.59，我們得知$L|_{\mathcal{W}^{\perp}}$亦是正規算子。所以由5.2節的推論5.6，所有$L|_{\mathcal{W}^{\perp}}$的特徵值與特徵向量亦是$L$的特徵值與特徵向量。因此只要持續這個步驟，我們最終會得到L的特徵值$\lambda_2, \cdots, \lambda_n$及相對應的特徵向量$\mathbf{v}_2, \cdots, \mathbf{v}_n$，並且$\{\mathbf{v}_1, \cdots, \mathbf{v}_n\}$是$\mathcal{V}$的一組正則子集。因爲$\dim\mathcal{V} = n$，所以$\{\mathbf{v}_1, \cdots, \mathbf{v}_n\}$亦是$\mathcal{V}$的一組基底，根據引理6.58，$L$可么正對角化。 ■

反過來，若L有一組特徵向量形成內積空間$\mathcal{V}$的一組正則基底，則L必是正規算子。

定理 **6.61** 設$\mathcal{V}$是n維內積空間，$\mathbf{L} \in \mathcal{L}(\mathcal{V})$。若$\mathbf{L}$有一組特徵向量$\{\mathbf{u}_1, \cdots, \mathbf{u}_n\}$形成$\mathcal{V}$的一組正則基底，則$\mathbf{L}$是正規算子。

證明：對所有$i = 1, 2, \cdots, n$，設$\mathbf{u}_i$對應特徵值λ_i，則

$$
\begin{aligned}
\mathbf{L}\mathbf{L}^{\dagger}\mathbf{u}_i &= \mathbf{L}\overline{\lambda}_i\mathbf{u}_i \\
&= \overline{\lambda}_i\lambda_i\mathbf{u}_i \\
&= \lambda_i\mathbf{L}^{\dagger}\mathbf{u}_i \\
&= \mathbf{L}^{\dagger}\mathbf{L}\mathbf{u}_i。
\end{aligned}
$$

根據第3章推論3.20和$\mathbf{L}\mathbf{L}^{\dagger} = \mathbf{L}^{\dagger}\mathbf{L}$，故得證。∎

值得注意的是，定理6.61對實或複內積空間都成立。藉由以上兩個定理的結果，我們可以證明正規算子的結構定理。

定理 **6.62** 正規算子結構定理(structure theorem for normal operator)
設$\mathcal{V}$是有限維度複內積空間，則$\mathbf{L} \in \mathcal{L}(\mathcal{V})$是正規算子若且唯若$\mathbf{L}$可ㄠ正對角化。

證明：直接應用定理6.60與定理6.61的結果即可證出。∎

推論 **6.63** $\mathbf{A} \in \mathbb{C}^{n \times n}$是正規矩陣若且唯若$\mathbf{A}$有一組特徵向量$\{\mathbf{v}_1, \cdots \mathbf{v}_n\}$構成$\mathbb{C}^n$之正則基底。令$\mathbf{Q} = [\mathbf{v}_1 \cdots \mathbf{v}_1]$，則$\bar{\mathbf{A}} = \mathbf{Q}^*\mathbf{A}\mathbf{Q}$是對角矩陣。

證明：由定理6.24知$\{\mathbf{v}_1 \cdots \mathbf{v}_n\}$是正則基底若且唯若$\mathbf{Q}$是ㄠ正矩陣，故得證。∎

在實內積空間中，由於特徵方程式不一定可分解成一次因式的乘積，所以沒有如定理6.62如此簡潔的結果。不過實內積空間中還是有對應的定理，我們稱為實內積空間正規算子的結構定理。由於這個定理的證明通常需要一種稱

爲複化(complexification)的技巧, 所以在此我們不提這個定理, 有興趣的讀者請參閱 Roman(2005b)。

接下來, 我們介紹一些特殊的正規算子。

定義 6.64 令$\mathcal{V}$是有限維度內積空間, $\mathbf{L} \in \mathcal{L}(\mathcal{V})$。

1. 若$\mathbf{L}^\dagger = \mathbf{L}$, 則$\mathbf{L}$稱爲自伴(self adjoint)算子(在複向量空間中, $\mathbf{L}$又稱爲 Hermitian算子; 在實向量空間中, $\mathbf{L}$又稱爲對稱算子)。

2. 若$\mathbf{L}^\dagger = -\mathbf{L}$, 則在複向量空間中, $\mathbf{L}$稱爲斜(skew)Hermitian算子; 在實向量空間中, $\mathbf{L}$稱爲斜對稱算子。

3. 若$\mathbf{L}^\dagger = \mathbf{L}^{-1}$, 則在複向量空間中, $\mathbf{L}$稱爲么正(unitary)算子; 在實向量空間中, $\mathbf{L}$稱爲正交算子。 ■

例 6.65 考慮$\mathbb{C}^n$上標準內積。若$\mathbf{A}^* = \mathbf{A} \in \mathbb{C}^{n \times n}$, 則$\mathbf{L}_\mathbf{A}^\dagger = \mathbf{L}_{\mathbf{A}^*} = \mathbf{L}_\mathbf{A}$。故$\mathbf{L}_\mathbf{A}$是Hermitian算子。而若$\mathbf{A}^* = -\mathbf{A} \in \mathbb{C}^{n \times n}$, 則$\mathbf{L}_\mathbf{A}^\dagger = \mathbf{L}_{\mathbf{A}^*} = -\mathbf{L}_\mathbf{A}$。故$\mathbf{L}_\mathbf{A}$是斜Hermitian算子。也因此在矩陣論上, 若$\mathbf{A}^* = \mathbf{A}$則我們稱$\mathbf{A}$爲Her-mitian矩陣。若$\mathbf{A}^* = -\mathbf{A}$則我們稱$\mathbf{A}$爲斜Hermitian矩陣。 ■

在矩陣的情況下定義6.64完全對應Hermitian矩陣、對稱矩陣等等矩陣。

爲了要研究這類特殊的正規算子, 我們再定義一個稱爲二次型(quadratic form)的映射。

定義 6.66 令$\mathcal{V}$是有限維度內積空間, $\mathbf{L} \in \mathcal{L}(\mathcal{V})$。則由$\mathbf{L}$導出的二次型是一個映射$\mathbf{Q}_\mathbf{L} : \mathcal{V} \longrightarrow \mathbb{F}$, 其定義爲

$$\mathbf{Q}_\mathbf{L}(\mathbf{v}) = \langle \mathbf{Lv}, \mathbf{v} \rangle.$$

■

定理 6.67 令$\mathcal{V}$是有限維度內積空間, $\mathbf{L} \in \mathcal{L}(\mathcal{V})$。則

1. $\mathbf{L}$是自伴算子若且唯若對所有$\mathbf{v} \in \mathcal{V}$, $\mathbf{Q_L}(\mathbf{v})$都是實數。

2. $\mathbf{L}$是自伴算子, 則$\mathbf{L} = \mathbf{0}$若且唯若$\mathbf{Q_L} = \mathbf{0}$。

3. 若$\mathbf{L}$是自伴算子, 則$\mathbf{L}$所有的特徵值都是實數。

證明:

1. 若$\mathbf{L}$是自伴算子, 則

$$\langle \mathbf{Lv}, \mathbf{v} \rangle = \langle \mathbf{v}, \mathbf{Lv} \rangle = \overline{\langle \mathbf{Lv}, \mathbf{v} \rangle}。$$

因此$\mathbf{Q_L}(\mathbf{v})$是實數。反過來, 若$\mathbf{Q_L}(\mathbf{v}) = \langle \mathbf{Lv}, \mathbf{v} \rangle \in \mathbb{R}$。則

$$\langle \mathbf{v}, \mathbf{Lv} \rangle = \langle \mathbf{Lv}, \mathbf{v} \rangle = \langle \mathbf{v}, \mathbf{L}^\dagger \mathbf{v} \rangle,$$

所以對所有$\mathbf{v} \in \mathcal{V}$, $\langle \mathbf{v}, (\mathbf{L} - \mathbf{L}^\dagger)\mathbf{v} \rangle = 0$。這表示$\mathbf{L} - \mathbf{L}^\dagger = \mathbf{0}$, 因此$\mathbf{L}$是自伴算子。

2. 若$\mathbf{L} = \mathbf{0}$, 則很明顯地$\mathbf{Q_L} = \mathbf{0}$。反過來, 令$\mathbf{Q_L} = \mathbf{0}$。則對所有$\mathbf{u}, \mathbf{v} \in \mathcal{V}$,

$$
\begin{aligned}
0 &= \langle \mathbf{L}(\mathbf{u} + \mathbf{v}), \mathbf{u} + \mathbf{v} \rangle \\
&= \langle \mathbf{Lu}, \mathbf{u} \rangle + \langle \mathbf{Lv}, \mathbf{v} \rangle + \langle \mathbf{Lu}, \mathbf{v} \rangle + \langle \mathbf{Lv}, \mathbf{u} \rangle \\
&= \langle \mathbf{Lu}, \mathbf{v} \rangle + \langle \mathbf{Lv}, \mathbf{u} \rangle \\
&= \langle \mathbf{Lu}, \mathbf{v} \rangle + \langle \mathbf{u}, \mathbf{Lv} \rangle \\
&= \langle \mathbf{Lu}, \mathbf{v} \rangle + \langle \mathbf{Lu}, \mathbf{v} \rangle \\
&= 2\langle \mathbf{Lu}, \mathbf{v} \rangle,
\end{aligned}
$$

所以$\mathbf{L} = \mathbf{0}$。

3. 我們分兩個情況來討論。設$\mathcal{V}$是複內積空間，並令$(\lambda, \mathbf{v})$是$\mathbf{L}$之特徵序對，則

$$\lambda \langle \mathbf{v}, \mathbf{v} \rangle = \langle \mathbf{Lv}, \mathbf{v} \rangle = \mathbf{Q_L(v)}$$

因此λ必是實數。若$\mathcal{V}$是實內積空間，令$\mathbf{A}$是$\mathbf{L}$的任一代表矩陣，我們知道$\mathbf{L_A}$與$\mathbf{L}$有相同的特徵值。由於$\mathbf{L_A}$可視爲從$\mathbb{C}$上的自伴算子，所以$\mathbf{L_A}$的特徵值皆爲實數，因此$\mathbf{L}$的特徵值皆爲實數。 ∎

定義在無窮維度內積空間的自伴算子在物理學中扮演了很重要的角色。物理學家相信，在微觀的世界中基本的物理量，如位置，動量，自旋等皆對應到一個自伴算子，而我們在量測物理量時，其實是測得自伴算子的特徵值。而我們測到的物理量必是實數恰好對應於自伴算子的特徵值是實數這個特性。在此我們雖然只討論有限維度的版本，但是本文中大部分有關自伴算子的特性皆可輕易推廣到無窮維度內積空間中。這方面更進一步的資料可參考Von Neumann(1996)以及Kreyszig(1989)。

例 **6.68** 令$\mathbf{A} = \begin{bmatrix} 1 & i \\ -i & 1 \end{bmatrix}$。很明顯地$\mathbf{A}^* = \mathbf{A}$，所以$\mathbf{L_A}$是自伴算子。直接計算得，$\mathbf{L_A}$的特徵多項式是$\lambda^2 - 2\lambda$，故特徵值0與2皆爲實數。 ∎

推論 **6.69** 若$\mathbf{A} \in \mathbb{C}^{n \times n}$是Hermitian矩陣，則$\mathbf{A}$有一組特徵向量$\{\mathbf{v}_1, \cdots, \mathbf{v}_n\}$構成$\mathbb{C}^n$之正則基底。令$\mathbf{Q} = [\mathbf{v}_1 \cdots \mathbf{v}_1]$，則$\bar{\mathbf{A}} = \mathbf{Q}^* \mathbf{AQ}$是對角矩陣。

證明: Hermitian矩陣必爲正規矩陣。 ∎

例 **6.70** 令$\mathbf{A} = \begin{bmatrix} 0 & 1+i \\ 1-i & 0 \end{bmatrix}$，很明顯地$\mathbf{A}$是Hermitian矩陣。令 $\mathbf{v}_1 = \begin{bmatrix} \frac{1}{2} + \frac{1}{2}i \\ -\frac{\sqrt{2}}{2} \end{bmatrix}$, $\mathbf{v}_2 = \begin{bmatrix} \frac{1}{2} + \frac{1}{2}i \\ \frac{\sqrt{2}}{2} \end{bmatrix}$, $\mathbf{Q} = [\mathbf{v}_1 \mathbf{v}_2]$。則

$$\bar{\mathbf{A}} = \begin{bmatrix} -\sqrt{2} & 0 \\ 0 & \sqrt{2} \end{bmatrix} = \mathbf{Q}^* \mathbf{AQ}。$$ ∎

接下來我們介紹么正算子與正交算子的特性。

定理 6.71 設$\mathcal{V}$是有限維度內積空間，$\mathbf{L} \in \mathcal{L}(\mathcal{V})$。則

1. $\mathbf{L}$是么正算子(正交算子)若且唯若對所有$\mathbf{u}, \mathbf{v} \in \mathcal{V}$, $\langle \mathbf{Lu}, \mathbf{Lv} \rangle = \langle \mathbf{u}, \mathbf{v} \rangle$。因此在么正(或正交)算子的作用下內積是個不變量。

2. $\mathbf{L}$是么正算子(正交算子)若且唯若當 $\{\mathbf{v}_1, \cdots, \mathbf{v}_n\}$是正則基底，則$\{\mathbf{Lv}_1, \cdots, \mathbf{Lv}_n\}$亦是正則基底。

3. 若$\mathbf{L}$是么正算子(正交算子)，則$\mathbf{L}$所有的特徵值的絕對值皆是1。

證明:

1. 若對所有$\mathbf{u}, \mathbf{v} \in \mathcal{V}$皆有$\langle \mathbf{Lv}, \mathbf{Lu} \rangle = \langle \mathbf{v}, \mathbf{u} \rangle$, 則對所有$\mathbf{u}, \mathbf{v} \in \mathcal{V}$, $\langle \mathbf{v}, \mathbf{L}^\dagger \mathbf{Lu} \rangle = \langle \mathbf{v}, \mathbf{u} \rangle$。因此對所有$\mathbf{u} \in \mathcal{V}$, $\mathbf{L}^\dagger \mathbf{Lu} = \mathbf{u}$, 這表示$\mathbf{L}^\dagger \mathbf{L} = \mathbf{I}_\mathcal{V}$。因此$\mathbf{L}^\dagger = \mathbf{L}^{-1}$, 所以$\mathbf{L}$是么正算子(正交算子)。若$\mathbf{L}$是么正算子, 則$\mathbf{L}^\dagger = \mathbf{L}^{-1}$。因此對所有$\mathbf{u} \in \mathcal{V}$, $\mathbf{L}^\dagger \mathbf{Lu} = \mathbf{u}$。這表示對所有$\mathbf{u}, \mathbf{v} \in \mathcal{V}$,

$$\langle \mathbf{Lv}, \mathbf{Lu} \rangle = \langle \mathbf{v}, \mathbf{L}^\dagger \mathbf{Lu} \rangle = \langle \mathbf{v}, \mathbf{u} \rangle。$$

2. 設$\mathbf{L}$是么正算子(正交算子), 且$\{\mathbf{v}_1, \cdots, \mathbf{v}_n\}$是$\mathcal{V}$的正則基底。則

$$\langle \mathbf{Lv}_i, \mathbf{Lv}_j \rangle = \langle \mathbf{v}_i, \mathbf{v}_j \rangle = \delta_{ij},$$

其中δ_{ij}為Kronecker符號。因此 $\{\mathbf{Lv}_1, \cdots, \mathbf{Lv}_n\}$ 是$\mathcal{V}$的正則基底。反之, 若 $\{\mathbf{v}_1, \cdots, \mathbf{v}_n\}$ 和 $\{\mathbf{Lv}_1, \cdots, \mathbf{Lv}_n\}$是$\mathcal{V}$的正則基底, 則

$$\langle \mathbf{Lv}_i, \mathbf{Lv}_j \rangle = \delta_{ij} = \langle \mathbf{v}_i, \mathbf{v}_j \rangle。$$

因此對任意的$\mathbf{v} = a_1\mathbf{v}_1 + \cdots + a_n\mathbf{v}_n$, $\mathbf{w} = b_1\mathbf{v}_1 + \cdots + b_n\mathbf{v}_n \in \mathcal{V}$,

$$
\begin{aligned}
&\langle \mathbf{Lv}, \mathbf{Lw} \rangle \\
=\ & \langle a_1\mathbf{Lv}_1 + \cdots + a_n\mathbf{Lv}_n, b_1\mathbf{Lv}_1 + \cdots + b_n\mathbf{Lv}_n \rangle \\
=\ & a_1\overline{b_1}\langle \mathbf{Lv}_1, \mathbf{Lv}_1 \rangle + \cdots + a_n\overline{b_n}\langle \mathbf{Lv}_n, \mathbf{Lv}_n \rangle \\
=\ & a_1\overline{b_1}\langle \mathbf{v}_1, \mathbf{v}_1 \rangle + \cdots + a_n\overline{b_n}\langle \mathbf{v}_n, \mathbf{v}_n \rangle \\
=\ & \langle a_1\mathbf{v}_1 + \cdots + a_n\mathbf{v}_n, b_1\mathbf{v}_1 + \cdots + b_n\mathbf{v}_n \rangle \\
=\ & \langle \mathbf{v}, \mathbf{w} \rangle,
\end{aligned}
$$

故得證。

3. 令$\mathbf{L}$是么正算子，且設$(\lambda, \mathbf{v})$為$\mathbf{L}$之特徵序對，則

$$
\begin{aligned}
\lambda\overline{\lambda}\langle \mathbf{v}, \mathbf{v} \rangle &= \langle \lambda\mathbf{v}, \lambda\mathbf{v} \rangle \\
&= \langle \mathbf{Lv}, \mathbf{Lv} \rangle \\
&= \langle \mathbf{v}, \mathbf{v} \rangle,
\end{aligned}
$$

所以$|\lambda|^2 = \lambda\overline{\lambda} = 1$，這表示$|\lambda| = 1$。 ∎

6.8　正交投影與正規算子的譜定理

在6.3節中我們用正則基底定義了正交投影$\mathbf{P}_\mathcal{W}$，並在6.4節中證明了$\mathbf{P}_\mathcal{W}$的定義其實與基底的選擇無關，而單純地與基底所展成的空間有關。在這一節中，我們將從幾何的觀點重新定義與探討正交投影，並使用正交投影去分解任一正規算子，描述這種分解的存在性與結構的定理我們稱為正規算子的譜定理。

定義 **6.72** 設$\mathcal{V}$為向量空間，$\mathcal{U}$及$\mathcal{W}$為$\mathcal{V}$之子空間，且$\mathcal{V} = \mathcal{U} \oplus \mathcal{W}$。我們定義線性算子$\mathbf{P} : \mathcal{V} \longrightarrow \mathcal{V}$為

$$
\mathbf{P}(\mathbf{u} + \mathbf{w}) = \mathbf{u},
$$

其中$\mathbf{u} \in \mathcal{U}$, $\mathbf{w} \in \mathcal{W}$。我們稱$\mathbf{P}$爲沿著$\mathcal{W}$投影在$\mathcal{U}$上的投影算子(projection operator)。 ■

在這裡我們使用$\mathbf{P}$表示投影算子, 請讀者勿與3.6節的轉移矩陣$\mathbf{P}$混淆, 這兩者並無直接的關係。

定理 6.73 令$\mathbf{P}$爲沿著$\mathcal{W}$投影在$\mathcal{U}$上的投影, 則

1. $\mathcal{I}m(\mathbf{P}) = \mathcal{U}$, $\mathcal{K}er(\mathbf{P}) = \mathcal{W}$。

2. $\mathcal{V} = \mathcal{I}m(\mathbf{P}) \oplus \mathcal{K}er(\mathbf{P})$。

3. $\mathbf{v} \in \mathcal{I}m(\mathbf{P})$若且唯若$\mathbf{Pv} = \mathbf{v}$。

反過來, 若$\mathbf{P} \in \mathcal{L}(\mathcal{V})$滿足$\mathcal{V} = \mathcal{I}m(\mathbf{P}) \oplus \mathcal{K}er(\mathbf{P})$並且$\mathbf{P}|_{\mathcal{I}m(\mathbf{P})} = \mathbf{I}_{\mathcal{I}m(\mathbf{P})}$, 則$\mathbf{P}$是沿著$\mathcal{K}er(\mathbf{P})$投影在$\mathcal{I}m(\mathbf{P})$上的投影算子。

證明: 這個定理的證明非常直接, 我們只證明第1部分, 其餘留予讀者做爲習題(見習題6.45)。令$\mathbf{u} \in \mathcal{I}m(\mathbf{P})$, 則根據定義$\mathbf{u} \in \mathcal{U}$。若$\mathbf{u} \in \mathcal{U}$, 則$\mathbf{u} = \mathbf{u} + \mathbf{0}$其中$\mathbf{0} \in \mathcal{W}$。因此$\mathbf{Pu} = \mathbf{P}(\mathbf{u} + \mathbf{0}) = \mathbf{u}$, 所以$\mathbf{u} \in \mathcal{I}m(\mathbf{P})$。故$\mathcal{I}m(\mathbf{P}) = \mathcal{U}$。接下來證明$\mathcal{K}er(\mathbf{P}) = \mathcal{W}$。若$\mathbf{w} \in \mathcal{W}$, 則$\mathbf{Pw} = \mathbf{P}(\mathbf{0} + \mathbf{w}) = \mathbf{0}$, 所以$\mathbf{w} \in \mathcal{K}er(\mathbf{P})$。設$\mathbf{w} \in \mathcal{K}er(\mathbf{P})$, 並令$\mathbf{w} = \mathbf{u}' + \mathbf{w}'$其中$\mathbf{u}' \in \mathcal{U}$, $\mathbf{w}' \in \mathcal{W}$。則$\mathbf{Pw} = \mathbf{P}(\mathbf{u}' + \mathbf{w}') = \mathbf{u}' = \mathbf{0}$, 因此$\mathbf{w} = \mathbf{w}' \in \mathcal{W}$。故得證。 ■

有了這個定義, 在往後的討論中, 若我們說$\mathbf{P}$是一個投影算子而沒有指定投影的空間, 則我們的意思是說$\mathbf{P}$是沿著$\mathcal{K}er(\mathbf{P})$投影在$\mathcal{I}m(\mathbf{P})$上的投影算子。

定理 6.74 線性算子$\mathbf{P} : \mathcal{V} \longrightarrow \mathcal{V}$是一個投影算子若且唯若$\mathbf{P}^2 = \mathbf{P}$。

證明: 若$\mathbf{P}$是沿著$\mathcal{W}$在$\mathcal{U}$上的投影算子, 則對所有$\mathbf{w} \in \mathcal{W}$, $\mathbf{u} \in \mathcal{U}$,

$$\mathbf{P}^2(\mathbf{u} + \mathbf{w}) = \mathbf{Pu} = \mathbf{u} = \mathbf{P}(\mathbf{u} + \mathbf{w}),$$

所以$\mathbf{P}^2 = \mathbf{P}$。反過來，設$\mathbf{P}^2 = \mathbf{P}$。若$\mathbf{v} \in \mathcal{I}m(\mathbf{P}) \cap \mathcal{K}er(\mathbf{P})$，則存在$\mathbf{x} \in \mathcal{V}$使得$\mathbf{v} = \mathbf{Px}$並且$\mathbf{0} = \mathbf{Pv} = \mathbf{P}^2\mathbf{x} = \mathbf{Px} = \mathbf{v}$。因此$\mathcal{I}m(\mathbf{P}) \cap \mathcal{K}er(\mathbf{P}) = \{\mathbf{0}\}$。又對所有$\mathbf{v} \in \mathcal{V}$，

$$\mathbf{v} = \underbrace{(\mathbf{v} - \mathbf{Pv})}_{\in \mathcal{K}er(\mathbf{P})} + \underbrace{\mathbf{Pv}}_{\in \mathcal{I}m(\mathbf{P})},$$

所以$\mathcal{V} = \mathcal{K}er(\mathbf{P}) \oplus \mathcal{I}m(\mathbf{P})$。最後因為$\mathbf{P}(\mathbf{Px}) = \mathbf{Px}$，所以$\mathbf{P}|_{\mathcal{I}m(\mathbf{P})} = \mathbf{I}_{\mathcal{I}m(\mathbf{P})}$。根據定理6.73，$\mathbf{P}$是沿著$\mathcal{K}er(\mathbf{P})$投影在$\mathcal{I}m(\mathbf{P})$上的投影算子。 ■

推論 6.75 若$\mathbf{P}$是沿著$\mathcal{W}$在$\mathcal{U}$上的投影算子，則$\mathbf{I}_\mathcal{V} - \mathbf{P}$是沿著$\mathcal{U}$投影在$\mathcal{W}$上的投影算子。

證明: 很明顯地，$\mathcal{K}er(\mathbf{I}_\mathcal{V} - \mathbf{P}) = \mathcal{I}m(\mathbf{P}) = \mathcal{U}$，並且$\mathcal{I}m(\mathbf{I}_\mathcal{V} - \mathbf{P}) = \mathcal{K}er(\mathbf{P}) = \mathcal{W}$。又因為

$$\begin{aligned}(\mathbf{I}_\mathcal{V} - \mathbf{P})^2 &= \mathbf{I}_\mathcal{V} - \mathbf{P} - \mathbf{P} + \mathbf{P}^2 \\ &= \mathbf{I}_\mathcal{V} - \mathbf{P},\end{aligned}$$

所以根據定理6.74，$\mathbf{I}_\mathcal{V} - \mathbf{P}$是沿著$\mathcal{U}$投影在$\mathcal{W}$上的投影算子。 ■

定義 6.76 令$\mathbf{P}$和$\mathbf{P}' \in \mathcal{L}(\mathcal{V})$是投影算子。若

$$\mathbf{PP}' = \mathbf{P}'\mathbf{P} = \mathbf{0},$$

則我們稱$\mathbf{P}$和$\mathbf{P}'$正交(orthogonal)並記做$\mathbf{P} \perp \mathbf{P}'$。 ■

定理 6.77 令$\mathbf{P}, \mathbf{P}' \in \mathcal{L}(\mathcal{V})$是投影算子。則$\mathbf{P} \perp \mathbf{P}'$若且唯若 $\mathcal{I}m(\mathbf{P}') \subset \mathcal{K}er(\mathbf{P})$及$\mathcal{I}m(\mathbf{P}) \subset \mathcal{K}er(\mathbf{P}')$。

證明: 留予讀者做為習題(見習題6.46)。 ■

線性代數

　若P和P′都是投影算子, 一般來說P + P′未必是投影算子, 接下來我們討論投影算子的和亦是投影算子的等效條件以及投影算子和的像空間與零核空間。

定理 6.78　令$\mathbf{P}, \mathbf{P}' \in \mathcal{L}(\mathcal{V})$是投影算子, 則

1. $\mathbf{P} + \mathbf{P}'$是投影算子若且唯若$\mathbf{P} \perp \mathbf{P}'$。

2. 當$\mathbf{P} \perp \mathbf{P}'$時, $\mathbf{P}+\mathbf{P}'$是沿著$\mathcal{K}er(\mathbf{P}) \cap \mathcal{K}er(\mathbf{P}')$投影在$\mathcal{I}m(\mathbf{P}) \oplus \mathcal{I}m(\mathbf{P}')$上的投影算子。

證明:

1. 『充分性』若$\mathbf{P} \perp \mathbf{P}'$, 則$\mathbf{P}\mathbf{P}' = \mathbf{P}'\mathbf{P} = \mathbf{0}$。因此

$$(\mathbf{P} + \mathbf{P}')^2 = \mathbf{P}^2 + \mathbf{P}\mathbf{P}' + \mathbf{P}'\mathbf{P} + \mathbf{P}'^2 = \mathbf{P}^2 + \mathbf{P}'^2 = \mathbf{P} + \mathbf{P}',$$

所以$\mathbf{P} + \mathbf{P}'$是投影算子。

『必要性』若$\mathbf{P} + \mathbf{P}'$是投影算子, 則$(\mathbf{P} + \mathbf{P}')^2 = \mathbf{P} + \mathbf{P}'$, 這表示

$$\mathbf{P}\mathbf{P}' + \mathbf{P}'\mathbf{P} = \mathbf{0}。 \tag{6.2}$$

由這個等式, 我們得到

$$\mathbf{P}\mathbf{P}' + \mathbf{P}\mathbf{P}'\mathbf{P} = \mathbf{0},$$

$$\mathbf{P}\mathbf{P}'\mathbf{P} + \mathbf{P}'\mathbf{P} = \mathbf{0}。$$

所以$\mathbf{P}\mathbf{P}' = \mathbf{P}'\mathbf{P}$。代入(6.2)式得到

$$2\mathbf{P}\mathbf{P}' = \mathbf{0},$$

這表示$\mathbf{P}\mathbf{P}' = \mathbf{P}'\mathbf{P} = \mathbf{0}$(這是因爲在這章的一開始, 我們已設定$\mathcal{V}$是佈於$\mathbb{R}$或$\mathbb{C}$的向量空間)。根據定義$\mathbf{P} \perp \mathbf{P}'$。

2. 令$(\mathbf{P} + \mathbf{P}')\mathbf{v} = \mathbf{0}$, 則$\mathbf{P}(\mathbf{P} + \mathbf{P}')\mathbf{v} = \mathbf{0}$。這表示$\mathbf{Pv} = \mathbf{0}$。因此$\mathbf{v} \in \mathcal{K}er(\mathbf{P})$。使用類似的手法, 我們可以得到$\mathbf{v} \in \mathcal{K}er(\mathbf{P}')$, 因此$\mathcal{K}er(\mathbf{P} + \mathbf{P}') \subset \mathcal{K}er(\mathbf{P}) \cap \mathcal{K}er(\mathbf{P}')$。反過來, 若$\mathbf{v} \in \mathcal{K}er(\mathbf{P}) \cap \mathcal{K}er(\mathbf{P}')$, 則$(\mathbf{P} + \mathbf{P}')\mathbf{v} = \mathbf{Pv} + \mathbf{P}'\mathbf{v} = \mathbf{0}$。所以$\mathcal{K}er(\mathbf{P} + \mathbf{P}') = \mathcal{K}er(\mathbf{P}) \cap \mathcal{K}er(\mathbf{P}')$。

令$\mathbf{v} \in \mathcal{I}m(\mathbf{P} + \mathbf{P}')$, 則

$$\mathbf{v} = (\mathbf{P} + \mathbf{P}')\mathbf{v} = \mathbf{Pv} + \mathbf{P}'\mathbf{v},$$

因此$\mathbf{v} \in \mathcal{I}m(\mathbf{P}) + \mathcal{I}m(\mathbf{P}')$。由定理6.77, $\mathcal{I}m(\mathbf{P}') \subset \mathcal{K}er(\mathbf{P})$, 所以$\mathcal{I}m(\mathbf{P}) \cap \mathcal{I}m(\mathbf{P}') = \{\mathbf{0}\}$。因此$\mathbf{v} \in \mathcal{I}m(\mathbf{P}) \oplus \mathcal{I}m(\mathbf{P}')$, 這表示

$$\mathcal{I}m(\mathbf{P} + \mathbf{P}') \subset \mathcal{I}m(\mathbf{P}) \oplus \mathcal{I}m(\mathbf{P}')。$$

令$\mathbf{v} = \mathbf{w} + \mathbf{u}$, 其中$\mathbf{w} \in \mathcal{I}m(\mathbf{P})$, $\mathbf{u} \in \mathcal{I}m(\mathbf{P}')$, 則

$$
\begin{aligned}
(\mathbf{P} + \mathbf{P}')\mathbf{v} &= (\mathbf{P} + \mathbf{P}')\mathbf{w} + (\mathbf{P} + \mathbf{P}')\mathbf{u} \\
&= \mathbf{w} + \mathbf{u} \\
&= \mathbf{v},
\end{aligned}
$$

所以$\mathbf{v} \in \mathcal{I}m(\mathbf{P} + \mathbf{P}')$。因此$\mathcal{I}m(\mathbf{P}) \oplus \mathcal{I}m(\mathbf{P}') \subset \mathcal{I}m(\mathbf{P} + \mathbf{P}')$, 故得證。 ∎

例 **6.79** 這個定理最明顯的例子是投影算子$\mathbf{P}$和$\mathbf{I}_\mathcal{V} - \mathbf{P}$。由推論6.75我們知道對任意的投影算子$\mathbf{P}$, $\mathbf{I}_\mathcal{V} - \mathbf{P}$亦是投影算子, 而$\mathbf{I}_\mathcal{V} = \mathbf{P} + (\mathbf{I}_\mathcal{V} - \mathbf{P})$也是投影算子。不難驗證, $\mathbf{P} \perp (\mathbf{I}_\mathcal{V} - \mathbf{P})$。 ∎

因此$\mathbf{I}_\mathcal{V}$可以分解成兩個正交投影算子的和, 底下的定義推廣這個分解到任意個正交投影算子的和。

定義 6.80 若$\mathbf{P}_1, \cdots, \mathbf{P}_k \in \mathcal{L}(\mathcal{V})$是兩兩互相正交的投影算子，並且若

$$\mathbf{P}_1 + \mathbf{P}_2 + \cdots + \mathbf{P}_k = \mathbf{I}_\mathcal{V},$$

則我們稱這個和爲同值映射的解析分解(resolution of the identity)。 ∎

定理 6.81 設$\mathcal{V}$是向量空間。$\mathbf{P}_1, \mathbf{P}_2, \cdots, \mathbf{P}_k \in \mathcal{L}(\mathcal{V})$是兩兩互相正交投影算子。

1. 若$\mathbf{P}_1 + \mathbf{P}_2 + \cdots + \mathbf{P}_k = \mathbf{I}_\mathcal{V}$是同值映射的解析分解，則

$$\mathcal{V} = \mathcal{I}m(\mathbf{P}_1) \oplus \cdots \oplus \mathcal{I}m(\mathbf{P}_k),$$

並且$\mathbf{P}_i$沿著$\mathcal{K}er(\mathbf{P}_i) = \oplus_{j \neq i} \mathcal{I}m(\mathbf{P}_j)$投影在$\mathcal{I}m(\mathbf{P}_i)$上。

2. 若$\mathcal{V} = \mathcal{W}_1 \oplus \mathcal{W}_2 \oplus \cdots \oplus \mathcal{W}_k$，並且$\mathbf{P}_i$沿著$\oplus_{j \neq i} \mathcal{W}_j$投影在$\mathcal{W}_i$上，則$\mathbf{P}_1 + \mathbf{P}_2 + \cdots + \mathbf{P}_k = \mathbf{I}_\mathcal{V}$是同值映射的解析分解。

證明:

1. 設$\mathbf{P}_1 + \cdots + \mathbf{P}_k = \mathbf{I}_\mathcal{V}$是同值映射的解析分解，則很明顯地

$$\mathcal{V} = \mathcal{I}m(\mathbf{P}_1) + \cdots + \mathcal{I}m(\mathbf{P}_k).$$

若$\mathbf{P}_1\mathbf{x}_1 + \cdots + \mathbf{P}_k\mathbf{x}_k = \mathbf{0}$，則$\mathbf{P}_i(\mathbf{P}_1\mathbf{x}_1 + \cdots + \mathbf{P}_k\mathbf{x}_k) = \mathbf{0}$。這表示對所有$i$，$\mathbf{P}_i\mathbf{x}_i = \mathbf{P}_i^2\mathbf{x}_i = \mathbf{0}$。因此

$$\mathcal{V} = \mathcal{I}m(\mathbf{P}_1) \oplus \cdots \oplus \mathcal{I}m(\mathbf{P}_k)$$

參見第2章習題2.76。又因爲 $\mathcal{V} = \mathcal{I}m(\mathbf{P}_i) \oplus_{j \neq i} \mathcal{I}m(\mathbf{P}_j) = \mathcal{I}m(\mathbf{P}_i) \oplus \mathcal{K}er(\mathbf{P}_i)$，所以$\mathcal{K}er(\mathbf{P}_i) = \oplus_{j \neq i} \mathcal{I}m(\mathbf{P}_j)$。

2. 不難驗證, 對所有$i \neq j$, $\mathcal{I}m(\mathbf{P}_i) = \mathcal{W}_i \subset \mathcal{K}er(\mathbf{P}_j)$, $\mathcal{I}m(\mathbf{P}_j) \subset \mathcal{K}er(\mathbf{P}_i)$。所以$\mathbf{P}_i \perp \mathbf{P}_j$。若$\mathbf{v} = \mathbf{w}_1 + \cdots + \mathbf{w}_k$, 其中$\mathbf{w}_i \in \mathcal{W}_i$, 則

$$\mathbf{I}_{\mathcal{V}}\mathbf{v} = \mathbf{w}_1 + \cdots + \mathbf{w}_k = \mathbf{P}_1\mathbf{v} + \cdots + \mathbf{P}_k\mathbf{v},$$

所以$\mathbf{I}_{\mathcal{V}} = \mathbf{P}_1 + \cdots + \mathbf{P}_k$是同值映射的解析分解。 ∎

更進一步, 我們可以將這樣的分解推廣到任意可對角化的線性算子上。

定理 6.82 設$\mathcal{V}$是有限維度向量空間, $\mathbf{L} \in \mathcal{L}(\mathcal{V})$。則$\mathbf{L}$可對角化若且唯若$\mathbf{L}$可以寫成

$$\mathbf{L} = \lambda_1\mathbf{P}_1 + \cdots + \lambda_k\mathbf{P}_k \tag{6.3}$$

其中$\lambda_1, \cdots, \lambda_k$兩兩相異的常數, $\mathbf{P}_1, \cdots, \mathbf{P}_k$是兩兩互相正交的投影算子並且$\mathbf{P}_1 + \cdots + \mathbf{P}_k = \mathbf{I}_{\mathcal{V}}$是同值映射的解析分解。在這情況下, $\lambda_1, \cdots, \lambda_k$是$\mathbf{L}$的特徵值, 投影算子$\mathbf{P}_i$滿足$\mathcal{I}m(\mathbf{P}_i) = \mathcal{E}_{\lambda_i}$並且$\mathcal{K}er(\mathbf{P}_i) = \oplus_{j \neq i}\mathcal{E}_{\lambda_j}$。方程式(6.3)稱爲$\mathbf{L}$的譜解析分解(spectral resolution)。

證明:『必要性』若$\mathbf{L}$可對角化, 則$\mathcal{V} = \mathcal{E}_{\lambda_1} \oplus \cdots \oplus \mathcal{E}_{\lambda_k}$, 其中$\lambda_1, \cdots, \lambda_k$是$\mathbf{L}$相異的特徵值。對$i = 1, 2, \cdots, k$, 令$\mathbf{P}_i$是沿著$\oplus_{j \neq i}\mathcal{E}_{\lambda_j}$投影在$\mathcal{E}_{\lambda_i}$上的投影算子, 則

$$\mathbf{P}_1 + \mathbf{P}_2 + \cdots + \mathbf{P}_k = \mathbf{I}_{\mathcal{V}}。$$

對任意$\mathbf{v}_i \in \mathcal{E}_{\lambda_i}$皆有

$$\begin{aligned}\mathbf{L}\mathbf{v}_i = \lambda_i\mathbf{v}_i &= \lambda_i(\mathbf{P}_1 + \cdots + \mathbf{P}_k)\mathbf{v}_i \\ &= (\lambda_1\mathbf{P}_1 + \cdots + \lambda_k\mathbf{P}_k)\mathbf{v}_i,\end{aligned}$$

所以

$$\mathbf{L} = \lambda_1\mathbf{P}_1 + \cdots + \lambda_k\mathbf{P}_k。$$

線性代數

『充分性』若$\mathbf{L}$可以分解成$\lambda_1\mathbf{P}_1 + \cdots + \lambda_k\mathbf{P}_k$, 其中$\mathbf{P}_1 + \mathbf{P}_2 + \cdots + \mathbf{P}_k = \mathbf{I}_\mathcal{V}$是同值映射解析分解, 則

$$\mathcal{V} = \mathcal{I}m(\mathbf{P}_1) \oplus \cdots \oplus \mathcal{I}m(\mathbf{P}_k)。$$

再者, 若$\mathbf{v} \in \mathcal{I}m(\mathbf{P}_i)$, 則存在$\mathbf{x} \in \mathcal{V}$滿足$\mathbf{v} = \mathbf{P}_i(\mathbf{x})$並且

$$
\begin{aligned}
\mathbf{L}\mathbf{v} &= (\lambda_1\mathbf{P}_1 + \cdots + \lambda_k\mathbf{P}_k)\mathbf{P}_i\mathbf{x} \\
&= \lambda_i\mathbf{P}_i\mathbf{x} \\
&= \lambda_i\mathbf{v}。
\end{aligned}
$$

所以

$$\mathcal{I}m(\mathbf{P}_i) \subset \mathcal{E}_{\lambda_i}。$$

反之, 若$\mathbf{L}\mathbf{v} = \lambda_i\mathbf{v}$, 則

$$(\lambda_1\mathbf{P}_1 + \cdots + \lambda_k\mathbf{P}_k)\mathbf{v} = \lambda_i(\mathbf{P}_1 + \cdots + \mathbf{P}_k)\mathbf{v},$$

這等效於

$$(\lambda_1 - \lambda_i)\mathbf{P}_1\mathbf{v} + \cdots + (\lambda_k - \lambda_i)\mathbf{P}_k\mathbf{v} = \mathbf{0}。$$

但因為對所有的$l = 1, 2, \cdots, k$, 恆有$(\lambda_l - \lambda_i)\mathbf{P}_l\mathbf{v} \in \mathcal{I}m(\mathbf{P}_l)$, 所以若$l \neq i$, 必有$\mathbf{P}_l\mathbf{v} = \mathbf{0}$。這表示

$$\mathbf{v} = (\mathbf{P}_1 + \cdots + \mathbf{P}_k)\mathbf{v} = \mathbf{P}_i(\mathbf{v}) \in \mathcal{I}m(\mathbf{P}_i)。$$

這表示$\mathcal{I}m(\mathbf{P}_i) = \mathcal{E}_{\lambda_i}$, 因此

$$\mathcal{V} = \mathcal{E}_{\lambda_1} \oplus \cdots \oplus \mathcal{E}_{\lambda_k}。$$

所以$\mathbf{L}$可對角化。 ∎

我們在定義投影算子時, 其實只有限定空間分解成兩子空間的直和, 並未引入內積的結構。若我們將空間分解成子空間的正交直和; 即 $\mathcal{V} = \mathcal{W}_1 \overset{\perp}{\oplus} \cdots \overset{\perp}{\oplus} \mathcal{W}_k$, 則定義在 $\mathcal{W}_i$ 上的投影算子有更豐富的特性。

定義 6.83 令 $\mathcal{V} = \mathcal{W} \oplus \mathcal{W}^\perp$。若投影算子 $\mathbf{P}$ 為沿著 $\mathcal{W}^\perp$ 投影在 $\mathcal{W}$ 上, 則我們稱 $\mathbf{P}$ 為沿著 $\mathcal{W}^\perp$ 投影在 $\mathcal{W}$ 上的正交投影算子(orthogonal projection)。 ∎

定理 6.84 令 $\mathcal{V}$ 是向量空間, $\mathbf{P} \in \mathcal{L}(\mathcal{V})$。若 $\mathcal{I}m(\mathbf{P}) \perp \mathcal{K}er(\mathbf{P})$, 則 $\mathbf{P}$ 是沿著 $\mathcal{K}er(\mathbf{P})$ 投影在 $\mathcal{I}m(\mathbf{P})$ 上的正交投影算子。反過來, 若 $\mathbf{P}$ 是正交投影算子則 $\mathcal{I}m(\mathbf{P}) \perp \mathcal{K}er(\mathbf{P})$。

證明: 這證明與定理6.73非常類似, 所以留與讀者做為習題(見習題6.47)。 ∎

正交投影算子有一個非常重要的特性, 那就是它是自伴算子。

定理 6.85 設 $\mathcal{V}$ 是有限維度內積空間, $\mathbf{P} \in \mathcal{L}(\mathcal{V})$ 是投影算子, 則以下敘述是等效的

1. $\mathbf{P}$ 是正交投影算子,

2. $\mathbf{P}^2 = \mathbf{P}$ 並且 $\mathbf{P}$ 是自伴算子。

證明: $[2 \Rightarrow 1]$ 若 $\mathbf{P} = \mathbf{P}^\dagger$, 則 $\mathcal{I}m(\mathbf{P}) = \mathcal{I}m(\mathbf{P}^\dagger)$ 並且 $\mathcal{K}er(\mathbf{P}) = \mathcal{K}er(\mathbf{P}^\dagger)$。因此 $\mathcal{I}m(\mathbf{P}) = \mathcal{K}er(\mathbf{P})^\perp$ 並且 $\mathcal{K}er(\mathbf{P}) = \mathcal{I}m(\mathbf{P})^\perp$, 所以 $\mathcal{I}m(\mathbf{P}) \perp \mathcal{K}er(\mathbf{P})$。$[1 \Rightarrow 2]$ 若 $\mathcal{I}m(\mathbf{P}) \perp \mathcal{K}er(\mathbf{P})$, 則 $\mathcal{I}m(\mathbf{P}) = \mathcal{K}er(\mathbf{P})^\perp$ 並且 $\mathcal{K}er(\mathbf{P}) = \mathcal{I}m(\mathbf{P})^\perp$。這表示 $\mathcal{I}m(\mathbf{P}) = \mathcal{I}m(\mathbf{P}^\dagger)$ 與 $\mathcal{K}er(\mathbf{P}) = \mathcal{K}er(\mathbf{P}^\dagger)$, 所以 $\mathbf{P}^\dagger = \mathbf{P}$。 ∎

類似於同值映射的解析分解, 我們亦有以下的定義。

定義 **6.86** 令$\mathcal{V}$是向量空間。若$\mathbf{P}_1 + \cdots + \mathbf{P}_k = \mathbf{I}_\mathcal{V}$是同值映射的解析分解並且若對$i = 1, 2, \cdots, k$，$\mathbf{P}_i$都是正交投影算子，則我們稱$\mathbf{P}_1 + \cdots + \mathbf{P}_k = \mathbf{I}_\mathcal{V}$為同值映射的正交譜解析分解(orthogonal spectral resolution)。∎

下面的定理連結了向量空間$\mathcal{V}$的正交直和分解與同值映射的正交解析分解。

定理 **6.87** 設$\mathcal{V}$是向量空間。則

1. 若$\mathbf{P}_1 + \cdots + \mathbf{P}_k = \mathbf{I}_\mathcal{V}$是同值映射的正交解析分解，則

$$\mathcal{V} = \mathcal{I}m(\mathbf{P}_1) \overset{\perp}{\oplus} \cdots \overset{\perp}{\oplus} \mathcal{I}m(\mathbf{P}_k)。$$

2. 反之，若$\mathcal{V} = \mathcal{W}_1 \overset{\perp}{\oplus} \cdots \overset{\perp}{\oplus} \mathcal{W}_k$，且$\mathbf{P}_i$是沿著$\overset{\perp}{\oplus}_{j \neq i} \mathcal{W}_j$投影在$\mathcal{W}_i$的投影算子，則$\mathbf{P}_1 + \cdots + \mathbf{P}_k = \mathbf{I}_\mathcal{V}$是同值映射的正交解析分解。

證明:

1. 設$\mathbf{P}_1 + \cdots + \mathbf{P}_k = \mathbf{I}_\mathcal{V}$是同值映射的正交解析分解，則根據定理6.81，我們有

$$\mathcal{V} = \mathcal{I}m(\mathbf{P}_1) \oplus \cdots \oplus \mathcal{I}m(\mathbf{P}_k),$$

然而根據條件，$\mathbf{P}_i$皆是正交投影算子，因此$\mathbf{P}_i$是自伴算子。這表示對$i \neq j$，

$$
\begin{aligned}
\langle \mathbf{P}_i \mathbf{v}, \mathbf{P}_j \mathbf{v} \rangle &= \langle \mathbf{v}, \mathbf{P}_i \mathbf{P}_j \mathbf{v} \rangle \\
&= \langle \mathbf{v}, \mathbf{0} \rangle \\
&= 0。
\end{aligned}
$$

因此

$$\mathcal{V} = \mathcal{I}m(\mathbf{P}_1) \overset{\perp}{\oplus} \cdots \overset{\perp}{\oplus} \mathcal{I}m(\mathbf{P}_k)。$$

2. 反過來, 從定理6.81我們知道$\mathbf{P}_1 + \cdots + \mathbf{P}_k = \mathbf{I}_\mathcal{V}$是同值映射的解析分解。又因為

$$\mathcal{I}m(\mathbf{P}_i)^\perp = \overset{\perp}{\oplus}_{j \neq i} \mathcal{I}m(\mathbf{P}_j) = \mathcal{K}er(\mathbf{P}_i),$$

所以我們知道$\mathbf{P}_i$是正交投影算子。∎

有了正交投影算子的定義與特性, 我們可以描述本節中最重要的定理: 正規算子譜定理。

定理 6.88 (正規算子譜定理) 設$\mathcal{V}$是有限維度複內積空間, $\mathbf{L} \in \mathcal{L}(\mathcal{V})$, 並設$\lambda_1, \cdots, \lambda_k$為$\mathbf{L}$所有相異的特徵值。則以下的敘述是等效的。

1. $\mathbf{L}$是正規算子。

2. $\mathcal{V} = \mathcal{E}_{\lambda_1} \overset{\perp}{\oplus} \cdots \overset{\perp}{\oplus} \mathcal{E}_{\lambda_k}$。

3. $\mathbf{L}$有以下的分解

$$\mathbf{L} = \lambda_1 \mathbf{P}_1 + \cdots + \lambda_k \mathbf{P}_k \qquad (6.4)$$

其中$\mathbf{P}_1 + \cdots + \mathbf{P}_k = \mathbf{I}_\mathcal{V}$是同值映射的正交解析分解。我們稱(6.4)式是$\mathbf{L}$的正交譜解析分解(orthogonal spetral resolution)。

更進一步, 若$\mathbf{L}$可以寫成(6.4)式的形式, 其中λ_i是兩兩相異複數值, $\mathbf{P}_i$是非零算子, 則λ_i是$\mathbf{L}$的特徵值並且$\mathcal{I}m(\mathbf{P}_i)$是$\mathbf{L}$對應$\lambda_i$的特徵空間。因此, 這樣的分解是唯一的。

證明: 我們在之前的章節已知看過1和2的等效性。我們只需證明2和3的等效性即可。設$\mathcal{V} = \mathcal{E}_{\lambda_1} \overset{\perp}{\oplus} \cdots \overset{\perp}{\oplus} \mathcal{E}_{\lambda_k}$, 並令$\mathbf{P}_i$是投影在$\mathcal{E}_{\lambda_i}$的投影算子。則對所有$\mathbf{v} \in \mathcal{V}$皆可以寫成互相正交的特徵向量和

$$\mathbf{v} = \mathbf{v}_1 + \mathbf{v}_2 + \cdots + \mathbf{v}_k。$$

所以

$$
\begin{aligned}
\mathbf{L}\mathbf{v} &= \lambda_1\mathbf{v}_1 + \cdots + \lambda_k\mathbf{v}_k \\
&= (\lambda_1\mathbf{P}_1 + \cdots + \lambda_k\mathbf{P}_k)\mathbf{v}。
\end{aligned}
$$

故3成立。反過來若(6.4)成立，則$\mathcal{V} = \mathcal{I}m(\mathbf{P}_1) \overset{\perp}{\oplus} \cdots \overset{\perp}{\oplus} \mathcal{I}m(\mathbf{P}_k)$。再由定理6.82知，$\mathcal{I}m(\mathbf{P}_i) = \mathcal{E}_{\lambda_i}$，故得證。∎

以上定理告訴我們有限維度向量空間的正規算子必然可以分解成不同自伴算子的和，這些不同的自伴算子就是正交投影算子。很明顯地，這個定理有以下的推論。

推論 6.89 (自伴算子譜定理)

令$\mathcal{V}$是有限維度複內積空間，$\mathbf{L} \in \mathcal{L}(\mathcal{V})$，並設$\lambda_1, \cdots, \lambda_k$為$\mathbf{L}$所有相異的特徵值。則下列敘述是等效的：

1. $\mathbf{L}$是自伴算子，

2. $\mathcal{V} = \mathcal{E}_{\lambda_1} \overset{\perp}{\oplus} \cdots \overset{\perp}{\oplus} \mathcal{E}_{\lambda_k}$。

3. $\mathbf{L}$有以下的分解

$$
\mathbf{L} = \lambda_1\mathbf{P}_1 + \cdots + \lambda_k\mathbf{P}_k, \tag{6.5}
$$

其中所有λ_i是兩兩相異實數並且$\mathbf{P}_1 + \cdots + \mathbf{P}_k = \mathbf{I}_\mathcal{V}$是同值映射的正交解析分解。

更進一步，若(6.5)成立，其中λ_i兩兩相異並且$\mathbf{P}_i$是非零算子，則λ_i是$\mathbf{L}$的特徵值並且$\mathcal{I}m(\mathbf{P}_i)$是$\mathbf{L}$對應$\lambda_i$的特徵空間。因此，這樣的分解是唯一的。∎

6.9 正算子與奇異值分解

在4.4節中, 我們已經討論了線性算子的可對角化條件。其實對任意定義在內積空間中的線性映射, 我們皆可以由特定的程序, 選擇映射定義域與值域的基底使得線性映射的代表矩陣最接近對角的形式。這個程序稱之爲奇異值分解 (singular value decomposition)或簡稱爲SVD分解。在介紹SVD分解之前我們需要先了解正算子(positive operator)特性。我們先回憶一下, 一個算子的二次型定義爲

$$\mathbf{Q_L(v)} = \langle \mathbf{Lv}, \mathbf{v} \rangle 。$$

回顧定理6.67, 對所有的$\mathbf{v}$, 自伴算子的二次型必爲實數。由二次型, 我們可以定義正算子。

定義 6.90 令$\mathcal{V}$是有限維度空間, $\mathbf{L} \in \mathcal{L}(\mathcal{V})$是自伴算子。若

1. 對所有$\mathbf{v} \in \mathcal{V}$, $\mathbf{Q_L(v)} \geq \mathbf{0}$, 則我們稱$\mathbf{L}$爲正算子。

2. 對所有$\mathbf{v} \neq \mathbf{0}$, $\mathbf{Q_L(v)} > \mathbf{0}$, 則我們稱$\mathbf{L}$爲正定算子(positive definite operator)。 ■

對應到矩陣的情況, 自伴算子即爲Hermitian矩陣(見例6.65)。我們有如下的定義。

定義 6.91 令$\mathbf{A} = \mathbf{A}^* \in \mathbb{F}^{n \times n}$。

1. 若對所有$\mathbf{x} \in \mathbb{F}^n$皆有 $\mathbf{x}^*\mathbf{Ax} \geq 0$, 則$\mathbf{A}$被稱爲半正定(positive semidefinite)並寫做 $\mathbf{A} \geq 0$)。

2. 若對所有$\mathbf{x} \in \mathbb{F}^n$並且 $\mathbf{x} \neq \mathbf{0}$ 皆有 $\mathbf{x}^*\mathbf{Ax} > 0$, 則稱$\mathbf{A}$爲正定 (positive definite)並寫做 $\mathbf{A} > 0$。 ■

線性代數

則直接由定義，我們有以下的特性(見習題6.54)。

命題 6.92 令$\mathbf{A} = \mathbf{A}^* \in \mathbb{F}^{n \times n}$。則

1. $\mathbf{L_A}$是正算子若且唯若$\mathbf{A}$半正定。

2. $\mathbf{L_A}$是正定算子若且唯若$\mathbf{A}$正定。

定理 6.93 令$\mathcal{V}$是有限維度空間，$\mathbf{L} \in \mathcal{L}(\mathcal{V})$是自伴算子。則

1. $\mathbf{L}$是正算子若且唯若所有$\mathbf{L}$的特徵值都是非負實數。

2. $\mathbf{L}$是正定算子若且唯若所有$\mathbf{L}$的特徵值都是正實數。

證明:

1. 『必要性』設$\mathbf{Q_L(v)} \geq 0$且設$(\lambda, \mathbf{v})$爲$\mathbf{L}$之特徵序對，則

$$0 \leq \langle \mathbf{Lv}, \mathbf{v} \rangle = \langle \lambda \mathbf{v}, \mathbf{v} \rangle = \lambda \langle \mathbf{v}, \mathbf{v} \rangle,$$

因爲$\langle \mathbf{v}, \mathbf{v} \rangle > 0$，所以$\lambda \geq 0$。

『充分性』反過來，若所有$\mathbf{L}$的特徵值皆爲非負實數，則根據上一節的討論，$\mathbf{L}$可以分解成

$$\mathbf{L} = \lambda_1 \mathbf{P}_1 + \cdots + \lambda_k \mathbf{P}_k,$$

其中對所有$i = 1, \cdots, k$，$\lambda_i \geq 0$。又因爲

$$\mathbf{I}_{\mathcal{V}} = \mathbf{P}_1 + \mathbf{P}_2 + \cdots + \mathbf{P}_k,$$

所以

$$\langle \mathbf{Lv}, \mathbf{v} \rangle = \sum_i \langle \lambda_i \mathbf{P}_i \mathbf{v}, \mathbf{v} \rangle$$

$$= \sum_i \lambda_i \langle \mathbf{P}_i \mathbf{v}, \mathbf{v} \rangle$$

$$= \sum_i \sum_j \lambda_i \langle \mathbf{P}_i \mathbf{v}, \mathbf{P}_j \mathbf{v} \rangle$$

$$= \sum_i \lambda_i ||\mathbf{P}_i(\mathbf{v})||^2 \geq \mathbf{0},$$

所以$\mathbf{L}$是正算子。

2. 此部分證明非常類似, 因此留予讀者做為習題(見習題6.55)。 ∎

定理 6.94 設$\mathcal{V}$是有限維度向量空間, $\mathbf{L} \in \mathcal{L}(\mathcal{V})$是自伴算子。則$\mathbf{L}$是正算子若且唯若存在$\mathbf{M} \in \mathcal{L}(\mathcal{V})$使得$\mathbf{L} = \mathbf{M}^\dagger \mathbf{M}$。

證明:『充分性』若存在線性算子$\mathbf{M} \in \mathcal{L}(\mathcal{V})$使得$\mathbf{L} = \mathbf{M}^\dagger \mathbf{M}$, 則很明顯地$\mathbf{L}$是自伴算子, 並且對所有$\mathbf{v} \in \mathcal{V}$,

$$\langle \mathbf{Lv}, \mathbf{v} \rangle = \langle \mathbf{M}^\dagger \mathbf{Mv}, \mathbf{v} \rangle$$

$$= \langle \mathbf{Mv}, \mathbf{Mv} \rangle \geq 0$$

因此$\mathbf{L}$是正算子。

『必要性』反過來, 若$\mathbf{L}$是正算子, 則$\mathbf{L}$可分解成

$$\mathbf{L} = \lambda_1 \mathbf{P}_1 + \cdots + \lambda_k \mathbf{P}_k,$$

其中對所有$i = 1, \cdots, k$, $\lambda_i \geq 0$。令

$$\mathbf{M} = \sqrt{\lambda_1} \mathbf{P}_1 + \cdots + \sqrt{\lambda_k} \mathbf{P}_k,$$

很明顯地$\mathbf{M} \in \mathcal{L}(\mathcal{V})$是自伴算子, 且$\mathbf{L} = \mathbf{M}^\dagger \mathbf{M}$。 ∎

有了正算子的特性，我們就能描述這一節最重要的定理。

定理 **6.95** 令$\mathcal{U}$和$\mathcal{V}$是佈於$\mathbb{C}$或$\mathbb{R}$有限維度內積空間，$\mathbf{L} \in \mathcal{L}(\mathcal{U}, \mathcal{V})$，且$\mathrm{rank}(\mathbf{L})$ $= r$。則存在$\mathcal{U}$和$\mathcal{V}$的有序正則基底$\mathcal{B}_\mathcal{U} = \{\mathbf{u}_1, \cdots, \mathbf{u}_r, \mathbf{u}_{r+1}, \cdots, \mathbf{u}_n\}$和$\mathcal{B}_\mathcal{V} =$ $\{\mathbf{v}_1, \cdots, \mathbf{v}_r, \mathbf{v}_{r+1}, \cdots, \mathbf{v}_m\}$滿足以下條件。

1. $\{\mathbf{u}_1, \cdots, \mathbf{u}_r\}$是$\mathcal{K}er(\mathbf{L})^\perp = \mathcal{I}m(\mathbf{L}^\dagger)$的有序正則基底。

2. $\{\mathbf{u}_{r+1}, \cdots, \mathbf{u}_n\}$是$\mathcal{K}er(\mathbf{L})$的有序正則基底。

3. $\{\mathbf{v}_1, \cdots, \mathbf{v}_r\}$是$\mathcal{K}er(\mathbf{L}^\dagger)^\perp = \mathcal{I}m(\mathbf{L})$的有序正則基底。

4. $\{\mathbf{v}_{r+1}, \cdots, \mathbf{v}_m\}$是$\mathcal{K}er(\mathbf{L}^\dagger)$的有序正則基底。

5. 對$i \leq r$，$\mathbf{L}\mathbf{u}_i = \sigma_i\mathbf{v}_i$，$\mathbf{L}^\dagger\mathbf{v}_i = \sigma_i\mathbf{u}_i$，其中$\sigma_i \geq 0$稱為$\mathbf{L}$的奇異值。

向量$\mathbf{u}_i$稱為$\mathbf{L}$的右奇異向量，$\mathbf{v}_i$稱為$\mathbf{L}$的左奇異向量。

證明：若$\mathbf{L} \in \mathcal{L}(\mathcal{U}, \mathcal{V})$，則$\mathbf{L}^\dagger\mathbf{L} \in \mathcal{L}(\mathcal{U})$是正算子。因為$r = \mathrm{rank}(\mathbf{L}) =$ $\mathrm{rank}(\mathbf{L}^\dagger\mathbf{L})$，所以$\mathcal{U}$有一組$\mathbf{L}^\dagger\mathbf{L}$的特徵向量組成的正則有序基底 $\mathcal{B}_\mathcal{U} = \{\mathbf{u}_1,$ $\cdots, \mathbf{u}_r, \mathbf{u}_{r+1}, \cdots, \mathbf{u}_n\}$，其對應的特徵值滿足

$$\lambda_1 \geq \cdots \geq \lambda_r > 0 = \lambda_{r+1} = \cdots = \lambda_n。$$

值得注意的是若$i > r$，則

$$\langle \mathbf{L}\mathbf{u}_i, \mathbf{L}\mathbf{u}_i \rangle = \langle \mathbf{L}^\dagger\mathbf{L}\mathbf{u}_i, \mathbf{u}_i \rangle = 0,$$

所以$\mathbf{L}\mathbf{u}_i = \mathbf{0}$。因此$\mathrm{span}(\{\mathbf{u}_{r+1}, \cdots, \mathbf{u}_n\}) \subset \mathcal{K}er(\mathbf{L})$。若$\mathbf{v} = \sum_{i=1}^{n} a_i\mathbf{u}_i \in$ $\mathcal{K}er(\mathbf{L})$，則

$$0 = \langle \mathbf{L}\mathbf{v}, \mathbf{L}\mathbf{v} \rangle = \langle \sum_{i=1}^{n} a_i\mathbf{L}\mathbf{u}_i, \sum_{j=1}^{n} a_j\mathbf{L}\mathbf{u}_j \rangle$$
$$= \sum_i |a_i|^2 \lambda_i^2,$$

所以對所有 $i \leq r$, $a_i = 0$。這表示

$$\mathcal{K}er(\mathbf{L}) \subset \text{span}(\{\mathbf{u}_{r+1}, \cdots, \mathbf{u}_n\})。$$

因此我們知道, $\mathcal{K}er(\mathbf{L}) = \text{span}(\{\mathbf{u}_{r+1}, \cdots, \mathbf{u}_n\})$。由此得知 $\{\mathbf{u}_{r+1}, \cdots, \mathbf{u}_n\}$ 是 $\mathcal{K}er(\mathbf{L})$ 的一組有序正則基底, 而 $\{\mathbf{u}_1, \cdots, \mathbf{u}_r\}$ 是 $\mathcal{K}er(\mathbf{L}^\dagger) = \mathcal{I}m(\mathbf{L})$ 的有序正則基底。對所有 $i = 1, \cdots, n$, 令 $\sigma_i = \sqrt{\lambda_i}$, 則

$$\mathbf{L}^\dagger \mathbf{L} \mathbf{u}_i = \lambda \mathbf{u}_i = \sigma_i^2 \mathbf{u}_i$$

其中對 $i > r$, $\sigma_i = 0$。若對 $i \leq r$, 令 $\mathbf{v}_i = (1/\sigma_i)\mathbf{L}\mathbf{u}_i$, 則我們得到

$$\mathbf{L}\mathbf{u}_i = \begin{cases} \sigma_i \mathbf{v}_i, & \text{當} i \leq r \\ 0, & \text{當} i > r, \end{cases}$$

並且

$$\mathbf{L}^\dagger \mathbf{v}_i = \begin{cases} \sigma_i \mathbf{u}_i, & \text{當} i \leq r \\ 0, & \text{當} i > r。 \end{cases}$$

因為對所有 $i, j \leq r$,

$$\begin{aligned} \langle \mathbf{v}_i, \mathbf{v}_j \rangle &= \frac{1}{\sigma_i \sigma_j} \langle \mathbf{L}\mathbf{u}_i, \mathbf{L}\mathbf{u}_j \rangle \\ &= \frac{1}{\sigma_i \sigma_j} \langle \mathbf{L}^\dagger \mathbf{L}\mathbf{u}_i, \mathbf{u}_j \rangle \\ &= \frac{\sigma_i}{\sigma_j} \langle \mathbf{u}_i, \mathbf{u}_j \rangle \\ &= \delta_{ij} \end{aligned}$$

所以 $\{\mathbf{v}_1, \cdots, \mathbf{v}_r\}$ 是 $\mathcal{I}m(\mathbf{L}) = \mathcal{K}er(\mathbf{L}^\dagger)^\perp$ 的基底。擴充 $\{\mathbf{v}_1, \cdots, \mathbf{v}_r\}$ 成 $\mathcal{B}_\mathcal{V} = \{\mathbf{v}_1, \cdots, \mathbf{v}_r, \mathbf{v}_{r+1}, \cdots, \mathbf{v}_m\}$ 使得 $\mathcal{B}_\mathcal{V}$ 是 $\mathcal{V}$ 的正則有序基底。很明顯地, $\{\mathbf{v}_{r+1}, \cdots,$

$\mathbf{v}_m\}$是$\mathcal{K}er(\mathbf{L}^\dagger)$的有序基底。不難注意到

$$\mathbf{L}\mathbf{L}^\dagger\mathbf{v}_i = \sigma_i\mathbf{L}\mathbf{u}_i = \sigma_i^2\mathbf{v}_i,$$

所以$\mathbf{v}_1, \cdots, \mathbf{v}_r$亦是$\mathbf{L}\mathbf{L}^\dagger$對應$\lambda_i = \sigma_i^2$的特徵向量。 ∎

　　直接由這個定理我們可以得到(見習題6.56)：

推論 6.96 令$\mathcal{U}$和$\mathcal{V}$是佈於$\mathbb{C}$或$\mathbb{R}$有限維度內積空間，$\mathbf{L} \in \mathcal{L}(\mathcal{U}, \mathcal{V})$並且rank$(\mathbf{L}) = r$。設$\mathcal{B}_\mathcal{U}$和$\mathcal{B}_\mathcal{V}$是$\mathbf{L}$的左與右奇異向量所成的止則有序基底，則 $[\mathbf{L}]_{\mathcal{B}_\mathcal{U}}^{\mathcal{B}_\mathcal{V}} = \mathrm{diag}[\sigma_1\,\sigma_2\,\cdots\,\sigma_r\,0\,\cdots\,0]$，其中$\sigma_1, \sigma_2, \cdots, \sigma_r$是$\mathbf{L}$的奇異值。 ∎

　　若令$\mathcal{U} = \mathbb{F}^n$，$\mathcal{V} = \mathbb{F}^m$以及$\mathbf{A} \in \mathbb{F}^{m\times n}$。由上述定理證明中所提供的方法，我們可以找到$\mathbb{F}^n$的基底$\mathcal{B}_n = \{\mathbf{u}_1, \cdots, \mathbf{u}_r, \mathbf{u}_{r+1}, \cdots, \mathbf{u}_n\}$以及$\mathbb{F}^m$的基底$\mathcal{B}_m = \{\mathbf{v}_1, \cdots, \mathbf{v}_r, \mathbf{v}_{r+1}, \cdots, \mathbf{v}_m\}$使得

$$[\mathbf{L}]_{\mathcal{B}_n}^{\mathcal{B}_m} = \Sigma = \begin{bmatrix} \Sigma_1 & \mathbf{0} \\ \mathbf{0} & \mathbf{0} \end{bmatrix},$$

其中$\Sigma_1 = \mathrm{diag}[\sigma_1\,\sigma_2\,\cdots\,\sigma_r]$。若令$\overline{\mathcal{B}}_m$及$\overline{\mathcal{B}}_n$分別為$\mathbb{F}^m$和$\mathbb{F}^n$的標準基底，$\mathbf{P} \triangleq [\mathbf{v}_1, \cdots, \mathbf{v}_m]$以及$\mathbf{Q} \triangleq [\mathbf{u}_1, \cdots, \mathbf{u}_n]$，則

$$\mathbf{A} = [\mathbf{L_A}]_{\overline{\mathcal{B}}_n}^{\overline{\mathcal{B}}_m} = \mathbf{P}[\mathbf{L_A}]_{\mathcal{B}_n}^{\mathcal{B}_m}\mathbf{Q}^* = \mathbf{P}\Sigma\mathbf{Q}^*,$$

或等效於

$$\Sigma = \mathbf{P}^*\mathbf{A}\mathbf{Q}。$$

這樣的分解我們稱為$\mathbf{A}$的奇異值分解。非常值得注意的是，若$\mathbf{A} = \mathbf{P}\Sigma\mathbf{Q}^*$是$\mathbf{A}$的奇異值分解，則$\mathbf{A}^*\mathbf{A} = (\mathbf{P}\Sigma\mathbf{Q}^*)^*(\mathbf{P}\Sigma\mathbf{Q}^*) = \mathbf{Q}\Sigma^*\Sigma\mathbf{Q}^*$。又因為$\Sigma^*\Sigma = \mathrm{diag}(\sigma_1^2, \sigma_2^2, \cdots, \sigma_r^2, 0, \cdots, 0)$，所以$\sigma_i^2$是$\mathbf{A}^*\mathbf{A}$的特徵值。又因為$\sigma_i > 0$，我們可以知道所有的奇異直接由$\mathbf{A}$唯一決定。

　　接下來，讓我們看兩個例子。

例 **6.97** 令$\mathbf{L}: \mathbb{R}^{2\times 2} \longrightarrow \mathbb{R}^{3\times 3}$ 定義爲$\mathbf{L}(\mathbf{A}) = \begin{bmatrix} \mathbf{A} & \mathbf{0} \\ \mathbf{0} & \mathbf{0} \end{bmatrix}$, 其中$\mathbf{A} \in \mathbb{R}^{2\times 2}$。

由例6.44我們知道 $\mathbf{L}^{\dagger}: \mathbb{R}^{3\times 3} \longrightarrow \mathbb{R}^{2\times 2}$ 爲$\mathbf{L}^{\dagger}(\mathbf{B}) = \mathbf{B}_{11}$, 其中$\mathbf{B} = \begin{bmatrix} \mathbf{B}_{11} & \mathbf{B}_{12} \\ \mathbf{B}_{21} & \mathbf{B}_{22} \end{bmatrix}$而$\mathbf{B}_{11} \in \mathbb{R}^{2\times 2}$。不難發現$\mathbf{L}^{\dagger}\mathbf{L} = \mathbf{I}_{\mathbb{R}^{2\times 2}}$。所以$\mathbf{L}$的左奇異向量爲

$\mathbf{L}^{\dagger}\mathbf{L} = \mathbf{I}_{\mathbb{R}^{2\times 2}}$特徵向量, 亦即是 $\mathcal{B}_{\mathcal{U}} = \left\{ \begin{bmatrix} 1 & 0 \\ 0 & 0 \end{bmatrix}, \begin{bmatrix} 0 & 1 \\ 0 & 0 \end{bmatrix}, \begin{bmatrix} 0 & 0 \\ 1 & 0 \end{bmatrix}, \begin{bmatrix} 0 & 0 \\ 0 & 1 \end{bmatrix} \right\}$, 所以$\mathbf{L}$的右奇異向量爲 $\mathcal{B}_{\mathcal{V}} = \left\{ \begin{bmatrix} 1 & 0 & 0 \\ 0 & 0 & 0 \\ 0 & 0 & 0 \end{bmatrix}, \begin{bmatrix} 0 & 1 & 0 \\ 0 & 0 & 0 \\ 0 & 0 & 0 \end{bmatrix}, \begin{bmatrix} 0 & 0 & 0 \\ 1 & 0 & 0 \\ 0 & 0 & 0 \end{bmatrix}, \begin{bmatrix} 0 & 0 & 0 \\ 0 & 1 & 0 \\ 0 & 0 & 0 \end{bmatrix} \cdots \begin{bmatrix} 0 & 0 & 0 \\ 0 & 0 & 0 \\ 0 & 0 & 1 \end{bmatrix} \right\}$。$\mathbf{L}$的奇異值爲$\{1,1,1,1\}$, 不難計算

$$[\mathbf{L}]_{\mathcal{B}_{\mathcal{U}}}^{\mathcal{B}_{\mathcal{V}}} = \begin{bmatrix} 1 & 0 & 0 & 0 \\ 0 & 1 & 0 & 0 \\ 0 & 0 & 1 & 0 \\ 0 & 0 & 0 & 1 \\ 0 & 0 & 0 & 0 \\ 0 & 0 & 0 & 0 \\ 0 & 0 & 0 & 0 \\ 0 & 0 & 0 & 0 \\ 0 & 0 & 0 & 0 \end{bmatrix}$$。

■

例 **6.98** 令$\mathcal{U} = \mathbb{R}^2$, $\mathcal{V} = \mathbb{R}^3$以及$\mathbf{A} = \begin{bmatrix} 1 & 0 \\ 0 & -2 \\ 0 & 0 \end{bmatrix}$。很明顯地rank$(\mathbf{A})$ = 2。因爲$\mathbf{A}^{\dagger}\mathbf{A} = \begin{bmatrix} 1 & 0 \\ 0 & 4 \end{bmatrix}$, 所以$\mathbf{L}_{\mathbf{A}}^{\dagger}\mathbf{L}_{\mathbf{A}}$的特徵值爲1和4, 也因此我們知道$\mathbf{L}_{\mathbf{A}}$的奇異值爲1和$\sqrt{4} = 2$。不難計算$\mathbf{L}_{\mathbf{A}}^{\dagger}\mathbf{L}_{\mathbf{A}}$的特徵向量爲$\mathbf{u}_1 = \begin{bmatrix} 1 \\ 0 \end{bmatrix}$,

$\mathbf{u}_2 = \begin{bmatrix} 0 \\ 1 \end{bmatrix}$。並令$\mathcal{B}_{\mathcal{U}} = \{\mathbf{v}_1, \mathbf{v}_2\}$，選擇$\mathbf{v}_1 = \mathbf{A}\mathbf{u}_1 = \begin{bmatrix} 1 \\ 0 \\ 0 \end{bmatrix}$，$\mathbf{v}_2 = \frac{1}{2}\mathbf{A}\mathbf{u}_2 =$

$\begin{bmatrix} 0 \\ -1 \\ 0 \end{bmatrix}$。我們只要再選擇$\mathbf{v}_3 = \begin{bmatrix} 0 \\ 0 \\ 1 \end{bmatrix}$，則$\mathcal{B}_{\mathcal{V}} = \{\mathbf{v}_1, \mathbf{v}_2, \mathbf{v}_3\}$構成$\mathcal{V}$的有序正

則基底。令$\mathbf{Q} = \begin{bmatrix} 1 & 0 \\ 0 & 1 \end{bmatrix}$，$\mathbf{P} = \begin{bmatrix} 1 & 0 & 0 \\ 0 & -1 & 0 \\ 0 & 0 & 1 \end{bmatrix}$，則

$$\mathbf{A} = \mathbf{P}[\mathbf{L}_{\mathbf{A}}]_{\mathcal{B}_{\mathcal{U}}}^{\mathcal{B}_{\mathcal{V}}}\mathbf{Q}^* = \begin{bmatrix} 1 & 0 & 0 \\ 0 & -1 & 0 \\ 0 & 0 & 1 \end{bmatrix}\begin{bmatrix} 1 & 0 \\ 0 & -2 \\ 0 & 0 \end{bmatrix}\begin{bmatrix} 1 & 0 \\ 0 & 1 \end{bmatrix}$$

是$\mathbf{A}$的奇異值分解。∎

6.10　習題

6.2節習題

習題 6.1 ($**$) 試完成定理6.6之證明。

習題 6.2 ($**$) 試完成定理6.10第3部分的證明。

習題 6.3 ($**$) 試完成定理6.21的證明。

習題 6.4 ($*$) 在$C[0,1]$中，定義內積函數如例6.5。令$f(t) = e^t$，$g(t) = 2t \in C[0,1]$，試計算$\langle f, g \rangle$，$||f||$，$||g||$以及$||f + g||$，並驗證Cauchy-Schwarz不等式。

習題 **6.5** (**) 令$\mathcal{V} = \mathbb{C}^{3 \times 3}$。我們考慮$\mathcal{V}$的標準內積。令

$$\mathbf{A} = \begin{bmatrix} 1+i & 3 \\ 2 & 1-i \end{bmatrix}, \mathbf{B} = \begin{bmatrix} 2 & 4 \\ 1 & 3 \end{bmatrix},$$

試計算$\langle \mathbf{A}, \mathbf{B} \rangle$, $||\mathbf{A}||$, $||\mathbf{B}||$。

習題 **6.6** (*) 令$\mathcal{V}$是內積空間, 試證明對所有$\mathbf{x}, \mathbf{y} \in \mathcal{V}$, $||\mathbf{x}+\mathbf{y}||^2 + ||\mathbf{x}-\mathbf{y}||^2 = 2||\mathbf{x}||^2 + 2||\mathbf{y}||^2$。

習題 **6.7** (**) 令$\mathcal{V}$是內積空間。證明以下性質。

  1. 若$\mathcal{V}$佈於$\mathbb{R}$, 則對所有$\mathbf{x}, \mathbf{y} \in \mathcal{V}$,

$$\langle \mathbf{x}, \mathbf{y} \rangle = \frac{1}{4}||\mathbf{x}+\mathbf{y}||^2 - \frac{1}{4}||\mathbf{x}-\mathbf{y}||^2,$$

  2. 若$\mathcal{V}$佈於$\mathbb{C}$, 則對所有$\mathbf{x}, \mathbf{y} \in \mathcal{V}$,

$$\langle \mathbf{x}, \mathbf{y} \rangle = \frac{1}{4} \sum_{k=1}^{4} i^k ||\mathbf{x}+i^k\mathbf{y}||^2。$$

習題 **6.8** (***) 令$\mathcal{V}$是內積空間, $\mathbf{L} \in \mathcal{L}(\mathcal{V})$。若對所有$\mathbf{x} \in \mathcal{V}$, $||\mathbf{Lx}|| = ||\mathbf{x}||$, 試證$\mathbf{L}$是單射。

習題 **6.9** (**) 令$\mathcal{V} = C[0, 2\pi]$, 並對所有$f, g \in \mathcal{V}$定義$\mathcal{V}$上的內積函數為$\langle \mathbf{f}, \mathbf{g} \rangle = \int_0^{2\pi} \mathbf{f}(t)\mathbf{g}(t)dt$, 試利用$\mathrm{Cauchy-Schwarz}$不等式找到$\int_0^{2\pi} \sqrt{t \sin t} dt$的下限。

習題 **6.10** 令$\mathcal{V}$是佈於$\mathbb{R}$的向量空間, $\mathcal{W}$是佈於$\mathbb{R}$的內積空間。若$\mathbf{L} \in \mathcal{L}(\mathcal{V}, \mathcal{W})$, 試證明$f(\mathbf{x}, \mathbf{y}) \triangleq \langle \mathbf{Lx}, \mathbf{Ly} \rangle$是$\mathcal{V}$的內積函數若且唯若$\mathbf{L}$是單射。

線性代數

6.3節習題

習題 **6.11** $(**)$ 證明定理6.24。

習題 **6.12** $(*)$ 令 $\mathcal{V} = C[-\pi, \pi]$，我們定義 $\mathcal{V}$ 上的內積函數爲 $\langle f, g \rangle = \int_{-\pi}^{\pi} f(t)g(t)dt$。令 $\mathcal{W} = \text{span}(\{1, t, t^2, t^3\})$，試求 $\mathcal{W}$ 的一組正則基底。

習題 **6.13** $(**)$ 承上題，若令 $\mathcal{W}' = \text{span}(\{1, \cos t, \sin t, \cos 2t, \ \sin 2t\})$，試求 $\mathbf{P}_{\mathcal{W}}(h)$。

習題 **6.14** $(**)$ 令 $\mathcal{V} = \mathbb{R}^{2 \times 2}$，並考慮 $\mathcal{V}$ 的正則基底。

1. 試找到一個與 $\begin{bmatrix} 1 & 0 \\ 0 & 1 \end{bmatrix}$ 正交的矩陣。

2. 利用 Gram-Schmidt 正交化程序，將 $\mathcal{V}$ 的基底 $\left\{ \begin{bmatrix} 1 & 1 \\ 0 & 0 \end{bmatrix}, \right.$ $\begin{bmatrix} 1 & 0 \\ 1 & 0 \end{bmatrix}, \begin{bmatrix} 1 & 0 \\ 0 & 1 \end{bmatrix}, \left. \begin{bmatrix} 0 & 1 \\ 1 & 1 \end{bmatrix} \right\}$ 轉爲正則基底。

習題 **6.15** $(*)$ 令 $\mathcal{V} = \text{span}(\{e^{-t}, e^t\})$，$\mathcal{V}$ 的內積函數定義爲 $\langle f, g \rangle = \int_0^1 f(t) g(t)dt$，其中 $f, g \in \mathcal{V}$。試利用 $\text{Gram} - \text{Schmidt}$ 正交化程序將 $\mathcal{V}$ 的基底 $\{e^{-t}, e^t\}$ 轉爲正則基底。

習題 **6.16** $(**)$ 令 $\mathcal{V}$ 爲有限維度內積空間，$\mathcal{W}$ 是 $\mathcal{V}$ 的子空間。令 $\mathbf{P}_{\mathcal{W}}$ 定義如定義6.28，試證明 $\mathbf{P}_{\mathcal{W}}^2 = \mathbf{P}_{\mathcal{W}}$。

習題 **6.17** $(*)$ 承上題，試求 $\mathcal{K}er\mathbf{P}_{\mathcal{W}}$ 及 $\mathcal{I}m\mathbf{P}_{\mathcal{W}}$。

習題 **6.18** $(*)$ 令 $\mathcal{V}$ 是有限維度實內積空間，$\mathcal{B} = \{\mathbf{v}_1, \cdots, \mathbf{v}_n\}$ 是 $\mathcal{V}$ 中任意的基底。若令 $g_{ij} = \langle \mathbf{v}_i, \mathbf{v}_j \rangle$，$\mathbf{G} = [\mathbf{g}_{ij}]$，其中 $1 \leq i, j \leq n$。試證明 $\det \mathbf{G} > 0$。

318

6.4節習題

習題 **6.19** $(**)$ 試完成定理6.40第3部分的證明。

習題 **6.20** $(*)$ 設 $\mathcal{V} = \mathbb{R}^3$，並令 $\mathcal{V}$ 的內積爲標準內積。若 $\mathcal{W} = \text{span}(\{(1,1,0)\})$，試求$\mathcal{W}^{\perp}$，並驗證$\mathcal{V} = \mathcal{W} \oplus \mathcal{W}^{\perp}$。

習題 **6.21** $(**)$ 令$\mathcal{B} = \{\mathbf{v}_1, \mathbf{v}_2, \cdots, \mathbf{v}_n\}$是內積空間中的正則子集，若在對$\mathcal{B}$做$\text{Gram} - \text{Schmidt}$正交化程序後得到 $\mathbf{w}_1, \mathbf{w}_2, \cdots, \mathbf{w}_n$，試證明 $\mathbf{v}_1 = \mathbf{w}_1, \mathbf{v}_2 = \mathbf{w}_2, \cdots, \mathbf{v}_n = \mathbf{w}_n$。

習題 **6.22** $(**)$ 令$\mathcal{V}$是有限維度內積空間，$\mathcal{W}_1$和$\mathcal{W}_2$是$\mathcal{V}$的子空間，試證明

1. $(\mathcal{W}_1 + \mathcal{W}_2)^{\perp} = \mathcal{W}_1^{\perp} \cap \mathcal{W}_2^{\perp}$。

2. $(\mathcal{W}_1 \cap \mathcal{W}_2)^{\perp} = \mathcal{W}_1^{\perp} + \mathcal{W}_2^{\perp}$。

習題 **6.23** $(*)$ 設 $\mathcal{V} = \mathbb{F}_3[t]$，並令$\mathcal{V}$的內積定義爲 $\langle f, g \rangle = \int_0^1 f(t)g(t)dt$。若$\mathcal{W} = \text{span}(\{1, t\})$，試求$\mathcal{W}^{\perp}$，並找到$\mathcal{W}$與$\mathcal{W}^{\perp}$的正交基底。

6.5節習題

習題 **6.24** $(*)$ 令$\mathcal{V} = \mathbb{R}^2$並考慮$\mathcal{V}$的標準內積。令$\mathbf{f}, \mathbf{g} \in (\mathbb{R}^2)^*$定義爲$\mathbf{f}(a_1, a_2) = 2a_1 + a_2$，$\mathbf{g}(a_1, a_2) = a_1 + 2a_2$。試找到$\mathbf{f}$和$\mathbf{g}$的$\text{Riesz}$ 向量。

習題 **6.25** $(**)$ 令$\mathcal{V} = \mathbb{R}_3[t]$並定義內積函數如例6.5 對所有$f \in \mathcal{V}$我們定義$\mathbf{v}_1^*, \mathbf{v}_2^* \in \mathcal{V}^*$爲$\mathbf{v}_1^*(f) = \int_0^1 f(t)dt$，$\mathbf{v}_2^*(f) = \int_0^2 f(t)dt$。試求$\mathbf{v}_1^*$和$\mathbf{v}_2^*$的$\text{Riesz}$向量。

線性代數

習題 **6.26** (∗∗∗) 令$\mathcal{V} = \mathbb{R}^{2 \times 2}$並定義內積函數如習題6.5題。我們知道$f(\mathbf{A}) = \mathrm{tr}\mathbf{A}$, 其中$\mathbf{A} \in \mathcal{V}$, 是$\mathcal{V}^*$中的向量。試求$f$的Riesz向量。

6.6節習題

習題 **6.27** (∗∗) 證明定理6.42中$\mathbf{L}^\dagger$的唯一性。

習題 **6.28** (∗∗) 試完成定理6.45的證明。

習題 **6.29** (∗∗) 試完成定理6.47的證明。

習題 **6.30** (∗∗) 試證明推論6.50。

習題 **6.31** (∗) 令$\mathcal{V} = \mathbb{R}^2$並定義其內積函數為$\mathbb{R}^2$標準內積。令$\mathbf{L} \in \mathcal{L}(\mathcal{V})$定義為$\mathbf{L}(a_1, a_2) = (2a_1 + 3a_2, 3a_1 + 2a_2)$。試計算$\mathbf{L}^\dagger(3, 2)$。

習題 **6.32** (∗) 令$\mathcal{V} = \mathbb{C}^2$並定義其內積函數為$\mathbb{C}^2$的標準內積。令$\mathbf{L} \in \mathcal{L}(\mathcal{V})$定義為$\mathbf{L}(z_1, z_2) = (z_1 + iz_2, iz_1 + z_2)$。試計算$\mathbf{L}^\dagger(3, i)$。

習題 **6.33** (∗) 令 $\mathcal{V} = \mathbb{R}_2[t]$ 並定義其內積函數為 $\langle f, g \rangle = \int_{-1}^{1} f(t)\, g(t)dt$。令$\mathbf{L} \in \mathcal{L}(\mathcal{V})$定義為$\mathbf{L}(f) = \frac{df}{dt} + 2f$。試計算$\mathbf{L}^\dagger(2t + 3)$。

習題 **6.34** (∗∗) 設$\mathcal{V}$是有限維度內積空間, $\mathbf{L} \in \mathcal{L}(\mathcal{V})$。令$\mathbf{M} = \mathbf{L} + \mathbf{L}^\dagger$, $\mathbf{N} = \mathbf{L}\mathbf{L}^\dagger$, 試證明$\mathbf{M}^\dagger = \mathbf{M}$及$\mathbf{N}^\dagger = \mathbf{N}$。

習題 **6.35** (∗) 試建立一個內積空間上的線性算子$\mathbf{L}$使得$\mathcal{K}er\mathbf{L} \neq \mathcal{K}er\mathbf{L}^\dagger$。

習題 **6.36** (∗∗) 令$\mathcal{V}$是有限維度內積空間, $\mathbf{u}, \mathbf{w} \in \mathcal{V}$。對所有$\mathbf{v} \in \mathcal{V}$, 令$\mathbf{L}(\mathbf{v}) = \langle \mathbf{v}, \mathbf{u} \rangle \mathbf{w}$。

1. 試證明**L**是線性算子。

2. 寫出**L**[†]的型式。

6.7節習題

習題 **6.37** (∗) 試找到一個實向量空間 $\mathcal{V}$ 及 $\mathbf{L} \in \mathcal{L}(\mathcal{V})$，使得 $\mathbf{L} \neq 0$，但 $\mathbf{Q_L} = 0$。

習題 **6.38** (∗) 試建構一個正規算子但並不是自伴算子。

習題 **6.39** (∗) 試考慮下列線性算子，指出何者是正規算子，何者是自伴算子，何者皆非。

1. $\mathbf{L} : \mathbb{R}^2 \longrightarrow \mathbb{R}^2$，其中**L**定義爲$\mathbf{L}(a_1, a_2) = (a_1 - a_2, -a_1 + \frac{5}{2}a_2)$。

2. $\mathbf{L} : \mathbb{C}^2 \longrightarrow \mathbb{C}^2$，其中**L**定義爲$\mathbf{L}(z_1, z_2) = (\frac{2}{5}z_1 + \frac{i}{5}z_2, \frac{1}{5}z_1 + \frac{2}{5}z_2)$。

3. $\mathbf{L} : \mathbb{R}_3[t] \longrightarrow \mathbb{R}_3[t]$，其中**L**定義爲$\mathbf{L}(f) = \frac{df}{dt}$而$\mathbb{F}_3[t]$的內積定義爲$\langle g, h \rangle = \int_0^1 g(t)h(t)dt$。

習題 **6.40** (∗∗) 令$\mathcal{V}$是有限維度內積空間，$\mathbf{L}, \mathbf{M} \in \mathcal{L}(\mathcal{V})$是自伴算子，試證明**LM**是自伴算子若且唯若$\mathbf{LM} = \mathbf{ML}$。

習題 **6.41** (∗∗∗) 令$\mathcal{V}$是複內積空間，$\mathbf{L} \in \mathcal{L}(\mathcal{V})$。我們定義

$$\mathbf{L}_1 = \frac{1}{2}(\mathbf{L} + \mathbf{L}^\dagger), \quad \mathbf{L}_2 = \frac{1}{2i}(\mathbf{L} - \mathbf{L}^\dagger)。$$

1. 試證明$\mathbf{L}_1, \mathbf{L}_2$皆是自伴算子，並且$\mathbf{L} = \mathbf{L}_1 + i\mathbf{L}_2$。

2. 若$\mathbf{L}$可分解成$\mathbf{L} = \mathbf{M}_1 + i\mathbf{M}_2$, 其中$\mathbf{M}_1, \mathbf{M}_2$是自伴算子, 則$\mathbf{M}_1 = \mathbf{L}_1$, $\mathbf{M}_2 = \mathbf{L}_2$。

3. $\mathbf{L}$是正規算子若且唯若$\mathbf{L}_1\mathbf{L}_2 = \mathbf{L}_2\mathbf{L}_1$。

習題 **6.42** $(***)$ 令$\mathcal{V}$是有限維度複內積空間, $\mathbf{L} \in \mathcal{L}(\mathcal{V})$是自伴算子。試證明對所有$\mathbf{v} \in \mathcal{V}$

$$||\mathbf{L}(\mathbf{v}) \pm i\mathbf{v}||^2 = ||\mathbf{L}(\mathbf{v})||^2 + ||\mathbf{v}||^2。$$

並由此導出$(\mathbf{L} - i\mathbf{I}_\mathcal{V})$是可逆並且$((\mathbf{L} - i\mathbf{I}_\mathcal{V})^{-1})^\dagger = (\mathbf{L} + i\mathbf{I}_\mathcal{V})^{-1}$。

習題 **6.43** $(**)$ 令$\mathbf{L} : \mathbb{R}^3 \longrightarrow \mathbb{R}^3$定義爲 $\mathbf{L}(a_1, a_2, a_3) = (2a_1 + 3a_2 - a_3, a_1 + a_2 + a_3, a_1 + 2a_2 + 3a_3)$, 試求$\mathbf{L}^\dagger$。(提示: 求$\mathbf{L}$對標準基底的代表矩陣)

習題 **6.44** $(**)$ 令$\mathbf{L} : \mathbb{C}^3 \longrightarrow \mathbb{C}^3$定義爲 $\mathbf{L}(z_1, z_2, z_3) = (iz_1 + (1 - i)z_2 + z_3, (1 - i)z_1 + iz_2 + z_3, z_3)$, 試求$\mathbf{L}^\dagger$。(提示: 同上)

6.8節習題

習題 **6.45** $(**)$ 試完成定理6.73的證明。

習題 **6.46** $(*)$ 試證明定理6.77。

習題 **6.47** $(**)$ 試證明定理6.84。

習題 **6.48** $(*)$ 試計算下列矩陣所定義左乘映射的正交譜解析分解, 並指明每一個投影算子在哪一個空間上。

1. $\mathbf{A} = \begin{bmatrix} 1 & 0 \\ 0 & 2 \end{bmatrix} \in \mathbb{R}^{2 \times 2}$。

2. $\mathbf{A} = \begin{bmatrix} 1 & 1 & 0 \\ 0 & 2 & 3 \\ 0 & 0 & 3 \end{bmatrix} \in \mathbb{R}^{3 \times 3}$。

3. $\mathbf{A} = \begin{bmatrix} 1 & -1 \\ 2 & -1 \end{bmatrix} \in \mathbb{C}^{2 \times 2}$。

習題 **6.49** ($**$) 設 $\mathbf{A} \in \mathbb{C}^{n \times n}$ 是正規矩陣，並且有相異的特徵值 $\lambda_1, \cdots \lambda_n$，$\mathbf{v}_1 \cdots \mathbf{v}_n$ 是相對應的單位特徵向量。令矩陣 $\mathbf{V}_i = \mathbf{v}_i \mathbf{v}_i^*$。

1. 試證明 $\mathbf{P}_i \triangleq \mathbf{L}_{\mathbf{V}_i}$ 是投影在 $\mathcal{E}_i$ 上的投影算子。

2. 試證明 $\mathbf{P}_1 + \cdots + \mathbf{P}_n = \mathbf{I}_{\mathbb{C}^n}$ 是同值映射的解析分解。

3. 試證明 $\mathbf{L}_{\mathbf{A}} = \lambda_1 \mathbf{P}_1 + \cdots + \lambda_n \mathbf{P}_n$。

這3個性質可視爲正規矩陣的譜定理。

習題 **6.50** ($**$) 設 $\mathcal{V}$ 是有限維度內積空間，$\mathbf{L} \in \mathcal{L}(\mathcal{V})$ 是正規算子。證明若 $\mathbf{L}$ 是投影算子則 $\mathbf{L}$ 必是正交投影算子。

習題 **6.51** ($**$) 設 $\mathcal{V}$ 是有限維度複內積空間，$\mathbf{L} \in \mathcal{L}(\mathcal{V})$ 且爲正規算子。利用正交譜解析分解 $\mathbf{L} = \lambda_1 \mathbf{P}_1 + \cdots + \lambda_k \mathbf{P}_k$ 證明:

1. $\mathbf{L}$ 可逆若且唯若對 $i = 1, \cdots, k$，$\lambda_i \neq 0$。

2. $\mathbf{L}$ 是投影算子若且唯若所有 $\mathbf{L}$ 的特徵值皆爲0或1。

習題 **6.52** ($**$) 令 $\mathcal{V}$ 是有限維度複內積空間。若 $\mathbf{L} \in \mathcal{L}(\mathcal{V})$ 是正規算子，f 是有限階數多項式，$\mathbf{L} = \lambda_1 \mathbf{P}_1 + \ldots + \lambda_k \mathbf{P}_k$ 是 $\mathbf{L}$ 的正交譜解析分解，試證明

$$f(\mathbf{L}) = \mathbf{f}(\lambda_1) \mathbf{P}_1 + \ldots + \mathbf{f}(\lambda_k) \mathbf{P}_k。$$

線性代數

習題 **6.53** (∗∗∗) 令$\mathcal{V}$是有限維度複內積空間, $\mathbf{L} \in \mathcal{L}(\mathcal{V})$是正規算子。試利用正規算子的譜分解定理證明若$\mathbf{U} \in \mathcal{L}(\mathcal{V})$並且$\mathbf{LU} = \mathbf{UL}$, 則$\mathbf{L}^\dagger \mathbf{U} = \mathbf{UL}^\dagger$。
(提示: 利用上題並考慮 *Lagrange* 內差公式)

6.9節習題

習題 **6.54** (∗∗) 試證明命題6.92。

習題 **6.55** (∗∗) 試完成定理6.93的證明。

習題 **6.56** (∗∗) 試證明推論6.96。

習題 **6.57** (∗∗) 試利用定理6.93證明正定矩陣的特徵值恆為正數。

習題 **6.58** (∗) 試判斷下列哪些矩陣的左乘映射是正算子, 哪些是正定算子。

1. $\begin{bmatrix} 2 & 2 \\ 2 & 2 \end{bmatrix}$。

2. $\begin{bmatrix} 0 & -i \\ i & 0 \end{bmatrix}$。

3. $\begin{bmatrix} 1 & 0 \\ 0 & 1 \end{bmatrix}$。

4. $\begin{bmatrix} 3 & 2 \\ 2 & 3 \end{bmatrix}$。

5. $\begin{bmatrix} 2 & 3 \\ 3 & 2 \end{bmatrix}$。

習題 **6.59** (∗∗) 設$\mathcal{V}$是有限維度內積空間, $\mathbf{L} \in \mathcal{L}(\mathcal{V})$。若$\mathbf{L}$同時是正算子與么正算子, 試證明$\mathbf{L}$是$\mathcal{V}$上的同值映射, 即$\mathbf{L} = \mathbf{I}_{\mathcal{V}}$。

習題 **6.60** (∗∗) 設$\mathcal{V}$是有限維度內積空間, $\mathbf{L} \in \mathcal{L}(\mathcal{V})$。令$\mathbf{f} : \mathcal{V} \times \mathcal{V} \longrightarrow \mathbb{F}(\mathbb{F} = \mathbb{R}$或$\mathbb{F} = \mathbb{C})$定義為$\mathbf{f}(\mathbf{u}, \mathbf{v}) = \langle \mathbf{Lu}, \mathbf{v} \rangle$。試證明$\mathbf{f}$是$\mathbf{v}$的內積函數若且唯若$\mathbf{L}$是正定算子。

習題 **6.61** (∗∗) 設$\mathcal{V}$是有限維度內積空間, $\mathbf{P} \in \mathcal{L}(\mathcal{V})$是投影在$\mathcal{V}$的子空間$\mathcal{W}$的投影算子。試證明對任意$k > 0$, $k\mathbf{I}_{\mathcal{V}} + \mathbf{P}$是正定算子。

習題 **6.62** (∗∗) 試計算下列線性映射的奇異值與左、右奇異向量:

1. $\mathbf{L} : \mathbb{R}^3 \longrightarrow \mathbb{R}^2$, 其中$\mathbf{L}$的定義為$\mathbf{L}(a_1, a_2, a_3) = (2a_1 + a_2 - a_3, a_1 + a_3)$。

2. $\mathbf{L} : \mathbb{R}^2 \longrightarrow \mathbb{R}^3$, 其中$\mathbf{L}$的定義為$\mathbf{L}(a_1, a_2) = (2a_1 - a_2, a_1 + 4a_2, a_2)$。

(註: 在這一題中, 我們假設$\mathbb{R}^2$與$\mathbb{R}^3$的內積為其標準內積。)

習題 **6.63** (∗) 試計算矩陣$\begin{bmatrix} 1 & 1 & 0 & 0 \\ 2 & 4 & 3 & 0 \end{bmatrix}$的奇異值分解。

線性代數

參考文獻

[1] S. H. Friedberg, A. J. Insel, and L. E. Spence, *Linear Algebra*, 4th Edition, Prentice-Hall, 2003.

[2] E. Kreyszig, *Introductory Functional Analysis with Applications*, 雙葉書廊有限公司, 1989.

[3] S. Lancaster, and M. Tismenetsky, *The Theory of Matrices with Applications*, 2nd Edition, Academic Press, 1985.

[4] S. Lang, *Linear Algebra*, 3rd Edition, Springer, 1987.

[5] L. Smith, *Linear Algebra*, Springer, Berlin/Heidelberg, 1998.

[6] G. Strang, *Introduction to Linear Algebra*, 3rd Edition, Wellesley-Cambridge Press, 2003.

[7] J. von Neumann, *Mathematical Foundations of Quantum Mechanics*, Princeton University Press, 1996.

[8] S. Roman, *Field Theory*, 2nd Edition, Springer, 2005a.

[9] S. Roman, *Advanced Linear Algebra*, 2nd Edition, Springer, 2005b.

參考文獻

[10] 容志輝, 基本線性系統理論, 全華科技圖書股份有限公司, 2003.

[11] 項武義、莫宗堅, 線性代數基礎理論, 聯經出版事業公司, 1990.

索引

索引

索引

索引

國家圖書館出版品預行編目資料

線性代數/容志輝著. --二版.--臺北市
：五南, 2012.10
　面；　公分
ISBN 978-957-11-6777-0（平裝）
1.線性代數
313.3　　　　　　　　　101014860

5BC3
線性代數

作　　者－容志輝
發 行 人－楊榮川
總 編 輯－王翠華
編　　輯－王者香
封面設計－簡愷立
出 版 者－五南圖書出版股份有限公司
地　　址：106台北市大安區和平東路二段339號4樓
電　　話：(02)2705-5066　傳　真：(02)2706-6100
網　　址：http://www.wunan.com.tw
電子郵件：wunan@wunan.com.tw
劃撥帳號：01068953
戶　　名：五南圖書出版股份有限公司
台中市駐區辦公室/台中市中區中山路6號
電　　話：(04)2223-0891　傳　　真：(04)2223-3549
高雄市駐區辦公室/高雄市新興區中山一路290號
電　　話：(07)2358-702　傳　　真：(07)2350-236
法律顧問　林勝安律師事務所　林勝安律師
出版日期　2007年 9 月初版一刷
　　　　　2012年10月二版一刷
　　　　　2015年 1 月二版二刷
定　　價　新臺幣380元

※版權所有，欲利用本書全部或部分內容，必須徵求本公司同意※